U0218870

国家出版基金项目
NATIONAL PUBLICATION FOUNDATION

动物组织病理学彩色图谱

Color Atlas of Animal Histopathology

赵德明　周向梅　杨利峰　郑明学　著

中国农业大学出版社
·北　京·

内 容 简 介

本书包括 4 个部分,共 900 多张图片。第一部分为基础病理,包括 11 章内容,共 460 张图片,分别介绍各个系统在疾病发生过程中的各种基本病理变化及其原理,包含哺乳动物如牛、羊、骡、马、猪、大熊猫、猴、犬、猫、兔、鼠等,禽类如鸡、麻雀、鹌鹑等,鱼类如中华鲟、海豚等,涉及动物种类广泛,内容丰富。第二部分为伴侣动物肿瘤学,包括 5 章内容,共 281 张图片,分别介绍了皮肤和软组织肿瘤、消化系统肿瘤、泌尿系统肿瘤、生殖系统肿瘤、乳腺肿瘤,均为日常诊断中典型的肿瘤病例,既包括常见的鳞状细胞癌、肥大细胞瘤等病例,也收纳了转移性性肿瘤、毛母细胞瘤等我们所不熟悉但是在日常诊断中经常遇到的病例。第三部分共包括 27 张图片,介绍了海洋动物海龟的内脏组织学。第四部分共包括 127 张图片,介绍了模式实验动物长爪沙鼠组织学。所有的图片均来源于作者实验室诊断过程中遇到的病例,实用性强,可供从事临床诊断的专业工作者参考,另外,也可供大学本科或专科学生在学习中作为教材或参考书使用。

图书在版编目(CIP)数据

动物组织病理学彩色图谱/赵德明等著. —北京:中国农业大学出版社,2015.12

ISBN 978-7-5655-1337-4

Ⅰ.①动… Ⅱ.①赵… Ⅲ.①兽医学-组织病理学-图谱 Ⅳ.S852.3-64

中国版本图书馆 CIP 数据核字(2015)第 160287 号

书 名	动物组织病理学彩色图谱
作 者	赵德明 周向梅 杨利峰 郑明学 著

策划编辑	赵 中 董夫才	责任编辑	冯雪梅
封面设计	郑 川	责任校对	王晓凤
出版发行	中国农业大学出版社		
社 址	北京市海淀区圆明园西路 2 号	邮政编码	100193
电 话	发行部 010-62818525,8625	读者服务部	010-62732336
	编辑部 010-62732617,2618	出 版 部	010-62733440
网 址	http://www.cau.edu.cn/caup	**E-mail** cbsszs @ cau.edu.cn	
经 销	新华书店		
印 刷	涿州市星河印刷有限公司		
版 次	2015 年 12 月第 1 版 2015 年 12 月第 1 次印刷		
规 格	889×1 194 16 开本 35.25 印张 1 100 千字		
定 价	260.00 元		

前　言

　　动物病理学是联系临床实践与基础知识的桥梁学科，其在兽医科学中占有很重要的位置，它既可作为基础理论学科为临床医学奠定坚实的基础，又可作为应用学科直接参与疾病的诊断和防治。

　　《动物组织病理学彩色图谱》一书收集的病例和组织学图片，均来自本实验室多年来从事动物病理诊断过程中收集的典型病例，我们对这些病例进行组织切片制作、诊断、图片拍照和整理。这些病例来源于科研一线、动物医院、海洋馆或者是生产实践，其病理组织学变化明显，有些是常见的变化，有些变化非常特殊。为了将这些收集的素材有机地整合，我们在本书的第一部分按照动物病理学教科书的内容次序进行编排，有利于教学参考和学习。在诊断过程中，很多病例是伴侣动物的肿瘤，鉴于伴侣动物肿瘤临床上多发，病理组织学在肿瘤的诊断中具有重要意义，为此，我们专门将伴侣动物肿瘤组织学诊断编排成独立的一章，放在第二部分。另外，在病理组织学诊断过程中，必须充分认识和掌握正常组织学，但是临床诊断中水产动物和模式动物的组织学几乎都是空白，没有可参考的资料。为此我们将收集的海洋动物海龟和长爪沙鼠各个器官组织进行切片制作和图片拍照，分别编排在第三部分和第四部分。本书每个部分都首先对疾病的背景知识进行描述，然后提供了丰富的病理组织学图片，能准确地展示病变状态，有助于加深对疾病概念和病变的理解。

　　本书既可以作为本科生或专科生动物病理学的实验指导，也可以作为从事动物临床诊断工作者的参考书，对于科研工作者或药物安全评价工作者也是一本不可多得的参考书。

　　在本书付梓之际，感谢 2004—2013 年在实验室学习和工作的研究生们，他们参与了本书很多病例的诊断。特别感谢杨杨、王进、丁天健、李星寓等在本书编写过程中的大力协助。另外，感谢国家科技支撑计划（2011BAI 15B01, 2015BAI 09B00）对本书部分样本收集提供的支持。回顾过去的编写工作，深感时间短促，水平有限，不免有不尽如人意之处，希望读者和同行批评指正。

著者

2015 年 3 月

目　　录

第三部分　海龟内脏组织学

第二部分　伴侣动物肿瘤学

第四部分　长爪沙鼠组织学

第一部分

基础病理

1　局部血液循环障碍

心脏和血管系统结构和功能的正常以及神经体液调节的协调一致是血液正常运行的重要保证。血液循环障碍是指机体心血管系统受到损害，血容量或血液性状发生改变，导致血液运行发生异常，从而影响到器官和组织的代谢、机能和形态结构出现一系列病理变化的现象。血液循环障碍根据其发生的原因与波及的范围不同，可分为全身性和局部性两类。

全身性血液循环障碍是由于心血管系统的机能紊乱（如心机能不全、休克等）或血液性状改变（如弥散性血管内凝血）等而引起的波及全身各器官、组织的血液循环障碍，包括心血管组织结构改变和代偿过程障碍引起的心力衰竭。

局部性血液循环障碍是指某些病因作用于机体局部而引起的个别器官或局部组织发生的血液循环障碍，包括局部组织器官含血量的变化（充血、瘀血、缺血、梗死）、血管壁的损伤或者通透性改变（出血、水肿）、血液性状的改变（血栓及栓塞）三个主要方面。

1.1　充血

见图 1-1 至图 1-7。

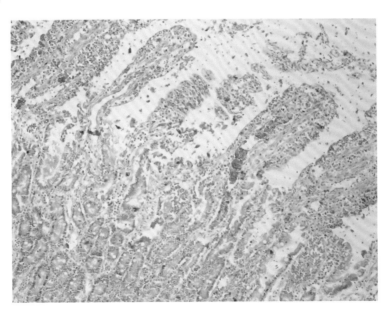

图 1-1　肠充血（a）

肠绒毛黏膜固有层毛细血管数量增多，且扩张，管腔内充满红细胞。固有层内有数量不等的炎性细胞浸润（HE×100）。

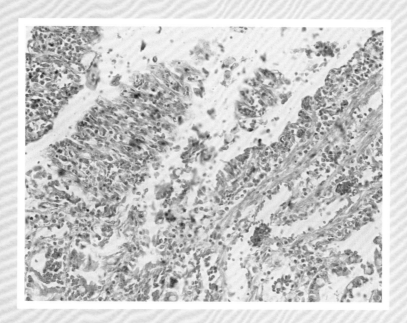

图 1-2　肠充血（b）

肠绒毛黏膜上皮脱落，固有层毛细血管扩张，管腔内充满红细胞（HE×200）。

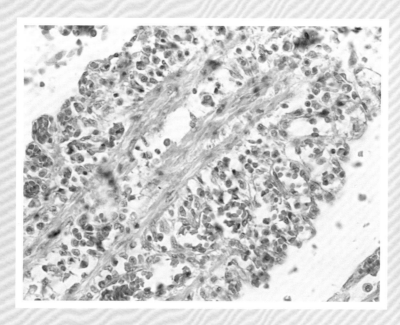

图 1-3　肠充血（c）

固有层内有数量不等的炎性细胞浸润（HE×400）。

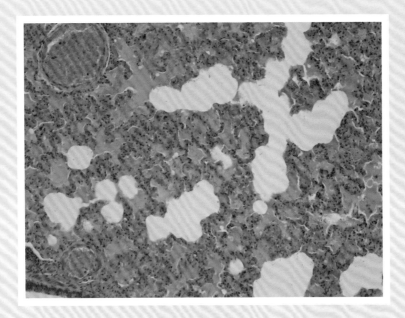

图 1-4　肺充血（a）

肺小动脉和肺泡隔毛细血管扩张，管腔内充满红细胞，肺泡隔增宽，肺泡腔内有多量均质红染的渗出液（HE×100）。

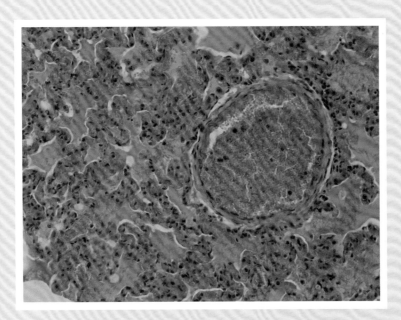

图 1-5　肺充血（b）

肺小动脉和肺泡隔毛细血管扩张，瘀血，肺泡腔内有多量均质红染的渗出液（HE×200）。

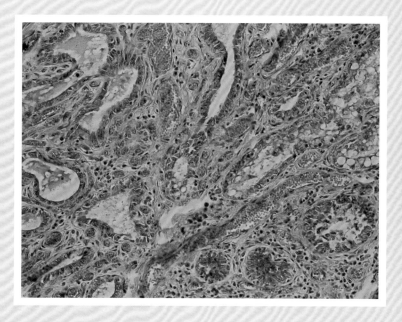

图 1-6　乳腺充血（a）

乳腺腺泡间小动脉和毛细血管扩张，红细胞充满管腔，牛结核乳腺炎（HE×100）。

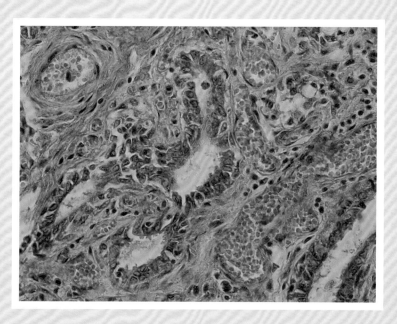

图 1-7　乳腺充血（b）

乳腺间质内有数量不等的淋巴细胞和单核细胞浸润，牛结核乳腺炎（HE×400）。

1.2 瘀血

见图 1-8 至图 1-11。

图 1-8 脾瘀血（a）
脾窦扩张，其内充满红细胞（鸡，HE×100）。

图 1-9 脾瘀血（b）
脾窦扩张，其内充满红细胞（鸡，HE×200）。

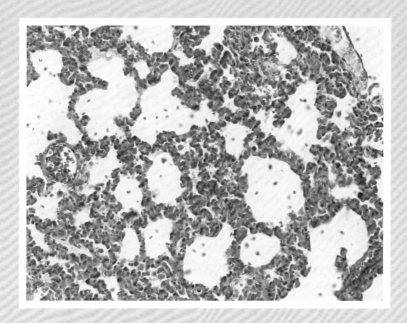

图 1-10　肺瘀血（a）

肺小静脉和肺泡隔毛细血管高度扩张，管腔内充满大量的红细胞，肺泡腔内有少量红细胞（HE×200）。

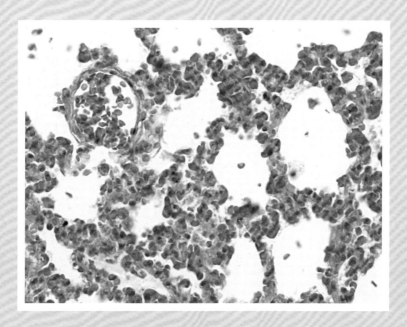

图 1-11　肺瘀血（b）

肺小静脉和肺泡隔毛细血管高度扩张，管腔内充满大量的红细胞，肺泡腔内有少量红细胞（HE×400）。

1.3 梗死

见图 1-12 和图 1-13。

图 1-12 脾出血性梗死（猪瘟）（a）
淋巴细胞大量坏死崩解，脾白髓结构不清，并伴随大量红细胞散在分布（HE×100）。

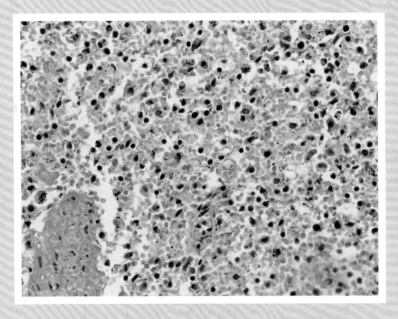

图 1-13 脾出血性梗死（猪瘟）（b）
淋巴细胞大量坏死崩解，结构不清，并伴随大量红细胞散在分布（HE×200）。

1.4 出血

见图 1-14 至图 1-19。

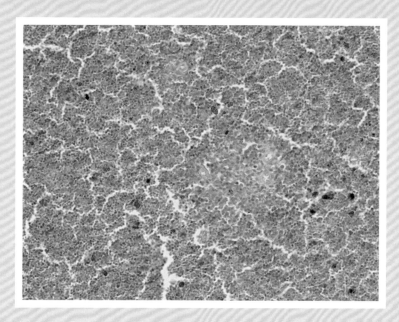

图 1-14 脾出血

脾淋巴细胞坏死崩解，脾组织内充满了大量的红细胞，残存的脾髓呈岛屿状漂浮其中（HE×200）。

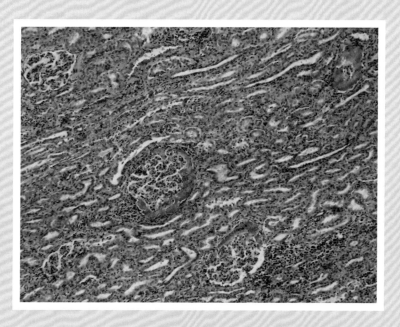

图 1-15 肾小球出血（猪瘟）（a）

肾球囊内充满了大量的红细胞（HE×100）。

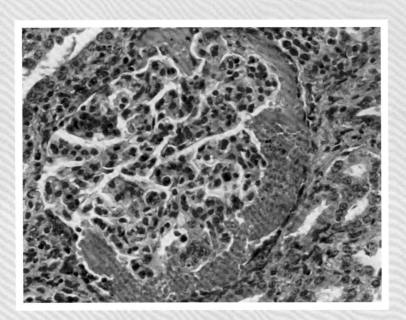

图 1-16 肾小球出血（猪瘟）(b)
肾球囊内充满了大量的红细胞（HE×400）。

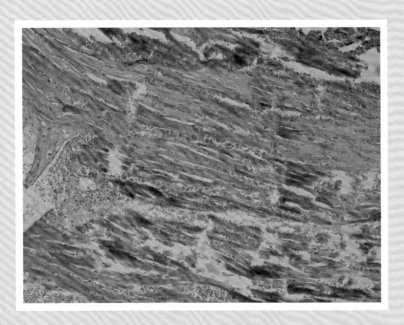

图 1-17 心肌出血（a）
心肌纤维断裂，间隙增宽，其内可见多量散在红细胞（HE×100）。

图 1-18　心肌出血（b）
心肌纤维间隙增宽，其内可见多量散在红细胞（HE×200）。

图 1-19　心肌出血（c）
心肌纤维肿胀增粗，染色不均，肌原纤维断裂呈颗粒状，心肌纤维间隙内可见多量散在红细胞（HE×400）。

1.5 水肿

见图 1-20 至图 1-29。

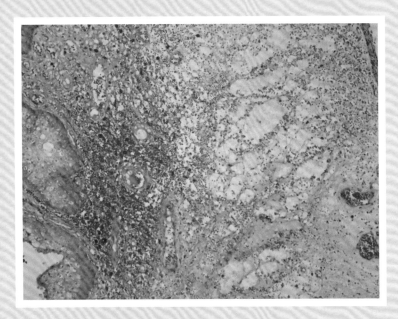

图 1-20　犬膀胱瘀血、出血、水肿（a）

犬膀胱黏膜结构不完整，黏膜上皮有脱落。固有层弥散性出血，结构疏松水肿，血管瘀血（#17，HE×100）。

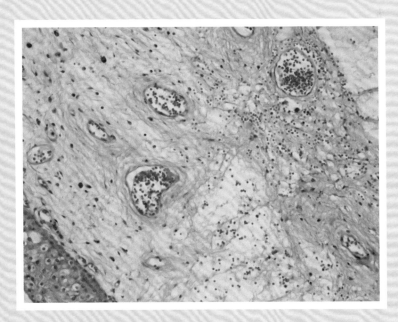

图 1-21　犬膀胱瘀血、出血、水肿（b）

固有层可见大量散在分布的红细胞，血管管腔内也充满红细胞，在固有层出现大量吞噬了红细胞的巨噬细胞
（#17，HE×200）。

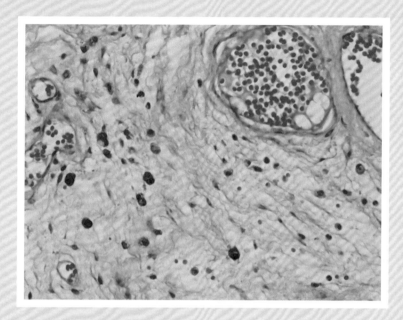

图 1-22　犬膀胱瘀血、出血、水肿（c）
固有层结构疏松水肿，炎性细胞浸润，主要是巨噬细胞（#17，HE×400）。

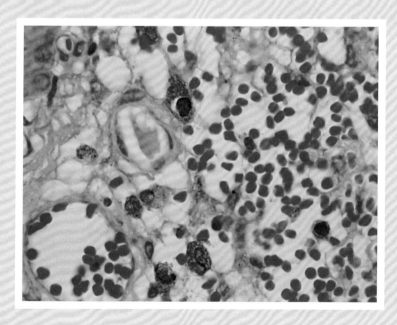

图 1-23　犬膀胱瘀血、出血、水肿（d）
固有层的巨噬细胞胞浆里出现染成棕黄色的颗粒样物质，为含铁血黄素（#17，HE×1 000）。

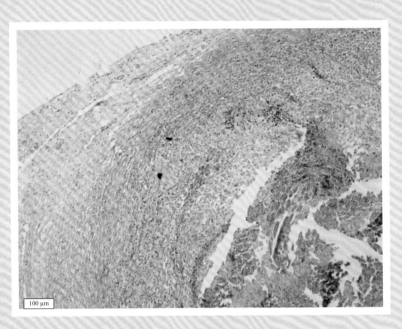

图 1-24 小型猪肠水肿（a）

肠管浆膜水肿、增厚；酸性细胞（#79，HE ×100）。

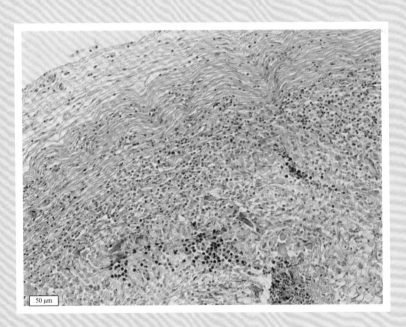

图 1-25 小型猪肠水肿（b）

可见由大量的结缔组织和中性粒细胞、淋巴细胞等炎性细胞包裹着的异物（#79，HE×200）。

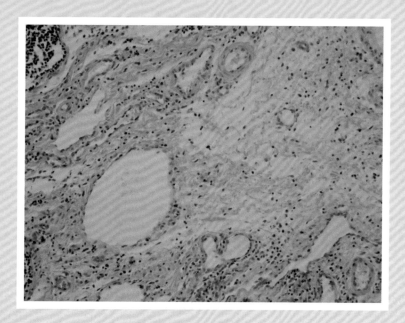

图 1-26　小型猪肠水肿（c）
局部组织水肿严重，组织排列疏松，水肿区有大量红染的丝网状胶原纤维，并可见炎性细胞浸润（#79，HE ×200）。

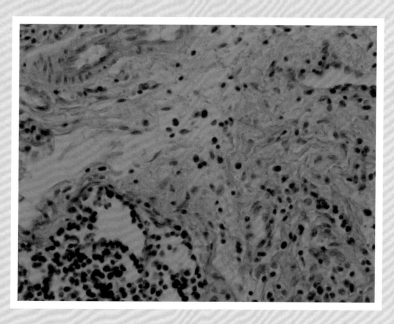

图 1-27　小型猪肠水肿（d）
水肿区可见大量的胞浆呈红色、胞核偏于一侧的浆细胞，胞浆较少，主要由细胞核构成的淋巴细胞（#79，HE×400）。

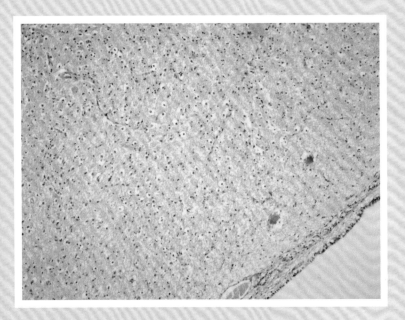

图 1-28　犬——脑水肿（a）
脑膜增厚，脑膜下血管瘀血（#93，HE×100）。

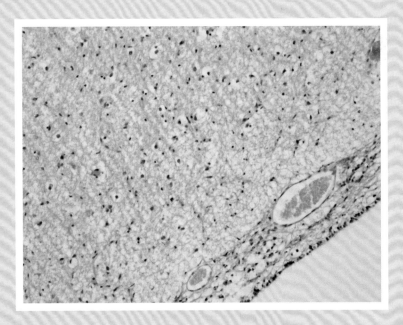

图 1-29　犬——脑水肿（b）
脑实质疏松，神经元胞体萎缩（#93，HE×200）。

1.6 血栓

见图 1-30 和图 1-31。

图 1-30 血栓 (a)
静脉内白色血栓，呈均质、粉红染的颗粒状，其内有多量丝网状纤维素和数量不等的白细胞（HE×100）。

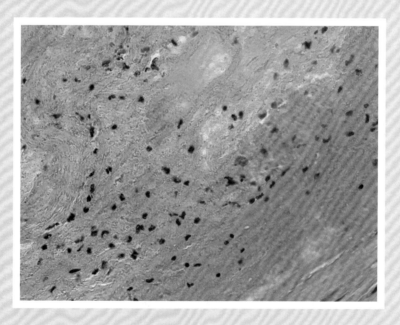

图 1-31 血栓 (b)
白色血栓，内有多量丝网状纤维素和数量不等的白细胞（HE×400）。

2 组织和细胞的损伤

动物机体是由细胞、细胞间质和体液三个部分组成的统一体。机体的细胞和组织经常不断地接受内外环境各种不同刺激因子的影响，并通过自身的反应和调节机制对刺激做出应答反应、适应环境条件的改变、抵御刺激因子的损害。因此，当细胞遭受到内外环境中各种不同程度的刺激因子作用后，细胞的反应大致归为三类：适应性反应、可复性损伤、不可复性损伤。适应性反应包括肥大、增生、萎缩和化生；可复性损伤包括变性和物质沉积；不可复性损伤即细胞的坏死。本章主要描述可复性损伤和不可复性损伤两部分内容。

变性和物质沉积是细胞的可复性变化，主要表现为细胞和细胞间质出现异常物质或正常物质数量显著增多。当刺激因子的作用消除，细胞的形态和功能又能恢复到正常的状态。

变性和物质沉积根据细胞内出现异常物质不同，或显著增多的正常物质性质不同而分为以下几类：①细胞肿胀；②脂肪变性；③玻璃样变性；④黏液样变性；⑤病理性色素沉积；⑥病理性钙化。

细胞死亡指细胞受严重性损伤，导致代谢停止，结构破坏与功能丧失等不可逆性变化，包括坏死和凋亡。形态学上可将坏死分为：①凝固性坏死；②液化性坏死；③纤维素样坏死。

细胞凋亡是由细胞基因所调控的单个细胞的自杀性死亡。细胞凋亡可以通过超微结构上形成凋亡小体来鉴定。另外，一些生化改变如核酸内切酶的激活、磷脂酰丝氨酸的外露等也可以作为鉴定的依据。

2.1 颗粒变性

见图 2-1 至图 2-6。

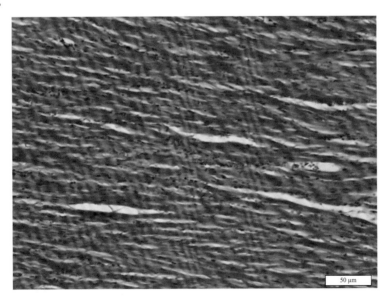

图 2-1 豚鼠心脏颗粒变性（a）

心肌纤维排列整齐，肌纤维之间散在少量红细胞，心肌纤维颗粒感增强（#76，HE×100）。

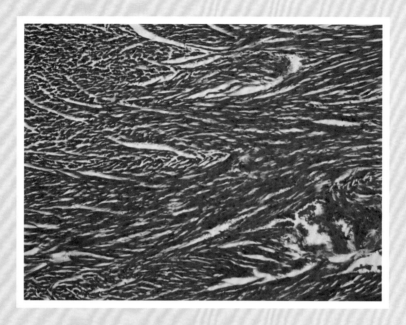

图 2-2 豚鼠心脏颗粒变性（b）

部分心肌纤维断裂，心肌纤维排列较松散，心肌纤维之间距离变大。部分区域可见红细胞聚集成团（#76，HE×100）。

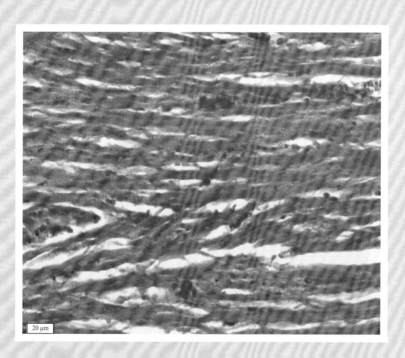

图 2-3 豚鼠心脏颗粒变性（c）

可见心肌细胞肿大，胞浆内出现大小比较均匀的细小颗粒，有的细胞核核膜破裂而核消失。心肌纤维间距增大，偶尔可见红细胞散在其间（#76，HE×400）。

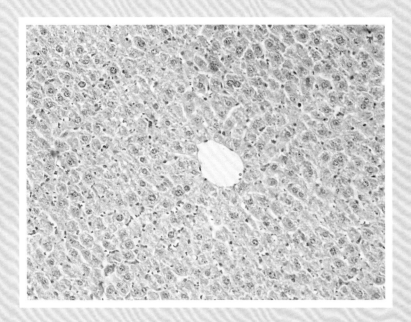

图 2-4　肝脏颗粒变性（a）

肝细胞肿大，肝索排列紊乱，肝窦变小，甚至消失（HE×200）。

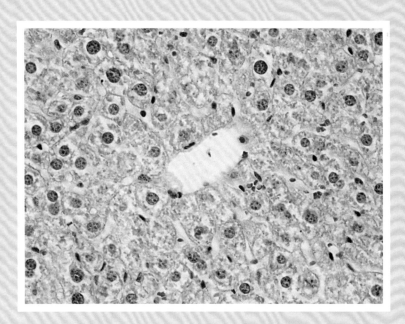

图 2-5　肝脏颗粒变性（b）

肝细胞肿胀，胞浆中含有大量细小的粉红染颗粒，肝窦变小，甚至消失（HE×400）。

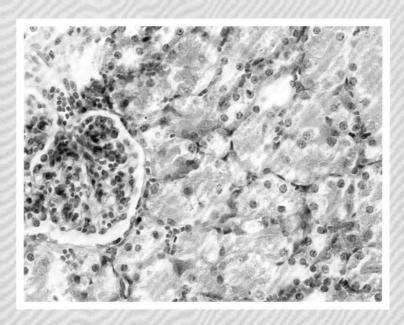

图 2-6　肾颗粒变性

肾小管上皮细胞浆中含有多量红染的细小颗粒，细胞肿大，突入管腔，管腔狭窄，呈星芒状，有的管腔中含有均质红染的蛋白质颗粒（HE×400）。

2.2　脂肪变性

见图 2-7 至图 2-27。

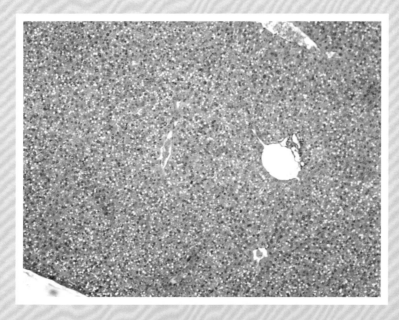

图 2-7　小鼠弥散性肝脂肪变性（a）

肝索结构紊乱，染色不均。肝细胞肿大，胞浆内有大量的空泡（脂肪滴）（#3，HE×100）。

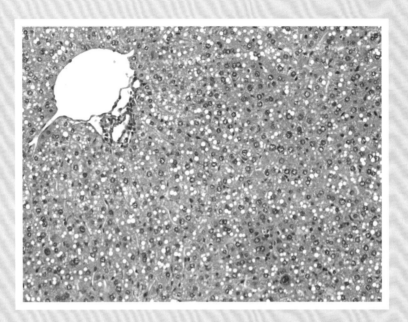

图 2-8 小鼠弥散性肝脂肪变性（b）
肝细胞肿大，胞浆内有较多的空泡（脂肪滴），肝血窦因挤压而狭窄（#3，HE×200）。

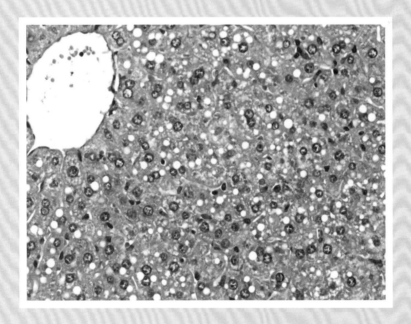

图 2-9 小鼠弥散性肝脂肪变性（c）
肝细胞严重肿胀变圆，胞浆内存有大小不等的圆形空泡（脂肪滴），胞核被挤压到胞浆的一侧（#3，HE×400）。

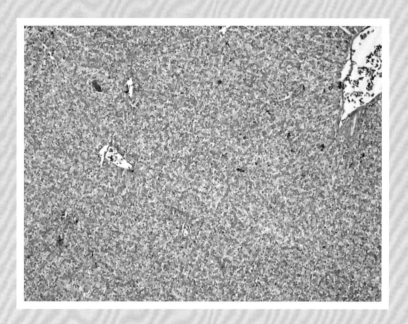

图 2-10 鹌鹑肝脂肪变性（a）
肝索结构紊乱，染色不均（#5-6，HE×100）。

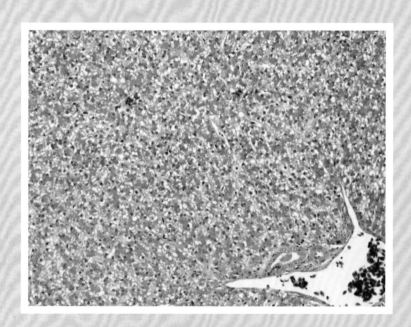

图 2-11 鹌鹑肝脂肪变性（b）
肝细胞肿胀变性，胞浆内存在许多大小不一的空泡（脂肪滴），脂肪变性的肝细胞弥散分布于整个肝小叶（#5-6，HE×200）。

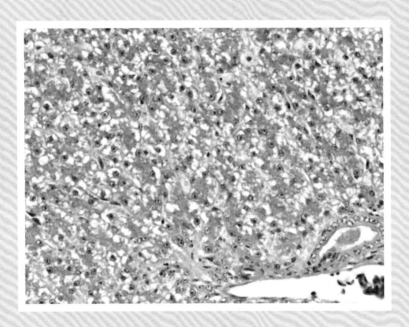

图 2-12　鹌鹑肝脂肪变性（c）

肝细胞肿胀变性，胞浆内存在许多大小不一的空泡（脂肪滴）（#5-6，HE×400）。

图 2-13　鼠弥散性肝细胞变性坏死（a）

多数肝索结构紊乱消失，肝脏实质内可见大量的空泡（#7，HE×100）。

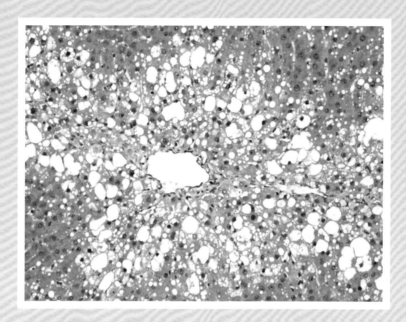

图 2-14　鼠弥散性肝细胞变性坏死（b）

肝细胞肿胀，胞浆内出现大小不等的脂滴，小的脂滴相互融合成较大的脂滴，胞核常被挤于一侧，个别细胞变成充满脂肪的大空泡（#7，HE×200）。

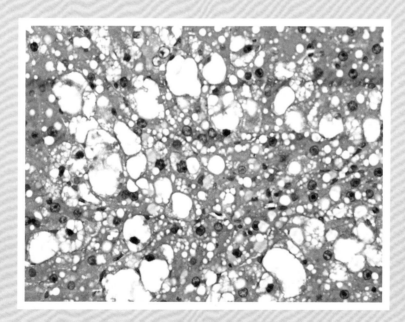

图 2-15　鼠弥散性肝细胞变性坏死（c）

肝细胞肿胀，胞浆内出现大小不等的脂滴，胞核常被挤于一侧，个别细胞变成充满脂肪的大空泡（#7，HE×400）。

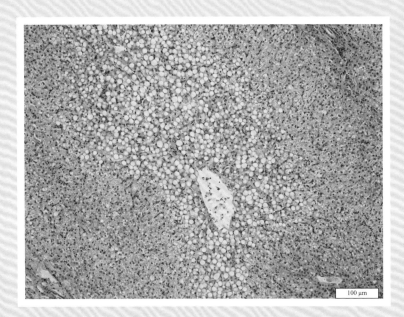

图 2-16　牛脂肪肝（a）

中央静脉周围的肝细胞胞浆内出现大小不一的空泡，肝小叶结构不明显，多数肝索紊乱 （HE×100）。

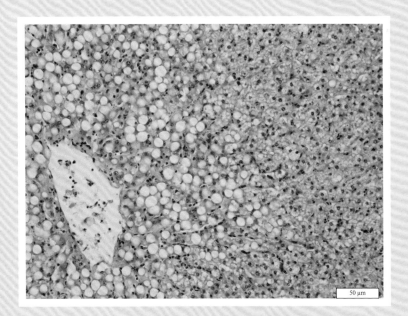

图 2-17　牛脂肪肝 （b）

中央静脉周围的肝细胞胞浆内出现大小不一的脂滴，细胞核被挤向细胞的一侧，边缘的肝细胞肿胀，胞浆疏松，染色浅，肝索排列紊乱 （HE×200）。

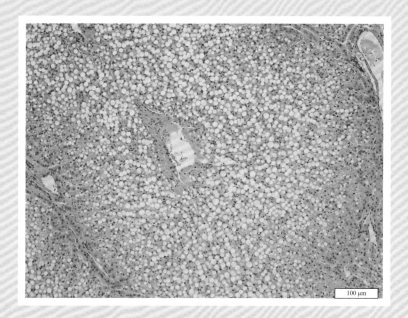

100 μm

图 2-18　牛脂肪肝（c）
整个肝小叶肝细胞胞浆均出现大小不一的空泡，肝索结构紊乱（HE×100）。

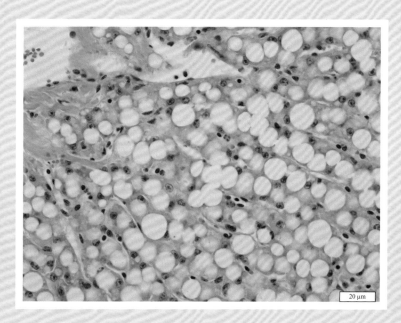

20 μm

图 2-19　牛脂肪肝（d）
肝细胞胞浆内出现大小不一的脂滴，细胞核一个或两个，被挤向细胞的一侧（HE×400）。

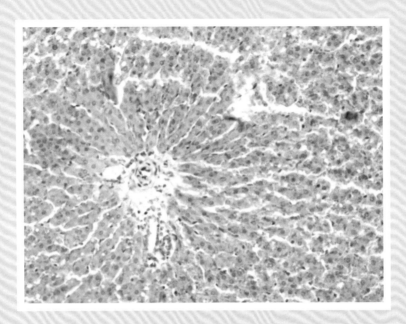

图 2-20　鼠肝脏脂肪变性（a）

低倍镜下可见肝脏细胞呈索状排列，肝细胞轮廓较为清晰，可见苏木素蓝染的细胞核。肝细胞胞浆中普遍存在大量红染的物质，为油红染色阳性的脂滴（油红 O 染色 ×200）。

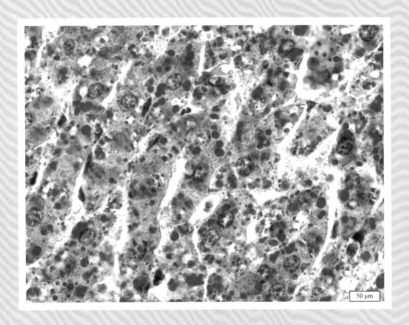

图 2-21　鼠肝脏脂肪变性（b）

油镜下可见肝细胞轮廓和由苏木素蓝染的细胞核，并且可见大量红色的大小不一的圆形小脂滴分布在肝细胞胞浆中，有的聚集成大脂滴（油红 O 染色 ×1 000）。

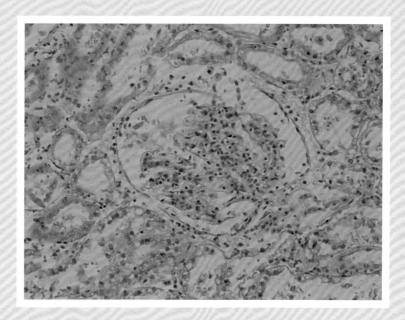

图 2-22　肾脂肪变性（a）
肾小管上皮细胞内有大小不等的圆形空泡（脂滴），胞核被挤于一侧，肾小管管腔缩小，且不规则（HE×200）。

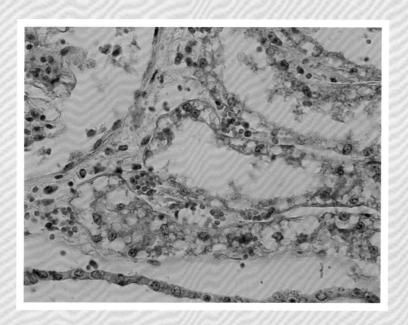

图 2-23　肾脂肪变性（b）
肾小管上皮细胞胞浆内有大小不等的圆形空泡（脂滴），胞核被挤于一侧，肾小管管腔缩小，且不规则（HE×400）。

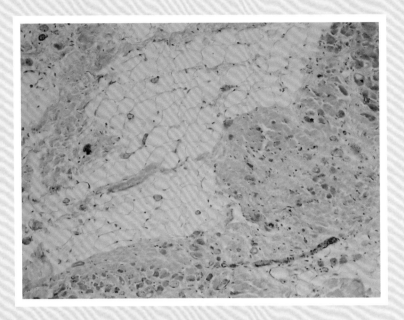

图 2-24　心肌脂肪浸润（a）
心肌束和心肌纤维间有多量脂肪组织浸润，心肌纤维萎缩（HE×100）。

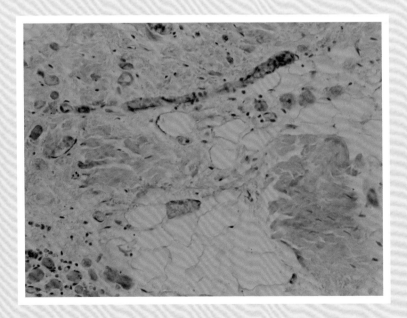

图 2-25　心肌脂肪浸润（b）
心肌束和心肌纤维间有多量脂肪组织浸润，心肌纤维萎缩（HE×200）。

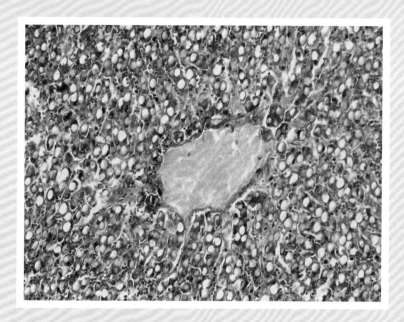

图 2-26 肝脂肪变性（a）

肝索排列紊乱，肝细胞肿大，胞浆内有圆形大空泡（脂滴），胞核被挤于一侧，且变形，肝细胞排列紊乱，肝窦变窄，甚至消失（HE×200）。

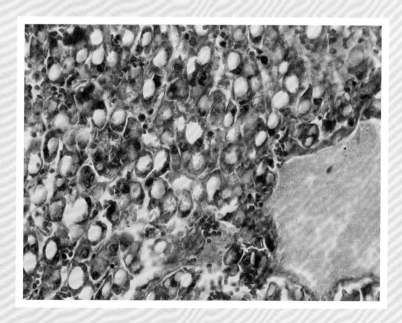

图 2-27 肝脂肪变性（b）

肝细胞肿大，胞浆内有圆形大空泡（脂滴），胞核被挤于一侧，且变形（HE×400）。

2.3　淀粉样变性

见图 2-28 至图 2-31。

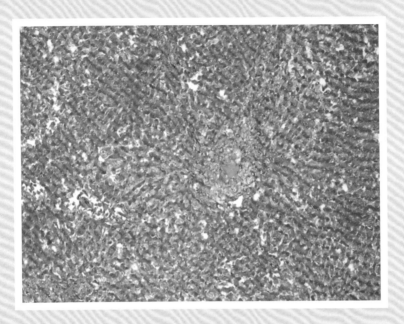

图 2-28　犬肝淀粉样变（a）
粉红色淀粉样物质主要沉淀于肝细胞索、窦状隙之间，形成粗细不等的条纹或团块状（#28，HE×100）。

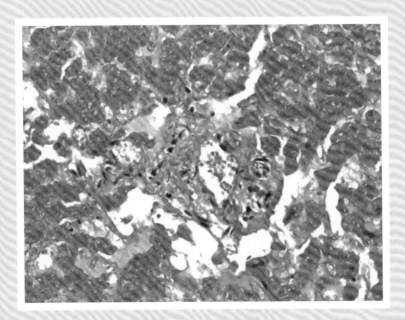

图 2-29　犬肝淀粉样变（b）
肝细胞受压萎缩，甚至消失，窦状隙变形或减小；中央静脉及肝窦周围可见少量炎性细胞浸润（#28，HE×400）。

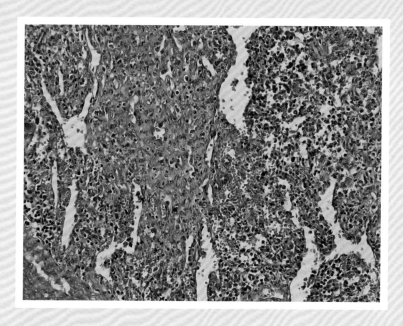

图 2-30　脾淀粉样变（a）

淀粉样物质主要沉着在脾髓细胞之间的网状纤维上，呈不规则的均质红染的条索或团块状，沉着部淋巴组织萎缩消失（HE×200）。

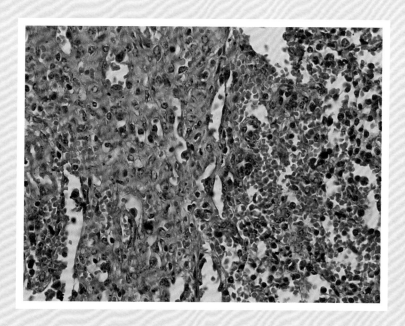

图 2-31　脾淀粉样变（b）

淀粉样物质主要沉着在脾髓细胞之间的网状纤维上，呈不规则的均质红染的条索或团块状，沉着部淋巴组织萎缩消失（HE×400）。

2.4　玻璃样变性

见图 2-32 至图 2-35。

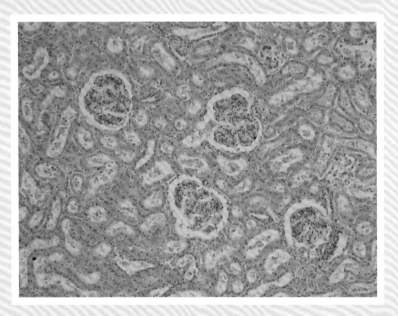

图 2-32　肾玻璃样变性（a）
肾小管上皮细胞中可见大小不等的红色圆形的玻璃样滴状物，滴状物也可在管腔中见到（HE×100）。

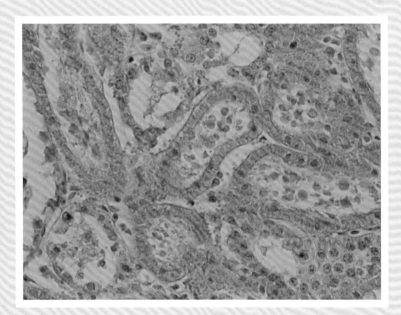

图 2-33　肾玻璃样变性（b）
肾小管上皮细胞中可见大小不等的红色圆形的玻璃样滴状物，滴状物也可在管腔中见到（HE×400）。

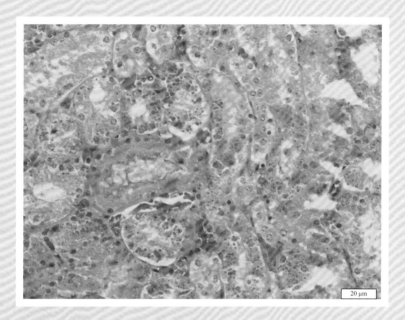

图 2-34　肾玻璃样变性（c）

肾小管上皮细胞肿胀变性，细胞之间的界限不清，有些肾小管上皮细胞脱落至管腔，有些肾小管上皮细胞中可见大小不一的红染的透明滴（HE×400）。

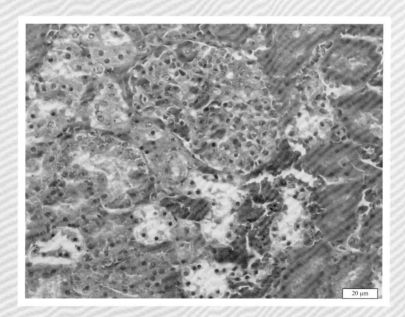

图 2-35　肾玻璃样变性（d）

肾小球肿胀，肾小球毛细血管腔中可见由大量红细胞黏集而形成的微血栓，有些肾小管上皮细胞中可见大小不一的红染的透明滴（HE×400）。

2.5　坏死

见图 2-36 至图 2-63。

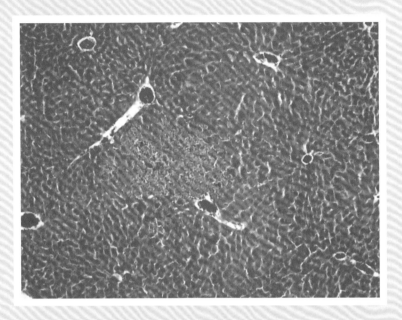

图 2-36　小鼠肝脏点状坏死（a）
肝小叶结构正常，轮廓清晰，肝细胞索呈辐射状排列在中央静脉的周围，可见点状坏死灶，散布于肝小叶中（#30，HE×100）。

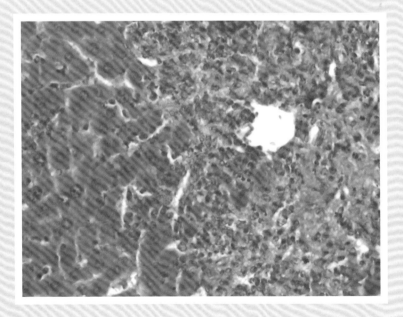

图 2-37　小鼠肝脏点状坏死（b）
点状坏死灶区域的肝细胞细胞核固缩或碎裂，部分坏死灶细胞碎裂崩解，形成均质红染的无定形结构（#30，HE×400）。

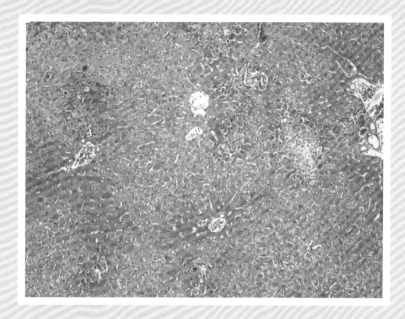

图 2-38　小鼠肝局灶性坏死（MHV 实验性感染）（a）
肝脏散在分布着较多的坏死灶。肝索染色不均，结构轻度紊乱，多数中央静脉内瘀血（#1，HE×100）。

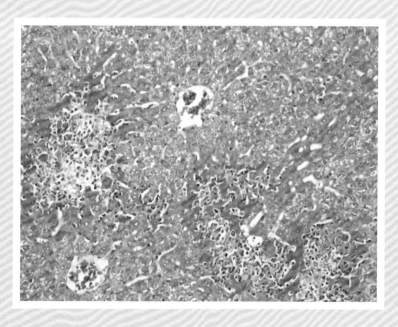

图 2-39　小鼠肝局灶性坏死（MHV 实验性感染）（b）
坏死灶内肝索结构消失，并有大量炎性细胞浸润（#1，HE×200）。

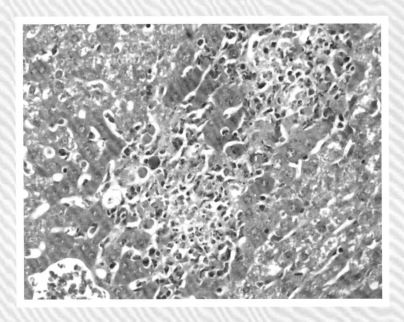

图 2-40 小鼠肝局灶性坏死（MHV 实验性感染）（c）

坏死灶周围的肝细胞肿胀，胞浆内出现大小不等的空泡。坏死灶内肝细胞核崩解，形态各异，有的溶解消失。坏死灶内有大量炎性细胞浸润（#1，HE×400）。

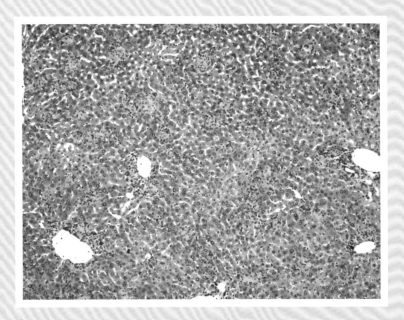

图 2-41 大鼠弥散性肝变性坏死（a）

肝脏弥散性分布着较多的坏死灶。肝索染色不均（#2，HE×100）。

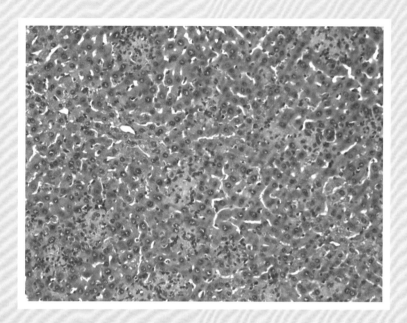

图 2-42　大鼠弥散性肝变性坏死（b）

坏死灶较为密集，坏死灶内肝索结构消失，并有大量炎性细胞浸润（#2，HE×200）。

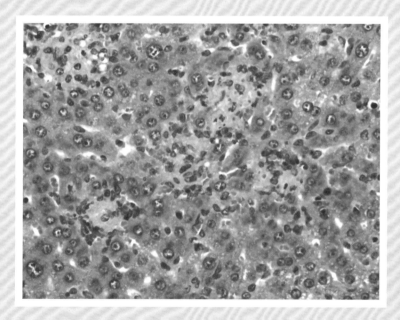

图 2-43　大鼠弥散性肝变性坏死（c）

坏死灶内肝细胞核崩解，形态各异，有的溶解消失。坏死灶内有大量炎性细胞浸润（#2，HE×400）。

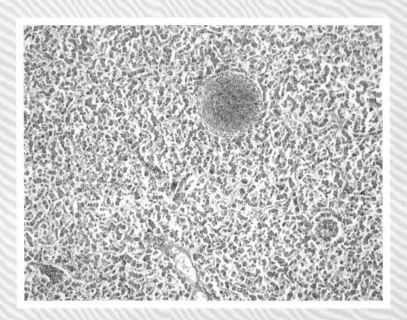

图 2-44　鸡肝脏局灶性坏死（a）

在肝脏组织中散在性地分布有大小不等的点状坏死灶（#48，HE×100）。

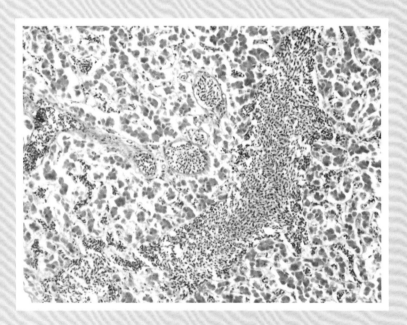

图 2-45　鸡肝脏局灶性坏死（b）

肝脏叶下静脉、中央静脉内瘀血。狄氏隙扩张明显（#48，HE×200）。

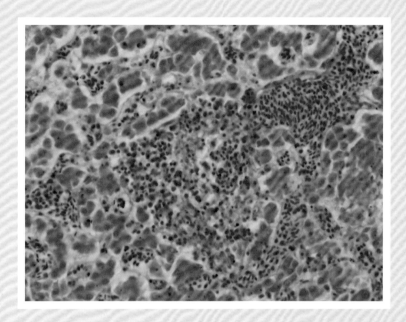

图 2-46　鸡肝脏局灶性坏死（c）
坏死灶中肝细胞破裂、崩解、坏死；坏死灶周围可见大量炎性细胞浸润，包括淋巴细胞和巨噬细胞（#48，HE×400）。

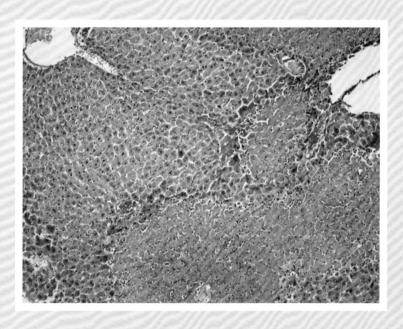

图 2-47　肝坏死（a）
肝组织可见大小不一的坏死灶（#68 小鼠，HE×100）。

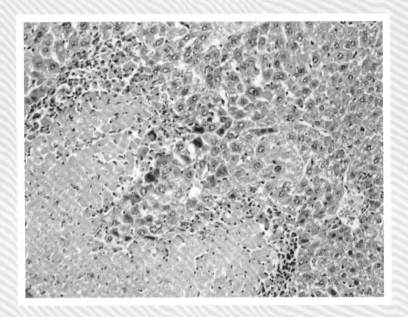

图 2-48 肝坏死（b）

坏死灶内失去原有组织细胞结构，由一团无结构的粉染物质代替，在坏死灶边缘可见大量炎性细胞浸润（#68 小鼠，HE×200）。

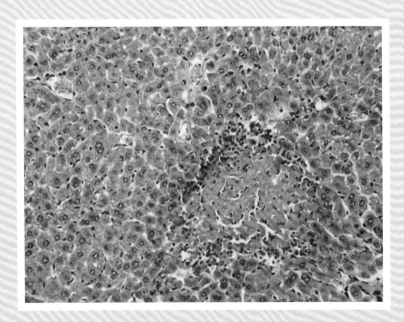

图 2-49 肝坏死（c）

坏死灶之外的肝细胞胞浆里含有红染的颗粒，有的细胞坏死，不见细胞核（#68 小鼠，HE×200）。

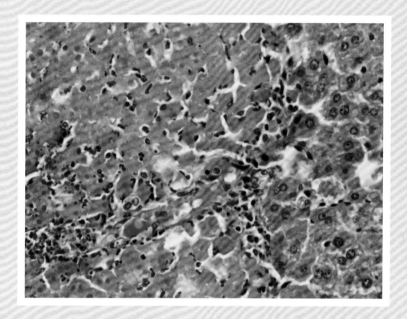

图 2-50　肝坏死（d）

坏死灶内和周围有大量炎性细胞浸润，主要是枯否氏细胞增生，还有少量中性粒细胞（#68 小鼠，HE×400）。

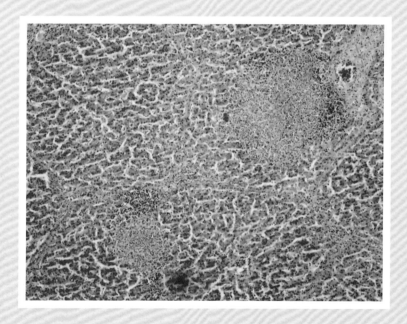

图 2-51　猪肝点状坏死（a）

肝小叶内可见坏死灶，呈灶状分布，坏死区域大小不一，与周围分界较为清楚（#81，HE×100）。

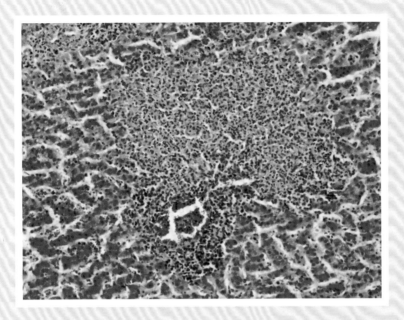

图 2-52 猪肝点状坏死（b）

坏死灶周围的肝细胞肿大、轮廓不清，肝索排列不整齐（#81，HE×200）。

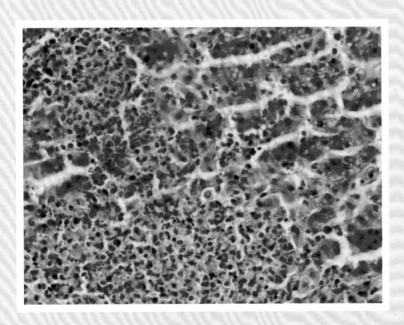

图 2-53 猪肝点状坏死（c）

未坏死区域的肝细胞胞浆可见小的空泡，染色不均一，有不同程度的肿胀（#81，HE×400）。

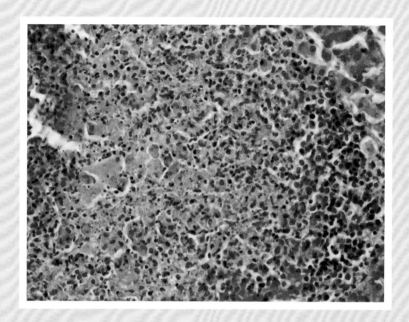

图 2-54　猪肝点状坏死（d）

坏死区域由外向内细胞呈现渐进性，外围细胞还可见完整的细胞核，核固缩，坏死中心仅见碎裂的核和细胞裂解产物（#81，HE×400）。

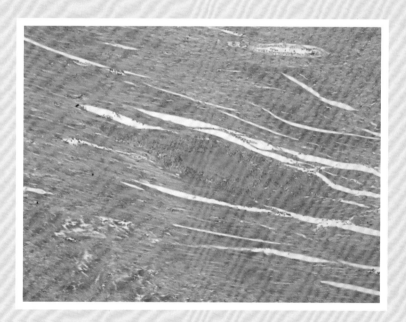

图 2-55　麻雀心肌局灶性坏死（a）

心肌局灶性坏死，坏死部位钙化，蓝染，坏死灶内有炎性细胞浸润（#8，HE×100）。

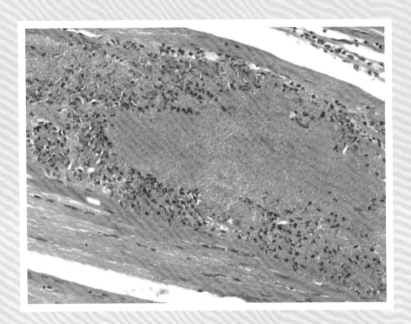

图 2-56　麻雀心肌局灶性坏死（b）

心肌局灶性坏死，坏死部位钙化，蓝染，中心无细胞结构。有的坏死灶有炎性细胞浸润（#8，HE×400）。

图 2-57　心肌坏死（a）

心肌纤维坏死、崩解；视野中不见正常的心肌纤维，大量炎性细胞浸润（#65 梅花鹿，HE×100）。

图 2-58　心肌坏死（b）
可见残存的心肌纤维，血管充血、出血，并见炎性细胞大量聚集形成炎灶（#65 梅花鹿，HE×100）。

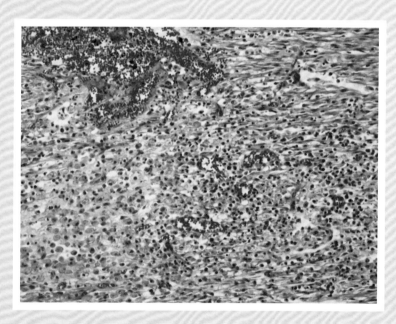

图 2-59　心肌坏死（c）
心肌纤维断裂、坏死、溶解。血管充血、出血。大量炎性细胞浸润（#65 梅花鹿，HE×200）。

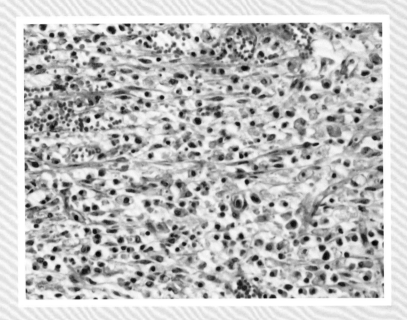

图 2-60　心肌坏死（d）

在坏死灶周围可见幼稚的结缔组织和大量的炎性细胞构成的肉芽组织（#65 梅花鹿，HE×400）。

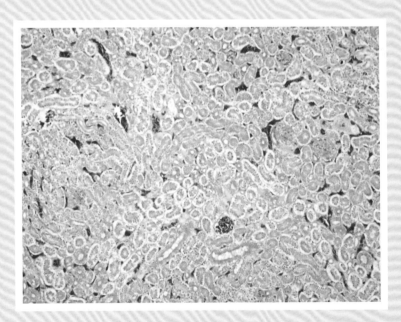

图 2-61　肾小管上皮坏死（a）

肾小管间血管瘀血明显，部分肾小管上皮脱离基底膜，肾小球肿胀（#13，HE×100）。

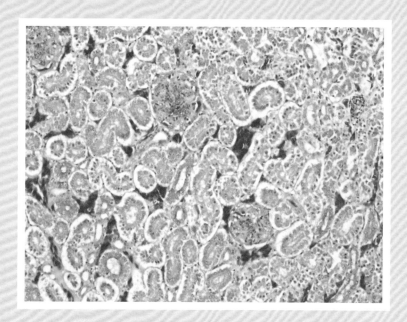

图 2-62　肾小管上皮坏死（b）
肾脏组织结构紊乱。部分肾小管上皮脱离基底膜，肿胀。肾小球肿胀，肾小囊变窄或消失（#13，HE×200）。

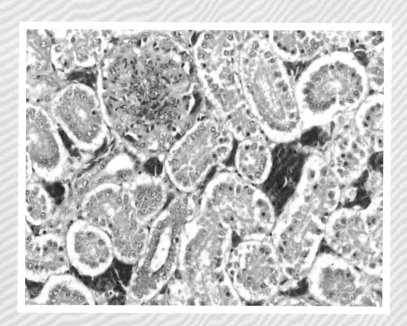

图 2-63　肾小管上皮坏死（c）
肾小球肿胀。部分肾小管上皮坏死，出现不同状态的核的变化。有的为核固缩，有的崩解成片状或颗粒状，有的仅存核影（#13，HE×400）。

2.6 病理性钙化

见图 2-64 至图 2-69。

图 2-64 心肌包虫虫卵（a）
心肌纤维肿胀，肌纤维之间间质增宽，血管扩张充血（HE×100）。

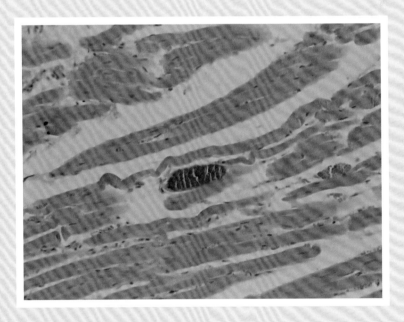

图 2-65 心肌包虫虫卵（b）
在心肌纤维之间可见一蓝染的圆形结构，为包虫虫卵（HE×200）。

图 2-66　肝寄生虫钙化灶（a）

肝脏组织中有钙化灶，外围有结缔组织形成的包囊（HE×100）。

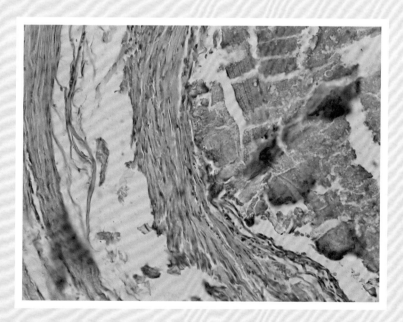

图 2-67　肝寄生虫钙化灶（b）

钙化灶中心为均质蓝染的颗粒状或团块状物，外围有结缔组织形成的包囊（HE×200）。

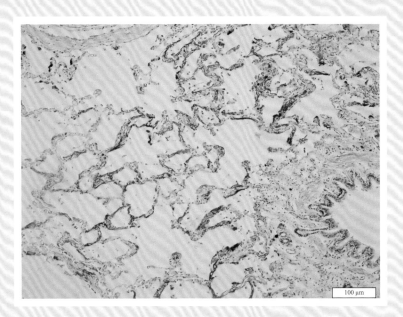

图 2-68　犬肺钙化（a）
肺泡壁上沉积深蓝染色的钙盐，肺泡扩张（HE×100）。

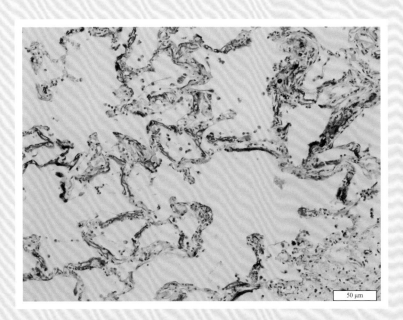

图 2-69　犬肺钙化（b）
肺泡扩张，肺泡上皮细胞萎缩，肺泡壁毛细血管上沉积深蓝染色的钙盐（HE×200）。

3　适应与修复

　　适应是指在致病因素作用、环境改变、器官损伤或功能变化时，机体往往通过改变自身的代谢、功能和结构来加以协调的过程。适应是机体对内、外环境条件变化时所产生的各种积极有效的反应。细胞和组织的适应性反应在形态结构上常相应出现增生、肥大、化生和萎缩等。

　　修复是机体对损伤所造成的缺损进行修补复原的过程，可通过损伤周围的细胞分裂、增生即细胞的再生来完成。再生分为完全再生和不完全再生，完全再生由损伤周围的同类细胞修复，多见于生理性再生；而不完全再生是由形态不同、功能较低的结缔组织增生替补的过程，多见于病理性再生。

　　创伤愈合是指创伤造成组织缺损的修复过程。任何创伤愈合都是以组织的再生和炎症为基础的。创伤愈合的类型分为第一期愈合、第二期愈合和痂下愈合。第一期愈合又称直接愈合，主要见于组织缺损少、创缘整齐、无感染、经黏合或缝合后创面对合严密的伤口，愈合时增生的肉芽组织少，创口表皮覆盖较完整。第二期愈合又称间接愈合，见于组织缺损较大、创缘不整、哆开、无法整齐对合，或伴有感染的伤口。表皮再生一般在肉芽组织将伤口填平之后才开始。愈合的时间较长，形成的瘢痕较大。伤口表面的血液、渗出液及坏死物质干燥后形成黑褐色硬痂（scab），在痂下进行上述愈合过程称为痂下愈合。

3.1　增生

　　见图 3-1 至图 3-4。

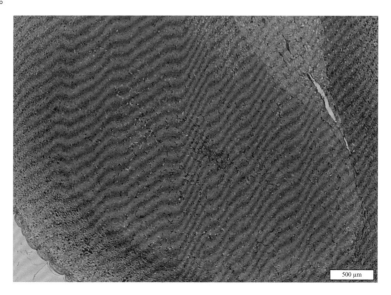

图 3-1　鼠肾上腺皮质增生（a）
低倍镜下，可见明显的皮质增生区与非增生区的界限明显（HE×40）。

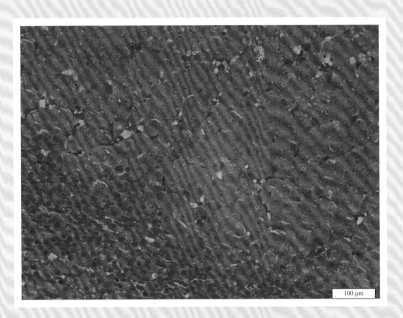

图 3-2　鼠肾上腺皮质增生（b）

镜下可见，皮质区腺细胞大量增生，与临界的非增生区界限明显（HE×200）。

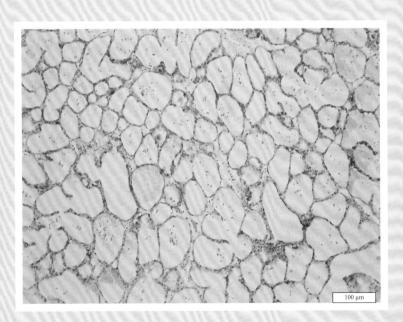

图 3-3　小鼠乳腺增生（a）

泌乳期小鼠乳腺，乳腺腺泡数量明显增多，间质结缔组织减少（HE×100）。

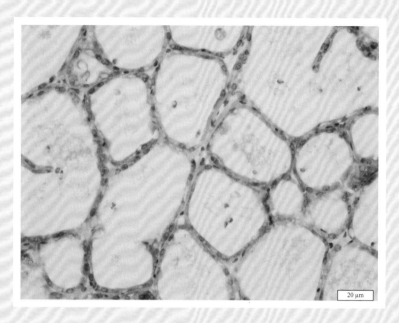

20 μm

图 3-4　犬乳腺增生（b）

泌乳期小鼠乳腺，腺泡数量增多，腺上皮细胞数量增多（HE×400）。

3.2　萎缩

见图 3-5 至图 3-18。

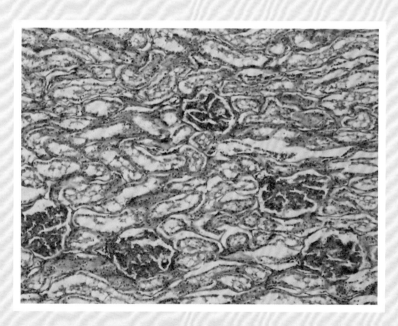

图 3-5　肾萎缩（a）

肾小管管壁变薄，管腔变大，肾小球相对密集（HE×100）。

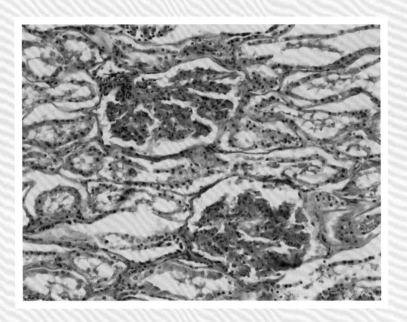

图 3-6　肾萎缩（b）

肾小管上皮细胞扁平，肾小管管壁变薄，管腔变大（HE×200）。

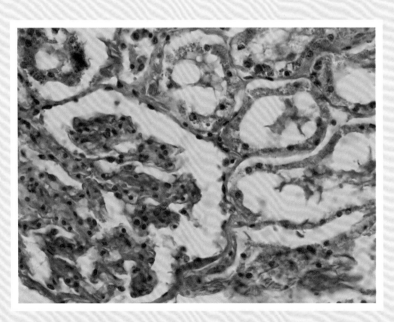

图 3-7　肾萎缩（c）

肾小管上皮细胞体积缩小，胞浆内有多量脂褐素颗粒，肾小管管壁变薄，管腔变大（HE×400）。

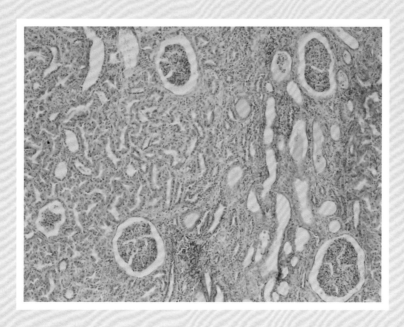

图 3-8　肾萎缩（牛肾盂积水）（a）
肾小管上皮细胞体积缩小，肾小管管壁变薄，管腔变大，肾小管数量减少，肾间质结缔组织增生，肾小球相对密集（HE×100）。

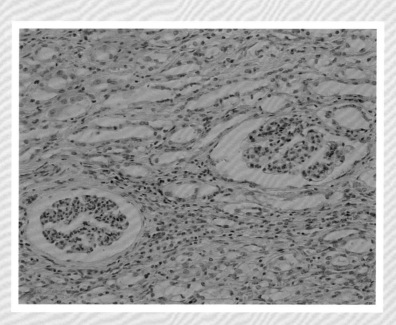

图 3-9　肾萎缩（牛肾盂积水）（b）
肾小管上皮细胞体积缩小，肾小管管壁变薄，管腔变大（HE×200）。

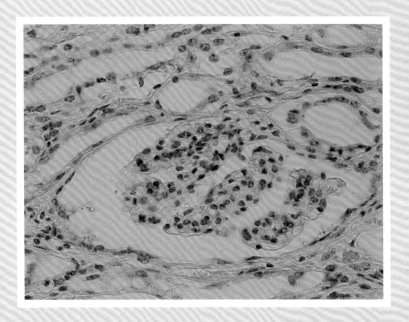

图 3-10 肾萎缩（牛肾盂积水）（c）
肾小管上皮细胞体积缩小，肾小管管壁变薄，管腔变大（HE×400）。

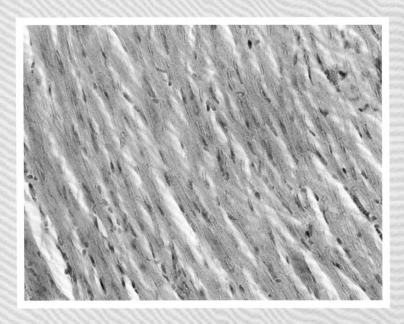

图 3-11 心肌萎缩（a）
心肌纤维变细，纤维间隙增宽（HE×400）。

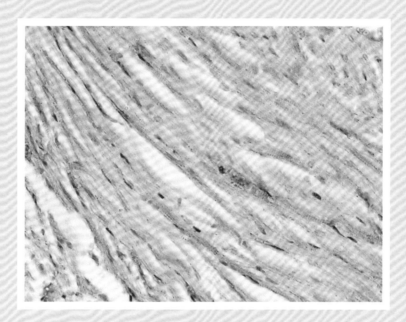

图 3-12　心肌萎缩（b）
心肌纤维变细，胞浆内有多量脂褐素颗粒，心肌纤维间隙增宽（HE×400）。

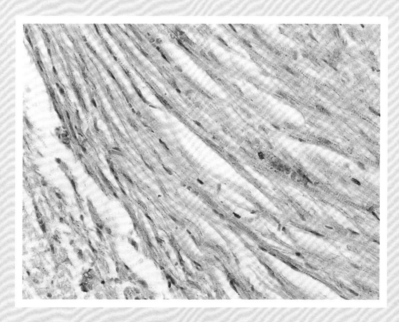

图 3-13　心肌萎缩（c）
心肌纤维变细，胞浆内有多量脂褐素颗粒，心肌纤维间隙增宽（HE×400）。

图 3-14 脾萎缩（a）

脾白髓缩小、减数，淋巴细胞减少，脾小结不明显；红髓细胞数量减少，脾小梁相对增多（HE×100）。

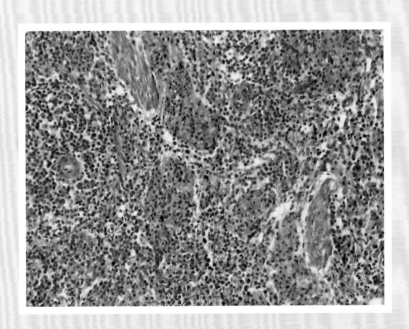

图 3-15 脾萎缩（b）

脾白髓缩小，淋巴细胞减少，红髓细胞数量减少，脾小梁相对增多（HE×400）。

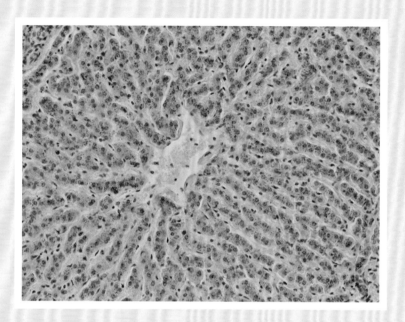

图 3-16 肝褐色萎缩 (a)

肝索变窄，肝细胞内有多量脂褐素颗粒（HE×200）。

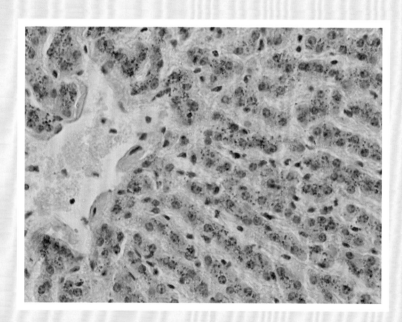

图 3-17 肝褐色萎缩 (b)

肝细胞体积缩小，肝细胞内有多量脂褐素颗粒（HE×400）。

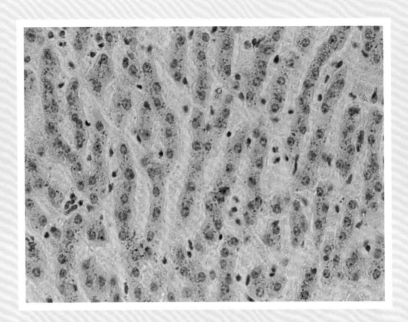

图 3-18　肝褐色萎缩（c）

肝细胞内有多量脂褐素颗粒（HE×400）。

3.3　肉芽组织

见图 3-19 至图 3-27。

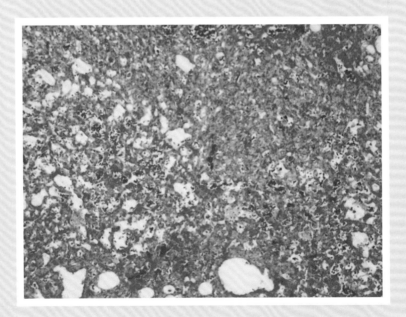

图 3-19　犬肉芽组织组织部位图片（a）

大量新生的毛细血管、幼稚的成纤维细胞、少量的胶原纤维组成的肉芽组织（#20，HE×100）。

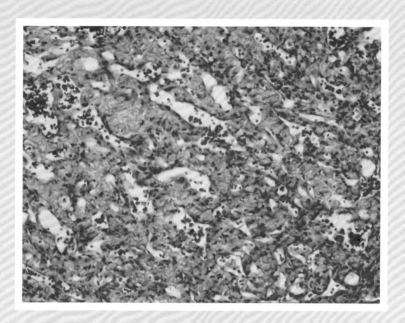

图 3-20　犬肉芽组织（b）
可见大量由内皮细胞增生形成的实性细胞索及扩张的毛细血管（#20，HE×200）。

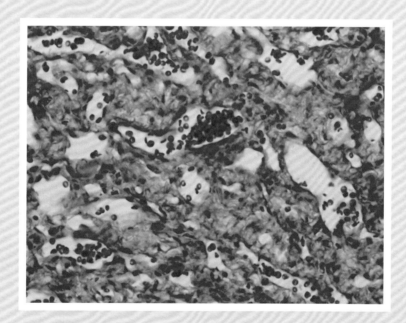

图 3-21　犬肉芽组织（c）
在毛细血管周围有许多新生的纤维母细胞，核呈圆形或椭圆形，胞浆成分较多，未见明显的炎性细胞的浸润（#20，HE×400）。

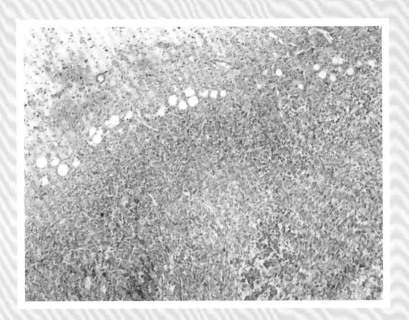

图 3-22 SD 大鼠肉芽组织形成（a）
组织损伤部位可见充血、出血，并有大量炎性细胞浸润（#71，HE×100）。

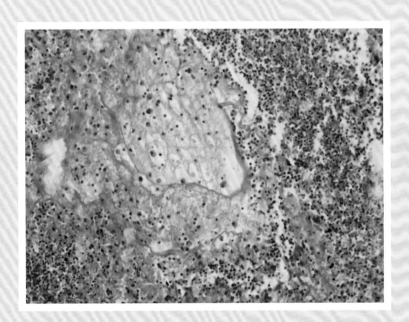

图 3-23 SD 大鼠肉芽组织形成（b）
损伤部位组织细胞坏死，形成红染的网状结构，其间散在分布中性粒细胞、巨噬细胞等，组织细胞的实质结构减少（#71，HE×200）。

图 3-24　SD 大鼠肉芽组织形成（c）
肉芽组织主要由大量幼稚的成纤维细胞和毛细血管组成，并散在一些淋巴样的炎性细胞（#71，HE×200）。

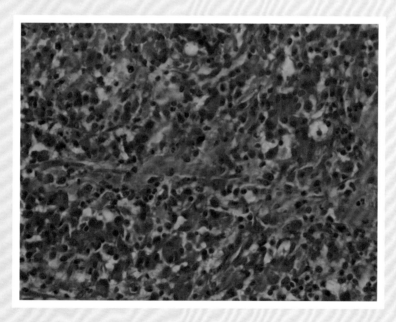

图 3-25　SD 大鼠肉芽组织形成（d）
新增生的纤维母细胞，细胞肥大，两端稍扁，胞浆多，核呈圆形。还可见大量炎性细胞浸润（#71，HE×400）。

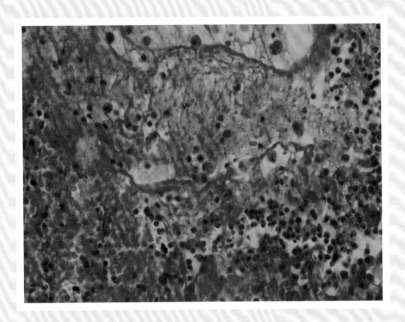

图 3-26　SD 大鼠肉芽组织形成（e）

损伤部位可见细胞坏死形成的红色网状结构，大量炎性细胞浸润，主要以巨噬细胞为主，也有不等的中性粒细胞及淋巴细胞（#71，HE×400）。

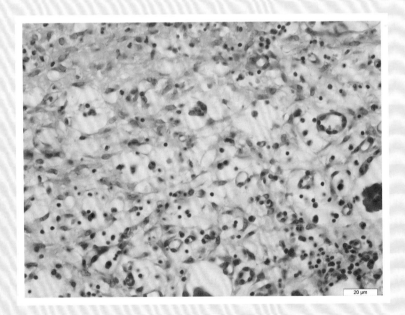

图 3-27　SD 大鼠盲肠浆膜肉芽组织

由大量幼稚成纤维细胞、丰富的毛细血管、淋巴细胞以及巨噬细胞等炎性细胞构成的肉芽组织（HE×400）。

3.4 创伤愈合

见图 3-28 至图 3-55。

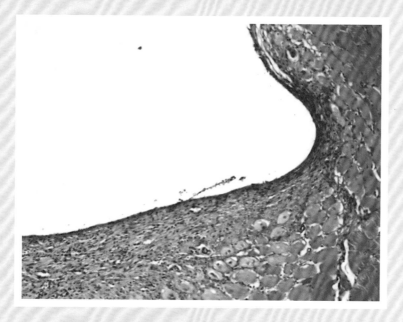

图 3-28 兔背部肌肉创伤愈合（a）
创伤部位肉芽组织形成（#47，HE×100）。

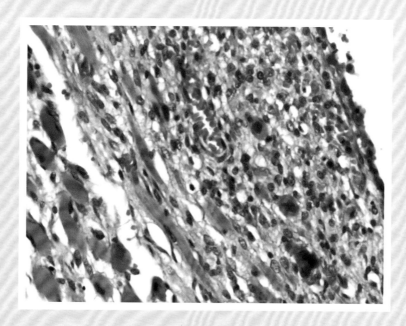

图 3-29 兔背部肌肉创伤愈合（b）
肉芽组织中有淋巴样细胞、巨噬细胞等炎症细胞浸润，在肉芽组织边缘可见残留的损伤断裂的肌纤维（局部已发生细胞坏死，#47，HE×400）。

图 3-30　猪肌肉损伤和修复（a）
肌肉发生广泛性的肿胀、变性、崩解和坏死，肌束萎缩甚至消失。肌束膜结构紊乱，局部细胞结构不完整甚至完全消失，肌间组织有大量渗出成分（#59，HE×100）。

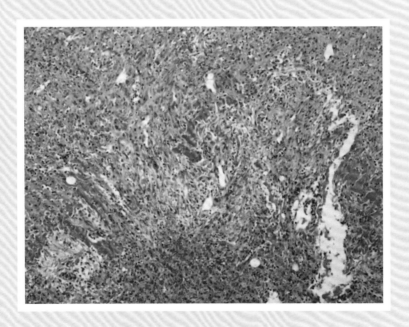

图 3-31　猪肌肉损伤和修复（b）
坏死的肌肉被周围大量增生的结缔组织所包围，形成程度不一的肉芽组织（#59，HE×100）。

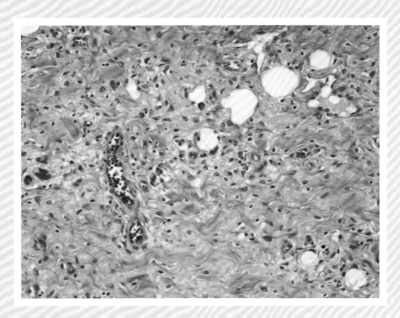

图 3-32　猪肌肉损伤和修复（c）
新生的小血管，其内有红细胞，淋巴细胞显著增多（#59，HE×200）。

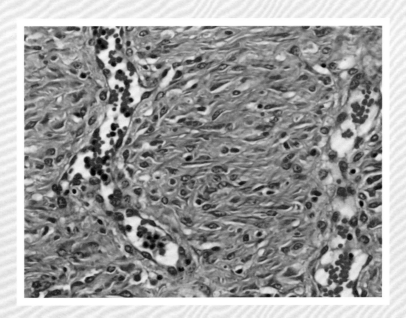

图 3-33　猪肌肉损伤和修复（d）
主要由成纤维细胞、新生的小血管和少量炎性细胞构成（#59，HE×400）。

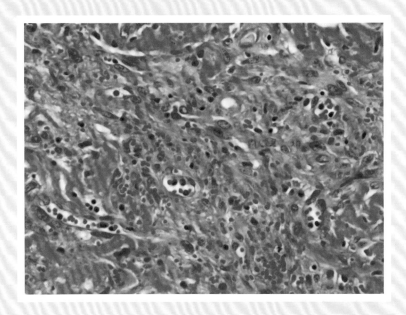

图 3-34　猪肌肉损伤和修复（e）

在组织坏死部位可见新生的成纤维细胞、散在的红细胞以及一些组织细胞坏死后形成的红染均质的结构，另外可见淋巴样细胞浸润（#59，HE×400）。

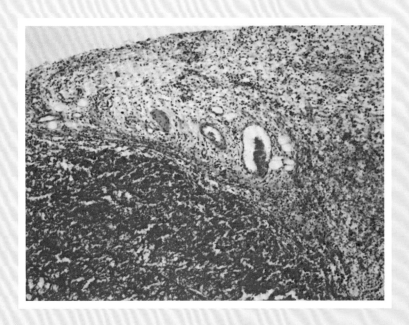

图 3-35　大鼠创伤愈合（a）

结缔组织疏松、水肿，有纤维蛋白渗出，细胞成分增多，血管充血瘀血，局部有出血现象，可见少量的结缔组织增生（#67，HE×100）。

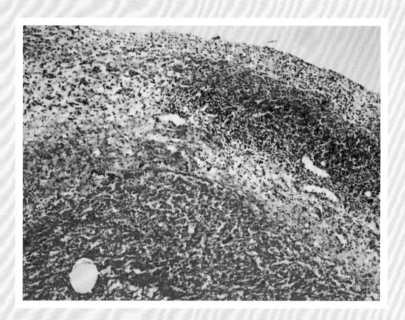

图 3-36　大鼠创伤愈合（b）

大片蓝染的细胞浸润，围绕在新生的毛细血管周围。结缔组织疏松，淡染（#67，HE×100）。

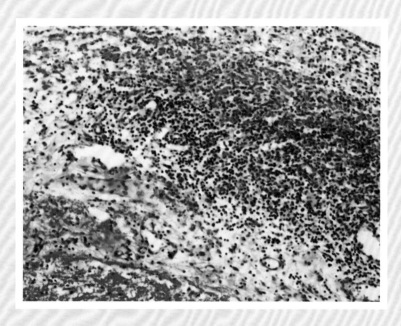

图 3-37　大鼠创伤愈合（c）

炎性细胞以巨噬细胞为主，其次为中性粒细胞（#67，HE×200）。

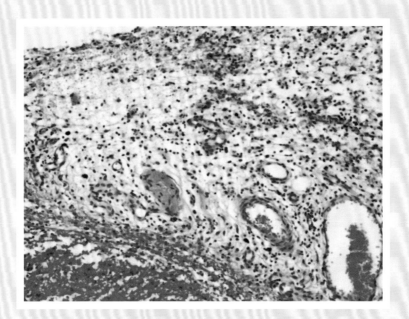

图 3-38　大鼠创伤愈合（d）

可见大小不等的新生毛细血管，呈椭圆形或卵圆形，周围有散在或聚集的淋巴细胞浸润（#67，HE×200）。

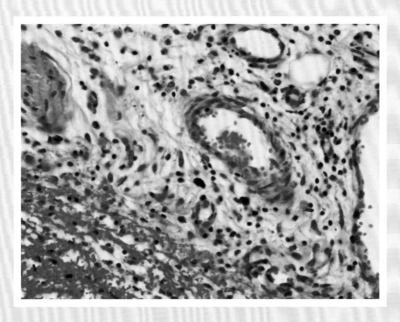

图 3-39　大鼠创伤愈合（e）

炎性细胞主要为淋巴细胞，嗜碱性较强，胞核深染。新生毛细血管为单层扁平上皮（#67，HE×400）。

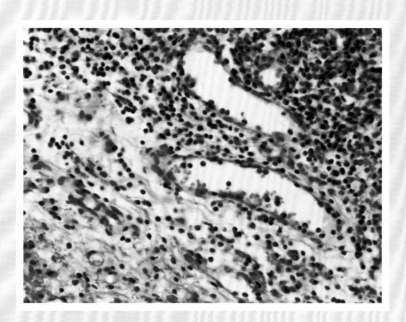

图 3-40　大鼠创伤愈合（f）

大量炎性细胞浸润，主要为淋巴细胞，毛细血管由单层扁平上皮组成，管腔大小不等，最小的可由一个内皮细胞围绕而成（#67，HE×400）。

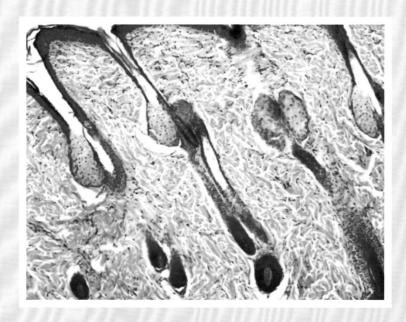

图 3-41　SD 大鼠皮肤创伤修复——正常对照（a）

全层完好，角质层存在，棘细胞层结构清晰，真皮内胶原纤维排列整齐，真皮肌层排列整齐，毛囊及皮脂腺结构清晰（#97，HE×100）。

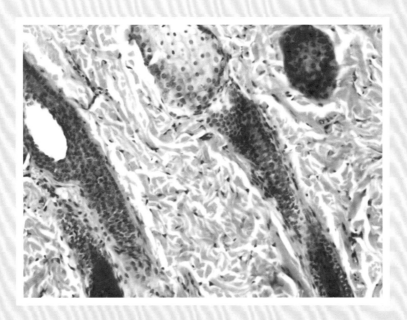

图 3-42　SD 大鼠皮肤创伤修复——正常对照（b）
真皮内胶原纤维排列整齐，真皮肌层排列整齐，毛囊及皮脂腺结构清晰（#97，HE×200）。

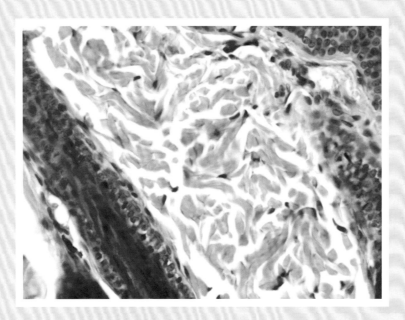

图 3-43　SD 大鼠皮肤创伤修复——正常对照（c）
真皮内胶原纤维束和肌层排列规则（#97，HE×400）。

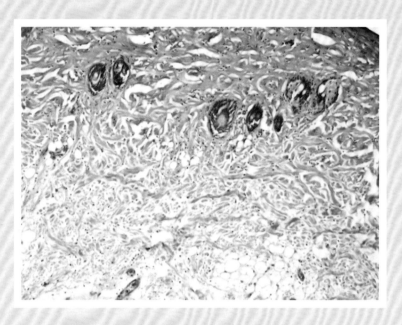

图 3-44　SD 大鼠皮肤创伤修复——烫伤对照（d）
烫伤部位表皮坏死、损伤，毛囊受到破坏（#97，HE×100）。

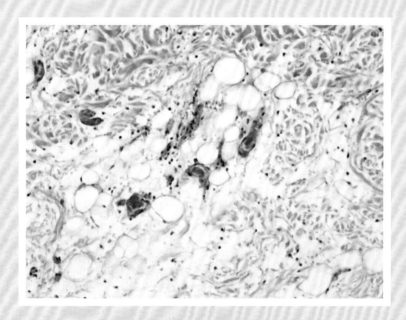

图 3-45　SD 大鼠皮肤创伤修复——烫伤对照（e）
真皮深层组织血管扩张明显且充血，胶原纤维排列疏松（#97，HE×200）。

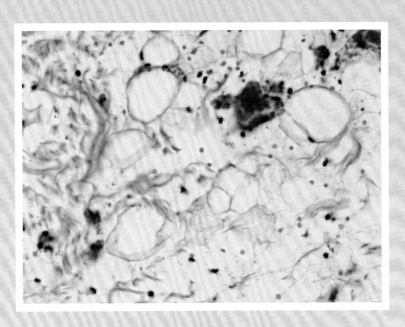

图 3-46 SD 大鼠皮肤创伤修复——烫伤对照（f）

临近烫伤表面部分可见胶原纤维明显肿胀，坏死（#97，HE×400）。

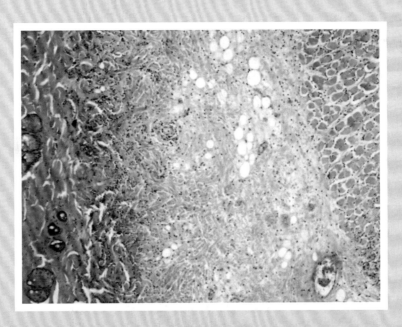

图 3-47 SD 大鼠皮肤创伤修复——烫伤后 7 d（g）

烫伤创面出现较薄的肉芽组织层，其中有少量新生毛细血管（#97，HE×100）。

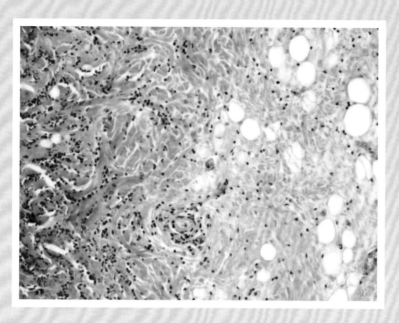

图 3-48　SD 大鼠皮肤创伤修复——烫伤后 7 d（h）

表皮下组织出现大片坏死（#97，HE×200）。

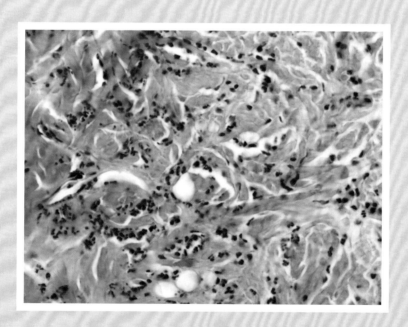

图 3-49　SD 大鼠皮肤创伤修复（i）

周围组织水肿，有炎性细胞浸润（#97，HE×400）。

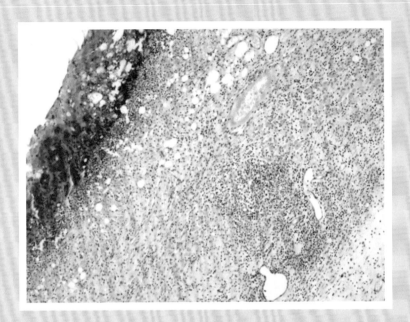

图 3-50　SD 大鼠皮肤创伤修复——烫伤后 14 d（j）

创面处新生肉芽组织，迅速增长，创面边缘开始收缩（#97，HE×100）。

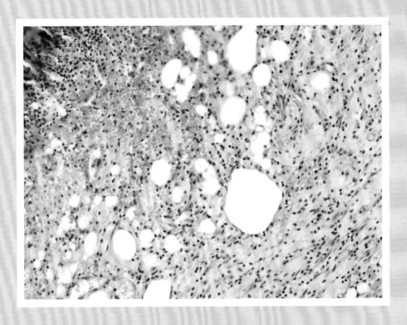

图 3-51　SD 大鼠皮肤创伤修复——烫伤后 14 d（k）

创面中央部位炎性反应带下也见大量肉芽组织增生（#97，HE×200）。

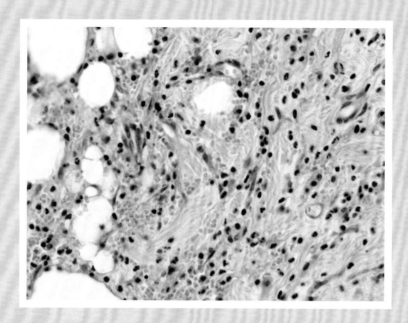

图 3-52　SD 大鼠皮肤创伤修复（I）
新生肉芽组织，可见新生毛细血管，并见大量炎性细胞（#97，HE×400）。

图 3-53　SD 大鼠皮肤创伤修复——烫伤后 21 d（m）
创面边缘修复完全，表皮有即将脱落的坏死组织（#97，HE×100）。

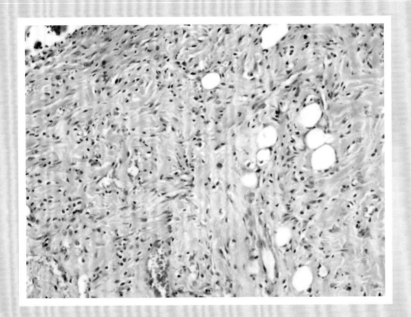

图 3-54 SD 大鼠皮肤创伤修复——烫伤后 21 d（n）
创面中间部位新生毛细血管减少，炎性细胞减少（#97，HE×200）。

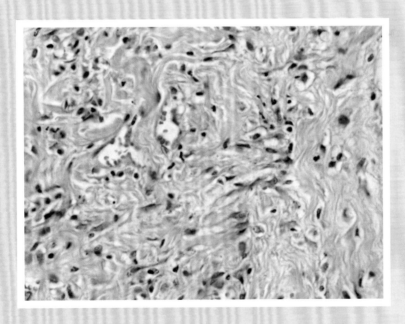

图 3-55 SD 大鼠皮肤创伤修复（o）
创面中间部位肉芽组织瘢痕化，纤维细胞呈梭形（#97，HE×400）。

4　炎　症

炎症 (inflammation) 是具有血管系统的活体组织对损伤因子所诱发的以防御为主的反应。变质、渗出和增生是炎症的三大基本病理变化。

炎症局部的临床表现为红、肿、热、痛和机能障碍，全身反应为发热、白细胞增多、单核巨噬细胞系统机能亢进与细胞增生和实质器官的病变。

按照炎症的局部病变，可以将炎症分为渗出性炎、增生性炎和变质性炎。在渗出性炎中，由于渗出物的主要成分和病变特点不同，又分为浆液性炎、纤维素性炎、化脓性炎、出血性炎。增生性炎除了一般增生性炎症之外，还有一种由巨噬细胞增生形成界限清楚的结节状病灶称为肉芽肿。

4.1　渗出性炎

见图 4-1 至图 4-18。

图 4-1　化脓性乳腺炎（a）

乳腺基本结构消失，可见少量残存的乳腺导管和腺泡，周围是结缔组织，有明显的化脓灶，化脓灶周围有大量炎性细胞浸润（#19，犬 HE×100）。

图 4-2　　化脓性乳腺炎（b）

大量的炎性细胞浸润，红细胞散在分布（#19，犬 HE×200）。

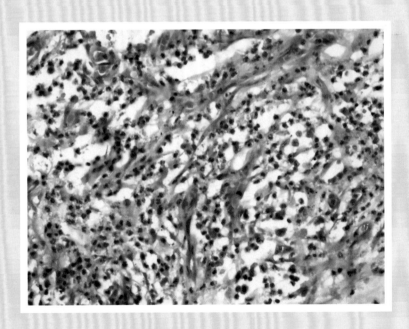

图 4-3　　化脓性乳腺炎（c）

炎性细胞主要为胞核深染呈分叶核或杆状核，胞浆成分较少的中性粒细胞，也可见少量的巨噬细胞（#19，犬 HE×400）。

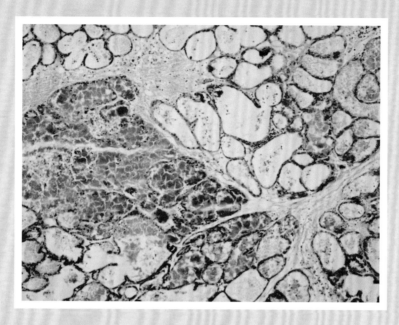

图 4-4　小鼠乳腺炎（a）

腺体中小叶分界明显，小叶中腺泡数量较多，腺泡腔内可见少许粉红染分泌物，小叶间质可见血管充血（#77，HE×100）。

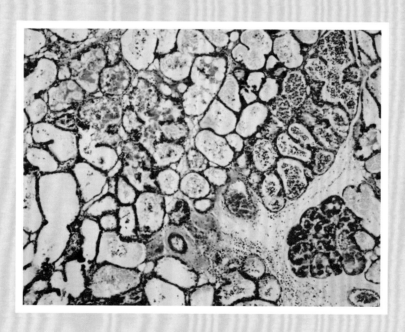

图 4-5　小鼠乳腺炎（b）

小叶间质血管扩张充血，组织疏松水肿（#77，HE×100）。

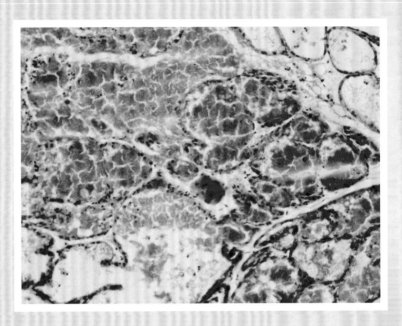

图 4-6　小鼠乳腺炎（c）

小叶内部分腺泡结构不完整，腺上皮脱落，腺泡腔内充满红染的物质（#77，HE×200）。

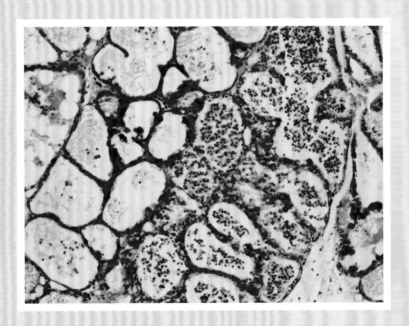

图 4-7　小鼠乳腺炎（d）

部分小叶内的腺泡腔内可见大量炎性细胞，腺上皮脱落，腺腔扩张，腺上皮被挤压成薄薄一层（#77，HE×200）。

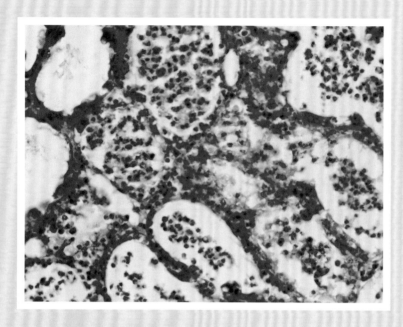

图 4-8　小鼠乳腺炎（e）

腺泡腔内可见大量炎性细胞，以中性粒细胞为主。腺上皮脱落，腺腔扩张，腺上皮被挤压成薄薄一层（#77，HE×400）。

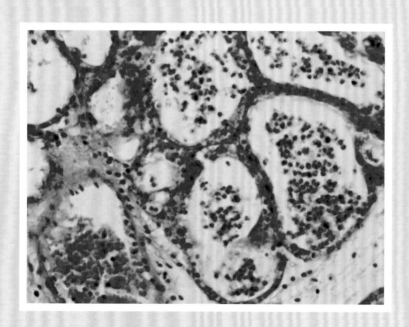

图 4-9　小鼠乳腺炎（f）

腺泡腔内有多量的嗜中性粒细胞浸润，间质中嗜中性粒细胞和淋巴样细胞增多（#77，HE×400）。

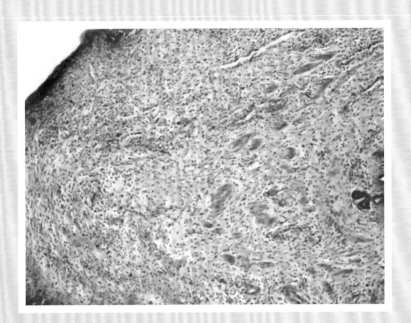

图 4-10　大鼠——化脓性乳房炎（间质）(a)
乳腺小叶分界不明显，腺泡大小不一，形状不规则，主要为间质组织（#98，大鼠 HE×100）。

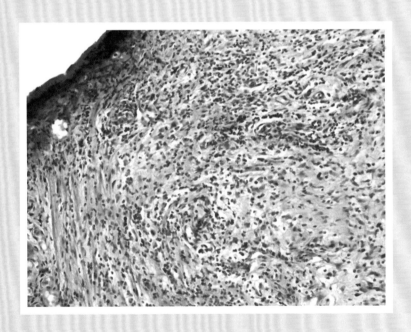

图 4-11　大鼠——化脓性乳房炎（间质）(b)
小叶间质的结缔组织内可见大量小而深染的细胞浸润（#98，大鼠 HE×200）。

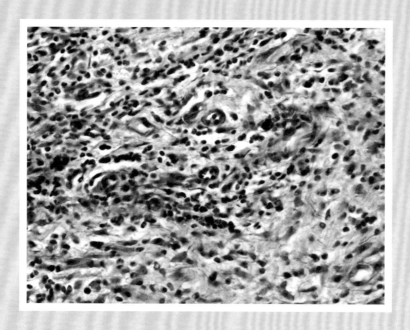

图 4-12　大鼠——化脓性乳房炎（间质）（c）

淋巴细胞浸润，还有少量胞核分叶的中性粒细胞，以及胞体较大，胞浆丰富的巨噬细胞存在（#98，大鼠 HE×400）。

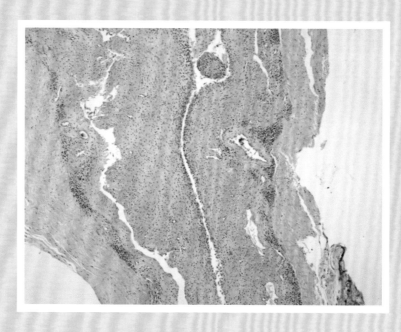

图 4-13　鸡——关节炎（a）

关节各层结构增厚，关节囊增宽，肌层肌纤维肿胀，结缔组织层结构疏松，间隙增宽。表层可见细胞嗜碱性增强（#102，鸡 HE×100）。

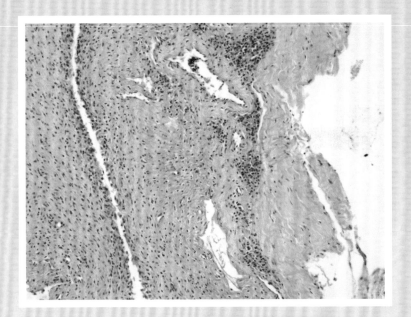

图 4-14 鸡——关节炎（b）

关节囊表层的结缔组织明显增厚，并可见大量蓝染的细胞聚集在一起的炎性细胞灶。结缔组织下层的肌肉组织染色变浅，肌纤维染色不均，呈波浪状（#102，鸡 HE×200）。

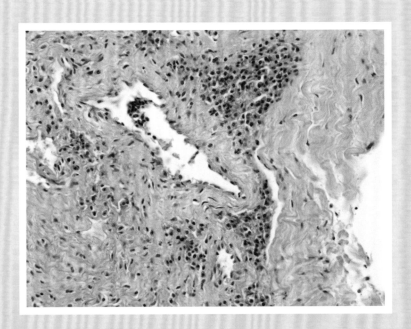

图 4-15 鸡——关节炎（c）

外层结缔组织里可见散在的炎性细胞或者聚集成团的炎性细胞灶，以巨噬细胞和淋巴细胞为主。内层肌纤维肿胀、变性、染色不均，胞核不可见或被挤到细胞边缘；有的部位肌纤维断裂，呈团块状。肌纤维间可见散在分布的紫色深染的炎性细胞（#102，鸡 HE×400）。

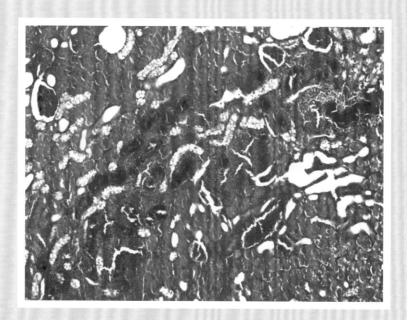

图 4-16　大鼠肾化脓灶（a）
点状炎症灶散在分布（#33，大鼠 HE×100）。

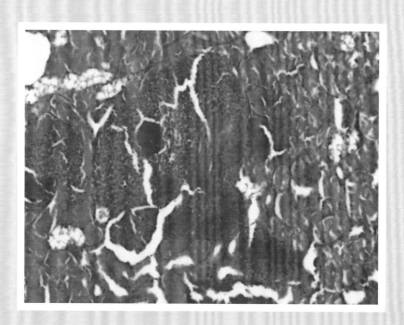

图 4-17　大鼠肾化脓灶（b）
炎灶部位失去正常组织结构，大量中性粒细胞浸润，局部有中性粒细胞坏死崩解，形成形状不一、染色较深的蓝色区域，即脓液（#33，大鼠 HE×200）。

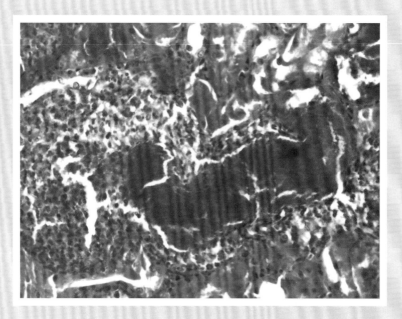

图 4-18　大鼠肾化脓灶（c）

炎灶中有大量中性粒细胞浸润，部分中性粒细胞崩解，形成蓝染的脓液，变性坏死的中性粒细胞和坏死溶解的组织残屑共同形成含有脓液的囊腔（#33，大鼠 HE×400）。

4.2　增生性炎

见图 4-19 至图 4-26。

图 4-19　牛淋巴结肉芽肿　（a）

低倍镜下可见，淋巴结皮质部散在分布许多个体较大、胞核较多的多核巨细胞（HE×100）。

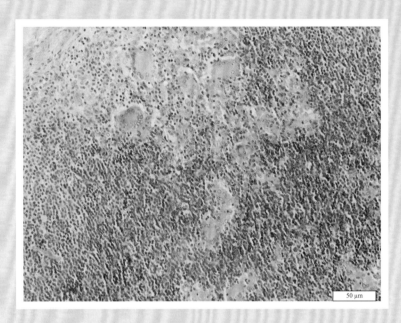

图 4-20　牛淋巴结肉芽肿（b）

淋巴结皮质部散在分布许多个体较大、胞核较多的多核巨细胞（HE×200）。

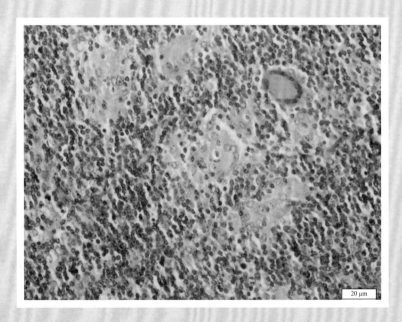

图 4-21　牛淋巴结肉芽肿（c）

淋巴结皮质部大量巨噬细胞、上皮样细胞和多核巨细胞浸润，多核巨细胞胞核呈马蹄形或圆形排列在细胞边缘（HE×400）。

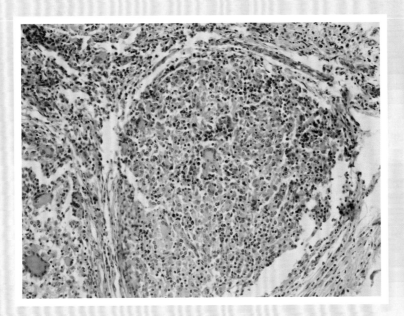

图 4-22 牛淋巴结肉芽肿（d）

淋巴结原有的组织结构破坏，出现大量的多核巨细胞及上皮样细胞（HE×200）。

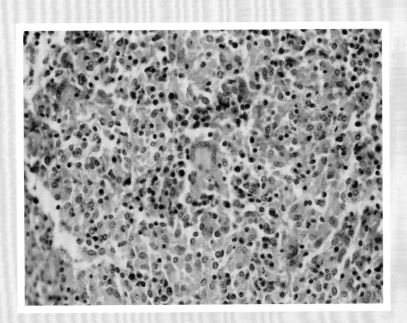

图 4-23 牛淋巴结肉芽肿（e）

肉芽肿中的上皮样细胞胞体较大、境界不清，核呈空泡状，形态与上皮细胞相似；在上皮样细胞之间散在多核巨细胞，胞体体积大，多个胞核排列在细胞周边（HE×400）。

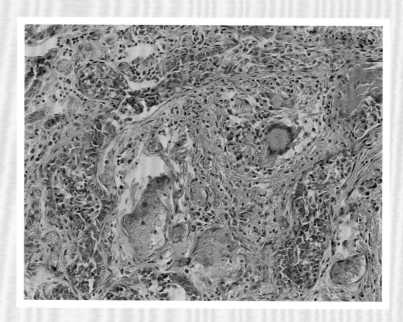

图 4-24　牛乳腺结核（a）

乳腺内有许多大小不等的结核结节，可见多核巨细胞，并有多量淋巴细胞浸润；周围乳腺组织充血（HE×200）。

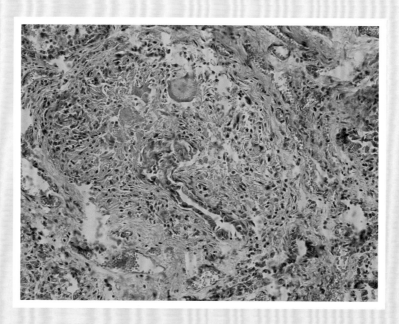

图 4-25　牛乳腺结核（b）

乳腺组织充血，有多量淋巴细胞浸润（HE×200）。

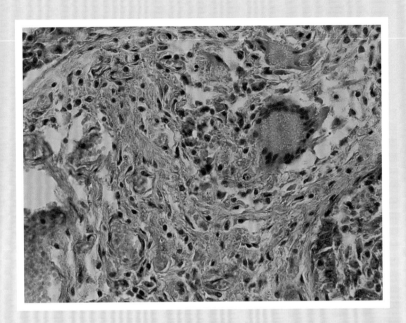

图 4-26　牛乳腺结核（c）

上皮样细胞和多核巨细胞组成的特殊肉芽组织，多量淋巴细胞浸润（HE×400）。

4.3　变质性炎

见图 4-27 至图 4-31。

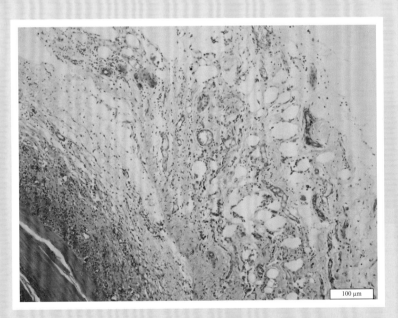

图 4-27　鼠盲肠浆膜炎（a）

盲肠浆膜增厚，结缔组织疏松水肿，细胞成分明显增多（HE×100）。

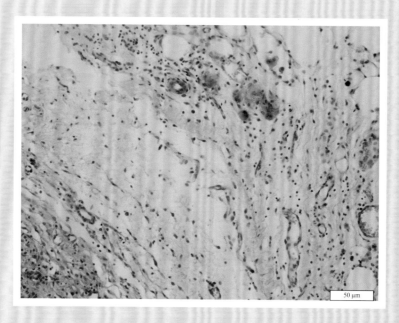

50 μm

图 4-28　鼠盲肠浆膜炎（b）
盲肠浆膜增厚，结缔组织疏松水肿，大量炎性细胞浸润（HE×200）。

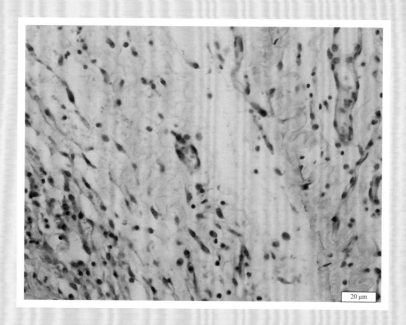

20 μm

图 4-29　鼠盲肠浆膜炎（c）
盲肠浆膜增厚，结缔组织疏松水肿，淋巴细胞和浆细胞浸润（HE×400）。

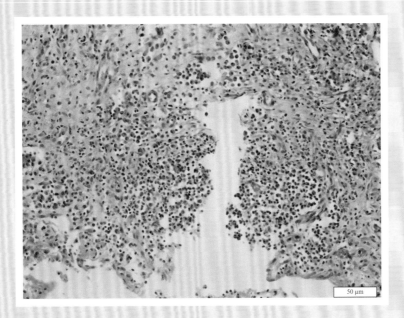

图 4-30 鼠盲肠浆膜炎（d）
大量胞浆丰富、胞核偏于一侧的浆细胞以及淋巴细胞呈局灶性浸润（HE×200）。

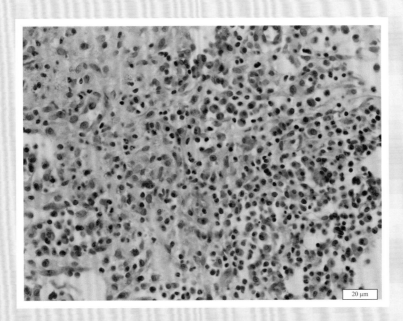

图 4-31 鼠盲肠浆膜炎（e）
浆细胞、淋巴细胞呈现局灶性浸润（HE×400）。

5　肿　瘤

肿瘤 (tumor, neoplasia) 是机体在各种致瘤因素作用下，局部组织的细胞在基因水平上失去了对其生长的正常调控，导致异常增生而形成的新生物。

肿瘤的组织结构比较复杂，基本成分分为实质和间质。肿瘤的实质就是肿瘤细胞，是肿瘤的主要成分。肿瘤的间质是肿瘤的支架，起着支持和营养肿瘤实质的作用。肿瘤的间质包括结缔组织、血管和免疫细胞等成分。

良性肿瘤的同型性高，恶性肿瘤的异型性高。异型性主要是指肿瘤细胞形态和组织结构上与正常组织细胞的差异程度。异型性大小是肿瘤组织分化高低和成熟程度的主要标志。同一组织发生肿瘤的分化程度是不一样的。成熟度高、分化好的良性肿瘤生长较缓慢，成熟度低、分化差的恶性肿瘤生长较快，短期内可形成明显的肿块，由于血液及营养供应相对不足，易发生坏死和出血。

肿瘤的生长方式一般有膨胀性生长、浸润性生长和外生性生长。

良性肿瘤与恶性肿瘤间的区别，主要依其组织分化程度、生长方式、生长速度、有无转移和复发以及对机体的影响等方面综合判断，尤其在镜下观察的时候可以通过肿瘤细胞有无核分裂象以及分裂象的数量加以区分。

5.1　鳞状细胞癌

见图 5-1 至图 5-7。

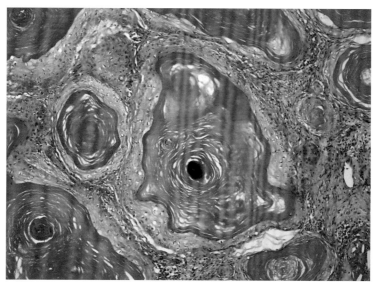

图 5-1　犬鳞状上皮细胞癌（a）

增生的上皮突破基底膜向深层浸润，形成条索状或不规则形癌细胞巢。在癌巢中心可见类似表皮的层状角化物，称为癌珠（#26，HE×100）。

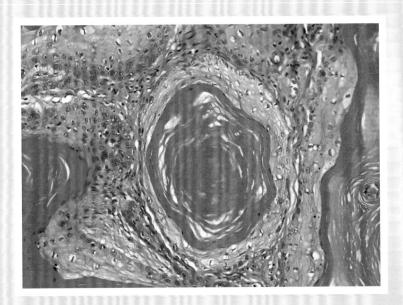

图 5-2　犬鳞状上皮细胞癌（b）
分化较好的鳞状上皮细胞癌可见形成典型的癌巢和癌珠（#26，HE×200）。

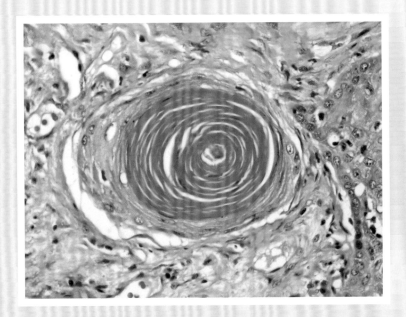

图 5-3　犬鳞状上皮细胞癌（c）
癌细胞尚未角化，中心为棘细胞，外周为基底细胞（#26，HE×400）。

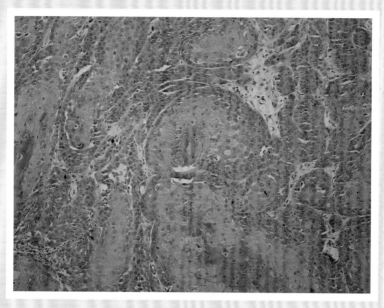

图 5-4　鳞状上皮细胞癌（a）
　　癌组织内有多量癌巢，癌细胞排列与鳞状上皮相似，中心有癌珠。癌细胞呈圆形、多角形，核分裂象较多（HE×100）。

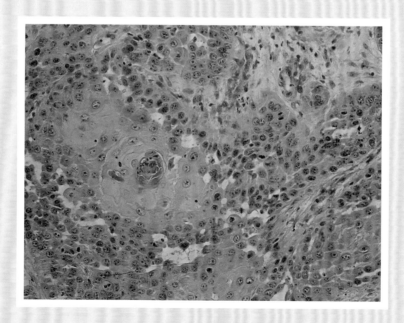

图 5-5　鳞状上皮细胞癌（b）
　　癌组织内有多量癌巢，癌细胞排列与鳞状上皮相似，中心有癌珠。癌细胞呈圆形、多角形，核分裂象较多（HE×200）。

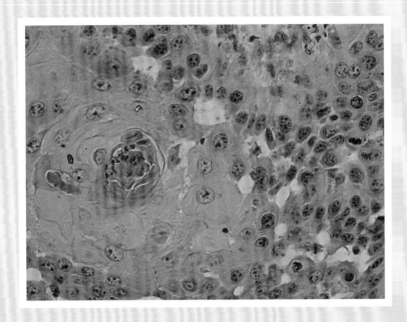

图 5-6　鳞状上皮细胞癌（c）
癌组织内有多量癌巢，癌细胞排列与鳞状上皮相似，中心有癌珠。癌细胞呈圆形、多角形，核分裂象较多（HE×400）。

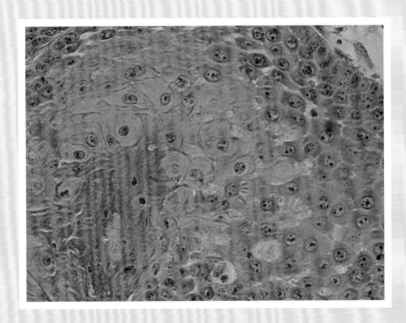

图 5-7　鳞状上皮细胞癌（d）
癌组织内有多量癌巢，癌细胞排列与鳞状上皮相似，中心有癌珠。癌细胞呈圆形、多角形，核分裂象较多（HE×400）。

5.2 鸡马立克氏病

见图 5-8 至图 5-16。

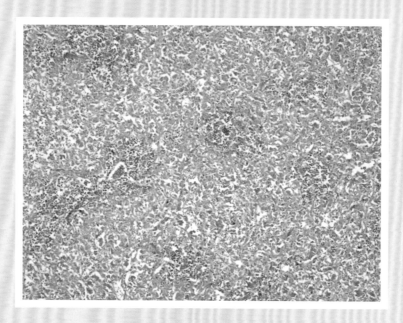

图 5-8 鸡马立克氏病肝脏（a）
肝脏正常结构消失，出现染色较深的结节样结构（#52，HE×100）。

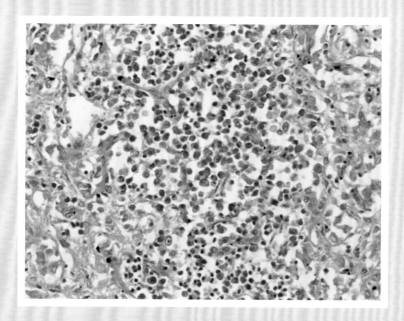

图 5-9 鸡马立克氏病肝脏（b）
结节样结构内有大量大小不一的淋巴样细胞和异嗜细胞。周围肝细胞肿胀，甚至发生坏死（#52，HE×400）。

图 5-10　鸡马立克氏病脾脏（a）

脾脏弥散分布着大量大小不一的深蓝色的岛状结节（#53，HE×100）。

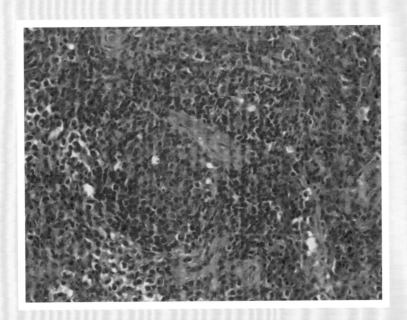

图 5-11　鸡马立克氏病脾脏（b）

淋巴样细胞增生，形成结节。瘤细胞大小不一，成熟的肿瘤细胞核深染呈团块状，细胞比较大（#53，HE×400）。

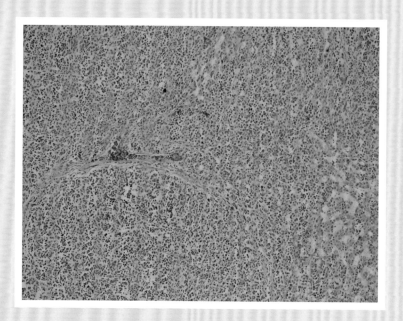

图 5-12　鸡马立克氏病肝（a）
大量的马立克氏肿瘤细胞占据整个肝组织中，仅残留少量肝细胞（HE×100）。

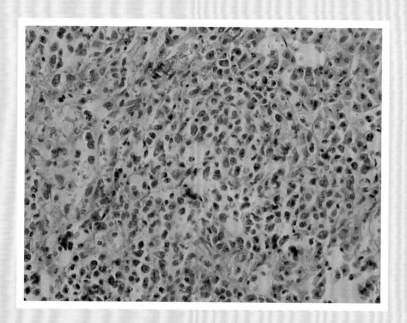

图 5-13　鸡马立克氏病肝（b）
肿瘤由大小不等的马立克氏细胞和淋巴细胞组成，并可见多量核分裂象，局部肝细胞坏死消失（HE×400）。

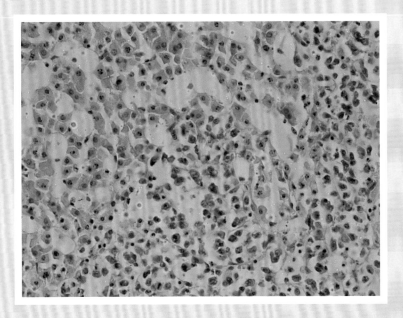

图 5-14 鸡马立克氏病肝（c）

肿瘤由大小不等的马立克氏细胞、大淋巴细胞、小淋巴细胞、中淋巴细胞、网状细胞组成，并有多量核分裂象，局部肝细胞坏死消失（HE×400）。

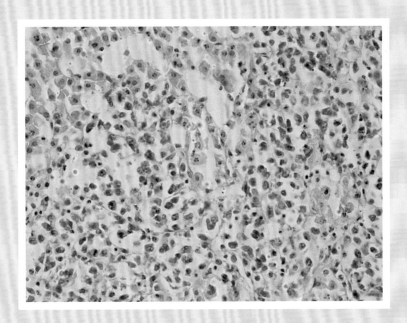

图 5-15 鸡马立克氏病肝（d）

肿瘤由大小不等的马立克氏细胞、大淋巴细胞、小淋巴细胞、中淋巴细胞、网状细胞组成，并有多量核分裂象，局部肝细胞坏死消失（HE×400）。

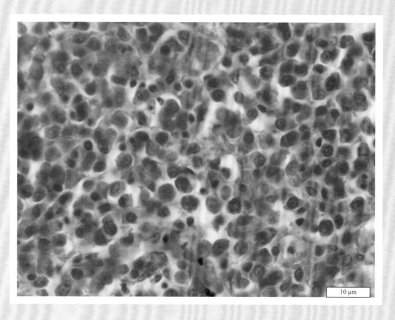

图 5-16 鸡马立克氏病肝 (e)

肝脏原有结构消失，淋巴细胞样瘤细胞大量分布，形成大小不一、形态多样的淋巴细胞瘤。增生的瘤细胞中可见典型的马立克氏病细胞（MDC），MDC 胞体较大，胞浆丰富，强嗜碱性（HE×1 000）。

5.3 黏液瘤

见图 5-17。

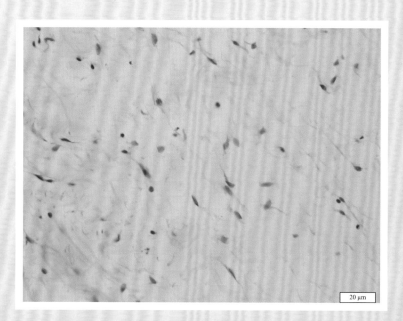

图 5-17 犬乳腺黏液瘤 (a)

大量呈梭形、三角形、星状瘤细胞，分布于淡蓝染的黏液样物质中（HE×400）。

5.4 血管瘤

见图 5-18 至图 5-22。

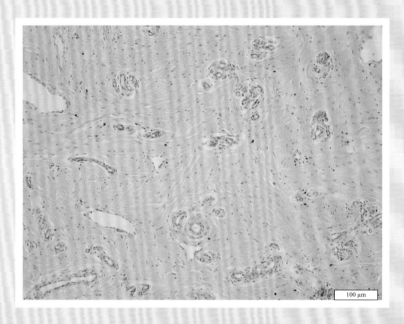

图 5-18　犬乳腺血管内皮瘤（a）

结缔组织纤维排列紧密，在真皮浅层和深层都有血管增生现象，散布于结缔组织间，增生的血管大小不一，未见正常乳腺腺泡结构（HE×100）。

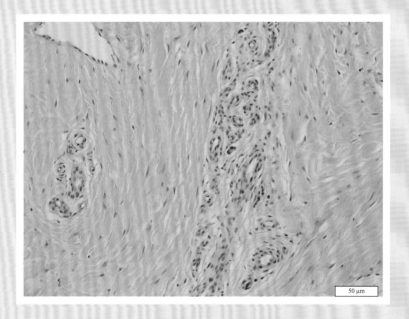

图 5-19　犬乳腺血管内皮瘤（b）

增生的细胞单层或多层，围成管腔结构，管腔大小不一。有些正处于管腔形成阶段（HE×200）。

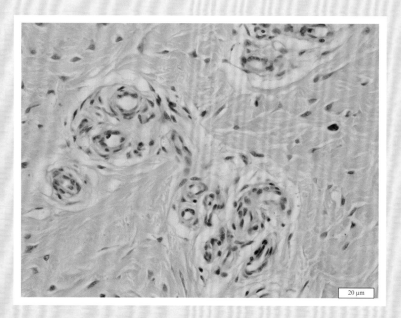

20 μm

图 5-20 犬乳腺血管内皮瘤（c）

增生的细胞呈椭圆形或扁平，胞核染色较深，核仁不清晰，细胞未见明显异型性（HE×400）。

50 μm

图 5-21 犬咽部血管肉瘤（a）

大量红细胞弥散性分布于整个视野，其间有大量增生的梭形细胞（HE×200）。

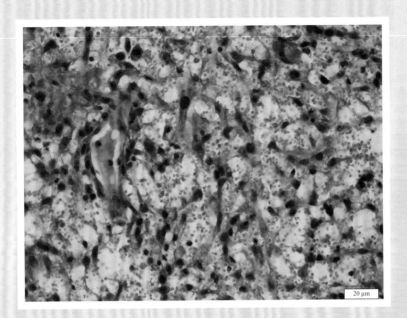

图 5-22　犬咽部血管肉瘤（b）

增生的瘤细胞有的呈梭形，有的呈椭圆形，大小、形态不一，异型性较大，较成熟的瘤细胞有围成血管壁的趋势（HE×400）。

5.5　皮下血管肉瘤

见图 5-23 和图 5-24。

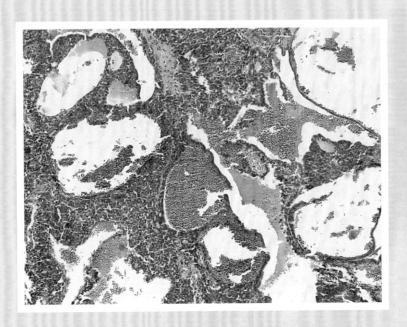

图 5-23　皮下血管肉瘤（a）

皮下可见多量由不成熟内皮细胞构成的不规则、大小不等的扩张的血管，内含大量血液或血栓（HE×100）。

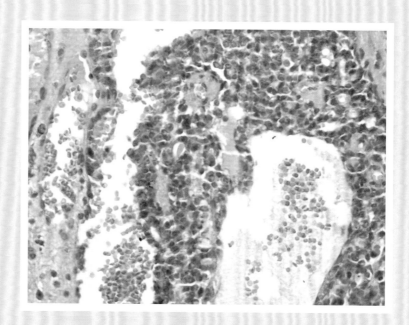

图 5-24　皮下血管肉瘤（b）

瘤细胞呈多形性，核较大，也呈多形性，并有核分裂象（HE×400）。

5.6　上皮瘤

见图 5-25。

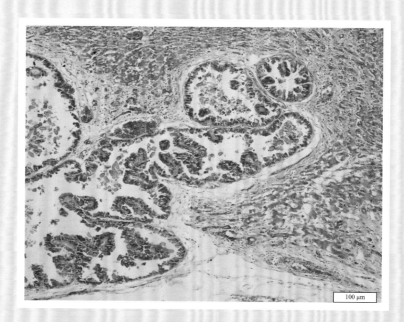

图 5-25　兔肝胆管乳头状瘤

胆管扩张，上皮细胞高度增生，呈树枝状向管腔内突起（HE×100）。

5.7 皮下纤维瘤

见图 5-26 至图 5-36。

图 5-26 骡皮下纤维瘤（a）
皮下正常结构消失，取而代之的是大片的呈编织状或呈漩涡状排列的胶原纤维束，间质有少量血管（HE×100）。

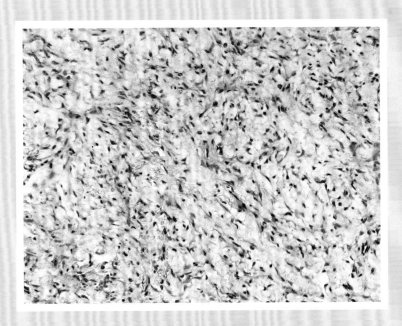

图 5-27 骡皮下纤维瘤（b）
瘤细胞分布不均，胶原纤维束呈编织状或呈漩涡状排列（HE×200）。

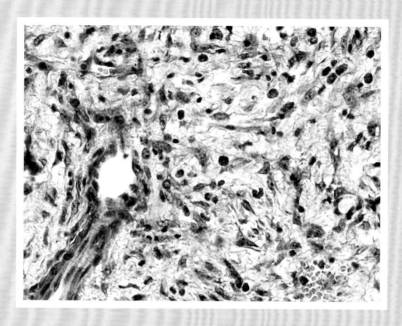

图 5-28　骡皮下纤维瘤（c）
瘤细胞呈梭形、多角形，大小不一，分布不均，有炎性细胞浸润（HE×400）。

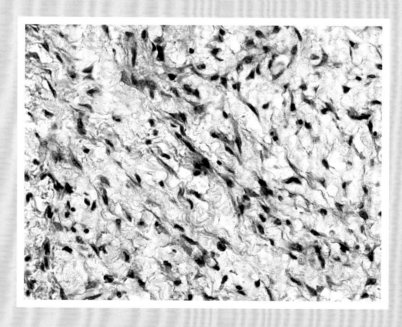

图 5-29　骡皮下纤维瘤（d）
瘤细胞呈梭形、多角形，大小不一，分布不均（HE×400）。

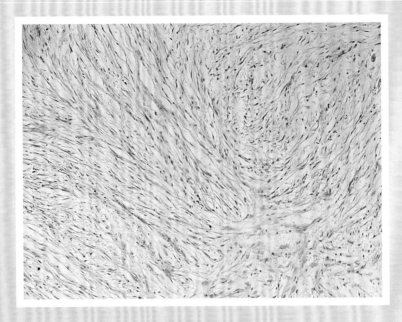

图 5-30 马阴茎皮下软纤维瘤（a）
细胞成分多，胶原纤维少，纤维排列比较松散。瘤细胞呈漩涡状排列（HE×100）。

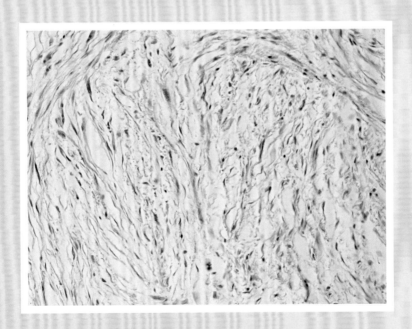

图 5-31 马阴茎皮下软纤维瘤（b）
胶原纤维少，纤维排列比较松散，瘤细胞交错排列（HE×200）。

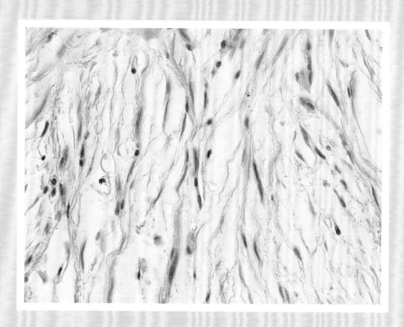

图 5-32　马阴茎皮下软纤维瘤（c）
瘤细胞呈梭形，分布不均，间质有少量血管（HE×400）。

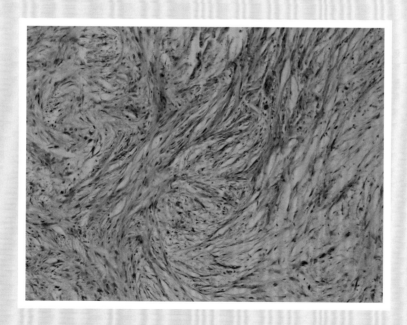

图 5-33　马阴茎皮下硬纤维瘤（a）
细胞成分少，分布不均，胶原纤维多且聚集成束，呈编织状或呈漩涡状排列，间质有少量血管（HE×100）。

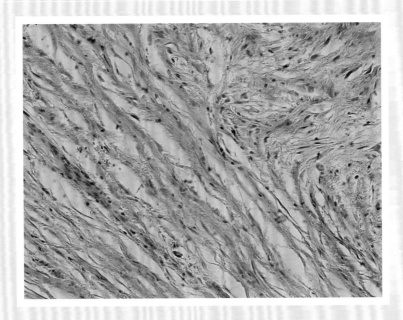

图 5-34　马阴茎皮下硬纤维瘤（b）

细胞成分少，分布不均，胶原纤维多且聚集成束，呈编织状或呈漩涡状排列（HE×200）。

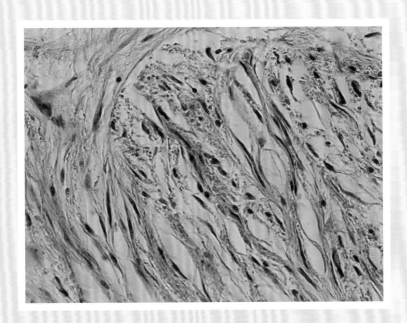

图 5-35　马阴茎皮下硬纤维瘤（c）

瘤细胞呈梭形、多角形，分布不均（HE×400）。

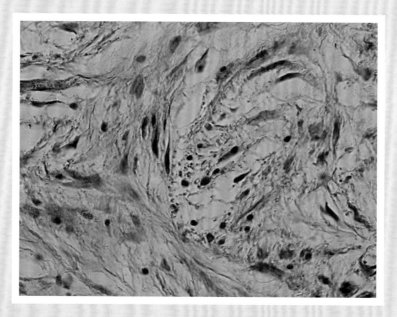

图 5-36　马阴茎皮下硬纤维瘤（d）

瘤细胞呈梭形、多角形，分布不均，胶原纤维呈编织状或呈漩涡状排列（HE×400）。

5.8　黑色素瘤

见图 5-37 至图 5-45。

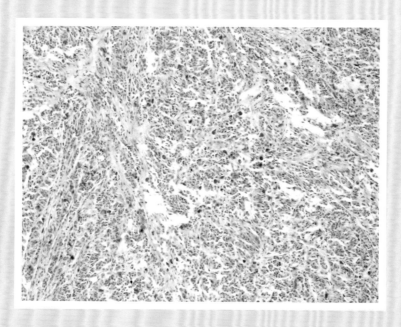

图 5-37　马肝黑色素瘤（a）

肝组织中散在多量的褐色颗粒（HE×100）。

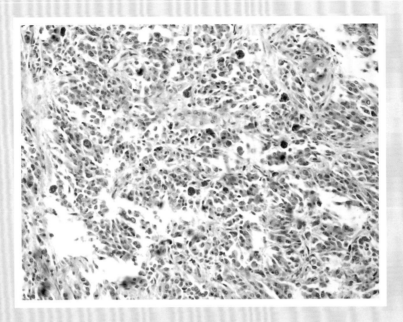

图 5-38　马肝黑色素瘤（b）
黑色素瘤细胞数量较多，大小不等、呈多形性，胞浆内充满褐色黑色素颗粒（HE×200）。

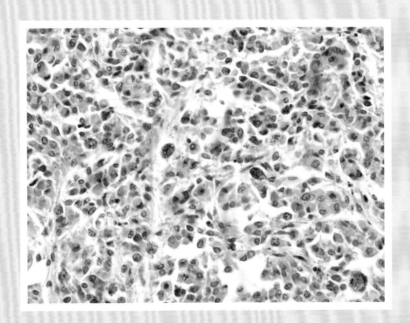

图 5-39　马肝黑色素瘤（c）
黑色素瘤细胞散在分布，胞浆内的褐色黑色素颗粒形态各异（HE×400）。

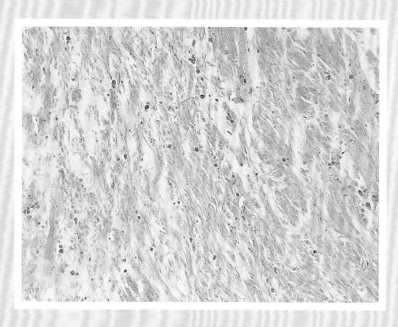

图 5-40 心肌黑色素瘤（a）
在心肌之间可见大量散在多形性大小不等的黑色素瘤细胞（HE×100）。

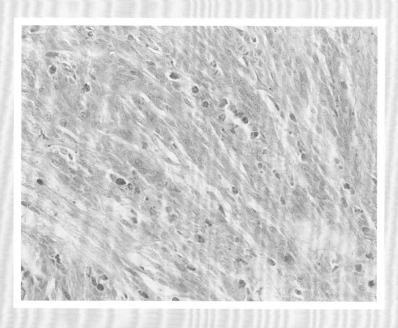

图 5-41 心肌黑色素瘤（b）
黑色素瘤细胞数量较多，散在或者呈串珠状分布（HE×200）。

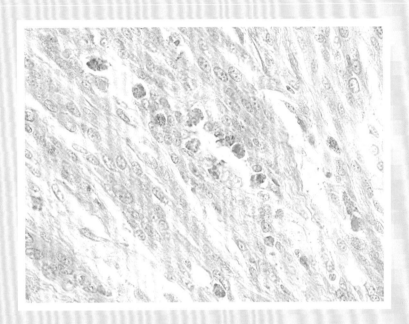

图 5-42 心肌黑色素瘤（c）
黑色素瘤细胞的胞浆内充满棕色黑色素颗粒（HE×400）。

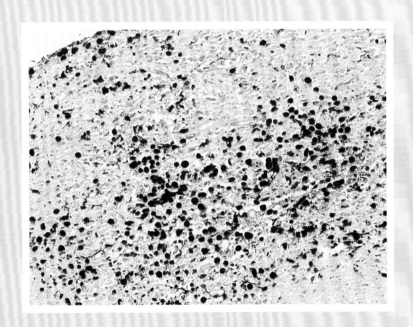

图 5-43 脑黑色素瘤（a）
脑组织中可见大量的片状分布的黑色素颗粒（HE×100）。

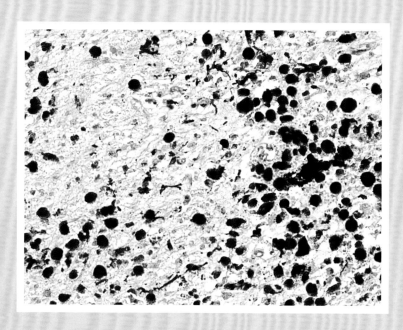

图 5-44　脑黑色素瘤（b）
黑色素瘤细胞大小不等，胞浆内有多量黑色的黑色素颗粒（HE×200）。

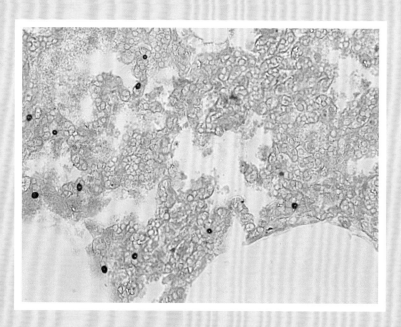

图 5-45　马肺黑色素瘤
肺组织中可见散在的含有黑色素颗粒的黑色素瘤细胞（HE×400）。

5.9　黑色素肉瘤

见图 5-46 和图 5-47。

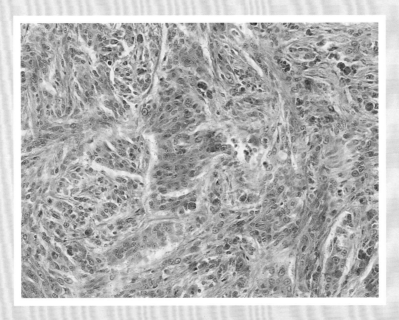

图 5-46　黑色素肉瘤（a）
瘤体有大量瘤细胞和少量胶原纤维组成，瘤细胞排列较密集，纤维呈编织状排列（HE×200）。

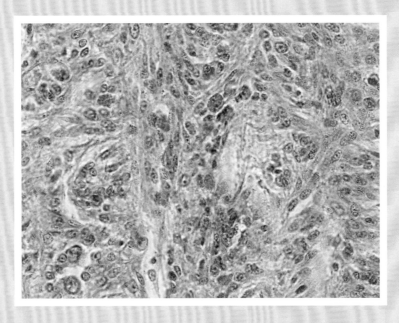

图 5-47　黑色素肉瘤
瘤细胞呈梭形、圆形或不规则形，大小不一致，排列较密集，瘤组织内有多量散在的大小不等的、含褐色黑色素的瘤细胞（HE×400）。

5.10　淋巴细胞肉瘤

见图 5-48 至图 5-56。

图 5-48　马脾淋巴细胞肉瘤（a）
脾白髓内有大量淋巴样细胞增生，脾小结不明显（HE×100）。

图 5-49　马脾淋巴细胞肉瘤（b）
淋巴样细胞增生明显（HE×200）。

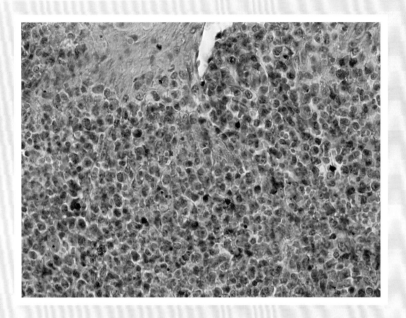

图 5-50　马脾淋巴细胞肉瘤（c）

淋巴样细胞增生，可见多量核分裂象（HE×400）。

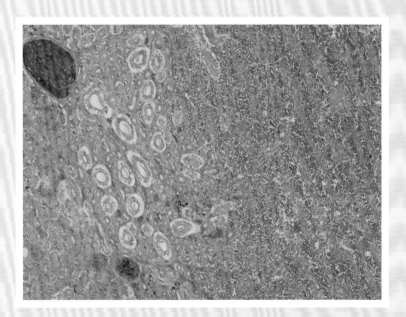

图 5-51　鸡淋巴白血病（肾）（a）

肿瘤结节由大量增生的致密的肿瘤细胞组成，残留部分肾小管结构（HE×100）。

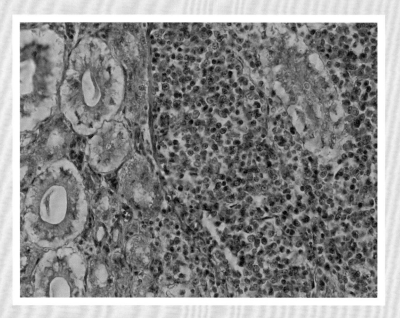

图 5-52　鸡淋巴白血病（肾）（b）
增生的细胞为成淋巴细胞（淋巴母细胞），残存的肾小管上皮细胞变性坏死，甚至消失（HE×400）。

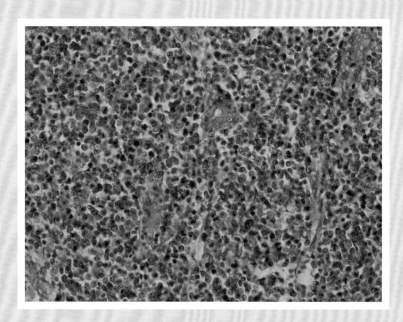

图 5-53　鸡淋巴白血病（肾）（c）
成淋巴细胞（淋巴母细胞）大量增生呈结节状，细胞核致密，核质比较大（HE×400）。

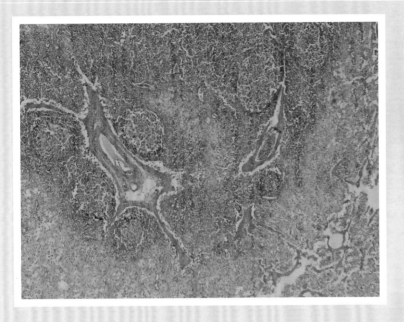

图 5-54　猪淋巴白血病（a）
肿瘤细胞大量增生，呈团岛状、灶状或弥散性分布（猪淋巴结，HE×50）。

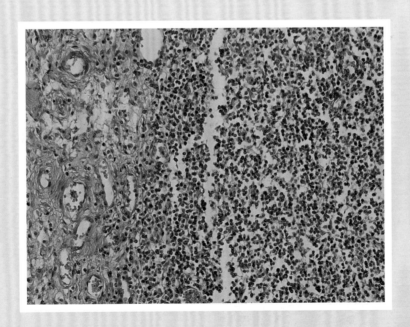

图 5-55　猪淋巴白血病（b）
成淋巴细胞（淋巴母细胞）灶状或散在增生（猪淋巴结，HE×200）。

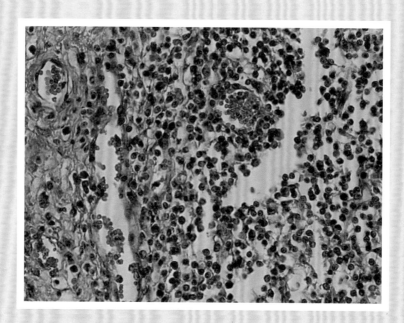

图 5-56 猪淋巴白血病（c）

肿瘤细胞以成淋巴细胞（淋巴母细胞）为主（HE×400）。

5.11 混合瘤

见图 5-57 至图 5-61。

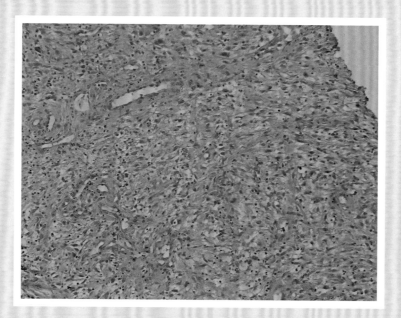

图 5-57 马舌下混合瘤（a）

瘤体中有大量增生的瘤细胞，有的围成腺管状，胶原纤维束呈编织状或呈漩涡状排列（HE×100）。

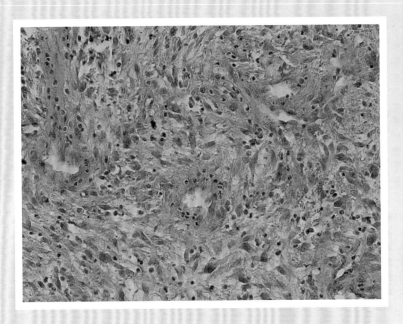

图 5-58 马舌下混合瘤（b）
瘤细胞大小不一，分布不均，少量增生的瘤细胞排列呈腺管状（HE×200）。

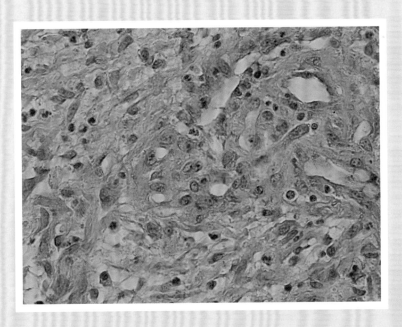

图 5-59 马舌下混合瘤（c）
瘤细胞呈梭形、多角形，大小不一（HE×400）。

图 5-60　犬乳腺良性混合瘤

乳腺小叶增生，结缔组织将增生的小叶分隔开，呈岛状或团块状（HE×100）。

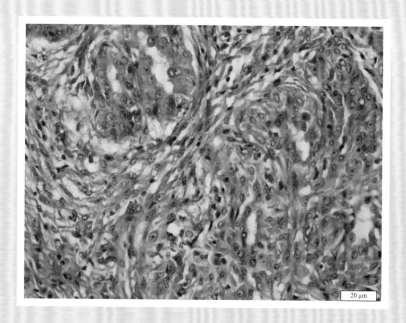

图 5-61　犬乳腺良性混合瘤

腺上皮和肌上皮增生，腺上皮呈圆形或椭圆形，胞浆丰富，胞核核仁明显；肌上皮细胞呈梭形，胞浆少，胞核呈圆形；有的肌上皮垂直于管腔方向生长（HE×400）。

5.12 肾腺瘤

见图 5-62 至图 5-64。

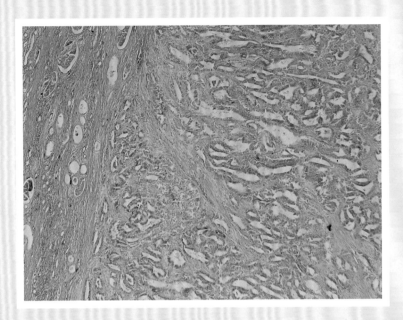

图 5-62 肾腺瘤（a）

瘤体由增生的小管状结构构成，间质由少量结缔组织构成，可见少量的肾小球结构（HE×50）。

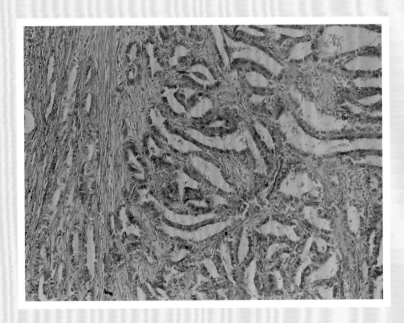

图 5-63 肾腺瘤（b）

小管状结构由增生上皮细胞构成（HE×100）。

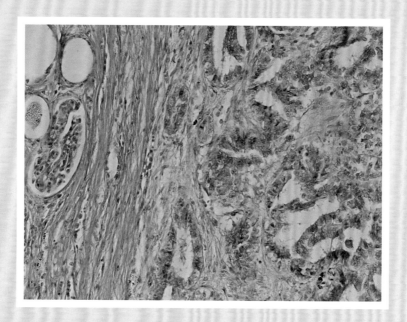

图 5-64 肾腺瘤（c）

增生的上皮细胞围成管腔状，呈立方形或柱状（HE×200）。

6　血液和造血免疫系统病理

本章常见病理包括脾炎（splenitis）、淋巴结炎（lymphadenitis）、骨髓炎（osteomyelitis）和法氏囊炎（bursa of fabricius inflammation）。

脾炎是脾脏的炎症，是脾脏最常见的一种病理过程，多伴发于各种传染病，也见于血原虫病。脾炎根据其病变特征和病程急缓可分为急性炎性脾肿（acute splenectasis）、坏死性脾炎（necrotic splenitis）、化脓性脾炎（suppurative splenitis）和慢性脾炎（chronic splenitis）。

淋巴结炎是由各种病原因素经血液或淋巴进入淋巴结而引起的炎症过程。按其经过分为急性淋巴结炎和慢性淋巴结炎两类。急性淋巴结炎又分为单纯性淋巴结炎（simple lymphadenitis）、出血性淋巴结炎（hemorrhagic lymphadenitis）、坏死性淋巴结炎（necrotic lymphadenitis）和化脓性淋巴结炎（suppurative lymphadenitis）。

法氏囊炎主要见于鸡传染性法氏囊病、鸡新城疫、禽流感及禽隐孢子虫感染等传染病中，可见法氏囊肿大，质地硬实，潮红或呈紫红色似血肿。切开法氏囊，腔内常见灰白色黏液、血液或干酪样坏死物，黏膜肿胀、充血、出血，或见灰白色坏死点。后期法氏囊萎缩，壁变薄，黏膜皱褶消失，色变暗、无光泽，腔内可含有灰白色或紫黑色干酪样坏死物。

6.1　犬瘟热淋巴结炎

见图 6-1 和图 6-2。

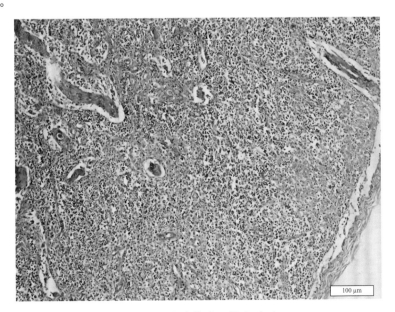

图 6-1　犬瘟热淋巴结炎（a）

淋巴结结构疏松，淋巴细胞减少，淋巴小结不明显，被膜下窦增宽，髓质区染色浅（HE×100）。

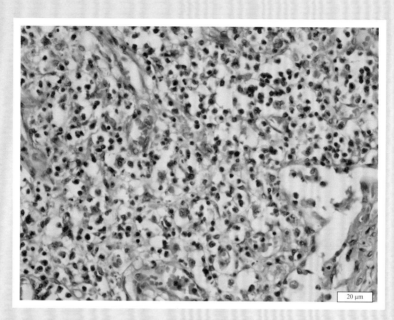

图 6-2　犬瘟热淋巴结炎（b）

皮质淋巴窦内有吞噬异物的巨噬细胞，淋巴小结结构破坏，淋巴细胞稀少，组织排列疏松（HE×400）。

6.2　急性出血性淋巴结炎

见图 6-3 至图 6-5。

图 6-3　急性出血性淋巴结炎（猪巴氏杆菌病）（a）

淋巴结髓质充血、出血、水肿，淋巴窦扩张，皮质淋巴细胞减少，淋巴小结不明显（HE×100）。

图 6-4　急性出血性淋巴结炎（猪巴氏杆菌病）（b）
淋巴窦扩张，网状细胞肿大、增多，有少量炎性细胞浸润（HE×200）。

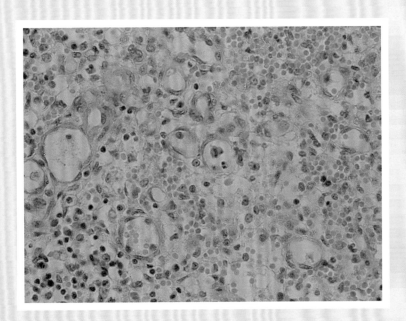

图 6-5　急性出血性淋巴结炎（猪巴氏杆菌病）（c）
淋巴结髓质充血、出血，有少量中性粒细胞浸润（HE×400）。

6.3 浆液出血性淋巴结炎

见图 6-6 至图 6-8。

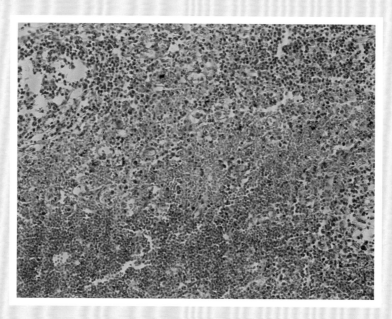

图 6-6 浆液出血性淋巴结炎（a）

淋巴窦明显扩张，可见数量不等的炎性细胞，毛细血管扩张、充血；灶状出血，淋巴细胞变性坏死，淋巴细胞减少，淋巴小结的生发中心不明显（HE×100）。

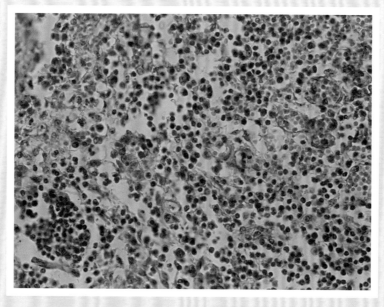

图 6-7 浆液出血性淋巴结炎（b）

淋巴结中的毛细血管扩张、充血；扩张的淋巴窦有数量不等的中性粒细胞、淋巴细胞和巨噬细胞，还可见淋巴细胞变性坏死（HE×400）。

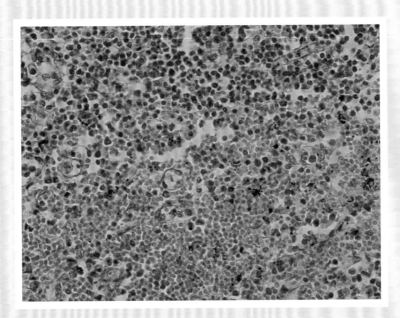

图 6-8　浆液出血性淋巴结炎（c）

窦壁细胞肿大、增生并有许多脱落。扩张的淋巴窦有数量不等的中性粒细胞、淋巴细胞和巨噬细胞（HE×400）。

6.4　脾淋巴样细胞增生性炎

见图 6-9 至图 6-11。

图 6-9　脾淋巴样细胞增生性炎（马传贫）（a）

脾白髓体积缩小，其中淋巴细胞变性坏死；中央动脉周围和红髓中淋巴细胞大量增生，形成淋巴集团；脾中有多量吞铁细胞（HE×100）。

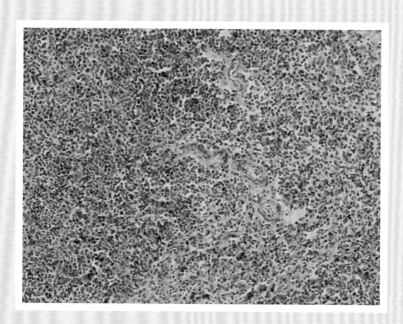

图 6-10　脾淋巴样细胞增生性炎（马传贫）（b）

脾白髓体积缩小，其中淋巴细胞变性坏死；中央动脉周围和红髓中淋巴细胞大量增生（HE×200）。

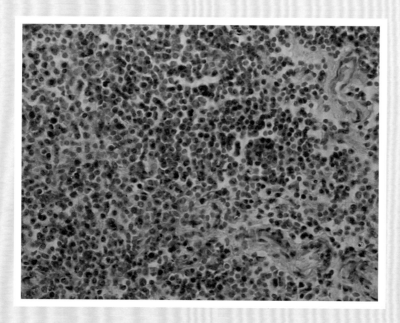

图 6-11　脾淋巴样细胞增生性炎（马传贫）（c）

中央动脉周围和红髓中淋巴细胞大量增生，形成淋巴集团（HE×400）。

7　心血管系统病理

　　心血管系统是由心脏、动脉、静脉和毛细血管组成的一个封闭的管道系统。当心血管系统发生机能性或器质性疾病时，就必然引起全身或局部血液循环紊乱，进而导致各器官组织发生代谢、机能和结构方面的改变，甚至造成对生命的威胁。反之，机体其他器官和组织一旦发生疾患时，也必定以不同方式和不同程度影响心血管系统，使其功能和结构发生改变。

　　本章主要内容是心血管系统各部分的炎症，即心内膜炎、心肌炎、心包炎以及脉管炎。心内膜炎根据心瓣膜受损严重程度分为疣状血栓性心内膜炎和溃疡性心内膜炎两种类型。心肌炎根据炎症发生的部位和性质，可分为实质性心肌炎、间质性心肌炎和化脓性心肌炎三种基本类型。心包炎是指心包的壁层和脏层浆膜的炎症，可表现为局灶性或弥散性。心包炎按其炎性渗出物的性质可区分为浆液性、浆液 - 纤维素性、化脓性、浆液 - 出血性等类型，但兽医临诊上最常见的是浆液 - 纤维素性心包炎。

7.1　心肌炎

　　见图 7-1 至图 7-20。

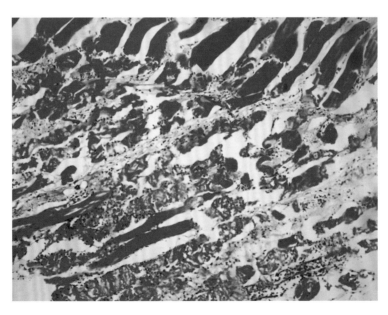

图 7-1　肌肉坏死炎症（a）
肌纤维间结缔组织增多，疏松，淡染；血管充血和出血现象严重；肌肉间有大量炎性细胞（#58，HE×100）。

图 7-2　肌肉坏死炎症（b）

肌纤维肿胀，染色变淡，部分断裂、溶解，染色均质（#58，HE×100）。

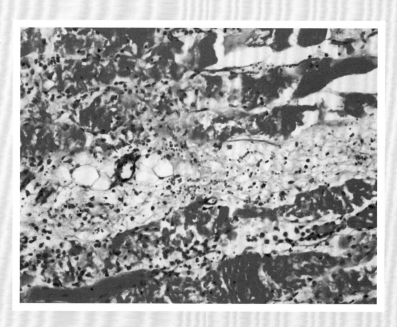

图 7-3　肌肉坏死炎症（c）

坏死灶内结缔组织疏松，细胞成分增多（#58，HE×200）。

图 7-4　肌肉坏死炎症（d）

坏死灶内可见散在的红细胞、少量核呈分叶状的中性粒细胞，核偏于一侧、胞浆红染的浆细胞，嗜碱性较强的淋巴细胞等细胞成分。肌纤维溶解成絮状，有的呈泡沫状，结构疏松，嗜酸性淡染（#58，HE×400）。

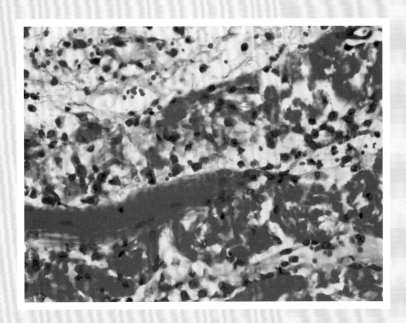

图 7-5　肌肉坏死炎症（e）

高倍镜下可见小的血细胞，少量分叶核的嗜中性粒细胞，核偏于一侧、胞浆红染的浆细胞，嗜碱性较强的淋巴细胞等细胞成分（#58，HE×400）。

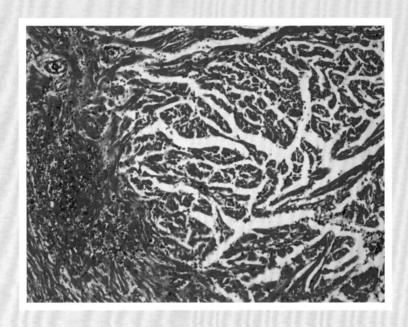

图 7-6　心肌炎（a）

心肌纤维排列紊乱，部分心肌纤维断裂、变性、坏死、溶解，间质水肿疏松，局部有大量炎性细胞浸润（#60 中华鲟，HE×100）。

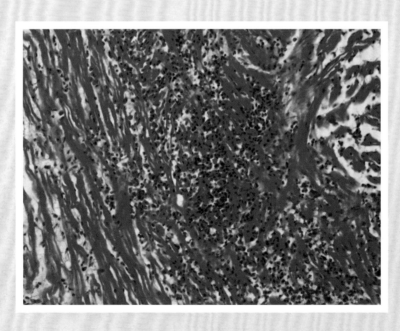

图 7-7　心肌炎（b）

心肌纤维肿胀、变性、间质增宽，有炎性细胞浸润（#60 中华鲟，HE×200）。

图 7-8　心肌炎（c）

心肌纤维肿胀变性，部分发生断裂，心肌纤维弯弯曲曲，呈波浪状。在心肌纤维间质可见炎性细胞浸润（#60 中华鲟，HE×400）。

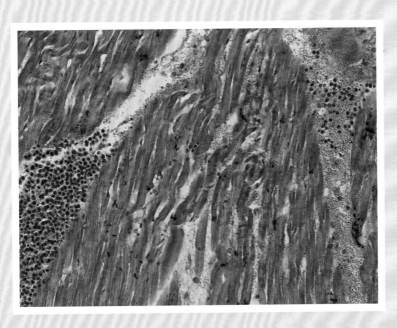

图 7-9　羊急性出血性心肌炎（a）

心肌纤维肿胀、断裂，间质水肿，间隙增宽，间质中充满大量炎性细胞和红细胞（HE×200）。

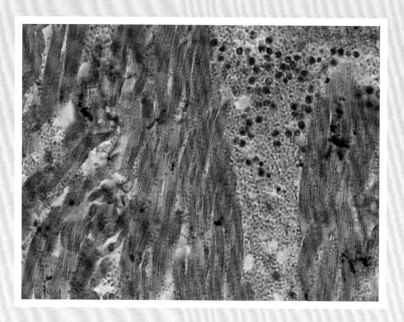

图 7-10 羊急性出血性心肌炎（b）
心肌纤维肿胀、断裂，间质水肿，间隙增宽，间质中充满大量炎性细胞和红细胞（HE×400）。

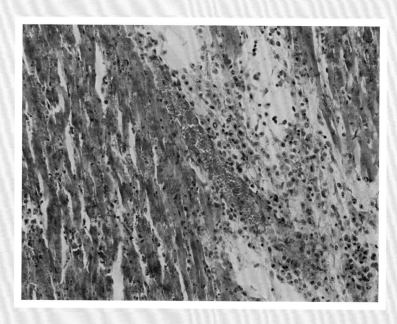

图 7-11 实质性心肌炎（口蹄疫）（a）
心肌纤维变性、坏死，肌纤维断裂，毛细血管充血，出血并有数量不等的炎性细胞浸润（HE×200）。

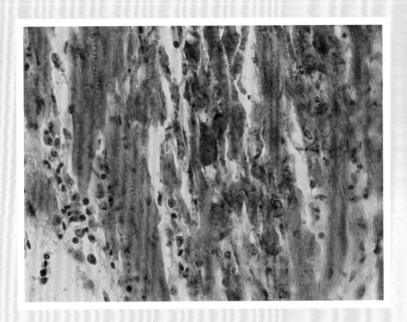

图 7-12 实质性心肌炎（口蹄疫）（b）

心肌纤维变性、坏死，肌纤维断裂，间质有数量不等的淋巴细胞浸润（HE×400）。

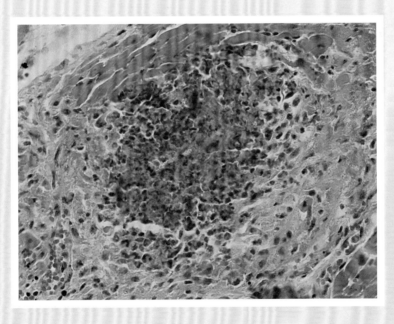

图 7-13 化脓性心肌炎

心肌纤维变性坏死，均质化，肌纤维间血管扩张，充血，出血，脓灶内有多量变性坏死的中性粒细胞（HE×400）。

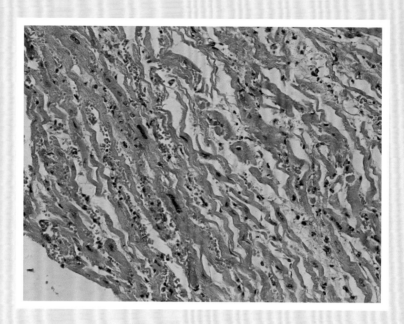

图 7-14　猪心肌炎（a）
心肌纤维变性、坏死，肌纤维断裂或呈波纹状，间质水肿增宽、充血、出血，肌纤维间有多量红细胞和炎性细胞（HE×200）。

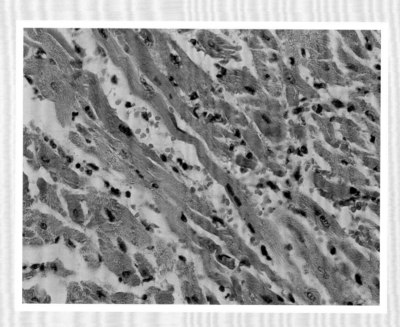

图 7-15　猪心肌炎（b）
心肌纤维变性、坏死，间质水肿增宽、出血，肌纤维间炎性细胞浸润（HE×400）。

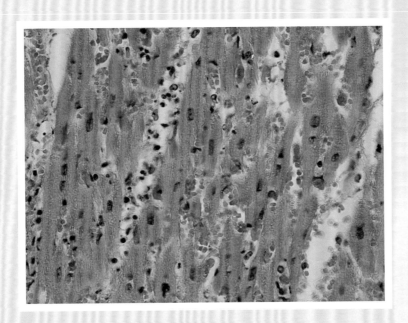

图 7-16 猪心肌炎（c）

肌纤维间有多量炎性细胞（HE×400）。

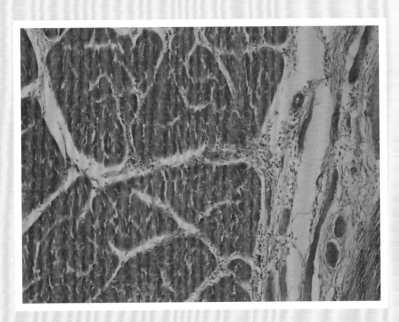

图 7-17 间质性心肌炎（a）

肌纤维间质充血、水肿增宽，有多量的淋巴细胞及少量的中性粒细胞浸润（HE×100）。

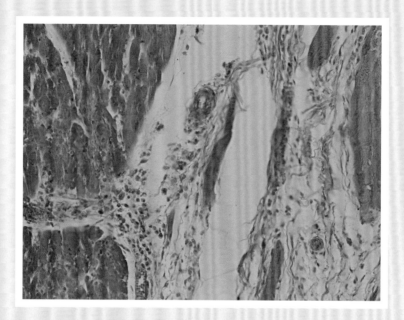

图 7-18　间质性心肌炎（b）

肌纤维间质充血、水肿增宽，有多量的淋巴细胞及少量的中性粒细胞浸润（HE×200）。

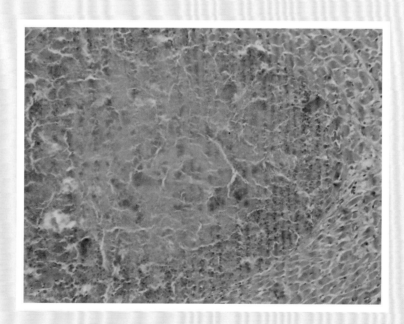

图 7-19　化脓性心肌炎（a）

心肌内有局灶性化脓灶，灶内肌纤维溶解坏死，结构模糊，形成钙化灶。边缘可见变性坏死的中性粒细胞浸润，周围心肌纤维变性坏死，间质水肿增宽（HE×200）。

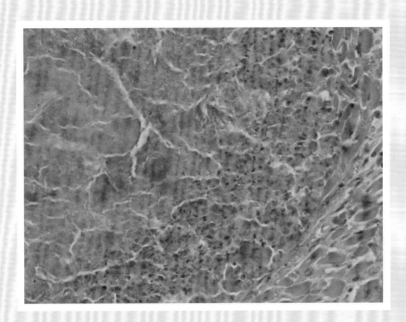

图 7-20 化脓性心肌炎（b）

化脓灶钙化，边缘可见变性坏死的中性粒细胞浸润，周围心肌纤维变性坏死（HE×400）。

7.2 心包炎

见图 7-21 至图 7-30。

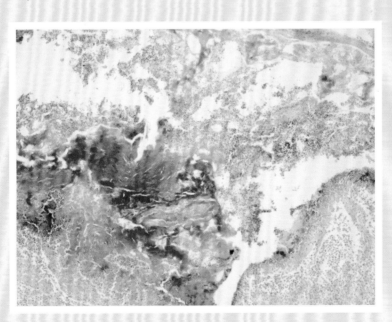

图 7-21 鸡心包炎（a）

局部心包膜脱落坏死，形成絮状结构覆盖于表面（#85，HE×100）。

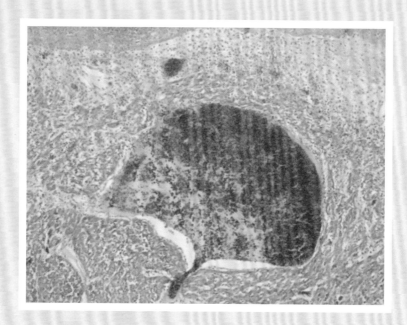

图 7-22　鸡心包炎（b）
心外膜下有一大的血肿（#85，HE×100）。

图 7-23　鸡心包炎（c）
心外膜增厚，心外膜附着一层红染丝状或网状的物质，并有炎性细胞夹杂其中。心外膜血管扩张瘀血（#85，HE×200）。

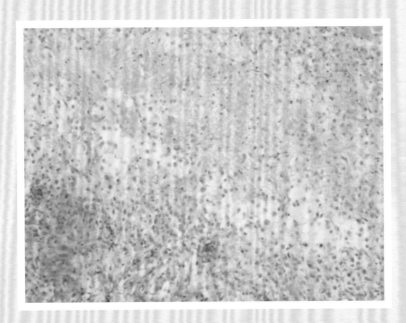

图 7-24　鸡心包炎（d）

心外膜附着一层丝状、网状的渗出物，并夹杂炎性细胞浸润。外膜下心肌纤维肿胀、断裂，发生坏死（#85，HE×200）。

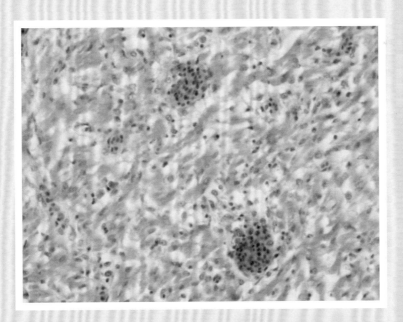

图 7-25　鸡心包炎（e）

被膜下心肌纤维排列紊乱，心肌纤维肿胀、断裂，核溶解消失。间质血管扩张、瘀血（#85，HE×400）。

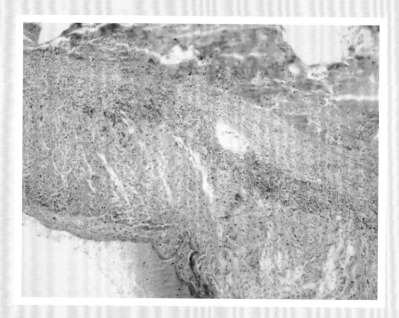

图 7-26　心包炎（a）

心外膜增厚；心包外膜有嗜伊红染均匀无结构物质，心外膜和心肌浅层均可见大量炎性细胞浸润（#84 海豚，HE×100）。

图 7-27　心包炎（b）

在心外膜和心肌浅层均可见大量炎性细胞浸润，心肌细胞断裂、坏死、溶解（#84 海豚，HE×200）。

图 7-28　心包炎（c）

心包膜下的心肌纤维排列紊乱，断裂，染色不均一；心肌纤维间可见大量炎性细胞浸润（#84 海豚，HE×200）。

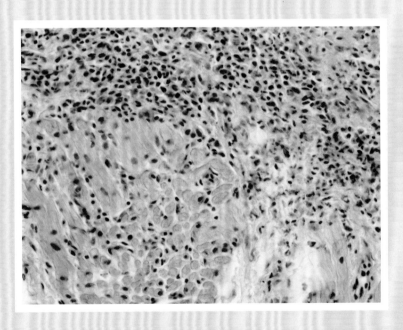

图 7-29　心包炎（d）

心外膜与心肌层可见大量巨噬细胞与淋巴细胞浸润，心肌纤维肿胀，染色不均一，局部心肌纤维断裂、溶解，心肌纤维核染色淡（#84 海豚，HE×400）。

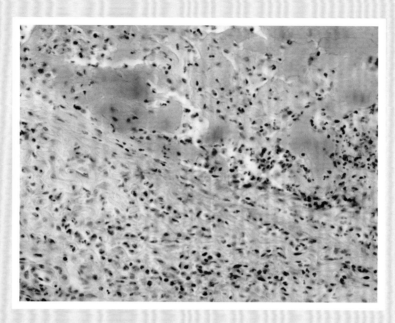

图 7-30　心包炎（e）

心外膜嗜伊红染均匀无结构物质中充斥多量淋巴细胞与中性粒细胞，有的炎性细胞发生坏死、溶解，残留细胞碎片和核碎片（#84 海豚，HE×400）。

7.3　脉管炎

见图 7-31 至图 7-33。

图 7-31　小型猪——动脉粥样硬化（a）

动脉内膜呈不同程度的增厚（#91，HE×100）。

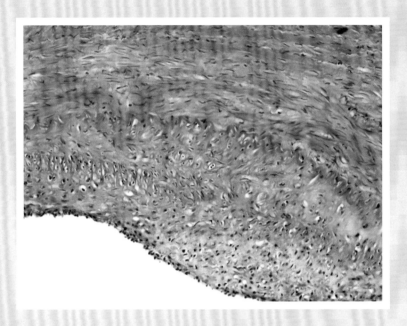

图 7-32 小型猪——动脉粥样硬化（b）
内弹性膜失去原有锯齿样特有形状，可见大量的泡沫状细胞聚集（#91，HE×200）。

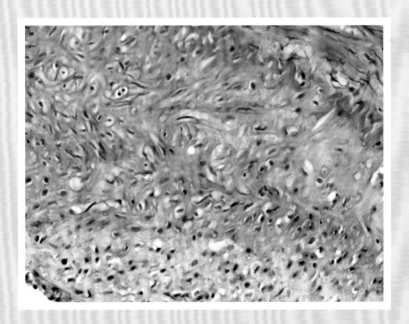

图 7-33 小型猪——动脉粥样硬化（c）
泡沫细胞为巨噬细胞源性泡沫细胞，圆形，体积较大，胞质内有大量小空泡状结构（#91，HE×400）。

8 呼吸系统病理

呼吸系统是执行机体和外界进行气体交换的器官总称，包括呼吸道（鼻腔、咽、喉、气管、支气管）和肺。外源性致病因子（病原微生物、有毒气体、粉尘等）易随呼吸进入呼吸系统引起疾病。最常见的呼吸系统疾病包括肺炎（pneumonia）、肺气肿（pulmonary emphysema）和肺萎陷（pulmonary collapse）。

肺炎是肺脏多见的病理过程，因病因和动物的反应性不同，肺炎可表现为支气管性肺炎（bronchopneumonia）、纤维素性肺炎（fibrinous pneumonia）和间质性肺炎（interstitial pneumonia）三种。

肺气肿（pulmonary emphysema）是指肺组织因空气含量过多而致肺脏体积过度膨胀。按肺气肿发生的部位可分为肺泡性肺气肿和间质性肺气肿两种。肺泡性肺气肿是指肺泡内含空气过多，引起肺泡过度扩张。间质性肺气肿是由于细支气管和肺泡发生破裂，空气进入肺间质而使间质含有多量气体。其中以肺泡性肺气肿较多见。

8.1 肺霉菌结节

见图 8-1 至图 8-3。

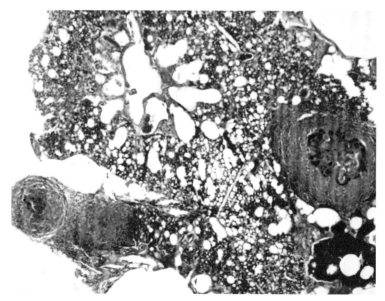

图 8-1 鸡曲霉菌病——肺霉菌结节（a）
肺部有局灶肉芽肿结节形成，肺泡隔毛细血管瘀血，支气管内有大量的渗出物（#11，HE×100）。

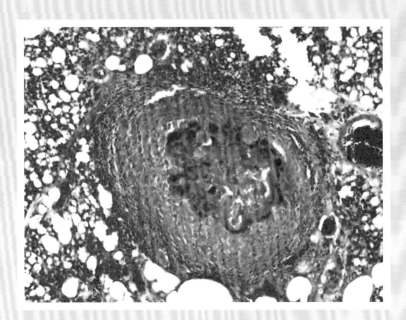

图 8-2 鸡曲霉菌病——肺霉菌结节（b）
肉芽肿结节，中央为干酪样坏死，周围分布多量多核巨细胞和上皮样细胞（#11，HE×200）。

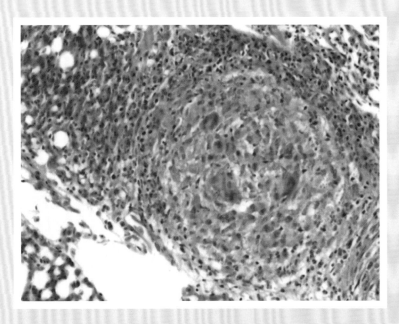

图 8-3 鸡曲霉菌病——肺霉菌结节（c）
肉芽肿结节中可见多量的多核巨细胞和上皮样细胞，最外层有大量淋巴细胞浸润。肺泡腔内可见坏死脱落的肺泡上皮细胞
（#11，HE×400）。

8.2 化脓性肺炎

见图 8-4 至图 8-7。

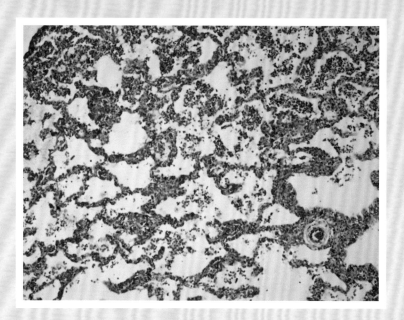

图 8-4　大熊猫化脓性肺炎（a）
肺泡结构不完整甚至消失，肺泡壁增宽，肺泡壁毛细血管和小血管瘀血（#18，HE×100）。

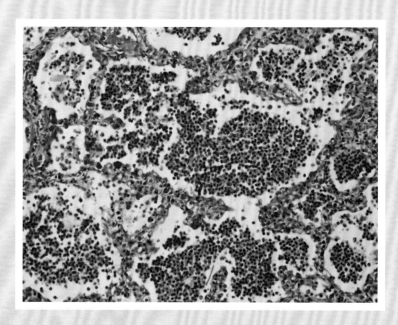

图 8-5　大熊猫化脓性肺炎（b）
肺泡腔和肺间质中有大量炎性细胞渗出，以及红细胞，脱落的上皮细胞和炎性渗出物（#18，HE×200）。

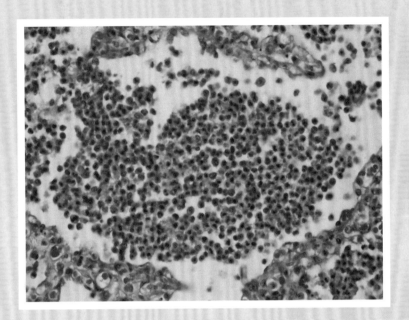

图 8-6　大熊猫化脓性肺炎（c）

肺泡腔内炎性细胞主要以巨噬细胞和中性粒细胞为主（#18，HE×400）。

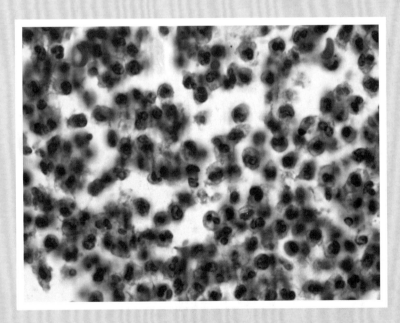

图 8-7　大熊猫化脓性肺炎（d）

可见胞核明显，胞浆成分较少，胞核呈分叶状或杆状的中性粒细胞（#18，HE×1 000）。

8.3 肺脏肉芽肿

见图 8-8 至图 8-10。

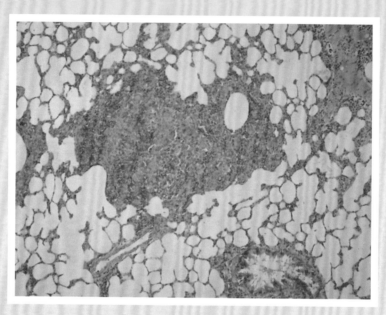

图 8-8　大鼠肺肉芽肿（a）
局灶性实变（肉芽肿），未实变区肺泡结构完整，略有扩张。支气管内渗出（#22，HE×100）。

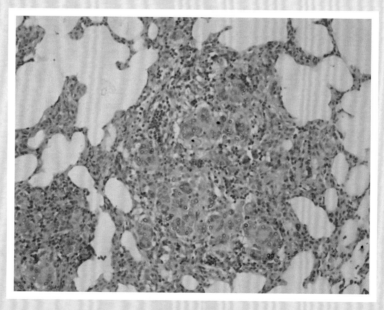

图 8-9　大鼠肺肉芽肿（b）
肉芽肿中心为灵芝孢子周围可见多量炎性细胞（#22，HE×200）。

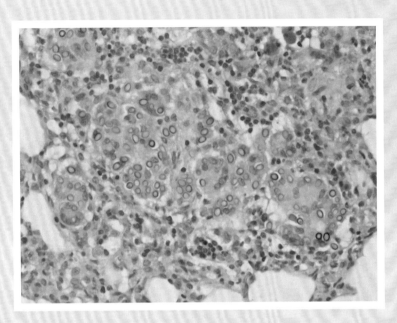

图 8-10　大鼠肺肉芽肿（c）

肉芽肿中可见由多个细胞核排列在细胞边缘呈马蹄形或环形的多核巨细胞，周围可见一定数量的淋巴细胞、结缔组织及其他炎性细胞（#22，HE×400）。

8.4　化脓性支气管肺炎

　　见图 8-11 至图 8-13。

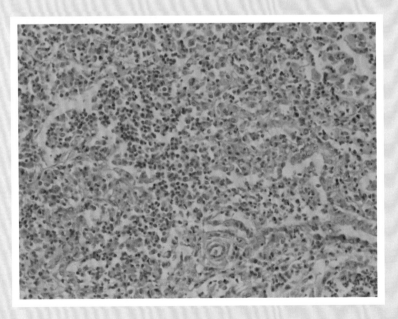

图 8-11　化脓性支气管肺炎（a）

细支气管、肺泡管、肺泡和间质中充满大量炎性细胞（HE×200）。

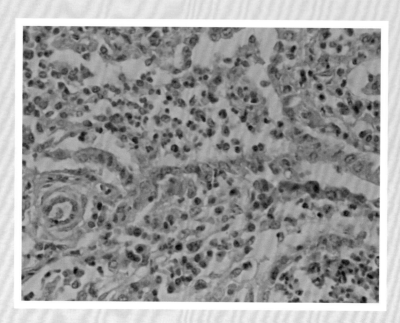

图 8-12　化脓性支气管肺炎（b）

肺泡结构破坏或消失，肺泡和间质中充满大量的中性粒细胞以及坏死脱落的上皮细胞（HE×400）。

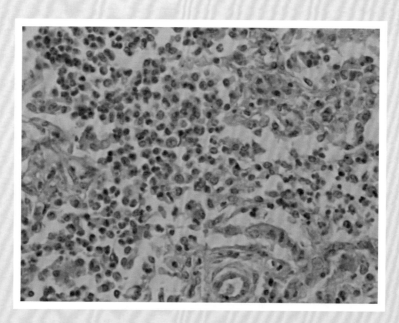

图 8-13　化脓性支气管肺炎（c）

肺泡结构破坏或消失，肺泡和间质中充满大量的中性粒细胞，有的中性粒细胞肿胀坏死（HE×400）。

8.5　纤维素性肺炎

见图 8-14 至图 8-45。

图 8-14　渗出性肺炎（a）
肺泡结构基本消失，肺间质增宽，肺瘀血、出血；肺泡腔内、肺间质中有大量粉红色的蛋白样物质渗出（#54，HE×100）。

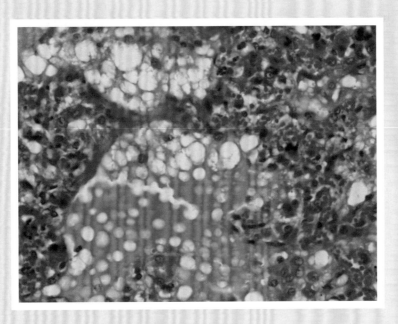

图 8-15　渗出性肺炎（b）
肺泡隔内可见大量的红细胞和少量的淋巴细胞浸润，部分肺上皮细胞发生肿胀、坏死；肺泡腔里充满丝状、网状红染均质的蛋白样渗出物（#54，HE×400）。

图 8-16　化脓性浆液性肺炎（猪瘟）（a）
支气管管腔和肺泡腔中充满了大量的均质红染的浆液性渗出物和大量的细胞成分（HE×100）。

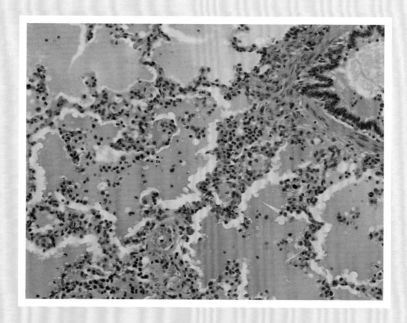

图 8-17　化脓性浆液性肺炎（猪瘟）（b）
肺泡腔中充满了大量的均质红染的浆液性渗出物，并伴随有大量的中性粒细胞和淋巴细胞浸润；细支气管管腔中充满浆液性渗出物（HE×200）。

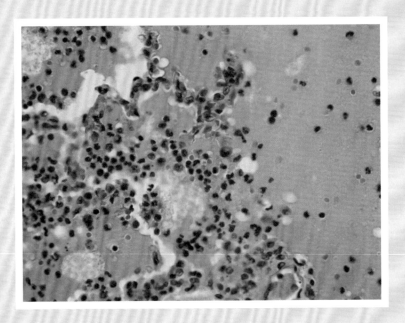

图 8-18 化脓性浆液性肺炎（猪瘟）（c）
渗出的细胞成分以中性粒细胞和淋巴细胞为主（HE×400）。

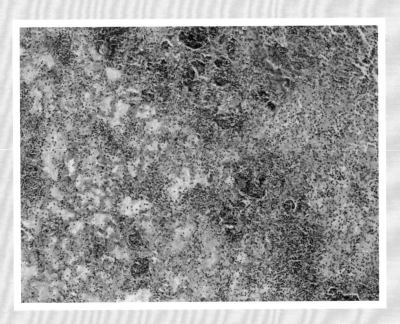

图 8-19 猪瘟纤维素性肺炎（a）
肺泡结构部分消失，细胞成分明显增多，肺实变。肺泡隔增宽，毛细血管扩张瘀血（HE×100）。

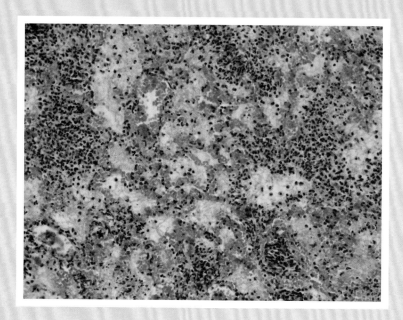

图 8-20　猪瘟纤维素性肺炎（b）

肺泡腔内充满了较多的纤维素和淋巴细胞以及脱落的肺泡上皮细胞（HE×200）。

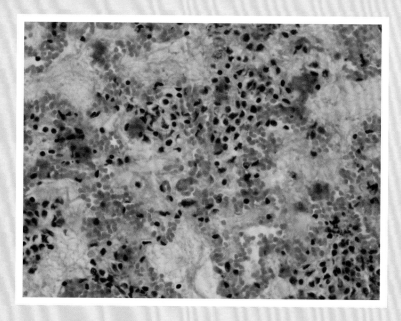

图 8-21　猪瘟纤维素性肺炎（c）

肺泡腔内充满了较多的纤维素和淋巴细胞以及脱落的肺泡上皮细胞，肺泡隔毛细血管扩张瘀血（HE×400）。

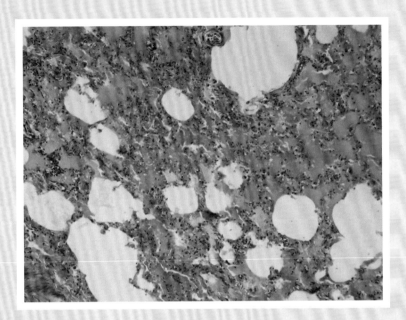

图 8-22　肺纤维素变（a）
肺泡腔内充满大量的浆液性渗出液和少量的细胞成分，肺泡隔毛细血管扩张，充血（HE×100）。

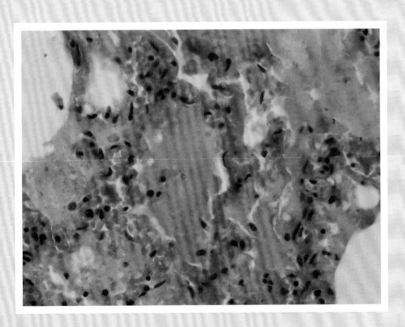

图 8-23　肺纤维素变（b）
肺泡腔内充满大量的浆液性渗出液和少量的红细胞、脱落的肺泡上皮细胞，肺泡隔毛细血管扩张，充血（HE×400）。

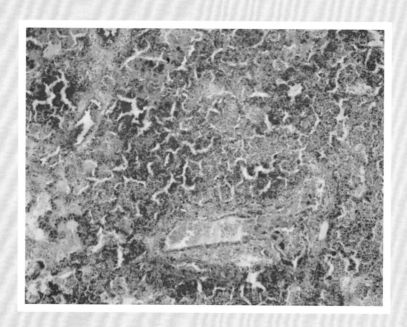

图 8-24　猪纤维素性肺炎（a）

细支气管扩张，管腔内充满渗出物；肺泡正常组织结构消失，肺泡毛细血管扩张充血，部分区域可见出血，肺泡腔内充满渗出的浆液或细胞（#82，HE×100）。

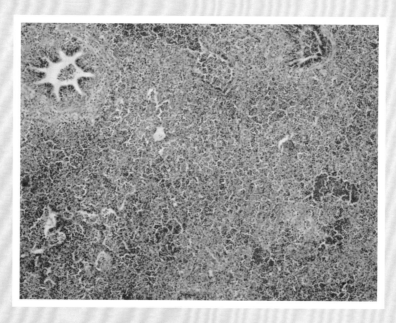

图 8-25　猪纤维素性肺炎（b）

细支气管管腔和肺泡腔内被大量细胞填充，只见细支气管轮廓，完全不见肺泡结构（#82，HE×100）。

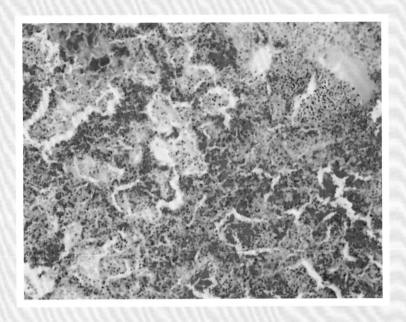

图 8-26　猪纤维素性肺炎（c）

肺泡结构消失，可见肺泡轮廓，肺泡壁毛细血管扩张充血，肺泡腔内完全被渗出的液体和细胞填充，并可见大量红细胞（#82，HE×200）。

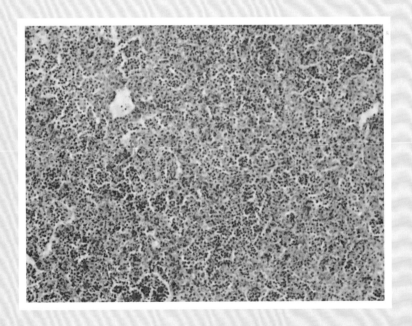

图 8-27　猪纤维素性肺炎（d）

肺泡腔内充积大量炎性细胞，肺泡壁毛细血管瘀血（#82，HE×200）。

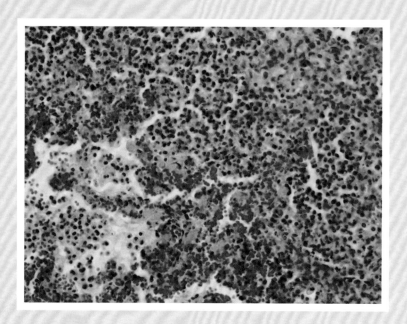

图 8-28　猪纤维素性肺炎（e）

毛细血管扩张充血、出血，部分肺泡腔内可见渗出的红染的液体和纤维素样物质以及多量的细胞成分（#82，HE×400）。

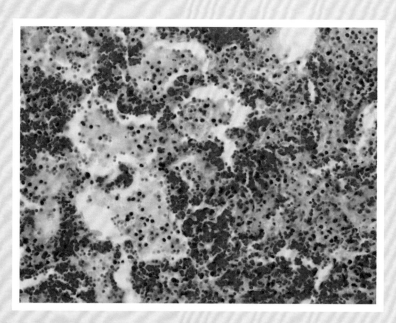

图 8-29　猪纤维素性肺炎（f）

肺泡腔内充积渗出的液体和细胞，以淋巴细胞和中性粒细胞为主（#82，HE×400）。

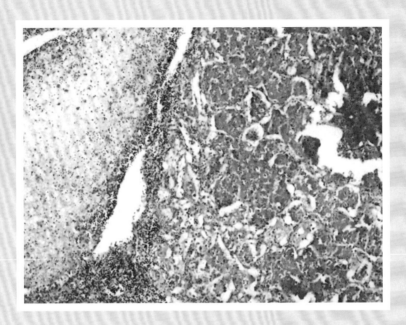

图 8-30 猴纤维素性肺炎 (a)

肺小叶间隔增宽，细胞成分浸润，肺小叶内肺泡的组织结构不明显，肺泡中充满红色的浆液性和粉红色蛋白样物质和大量的细胞成分 (#32，HE×100)。

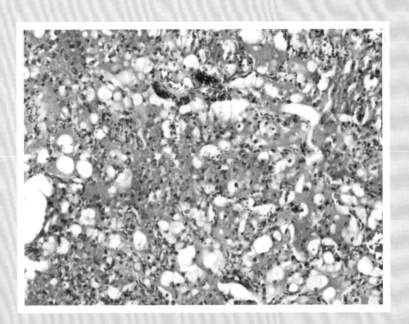

图 8-31 猴纤维素性肺炎 (b)

肺泡的组织结构不明显，肺泡内有大量纤维蛋白渗出，少量的炎性细胞浸润 (#32，HE×200)。

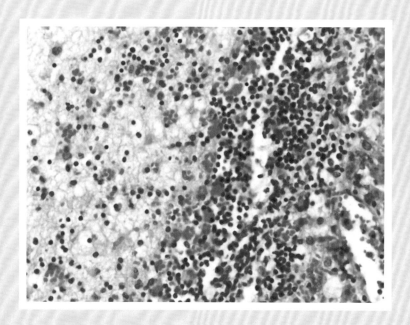

图 8-32 猴纤维素性肺炎（c）

不见正常的肺泡组织结构，仅见网状的红染的物质，炎性细胞散在或聚集成团，炎性细胞以中性粒细胞和炎性细胞为主（#32，HE×400）。

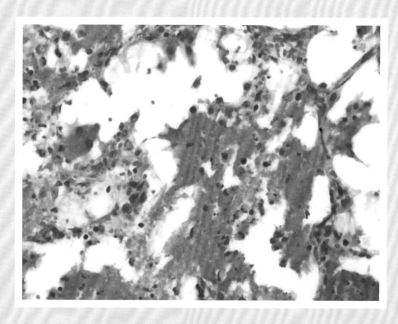

图 8-33 猴纤维素性肺炎（d）

肺泡上皮细胞发生坏死，可见细胞崩解后的一些核碎片，在残存的肺泡隔的部位还可见残存的肺泡上皮细胞（#32，HE×400）。

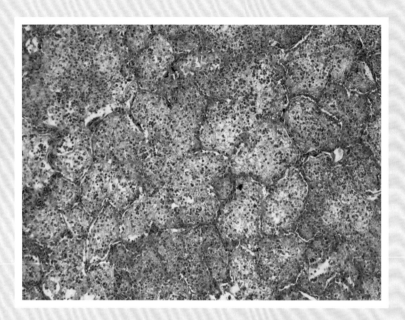

图 8-34 出血性纤维素性肺炎（牛传染性胸膜肺炎）（a）
肺泡腔内充满了大量的纤维素和细胞的成分（HE×100）。

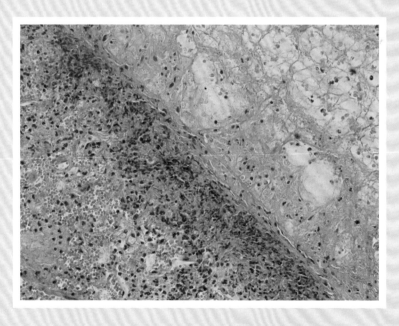

图 8-35 出血性纤维素性肺炎（牛传染性胸膜肺炎）（b）
肺胸膜增厚，由大量网状的红染的物质覆盖（HE×200）。

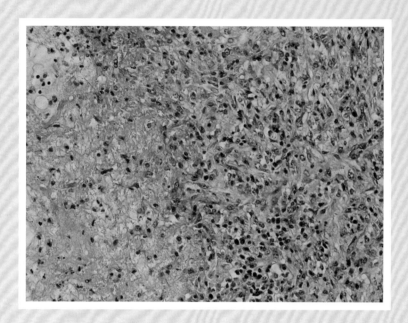

图 8-36　出血性纤维素性肺炎（牛传染性胸膜肺炎）（c）
肺泡腔内的炎性渗出物被增生的结缔组织取代（HE×200）。

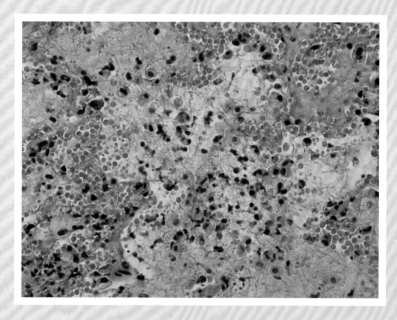

图 8-37　出血性纤维素性肺炎（牛传染性胸膜肺炎）（d）
肺泡腔内有多量的纤维素、数量不等的脱落肺泡上皮细胞、中性粒细胞和单核细胞，以及大量的红细胞，肺泡隔充血、增宽（HE×400）。

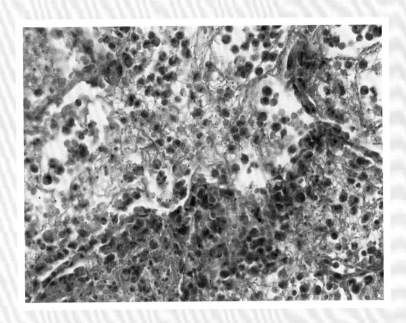

图 8-38　出血性纤维素性肺炎（牛传染性胸膜肺炎）（e）

肺泡腔内有多量的纤维素、数量不等的脱落肺泡上皮细胞、中性粒细胞和单核细胞，以及少量的红细胞（HE×400）。

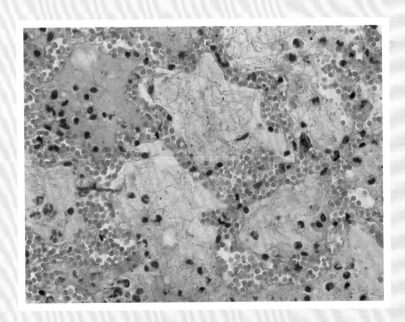

图 8-39　出血性纤维素性肺炎（牛传染性胸膜肺炎）（f）

肺泡腔内有多量的纤维素、数量不等的脱落肺泡上皮细胞、中性粒细胞和单核细胞，肺泡隔增厚，毛细血管充满红细胞（HE×400）。

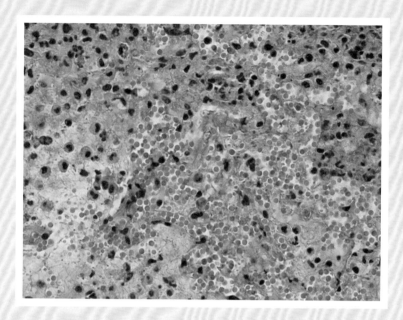

图 8-40　出血性纤维素性肺炎（牛传染性胸膜肺炎）（g）
肺泡腔内有多量的纤维素、数量不等的脱落肺泡上皮细胞、中性粒细胞和单核细胞（HE×400）。

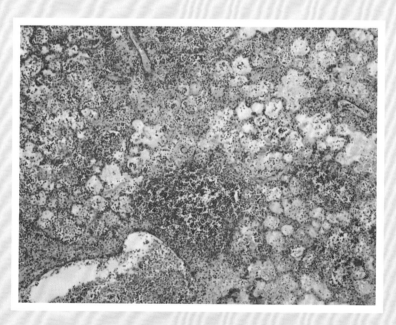

图 8-41　犬大叶性肺炎（a）
肺泡结构不清晰，肺泡腔内和细支气管管腔内浸润大量的细胞成分（#70，HE×100）。

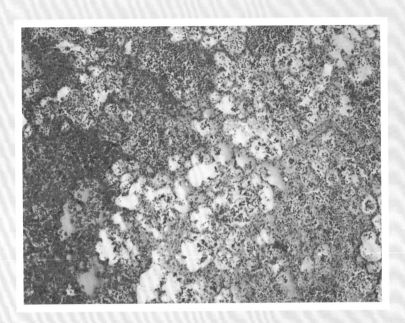

图 8-42 犬大叶性肺炎（b）

肺泡隔增厚，毛细血管扩张充血，瘀血，肺泡内有脱落的上皮细胞和淋巴细胞聚集（#70，HE×100）。

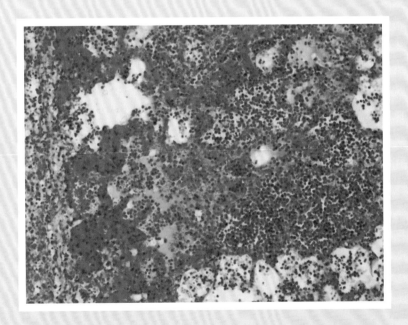

图 8-43 犬大叶性肺炎（c）

肺泡毛细血管出血，肺泡腔内有粉红染的浆液渗出，散在红细胞和炎性细胞以及脱落的上皮细胞（#70，HE×200）。

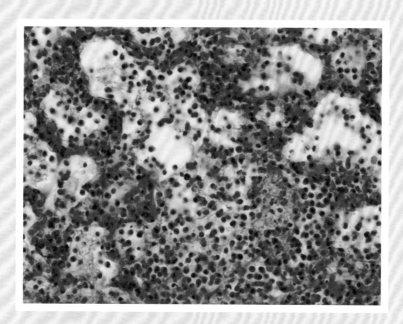

图 8-44　犬大叶性肺炎（d）

肺泡腔内渗出的炎性细胞主要为中性粒细胞和淋巴样细胞，肺泡腔内含有絮状渗出物、脱落的上皮细胞和大量的炎性细胞（#70，HE×400）。

8.6　间质性肺炎

见图 8-45 至图 8-49。

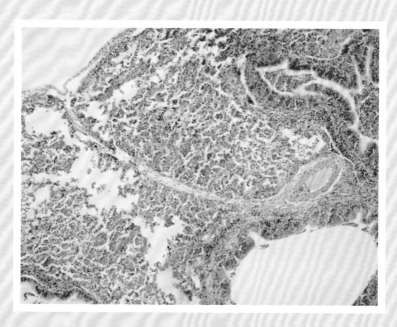

图 8-45　猪间质性肺炎（a）

肺胸膜下增宽，肺小叶间质增宽。正常的肺泡结构消失，肺泡腔内充满了细胞（#83，HE×100）。

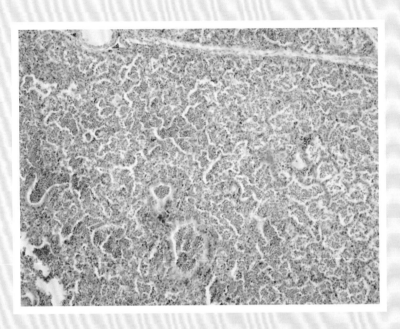

图 8-46 间质性肺炎（b）

肺泡膈增厚，肺泡腔内充满渗出的细胞。肺泡腔呈蜂窝状（#83，HE×100）。

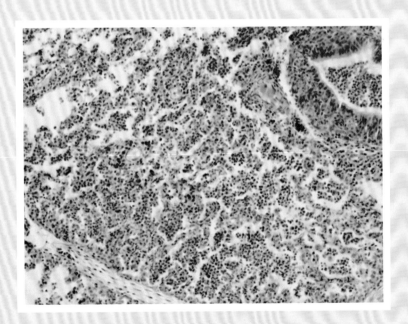

图 8-47 间质性肺炎（c）

肺小叶间质增宽，疏松水肿，肺泡壁增厚，肺泡隔增宽。细支气管管壁疏松，管腔内可见大量炎性细胞（#83，HE×200）。

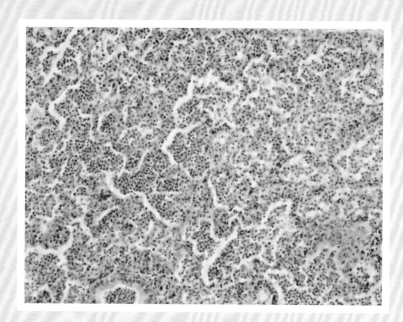

图 8-48　间质性肺炎（d）

肺泡腔和细支气管管腔内含有大量炎性细胞，部分管腔内有粉染絮状物（#83，HE×200）。

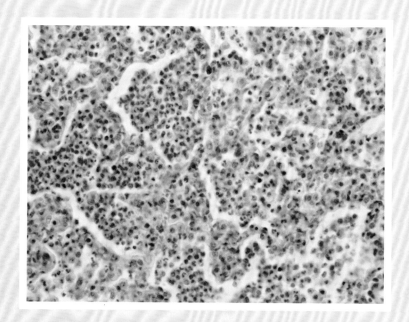

图 8-49　间质性肺炎（e）

肺泡上皮细胞增生，呈立方状，有的凸向肺泡腔，有的坏死脱落。肺泡腔中的细胞主要是巨噬细胞和脱落的上皮细胞，另外，可见明显分叶核的中性粒细胞（#83，HE×400）。

8.7 过敏性肺炎

见图 8-50 至图 8-52。

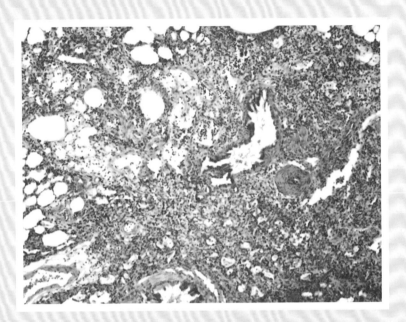

图 8-50 过敏性肺炎（a）
肺泡结构基本完全消失，大面积炎性细胞浸润（#29，HE×100）。

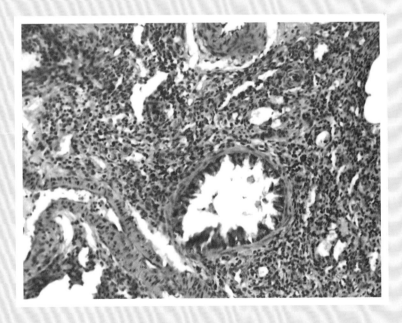

图 8-51 过敏性肺炎（b）
支气管上皮脱落不完整，肺泡壁结构破坏，肺泡隔明显增宽，细胞成分明显增多（#29，HE×200）。

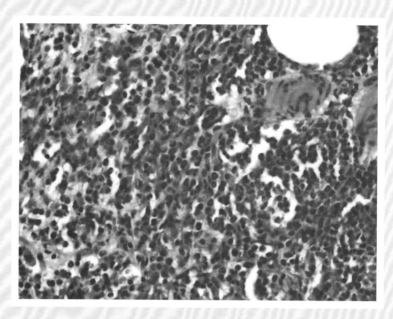

图 8-52 过敏性肺炎（c）

浸润的炎性细胞以细胞胞浆呈红色、核呈分叶状的嗜酸性粒细胞为主，包括少量巨噬细胞和淋巴细胞，多数血管内瘀血。肺泡上皮细胞以圆形或立方形、胞核圆形、胞质染色淡的Ⅱ型肺泡细胞增生为主（#29，HE×400）。

8.8 肺结核

见图 8-53 至图 8-55。

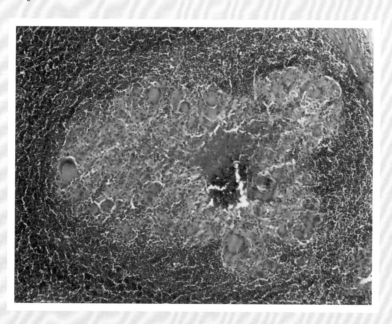

图 8-53 牛淋巴结结核——结核结节

完整的结核结节，中心为干酪样坏死，发生钙化，外周为上皮样细胞和多核巨细胞形成的特异增生性炎，即肉芽肿，并见大量淋巴细胞浸润，外围由一层结缔组织环绕（HE×100）。

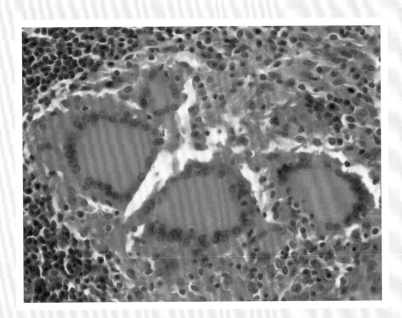

图 8-54　牛淋巴结结核——多核巨细胞

多核巨细胞。多核（一般 10 多个至数十个），核圆形、大小一致呈环状或大半环状，分布在细胞周边部（HE×400）。

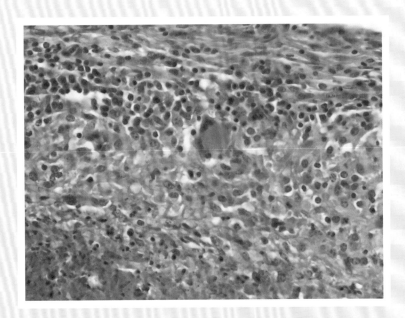

图 8-55　牛淋巴结结核——上皮样细胞

上皮样细胞，胞质呈淡粉染，略呈颗粒状，胞质界限不清，胞核呈圆形或长圆形，染色浅淡，可见 1～2 个核仁（HE×400）。

8.9 肺水肿

见图 8-56 和图 8-57。

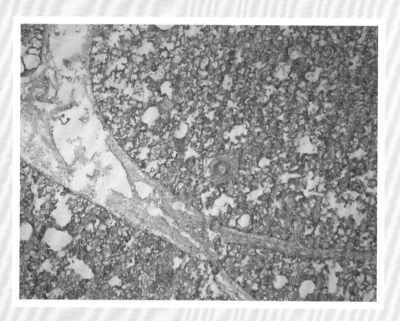

图 8-56　犊牛肺炎性水肿（a）
肺小叶之间间隔增宽，有多量纤维素性水肿液，肺泡隔增厚（HE×50）。

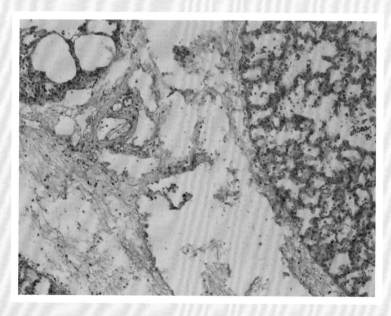

图 8-57　犊牛肺炎性水肿（b）
肺小叶间隔有多量纤维素性水肿液，肺泡隔增厚，肺泡腔内可见少量纤维素、炎性细胞和红细胞（HE×100）。

9 消化系统病理

消化系统由消化管和消化腺构成，是机体的重要组成部分。消化系统与外界相通，最易受各种病因的侵害出现多种病理过程，如胃炎、肠炎、肝炎和肝硬变等。

胃炎 (gastritis) 是指胃壁表层和深层组织的炎症。胃炎的性质视渗出物的种类而定，有卡他性、浆液性、化脓性、出血性和纤维素性几种。

肠炎 (enteritis) 是指肠道的某段或整个肠道的炎症。根据病程长短可将肠炎分为急性和慢性两种；根据渗出物性质和病变特点又可分为卡他性肠炎、出血性肠炎、纤维素性肠炎和慢性增生性肠炎。

肝炎 (hepatitis) 是指肝脏在某些致病因素作用下发生的以肝细胞变性、坏死、炎性细胞浸润和间质增生为主要特征的一种炎症过程。引起肝炎的病因很多，根据病原是否具有传染性把肝炎分为传染性肝炎和中毒性肝炎两类。各型肝炎病变基本相同，都是以肝实质损伤为主，即肝细胞变性和坏死，同时伴有不同程度的炎性细胞浸润、间质增生和肝细胞再生等。

肝硬变 (cirrhosis of liver) 是由多种原因引起的以肝组织严重损伤和结缔组织增生为特征的慢性肝脏疾病。各类因素造成的肝硬变的病理变化特征基本一致，首先是肝细胞发生缓慢的进行性变性坏死，继而肝细胞再生和间质结缔组织增生，增生的结缔组织将残余的和再生的肝细胞集团围成结节状（假性肝小叶），最后结缔组织纤维化，导致肝硬变。

胰腺炎 (pancreatitis) 是胰腺因胰蛋白酶的自身消化作用而引起的一种炎症性疾病。急性胰腺炎 (acute pancreatitis) 是指以胰腺水肿、出血和坏死为特征的胰腺炎。慢性胰腺炎 (chronic pancreatitis) 是指胰腺呈现弥散性纤维化、体积显著缩小为特征的胰腺炎，多由急性胰腺炎演变而来。

9.1 口腔溃疡

见图 9-1 至图 9-3。

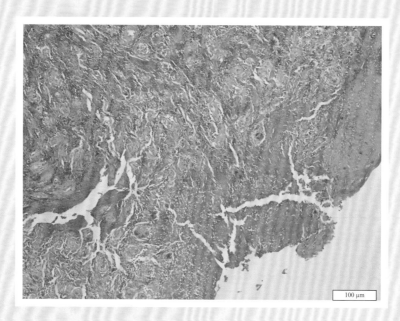

100 μm

图 9-1 犬口腔溃疡（a）
口腔上皮细胞坏死、脱落，固有结构破坏（#25，HE×100）。

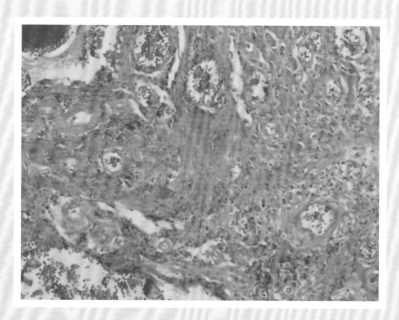

图 9-2 犬口腔溃疡（b）
在溃疡灶周围可见新生的富含毛细血管和成纤维细胞，并伴有炎性细胞浸润的幼稚结缔组织（#25，HE×200）。

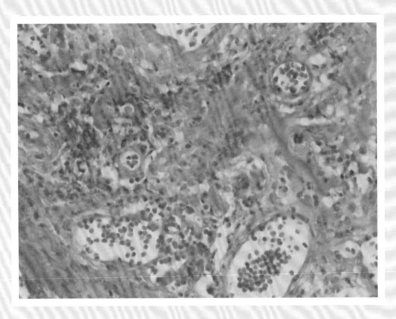

图 9-3 犬口腔溃疡（c）

可见残存的细胞团块及新生的幼稚的肉芽组织，富含毛细血管、成纤维细胞和炎性细胞。在幼稚的肉芽组织里可见明显的分叶核的中性粒细胞（#25，HE×400）。

9.2 腺胃寄生虫

见图 9-4 至图 9-6。

图 9-4 麻雀腺胃寄生虫（a）

腺胃黏膜正常结构被破坏，黏膜上皮不完整或消失。腺胃复管腺的部分腺小叶被寄生虫结节所替代（#9，HE×100）。

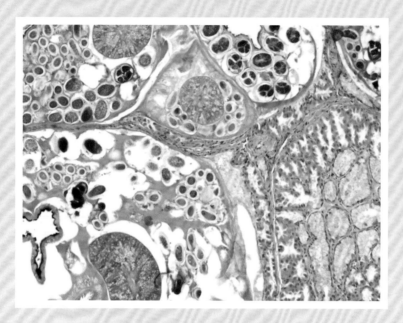

图 9-5　麻雀腺胃寄生虫（b）
可见多处寄生虫结节（#9，HE×200）。

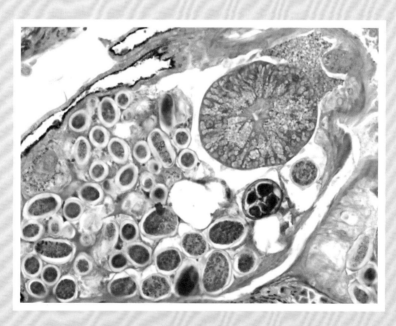

图 9-6　麻雀腺胃寄生虫（c）
可见处于不同发育阶段的寄生虫结节（#9，HE×400）。

9.3 变质性肝炎

见图 9-7 至图 9-9。

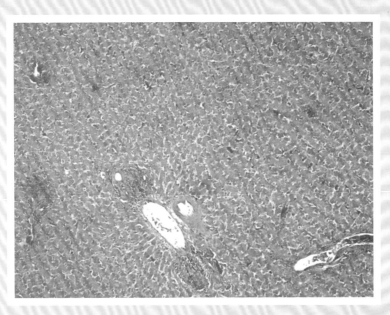

图 9-7 变质性肝炎——异嗜性细胞浸润（a）
肝索结构不清，局部有变性坏死灶，血管周围有炎症反应灶（#12，HE×100）。

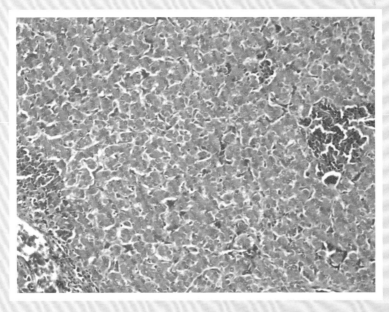

图 9-8 变质性肝炎——异嗜性细胞浸润（b）
肝细胞发生变性，坏死。血管周围有炎症反应灶。伴有大量胞浆中有红染颗粒的异嗜性粒细胞浸润（#12，HE×200）。

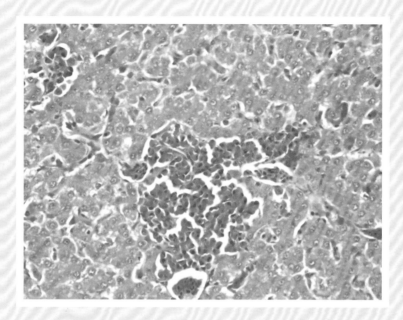

图 9-9　变质性肝炎——异嗜性细胞浸润（c）
大量胞浆中有红染颗粒的异嗜性粒细胞浸润（#12，HE×400）。

9.4　结节性肝硬化

见图 9-10 至图 9-15。

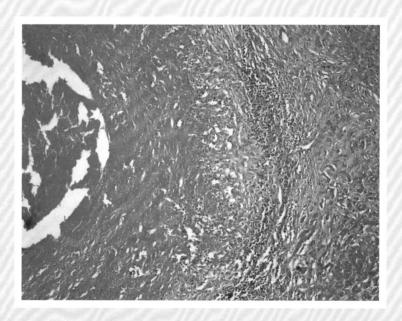

图 9-10　结节性肝硬化——鼠肝结核（a）
肝脏正常结构消失，广泛性变性坏死，形成大的结核灶，由多层结构组成，结核灶中心为坏死区（#15，HE×100）。

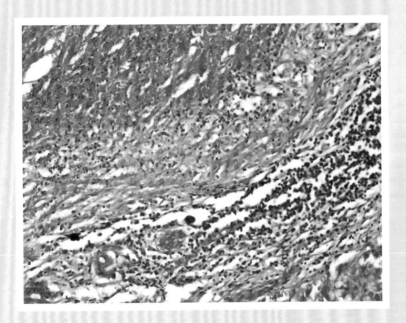

图 9-11 结节性肝硬化——鼠肝结核（b）

坏死灶周围可见多层的细胞成分增生，最外层由结缔组织增生而成（#15，HE×200）。

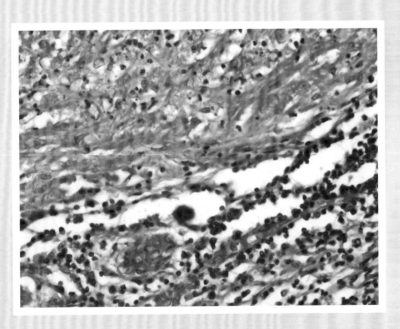

图 9-12 结节性肝硬化——鼠肝结核（c）

坏死灶周围可见上皮样细胞、多核巨细胞和淋巴细胞（#15，HE×400）。

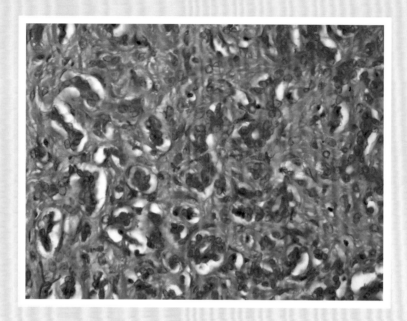

图 9-13　结节性肝硬化——鼠肝结核（d）

坏死灶周围可见多核巨细胞和上皮样细胞（#15，HE×400）。

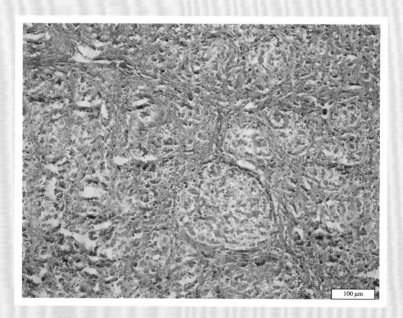

图 9-14　肝硬化（a）

肝细胞坏死，残存的肝组织被结缔组织分割开形成大小不一的假小叶（HE×100）。

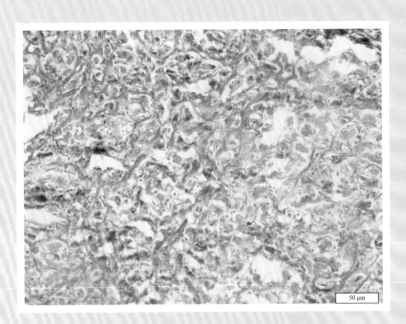

图 9-15 肝硬化（Mallory 三色染色）（b）
胶原纤维蓝染（HE×200）。

9.5 局灶性增生性肝炎

见图 9-16 至图 9-18。

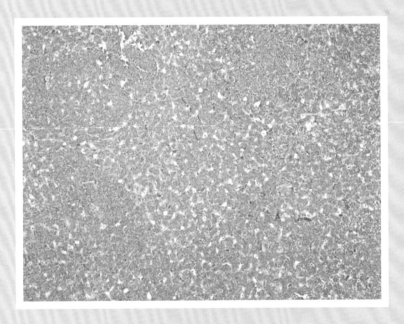

图 9-16 局灶性增生性肝炎（a）
肝脏弥散分布着大小不一的炎性灶（#44，HE×100）。

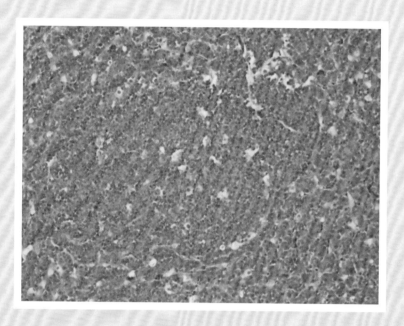

图 9-17　局灶性增生性肝炎（b）
炎性灶里浸润大量的细胞成分，边界不整齐。周围肝细胞索紊乱（#44，HE×200）。

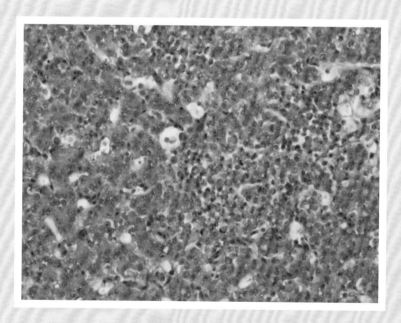

图 9-18　局灶性增生性肝炎（c）
灶内增生以网状细胞为主，还有少量的淋巴细胞和巨噬细胞（#44，HE×400）。

9.6 肝炎

见图 9-19 至图 9-24。

图 9-19 肝炎 (a)

围绕着中央静脉周围的肝细胞坏死，形成大片粉染的区域，其间散在大量炎性细胞；汇管区周围残存一些肝细胞，细胞体积肿大，肝索结构消失（HE×100）。

图 9-20 肝炎 (b)

中央静脉周边细胞坏死崩解，炎性细胞浸润，汇管区也有炎性细胞浸润，其周边的肝细胞肿胀（HE×200）。

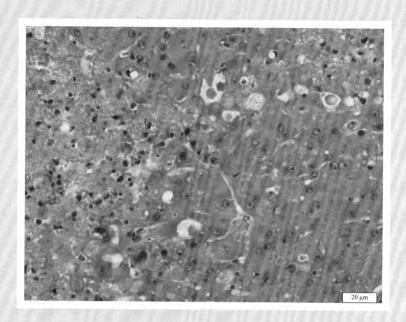

20 μm

图 9-21　肝炎（c）

坏死灶可见多量淋巴细胞、中性粒细胞、枯否氏细胞等炎性细胞；残存的肝细胞体积增大，细胞界限不清（HE×400）。

图 9-22　牛——肝炎伴嗜酸性粒细胞浸润（a）

被膜增厚，细胞成分增多，肝小叶结构不可见，视野内多灶性炎性反应区（#90，HE×100）。

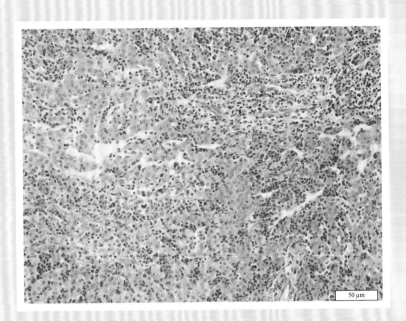

图 9-23　牛——肝炎伴嗜酸性粒细胞浸润（b）

反应区内有大量嗜酸性粒细胞浸润（HE×200）。

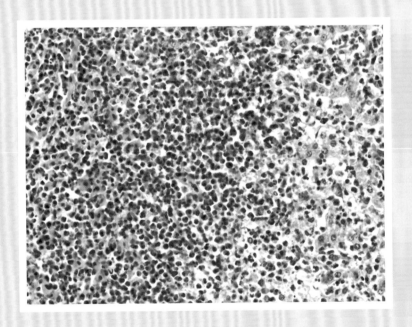

图 9-24　牛——肝炎伴嗜酸性粒细胞浸润（c）

炎性反应区内有大量嗜酸性粒细胞以及一些巨噬细胞等（#90，HE×400）。

9.7 肝包炎

见图 9-25 至图 9-27。

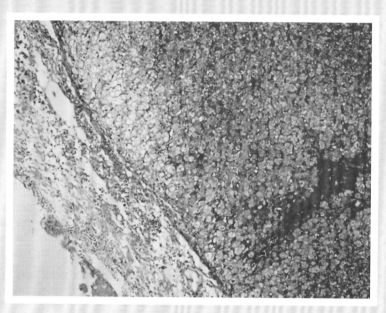

图 9-25　猫肝包炎（a）
被膜表面有大量红染的呈网状的纤维蛋白渗出，肝被膜增厚，细胞成分增多（#24，HE×100）。

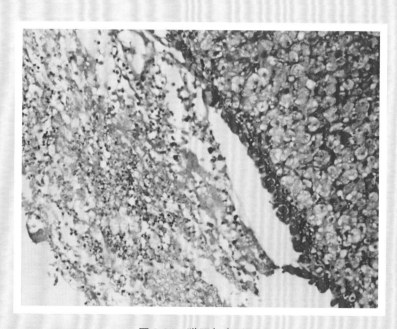

图 9-26　猫肝包炎（b）
被膜增厚，有大量渗出物，并有大量淋巴细胞散在其中。被膜肝细胞肿胀，胞浆疏松，有大小不一的空泡（#24，HE×200）。

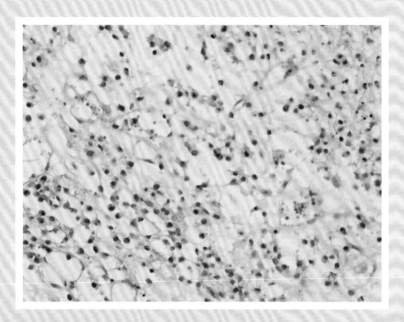

图 9-27　猫肝包炎（c）

肝被膜表面覆盖的网状红染的纤维蛋白间散在大量淋巴细胞和红细胞（#24，HE×400）。

9.8　胰腺坏死

见图 9-28 至图 9-33。

图 9-28　犬胰腺坏死（a）

胰腺内腺泡正常组织结构消失，腺泡细胞崩解，边缘残留部分胰腺组织（#23，HE×100）。

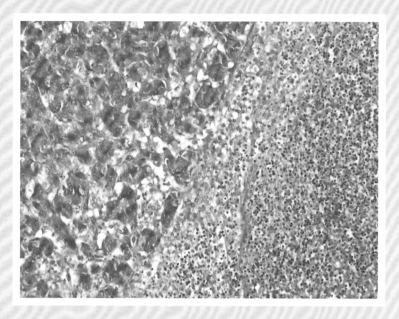

图 9-29　犬胰腺坏死（b）
坏死区和残留的组织结构间有明显的界线，坏死区胰腺组织结构消失（#23，HE×200）。

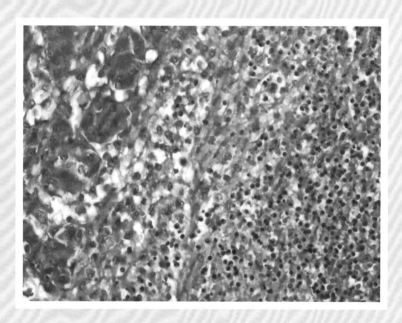

图 9-30　犬胰腺坏死（c）
坏死灶边缘区有大量的淋巴细胞和中性粒细胞浸润（#23，HE×400）。

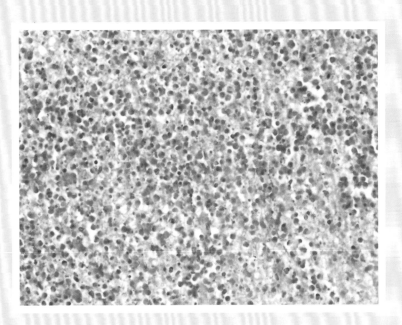

图 9-31　犬胰腺坏死（d）
坏死区伴有出血，还有大量炎性细胞浸润（#23，HE×400）。

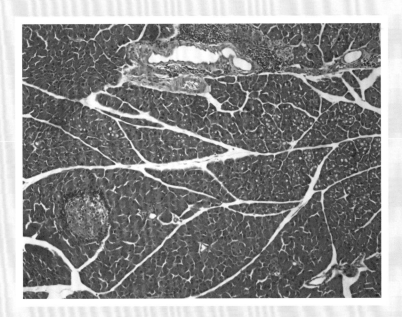

图 9-32　胰岛炎（a）
胰岛内细胞成分增多（#36，HE×100）。

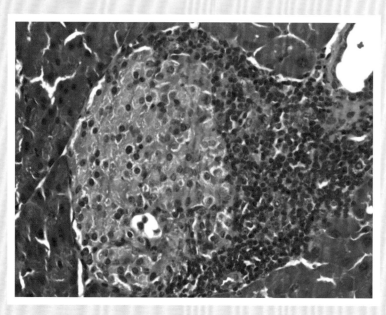

图 9-33　胰岛炎（b）

胰岛内有大量炎性细胞浸润（#36，HE×400）。

9.9　小肠肠炎

见图 9-34 至图 9-39。

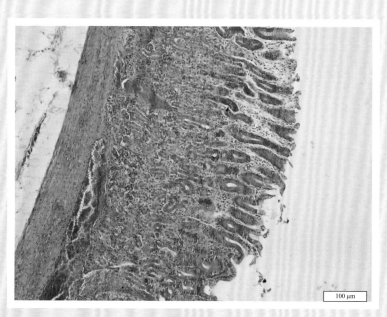

100 μm

图 9-34　小肠肠炎（a）

低倍镜下可见，小肠黏膜层上皮脱落，结构不完整，肠腺增多，分泌亢进，血管瘀血（HE×100）。

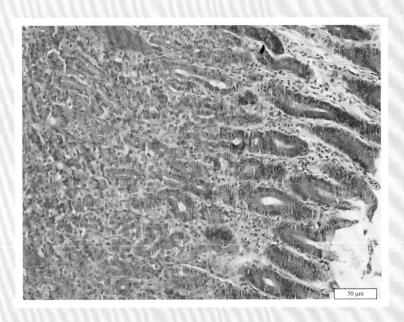

图 9-35　小肠肠炎（b）
肠黏膜固有层肠腺数量增多，分泌亢进（HE×200）。

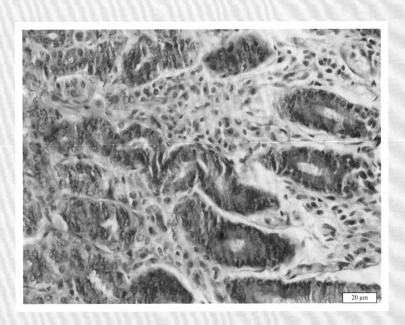

图 9-36　小肠肠炎（c）
肠腺杯状细胞数量增多，分泌亢进，固有层可见淋巴细胞和浆细胞浸润（HE×400）。

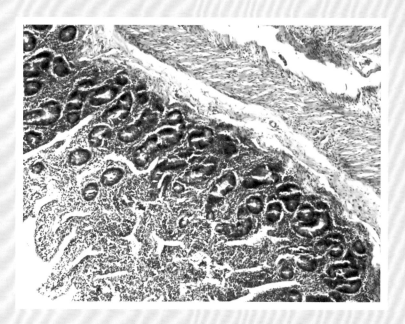

图 9-37　羊——小肠肠炎（a）

可见肠上皮脱落坏死，落入肠腔，固有层细胞成分增多，黏膜下层结缔组织疏松（#92，HE×100）。

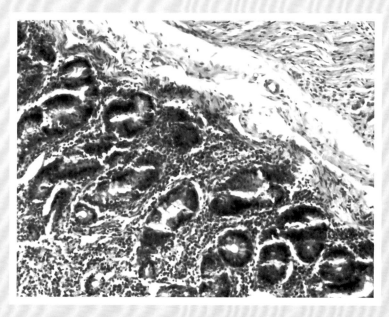

图 9-38　羊——小肠肠炎（b）

肠道固有层有大量淋巴样细胞浸润（#92，HE×200）。

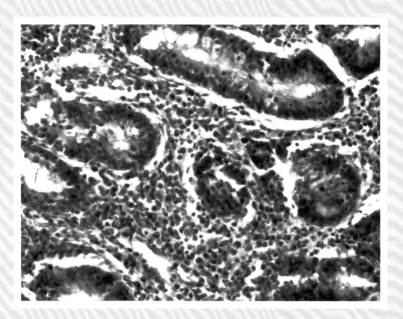

图 9-39　羊——小肠肠炎（c）
固有层浸润细胞以淋巴细胞为主，还有部分巨噬细胞、浆细胞等（#92，HE×400）。

10 泌尿生殖系统病理

泌尿系统疾病以肾脏疾病为多，肾脏疾病可根据病变累及的主要部位分为肾小球疾病、肾小管疾病、肾间质疾病和血管性疾病，其中肾炎（nephritis）和肾病 (nephrosis) 是肾脏疾病中常见的两种类型。

肾炎是指以肾小球和间质的炎症性变化为特征的疾病。常见的有肾小球肾炎（glomerulonephritis）、间质性肾炎（interstitialnephritis）、化脓性肾炎（suppurativenephritis）、肾盂肾炎（pyelonephritis）。

肾病是指以肾小管上皮细胞发生弥散性变性、坏死为主要特征而无炎症变化的一类疾病。

卵巢发生的病理变化主要是指卵巢炎和卵巢囊肿。卵巢炎包括急性卵巢炎和慢性卵巢炎。卵巢囊肿是指卵巢的卵泡或黄体内出现液体性分泌物积聚，或由其他组织（如子宫内膜）异位性增生而在卵巢中形成囊泡。临床上常见的卵巢囊肿有卵泡囊肿和黄体囊肿。

子宫内膜炎 (endometritis) 是母畜的常见疾病之一，是由于子宫发生感染而引起的子宫黏膜的炎症过程。子宫内膜炎分为急性和慢性两类，前者较多见。急性子宫内膜炎表现为急性卡他性炎，慢性子宫内膜炎又分非化脓性和化脓性。

乳腺炎 (mastitis) 或乳房炎是雌性动物常见的疾病，其特征是乳腺发生炎症，同时乳汁发生理化性状的改变，主要由细菌感染引起，急性乳腺炎和慢性乳腺炎是其中较重要的两种。急性乳腺炎以乳腺的充血、水肿、浆液-纤维素渗出、炎性细胞浸润、腺上皮细胞变性坏死为主要变化，慢性乳腺炎则常见腺管上皮细胞和结缔组织增生，病变部乳腺变小变硬。

10.1 肾病

见图 10-1 至图 10-3。

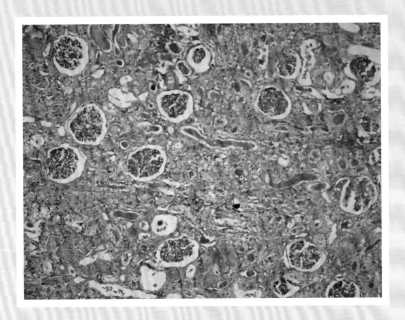

图 10-1　犬肾管型（a）
肾小球毛细血管球肿胀，肾小囊囊腔变窄。肾小管结构不清，部分管腔可见大量红染的物质（#21，HE×100）。

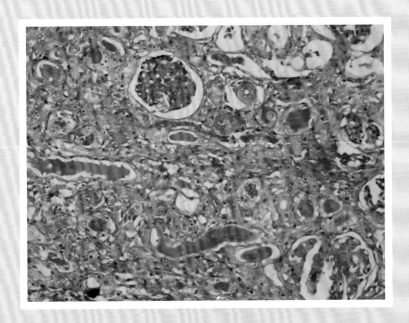

图 10-2　犬肾管型（b）
肾小管结构紊乱，部分肾小管管腔内充满红染的蛋白样物质，肾小球球体肿胀，分叶（#21，HE×200）。

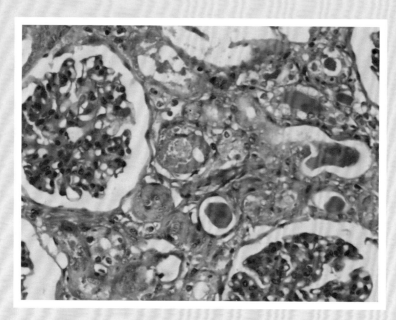

图 10-3　犬肾管型（c）

肾小管上皮细胞肿胀，管腔狭窄，管腔内可见脱落的上皮细胞和明显的蛋白管型（#21，HE×400）。

10.2　肾炎

见图 10-4 至图 10-18。

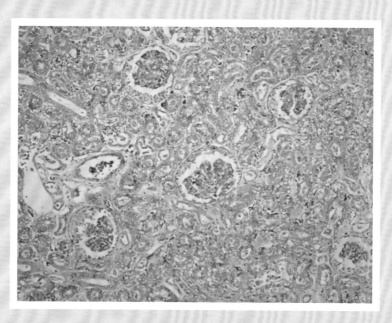

图 10-4　鼠肾小球肾炎（a）

肾小管管腔内有粉红染物质，肾小球肿胀，肾小囊内可见红染的颗粒状蛋白物质（#16，HE×100）。

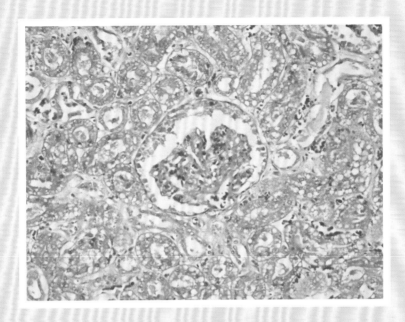

图 10-5 鼠肾小球肾炎（b）
肾小管上皮细胞萎缩，细胞浆内可见大小不一的空泡，结构紊乱。肾小球肿胀，肾小囊内可见红染的颗粒状蛋白物质（#16，HE×200）。

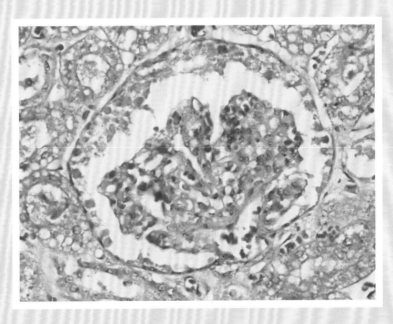

图 10-6 鼠肾小球肾炎（c）
肾小球毛细血管瘀血，肾小囊囊腔扩张，囊腔内可见红染的块状蛋白物质（#16，HE×400）。

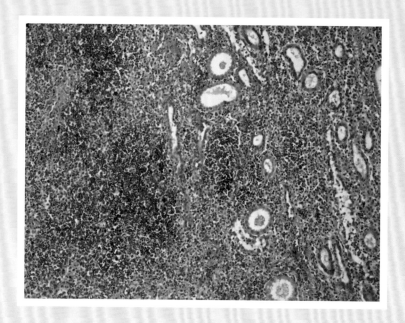

图 10-7　肾炎（a）

肾实质细胞变性、坏死，大量炎性细胞浸润，取代正常的肾小管结构。残留的肾小管管腔内有粉色均质物质（#60 中华鲟，HE×100）。

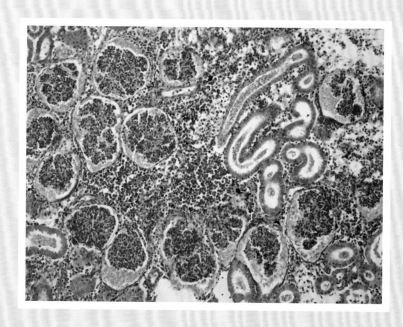

图 10-8　肾炎（b）

肾小球结构紊乱。肾小囊有粉染的物质，呈半月形包围在肾小球周围。肾小管上皮结构紊乱，管腔内有粉染物质（#60 中华鲟，HE×100）。

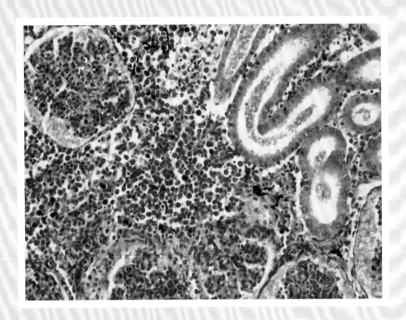

图 10-9　肾炎（c）

肾远曲小管和近曲小管部分上皮细胞肿胀、脱落、坏死，管腔中可见粉红染的物质，形成管型，大量炎性细胞浸润（#60 中华鲟，HE×200）。

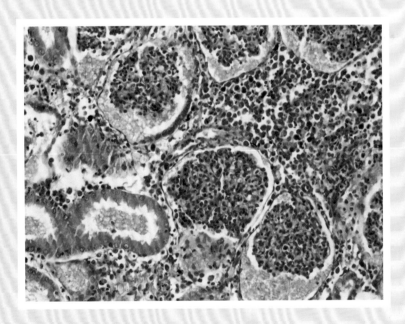

图 10-10　肾炎（d）

肾小囊腔明显扩张，囊中有网状、丝状粉红染的蛋白性物质。肾间质内炎性细胞浸润（#60 中华鲟，HE×200）。

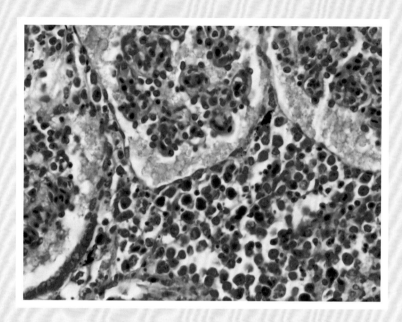

图 10-11 肾炎（e）

肾小囊腔明显扩张，含有多量蛋白性物质。间质中可见中性粒细胞和巨噬细胞（#60 中华鲟，HE×400）。

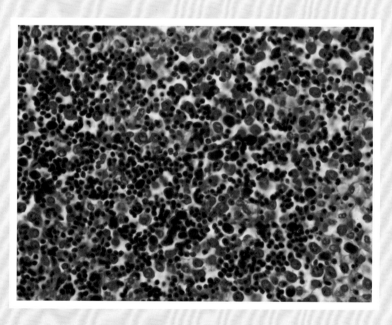

图 10-12 肾炎（f）

炎灶部位可见大量淋巴细胞、中性粒细胞（#60 中华鲟，HE×400）。

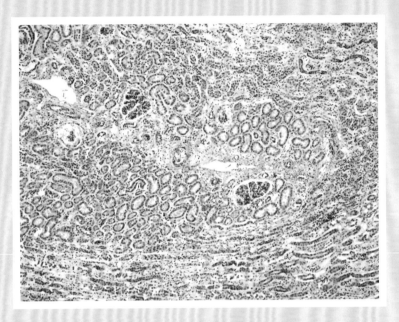

图 10-13　猪——分叶性肾炎（a）
肾小球、肾小管结构清晰，肾小球分叶增多明显（#94，HE×100）。

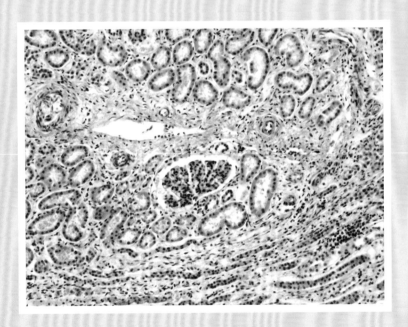

图 10-14　猪——分叶性肾炎（b）
肾小管内有红染物质，部分集合管上皮脱离基底膜（#94，HE×200）。

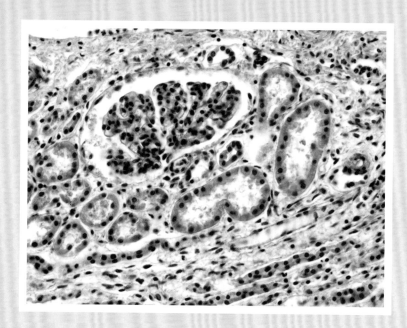

图 10-15 猪——分叶性肾炎（c）

肾小球分叶增多，肾小囊内有粉染的物质和细胞成分（#94，HE×400）。

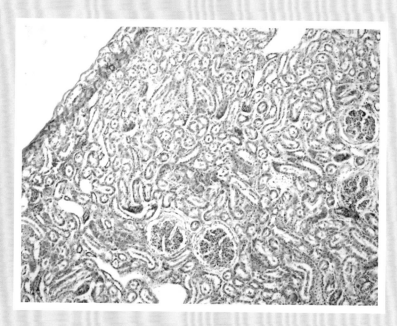

图 10-16 犬——肾炎（a）

肾小球、肾间质毛细血管弥散性充血（#96，HE×100）。

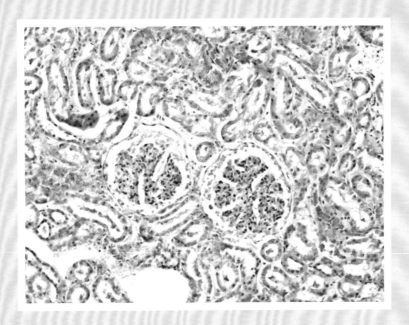

图 10-17　犬——肾炎（b）

肾小囊腔存在较多红染滴状物，肾小管腔内可见红染的絮状物（#96，HE×200）。

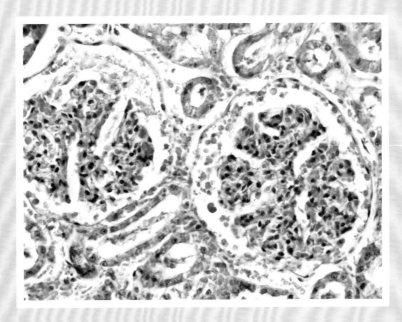

图 10-18　犬——肾炎（c）

肾小囊基底膜和壁层上皮细胞间出现均质蜡样蛋白滴，体积大小不一。肾小管上皮细胞脱落，管腔内可见脱落的细胞或红染的絮状物（#96，HE×400）。

10.3　膀胱炎

见图 10-19 至图 10-24。

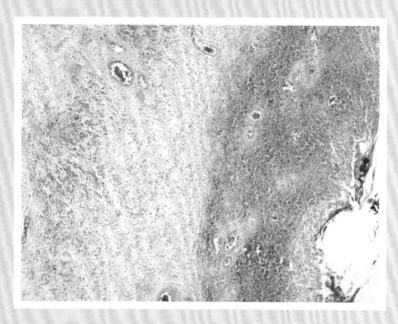

图 10-19　犬膀胱炎（a）
膀胱黏膜层结构不完整，黏膜上皮脱落，黏膜下层弥散性出血（#72，HE×100）。

图 10-20　膀胱炎（b）
膀胱黏膜下层血管瘀血，充血（#72，HE×100）。

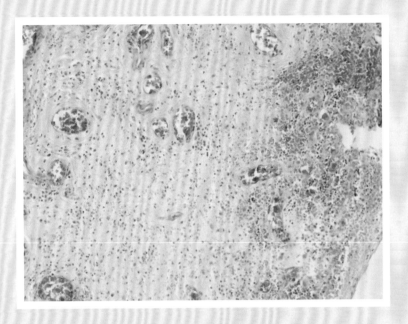

图 10-21　膀胱炎（c）

黏膜脱落，炎性细胞增多，黏膜下层水肿，血管扩张瘀血（#72，HE×200）。

图 10-22　膀胱炎（d）

膀胱黏膜下层血管瘀血，黏膜下层大面积出血（#72，HE×200）。

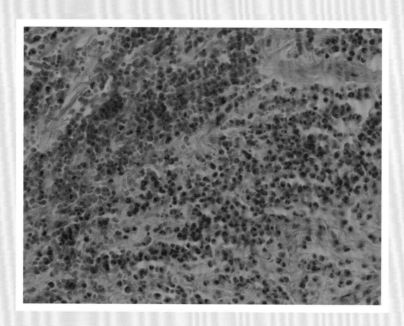

图 10-23 膀胱炎（e）

膀胱黏膜下层出血部位可见大量炎性细胞，主要以中性粒细胞为主（#72，HE×400）。

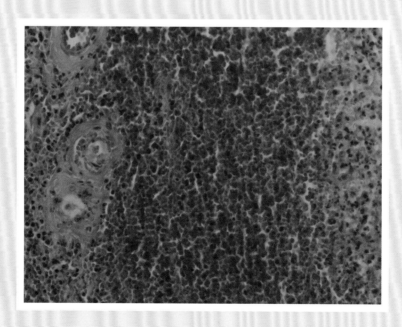

图 10-24 膀胱炎（f）

膀胱黏膜下层出血严重，血管壁疏松，在出血部位除了大量红细胞外，还可见中性粒细胞等炎性细胞和坏死的细胞（#72，HE×400）。

10.4　子宫内膜炎

见图 10-25 至图 10-34。

图 10-25　兔子宫内膜炎——嗜酸性粒细胞浸润（a）
子宫内膜、浆膜、肌层各层结构清晰，局部可见血管内充血瘀血（#14，HE×100）。

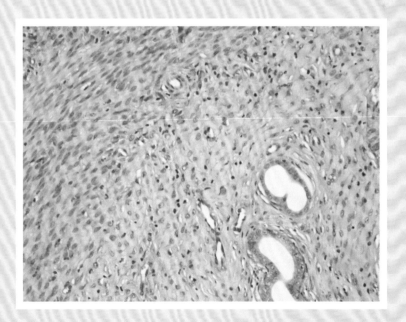

图 10-26　兔子宫内膜炎——嗜酸性粒细胞浸润（b）
固有层可见炎性细胞浸润（#14，HE×200）。

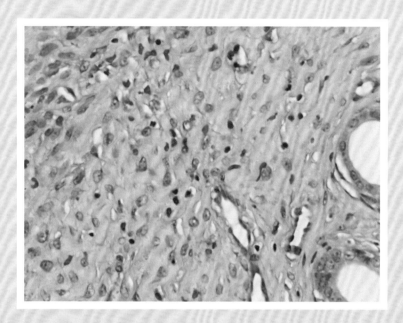

图 10-27　兔子宫内膜炎——嗜酸性粒细胞浸润（c）
炎性细胞细胞核呈分叶状或马蹄形，胞浆嗜酸性，有颗粒感（#14，HE×400）。

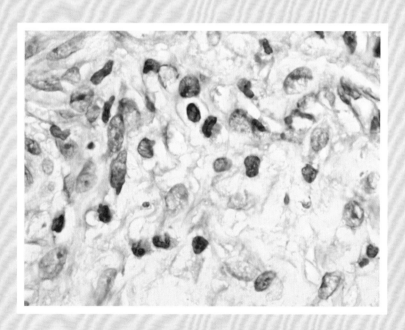

图 10-28　兔子宫内膜炎——嗜酸性粒细胞浸润（d）
嗜酸性粒细胞胞浆含有粗大的圆形红染颗粒（#14，HE×1 000）。

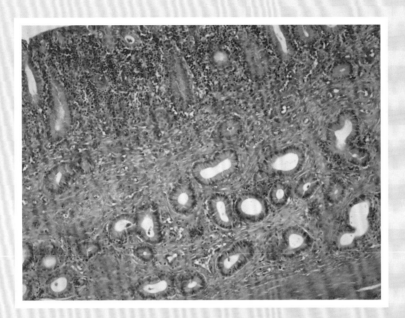

图 10-29 子宫内膜炎（a）

子宫内膜、肌层以及外膜层结构比较正常，子宫黏膜血管充血，固有层细胞成分增多（#69 西施犬，HE×100）。

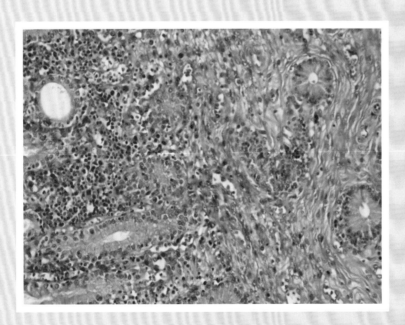

图 10-30 子宫内膜炎（b）

在子宫黏膜固有层可见大量中性粒细胞浸润，也可见少量巨噬细胞、淋巴细胞（#69 西施犬，HE×200）。

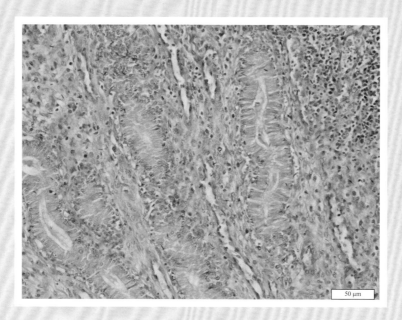

图 10-31　子宫内膜炎（c）
子宫腺上皮细胞分泌亢进，表现为胞浆丰富，细胞核染色较深，腺体内有大量分泌物（#69 西施犬，HE×200）。

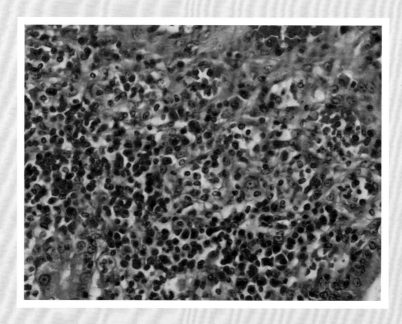

图 10-32　子宫内膜炎（d）
在子宫黏膜固有层可见大量中性粒细胞浸润，也可见少量巨噬细胞和淋巴细胞（#69 西施犬，HE×400）。

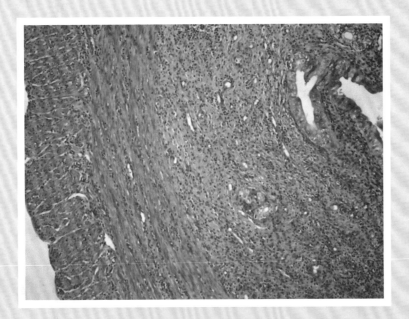

图 10-33　子宫内膜炎（a）

子宫结构比较完整，可见固有层有炎性细胞浸润（#34，HE×100）。

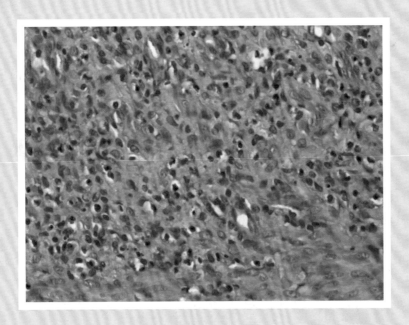

图 10-34　子宫黏膜炎（b）

浸润的炎性细胞，主要是嗜酸性粒细胞，分布于黏膜固有层中，胞浆内含有较大的圆形红染颗粒（#34，HE×400）。

10.5 睾丸炎

见图 10-35 和图 10-36。

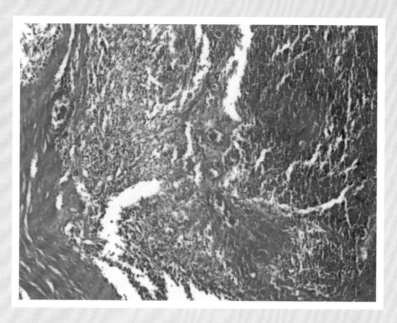

图 10-35　化脓性炎（犬睾丸组织）(a)
睾丸原有结构被破坏，取而代之的是大小不等的化脓灶（#41，HE×100）。

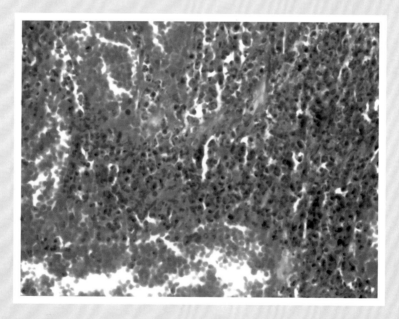

10-36　化脓性炎（犬睾丸组织）(b)
化脓灶充满大量的脓细胞、红细胞及坏死的组织（#41，HE×400）。

10.6 子宫结核

见图 10-37 和图 10-38。

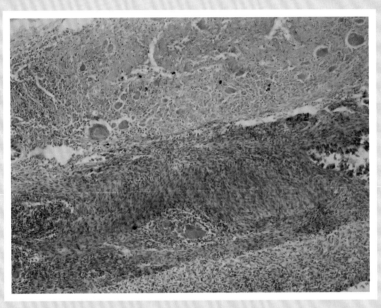

图 10-37 牛子宫结核（a）
子宫壁有许多大小不等的结核结节（HE×100）。

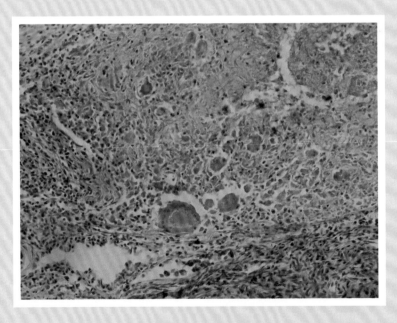

图 10-38 牛子宫结核（b）
结节中心为干酪样坏死，第二层为上皮样细胞和多核巨细胞组成的特殊肉芽组织，外层为增生的结缔组织，其中有多量淋巴细胞浸润（HE×200）。

10.7 卵巢囊肿

见图 10-39 至图 10-41。

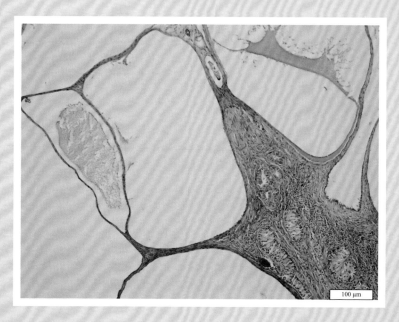

图 10-39　犬卵巢囊肿（a）
卵巢卵泡囊肿，卵泡内有大量分泌物（HE×100）。

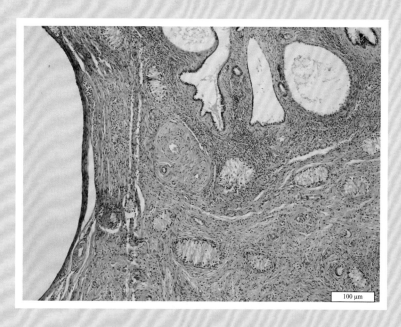

图 10-40　犬卵巢囊肿（b）
卵巢卵泡囊肿，卵泡内有大量分泌物。周围可见一些闭锁卵泡（HE×100）。

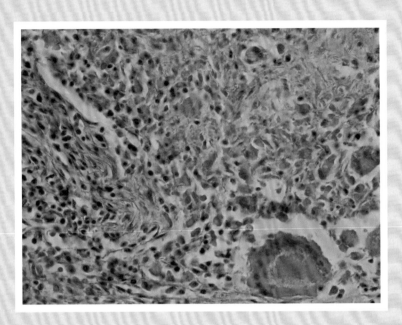

图 10-41 牛子宫结核（c）

结核灶内有许多巨噬细胞转化而来的上皮样细胞和多核巨细胞（HE×400）。

11 神经系统病理

神经组织的病理变化包括神经细胞的病变、神经纤维和神经胶质细胞的病变。

神经细胞的病变包括染色质溶解(chromatolysis)、急性肿胀(acute neuronal swelling)、神经细胞凝固(coagulation of neurons)、空泡变性(cytoplasmic vacuolation)、液化性坏死(liquefactive necrosis)、胞质包涵体(intracytomic inclusion)。

神经纤维的变化主要包括轴突和髓鞘的变化，在距神经细胞胞体近端和远端的轴突及其所属的髓鞘会发生华氏变性(Wallerian degeneration)，即轴突变化、髓鞘崩解和细胞反应。

神经组织病变过程中神经胶质细胞增生并围绕在变性的神经细胞周围（一般由 3 ～ 5 个组成），形成了卫星现象(satellitosis)。在神经细胞坏死后小胶质细胞进入细胞内，吞噬神经元残体，称为噬神经元现象(neuronophagia)。在吞噬髓鞘过程中，小胶质细胞胞体变大、变圆，胞浆内含有脂肪滴，形成格子细胞或泡沫样细胞(gitter cell)。星形胶质细胞的大量增生称为神经胶质增生或神经胶质瘤(gliosis)。神经系统的病变除了神经组织上述的基本病变以外，也会有血液循环障碍、脑脊液循环障碍的变化。在脑组织受到损伤时，血管周围间隙中出现围管性细胞浸润（炎性反应细胞），环绕血管如套袖形成血管周围管套(perivasocular cuffing)。管套的厚薄与浸润细胞的数量有关。管套的细胞成分与病因有一定关系。在链球菌感染时，以中性粒细胞为主；在李氏杆菌感染时，以单核细胞为主；在病毒性感染时，以淋巴细胞和浆细胞为主；食盐中毒时，以嗜酸性粒细胞为主。病理情况下，脑组织中的水分会因各种原因增加而使脑体积肿大形成脑水肿(cerebral edema)。

11.1 非化脓性脑炎

见图 11-1 至图 11-3。

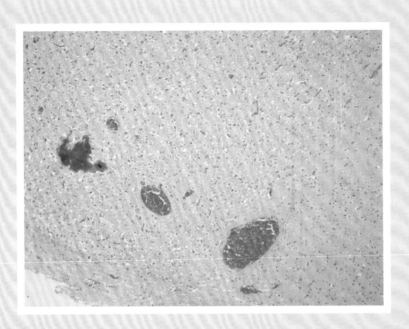

图 11-1　麻雀流感非化脓性脑炎（a）

脑组织的结构基本正常，血管和毛细血管内充血瘀血较为严重（#10，HE×100）。

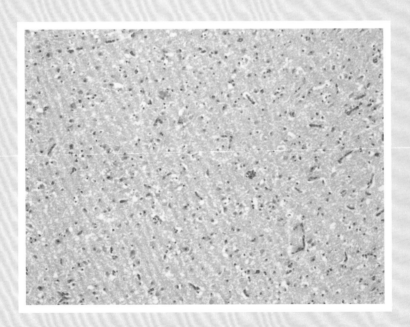

图 11-2　麻雀流感非化脓性脑炎（b）

脑组织的结构基本正常，小血管和毛细血管内充血瘀血较为严重，胶质细胞增生（#10，HE×200）。

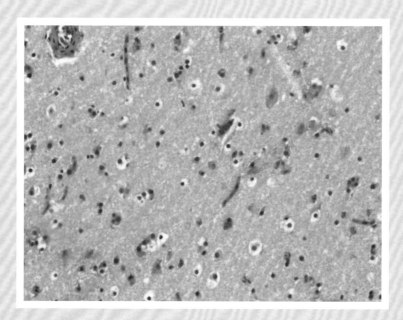

图 11-3　麻雀流感非化脓性脑炎（c）

小血管和毛细血管充血瘀血严重。神经细胞或肿胀或皱缩，肿胀的神经细胞体积增大，皱缩的神经细胞体积缩小，核固缩。胶质细胞增生，增生的胶质细胞形成噬神经元和卫星现象（#10，HE×400）。

11.2　脑内病毒包涵体

　　见图 11-4 和图 11-5。

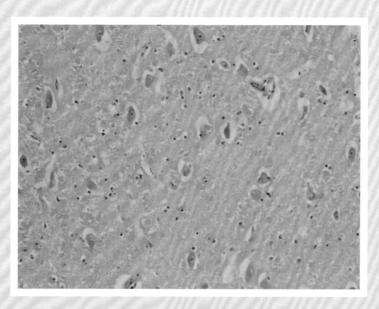

图 11-4　狂犬病病毒包涵体

神经元发生水肿，细胞结构清晰、胞核明显、胞浆丰富（#42，HE×400）。

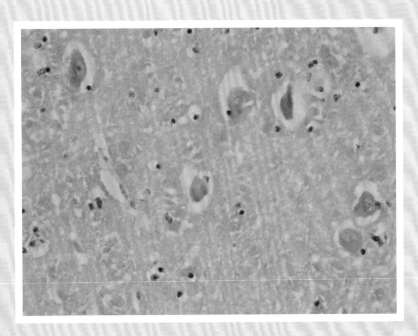

图 11-5　狂犬病病毒包涵体
神经元发生水肿，细胞结构清晰，在神经元胞浆中，出现明显的紫红色的嗜酸性包涵体（#42，HE×400）。

11.3　李斯特杆菌脑炎

见图 11-6 和图 11-7。

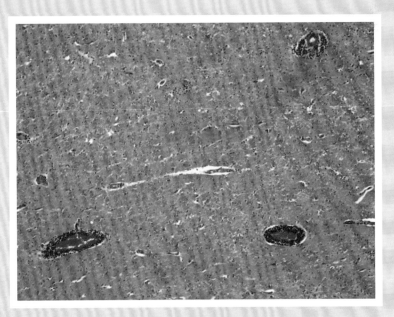

图 11-6　牛李斯特杆菌脑炎（a）
脑实质内散在有大小不等的"血管套"（#57，HE×100）。

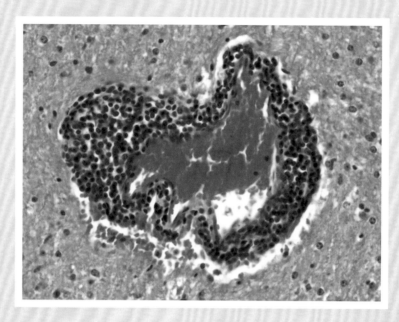

图 11-7　牛李斯特杆菌脑炎（b）

脑血管周围有大量炎性细胞浸润，形成 3 ～ 5 层，主要为单核细胞，形成典型的"血管套"现象（#57，HE×400）。

11.4　脑膜脑炎

见图 11-8 至图 11-10。

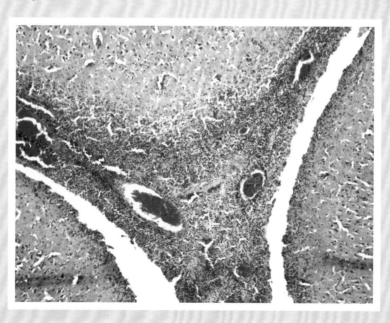

图 11-8　猪——脑膜脑炎（a）

脑膜增厚，血管扩张瘀血（#95，HE×100）。

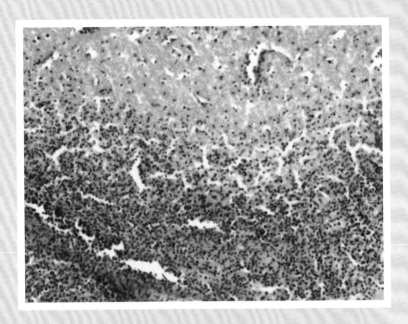

图 11-9 猪——脑膜脑炎（b）
增厚的脑膜可见大量的蓝染淋巴样细胞浸润（#95，HE×200）。

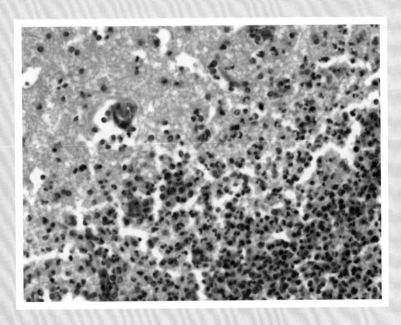

图 11-10 猪——脑膜脑炎（c）
蓝染的细胞主要为分叶核的中性粒细胞，以及胞体较大，胞核呈圆形或肾形的巨噬细胞（#95，HE×400）。

11.5　脑水肿

见图 11-11 和图 11-12。

图 11-11　脑水肿（a）

脑内神经细胞肿胀变大，细胞周围出现较多空隙，神经纤维间距增宽（HE×100）。

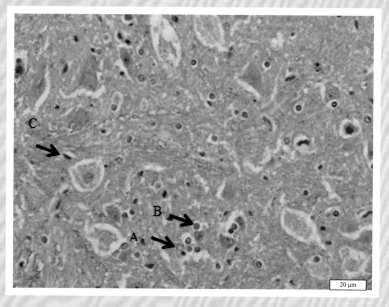

图 11-12　脑水肿（b）

神经元肿胀，胞核大而淡染，染色质溶解，细胞均质化或液化。神经胶质细胞肿大变形。神经纤维因水肿而彼此分离，间距增宽。血管外周间隙和细胞周围增宽，组织疏松（HE×400）。星形胶质细胞（A）：胞核圆形或卵圆形，大而淡染，胞浆少而淡染。少突胶质细胞（B）：胞核小，圆形，染色较深，胞浆透明且空，环绕胞核形成空晕。小胶质细胞（C）：胞核最小，形态不规则或呈杆状，染色最深。

第二部分

伴侣动物肿瘤学

12　皮肤和软组织肿瘤

12.1　来源于上皮的肿瘤

12.1.1　来源于表皮肿瘤

12.1.1.1　鳞状乳头状瘤

【背景知识】

鳞状乳头状瘤（squamous papilloma）是一种常见的皮肤肿瘤，它可能是非肿瘤性的，而是由于创伤引起的。鳞状乳头状瘤通常是良性的，不会发生转移，临床表现类似于病毒性乳头状瘤。

【临床特征】

鳞状乳头状瘤较小，直径一般为 1 ~ 5 mm。外观通常呈有蒂的菜花状。肿瘤主要发生在脸部、眼睑、脚和结膜，没有年龄和种属的偏好性。

【诊断要点】

鳞状乳头状瘤的结构类似于病毒性乳头状瘤，组成乳头状或者手指样结构的上皮发生轻度增生和角质化，手指样结构中心含有少量的胶原纤维。肿瘤可见轻微的炎症，严重的创伤会导致海绵状水肿、溃疡和广泛的炎症反应。

【鉴别诊断】

区分病毒性和非病毒性的鳞状乳头状瘤主要是看是否有细胞病变的发生，比如巨大的角质透明颗粒、挖空细胞（角质细胞胞浆透明，核固缩）、包涵小体等。非病毒性的鳞状乳头状瘤上皮增生和角化的程度一般小于病毒性乳头状瘤，可用免疫组化或者 PCR 检测乳头状病毒来区分病毒性和非病毒性鳞状乳头状瘤。而区分鳞状乳头瘤和软垂疣主要基于前者含有明显的上皮，而后者含有明显的纤维结缔组织。见图 12-1 和图 12-2。

图 12-1　犬鳞状乳头状瘤（a）

表皮层鳞状上皮向外呈乳头状增生（HE×100）。

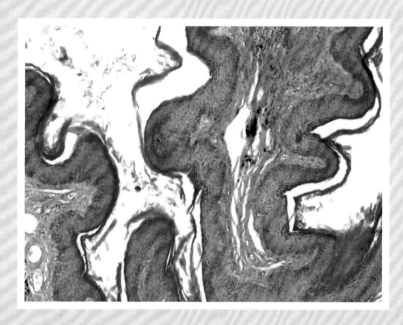

图 12-2　犬鳞状乳头状瘤（b）

皮肤表皮层鳞状上皮以结缔组织为中心呈外突性生长，形成大小不等的乳头状突起（巴哥犬，雌性，10岁，阴门腹侧肿物，菜花状，有蒂，HE×100）。

12.1.1.2　病毒性乳头状瘤

【背景知识】

病毒性乳头状瘤（viral papilloma）又称作病毒性疣，是由乳头瘤病毒（papillomavirus，PVs）引起的。PVs是一种小的双链 DNA 病毒，可以感染不同种的动物，通常具有种属特异性，主要侵害皮肤和黏膜的鳞状上皮，引发小的圆形的皮肤肿瘤。人的病毒性乳头状瘤呈圆形，略微扁平，相对光滑；而犬病毒性乳头状瘤虽然表面光滑，但是外观通常呈菜花样的结构。

【临床特征】

　　PV 引起的外生性乳头状瘤在猫和犬中少见，占犬的皮肤肿瘤的 1%～2.5%。成熟的外生性疣为单发或多发的有蒂或无蒂的乳头状肿块，直径小于 1 cm，表面坚实，并且由于过度角化呈现蜡色。外生性病毒乳头状瘤多发于脸部、耳朵和四肢，可发生于犬的任何年龄，但主要发生于 2 岁以下的犬，并且很多外生性病毒乳头状瘤经过一段时间（数周或数月）可以自发恢复。皮肤内翻性病毒性乳头状瘤罕见于犬，外观呈多样的、凸起的和脐形，质地坚实，直径小于 2 cm，主要发生于 3 岁以下的犬。大部分的内生性皮肤乳头状瘤发生在腹侧腹部，与外生性乳头状瘤不同，它不会自然恢复。

【诊断要点】

　　典型的外生性病毒乳头状瘤呈现多重手指样结构，并且被覆很厚的成熟鳞状上皮。上皮过度角化，角蛋白排列成尖顶状。乳头状瘤病毒可以感染细胞，使细胞呈现特有的胞质和胞核病变。颗粒层通常聚集大的圆形的角质透明蛋白。棘层和颗粒层呈现挖空细胞病，挖空细胞是发生病变的角质细胞，含有透明的胞浆和致密的核；通常一定数量的表层角质细胞的胞浆呈蓝灰色，细胞核增大并含有边缘染色质。偶见嗜碱性包涵体出现在角化和非角化上皮之间。

　　内翻性的病毒乳头状瘤呈杯状生长，其边缘的内衬为增生鳞状上皮，并且向内部凸出形成乳头状，杯状的中心为角蛋白或者角化不全的细胞。上皮细胞也会出现挖空细胞病或含有蓝灰色细胞质。巨大的角质透明颗粒和罕见的嗜酸性粒包涵体也会出现。

【鉴别诊断】

　　病毒性乳头状瘤需要与非病毒性乳头状瘤进行区分，可见鳞状乳头状瘤部分的鉴别诊断。此外，内翻性病毒性乳头状瘤需要与漏斗形角化棘皮瘤相区别，后者外观也是呈杯状，内充角蛋白，并含有鳞状上皮。但是漏斗形角化棘皮瘤含有小囊肿和角质细胞组成的相互吻合的小梁结构。漏斗形角化棘皮瘤中的角质透明蛋白颗粒很小并且稀疏，不含有包涵小体和病毒性细胞病变。见图 12-3 至图 12-5。

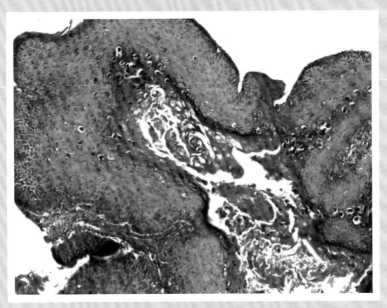

图 12-3　犬内翻性病毒性乳头状瘤（a）
皮肤鳞状上皮向内侧增生，呈杯状生长，中心为嗜酸性的透明角质（雌性，3 岁，背中部皮肤瘤状增生物，HE×100）。

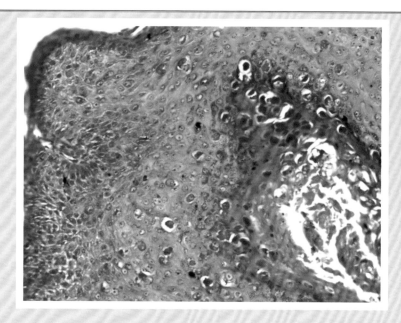

图 12-4　犬内翻性病毒性乳头状瘤（b）

增生物外缘为基底细胞层，依次向内为棘细胞层、颗粒层和角质细胞层。可见发生病变的挖空细胞分布在棘细胞层和颗粒层，挖空细胞的胞浆透明，细胞核浓缩（雌性，3 岁，背中部皮肤瘤状增生物，HE×200）。

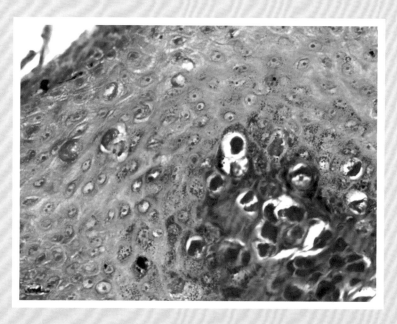

图 12-5　犬内翻性病毒性乳头状瘤（c）

高倍镜下可清晰辨认出从外到内的基底细胞、棘细胞、颗粒细胞、角质细胞以及挖空细胞。颗粒细胞中含有角质透明蛋白颗粒（雌性，3 岁，背中部皮肤瘤状增生物，HE×400）。

12.1.1.3　基底细胞癌

【背景知识】

　　基底细胞癌 (basal cell carcinoma, BCC) 是一种恶性程度较低的上皮肿瘤，没有上皮或附属器官的变异。肿瘤细胞在形态学上类似皮肤表皮基底细胞，恶性程度较低。

【临床特征】

基底细胞癌多见于猫，犬发病较少，罕见于其他种属的动物，发病年龄为 3 ～ 14 岁，雌性发病率高于雄性，无品种倾向性。该病多发于头面部和颈部等光照暴露部位，其被覆表皮脱毛，有溃疡，肿瘤质地坚实。

【诊断要点】

发生于犬和猫的基底细胞癌主要分为 3 种亚型：实体型（solid）、角化型（keratinizing）、透明细胞型（clear cell）。基底细胞延伸入真皮和皮下组织，细胞核浓染细胞质少的小型嗜碱性细胞形成条索状和片层状。细胞核多形性小，但有丝分裂象非常常见。侵袭性条索或岛状的肿瘤细胞中间可见坏死。肿瘤细胞不显示鳞状上皮或附属结构的化生。因为肿瘤细胞的浸润，真皮的成纤维细胞通常显著增生。

透明细胞型基底细胞癌也具有侵袭性，但通常与表皮缺乏密切联系。细胞较大，有透亮的或细微颗粒样细胞质。细胞核呈椭圆形，细胞核仁不明显，有丝分裂象数量不一。

癌细胞呈圆形或卵圆形，核大深染，呈浸润性生长。瘤细胞团位于真皮内与表皮相连。瘤细胞似表皮基底细胞，但胞核较大，胞浆相对较少，细胞境界不清，周边细胞呈栅栏状排列，界线清楚。瘤细胞团周围结缔组织增生，排列成平行束，其中有许多幼稚成纤维细胞，并可见蛋白变性，由于蛋白在标本固定与脱水过程中发生收缩，因而瘤细胞团周围出现裂隙。

【鉴别诊断】

基底细胞癌要与脂溢性角化、毛发上皮瘤等鉴别诊断。脂溢性角化时，角化过度和乳头状瘤样增生，可见角化囊肿，瘤细胞由基底样细胞构成；毛发上皮瘤，位于真皮的肿瘤由许多基底样的细胞团组成，在周边的基底样细胞排成栅栏状，中央排列为网状或筛状结构。团块外围有明显的纤维性间质包绕。肿瘤内含多个角化囊肿，中心充满完全角化物质。囊肿周围可有钙沉积，染色深蓝，如角化囊肿破裂，间质内可出现异物性巨细胞反应。见图 12-6 至图 12-10。

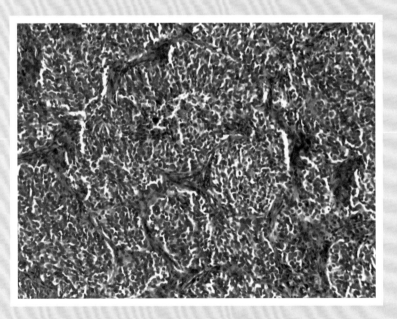

图 12-6　犬基底细胞癌，实体型（a）

蓝染的肿瘤细胞被结缔组织分割成岛屿状结构（雄性，14 岁，腹中部皮肤瘤状增生物，HE×200）。

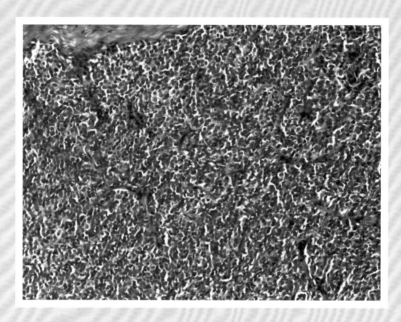

图 12-7　犬基底细胞癌，实体型（b）
肿瘤细胞呈弥散性分布（雄性，14 岁，腹中部皮肤瘤状增生物，HE×200）。

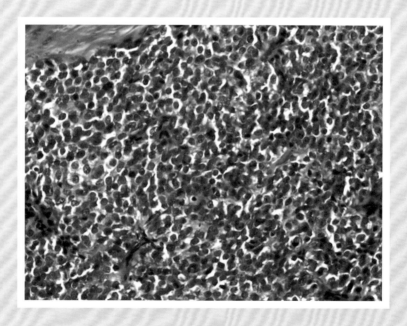

图 12-8　犬基底细胞癌，实体型（c）
肿瘤细胞细胞核呈圆形，嗜碱性强，核质比大，细胞质较少。细胞界限不明显（雄性，14 岁，腹中部皮肤瘤状增生物，HE×400）。

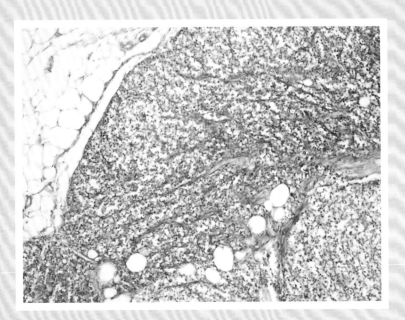

图 12-9 犬基底细胞癌，透明细胞型（a）

大面积的肿瘤组织被粉红色的胶原纤维束分割为片状或巢样，每片区肿瘤细胞分布具有一定方向性（松狮，12 岁，左侧肩胛骨处皮下肿物，HE×100）。

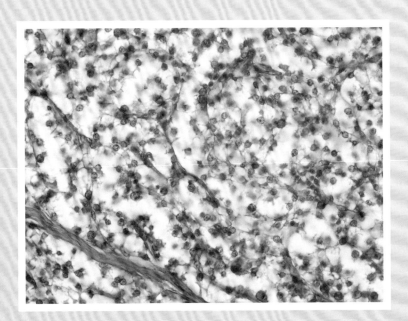

图 12-10 犬基底细胞癌，透明细胞型（b）

肿瘤细胞形态比较一致，以圆形细胞为主，另可见少量的梭形和星形细胞。细胞界限清晰，胞核大而圆，核仁明显，染色质分布均匀，核分裂象不多见。胞浆几乎不着色，细胞界限清晰（松狮，12 岁，左侧肩胛骨处皮下肿物，HE×400）。

12.1.1.4 鳞状细胞癌

【背景知识】

鳞状细胞癌（squamous cell carcinoma）是一种来源于皮肤表皮细胞的恶性肿瘤，常见于多种动物的皮肤和皮肤型黏膜，如乳房、阴茎、阴道、瞬膜、口腔、舌、食道和喉等处。鳞状细胞癌恶性程度较基底细胞癌大，生长快，破坏范围广，可以破坏眼睑、眼球、眼眶、鼻窦及面部等，一般易沿淋巴组织转移到附近组织，如耳前及颌下淋巴结甚至全身。

【临床特征】

犬猫常发该病。猫的发病高峰是 9~14 岁，犬为 6~10 岁。无性别倾向。犬常发部位有头、腹、前后肢、会阴部和趾部，猫常发于耳郭、眼睑。最初皮肤红疹、水肿、结痂和表皮增厚，最后演变为溃疡。当肿瘤侵入真皮后，肿块发生硬化。溃疡随时间而变大变深，继发的细菌感染会在表面产生脓性渗出物。初期为暗红色坚硬的疣样小结节，表面毛细血管扩张，中央有角质物附着，不易剥离，用力剥后可出血。皮损逐渐扩大，形成坚硬的红色斑块，表面有少许鳞屑，边境清楚，向周围浸润，触之较硬，迅速扩大形成溃疡，溃疡向周围及深部侵犯，可深达肌肉与骨骼，损伤互相粘连形成坚硬的肿块，不易移动，溃疡基底部为肉红色，有坏死组织，有脓液、臭味，易出血。溃疡边缘隆起外翻，有明显炎症，自觉疼痛。

【诊断要点】

眼观肿瘤呈菜花状外观可怀疑为鳞状细胞癌。镜下鳞状细胞癌可表现角化、角化珠形成和 / 或细胞间桥等特征。这些特征随分化程度而表现不同。在分化良好的肿瘤中该特征表现明显，而在分化差的肿瘤中仅局部可见。临床表现为表皮增生、角化过度、角化不全、棘皮症和角化异常。肿瘤细胞侵入真皮深层，与被覆上皮连接或不连接，有数量较多的椭圆形、分化程度不同的鳞状细胞团或细胞索，即"癌巢"。肿瘤细胞产生数量不等的角化蛋白，即胞质中嗜酸性的纤维物质。分化程度较高的癌巢中心，形成透明的强嗜酸性的"癌珠"。分化程度较低的细胞内，仅有一些嗜酸性角化纤维。肿瘤细胞大，椭圆形，泡状核，有单个位于中心的明显核仁，胞质丰富，嗜酸性，细胞边界清晰。有丝分裂象可见，在未完全分化的肿瘤中更多。溃疡时常伴随着中性粒细胞在肿瘤浅部浸润，同时深部可见浆细胞和淋巴细胞。

【鉴别诊断】

鳞状细胞癌应该与黏液表皮样癌 (MEC) 区别。MEC 由不同的细胞群体构成，除表皮样细胞外，包括黏液细胞、基底样和中间细胞。但 MEC 一般无明显的角化。MEC 可有囊性区和灶性透明细胞分化，这些特点在原发性 SCC 不具备。做出确切的诊断之前，建议做细胞内黏液组织化学染色以排除低分化 MEC。角化囊性瘤 (keratocystoma) 也可能与鳞状细胞癌混淆。该瘤的特点是多囊性腔隙，衬覆复层鳞状上皮，含角质板片和局部上皮岛。此瘤不发生转移、无坏死或浸润以及无细胞学的非典型性，细胞增殖活性低是与原发性 SCC 鉴别的主要依据。见图 12-11 至图 12-16。

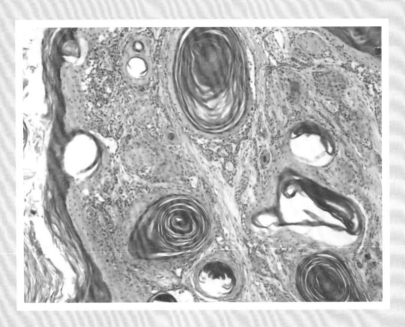

图 12-11　犬分化良好的鳞状细胞癌（a）

癌细胞由表皮基底细胞层向真皮层延伸，形成大小不等、形状不同的癌细胞团（癌巢）。大的癌巢中央有均质红染、呈同心层状结构的角化珠（癌珠）（HE×100）。

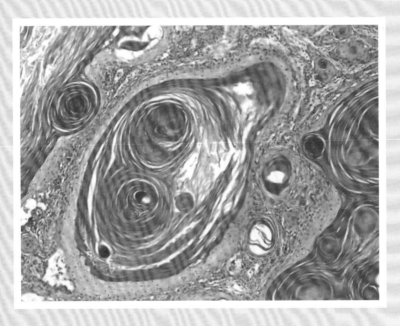

图 12-12　犬分化良好的鳞状细胞癌（b）

癌巢中有数量不等的癌珠（HE×100）。

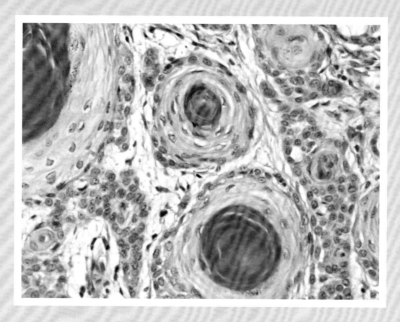

图 12-13　犬分化良好的鳞状细胞癌（c）
增生的鳞状上皮表现出从基底细胞到角质细胞的良好分化，中央可见角化珠（癌珠）（HE×200）。

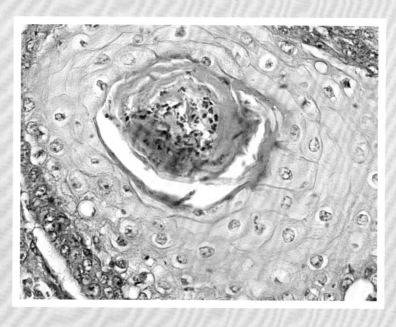

图 12-14　犬分化良好的鳞状细胞癌（d）
角化珠坏死，内有中性粒细胞浸润（HE×400）。

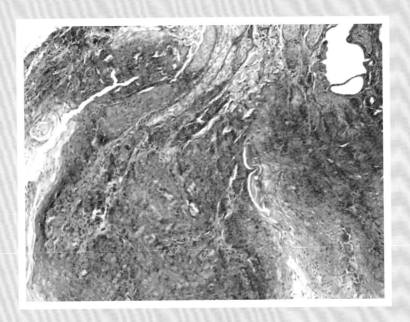

图 12-15 犬分化不良的鳞状细胞癌（e）
增生的鳞状上皮细胞呈片状生长，未形成典型的"癌巢"结构（HE×100）。

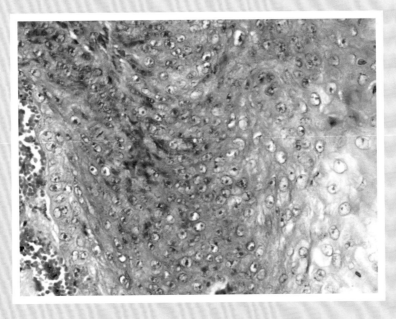

图 12-16 犬分化不良的鳞状细胞癌（f）
可见从基底细胞向角质细胞的分化过渡（HE×400）。

12.1.1.5　基底样鳞状细胞癌

【背景知识】

基底样鳞状细胞癌 (basosquamous carcinoma)，是形态组织学特性介于基底细胞癌和鳞状细胞癌之间的一种恶性程度低的肿瘤，主要由含有鳞状细胞分化灶的基底样细胞群构成。该肿瘤不转移，故手术切除是最有效的治疗方案。如果切除不充分，肿瘤可能在手术部位复发。

【临床特征】

基底样鳞状细胞癌很罕见，多发于犬中，发病高峰期在 6 ~ 12 周岁，目前没有发现有性别差异。多发于头部、颈部还有后肢。该肿瘤发生于皮内，其外覆皮肤脱毛，有硬壳形成和溃疡灶。

【诊断要点】

肿瘤纵切面发现肿瘤可延伸至皮下组织，肿瘤被结缔组织小梁分割成形状不规则的小叶。小叶的外周区域呈现基底细胞癌的特征，而中央区域则呈现分化良好的鳞状细胞癌的特征。小叶中央区域细胞的细胞核异型性明显，有角化珠的形成。小叶外周的基底样细胞常有黑色素沉积。

【鉴别诊断】

基底样鳞状细胞癌的鳞状细胞成分有恶性肿瘤的组织特征，且不易与毛囊峡部或根部相区分。但它可用于将基底样鳞状细胞癌与角质化基底细胞癌以及含有基底结构和鳞状上皮的毛囊肿瘤相区分。基底样鳞状细胞癌的主要成分是分化的鳞状细胞，而基底细胞癌可能有较小的鳞状细胞分化灶。鉴于这些病灶可能互相连接成较大区域，在某些案例的诊断中无法完全确定是基底细胞癌或是基底样鳞状细胞癌。能够进一步鉴别区分的免疫组织化学研究，目前还未有进行。见图 12-17 至图 12-19。

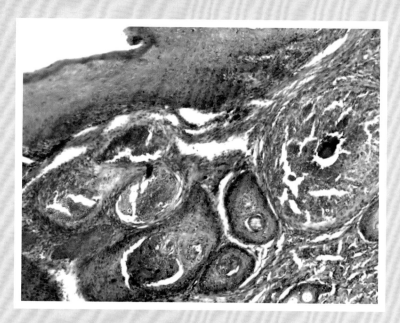

图 12-17　犬基底样鳞状细胞癌（a）

肿物位于真皮层内，与表皮层相连，被纤维结缔组织分为多个小岛样结构。小岛内既有基底样细胞团块又有鳞状细胞的分化（HE×100）。

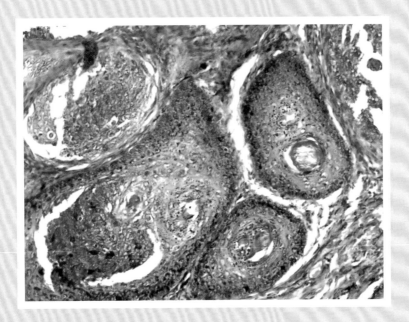

图 12-18　犬基底样鳞状细胞癌（b）

图 12-17 的高倍镜。小岛的边缘为排列致密的基底样细胞，而中央为鳞状细胞，可见角化珠的形成（HE×200）。

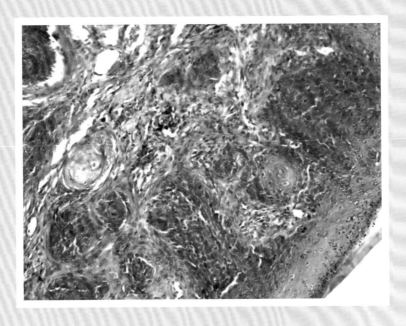

图 12-19　犬基底样鳞状细胞癌（c）

靠近皮肤外缘的区域多为基底细胞团块，可见鳞状细胞分化形成角化珠（HE×200）。

12.1.2　来源于毛囊的肿瘤

12.1.2.1　毛囊囊肿

【背景知识】

毛囊囊肿（follicular cyst）是上皮围绕的囊性结构的非肿瘤性肿物。囊肿的分类依据内衬的上皮或者囊肿的起源。大部分的犬猫皮肤囊肿都是囊性的结构，根据囊肿成熟程度可以进一步分为漏斗形、峡部、基质和混合型，混合型囊肿通常由 2～3 种类型的上皮围绕而成。猫常见的毛囊囊肿为漏斗形囊肿，峡部囊肿少见；犬较常见的为漏斗形和峡部囊肿，并且具有品系偏好性，易发的品系包括拳狮犬、狮子犬、迷你雪纳瑞和英格兰牧羊犬。

【临床特征】

囊肿经常表现为单一的、实性的、皮内或皮下的直径在 0.2～2 cm 的结节。囊腔内衬上皮是完整的，除非囊肿发生破裂。根据囊肿的深度和内容物的颜色，囊肿可能呈蓝色、白色或者黄色。囊肿内容物可能为半固体、干酪样、颗粒样或者密度一致的面团样物质，颜色可能为亮黄色、亮棕色或者是灰色。

【诊断要点】

（1）漏斗形囊肿（infundibular cyst）　漏斗形囊肿是由上皮围成的囊腔，腔内衬富含颗粒细胞层的鳞状上皮，囊腔的内容物为宽松薄片状的角蛋白和一定数量的毛发碎片。

（2）峡部囊肿（isthmus cyst）　峡部囊肿内衬上皮颗粒细胞很少或者没有，角质细胞呈淡粉色，胞浆轻微透明。囊腔内容物为灰白色的，排列更加均匀的角蛋白，偶见毛发碎片。

（3）基质囊肿（matrical cyst）　基质囊肿腔内衬上皮为小的、着色深的基底样细胞，这些细胞胞浆不全且核深染。囊腔内含有一些由于上皮细胞骤然角化而形成的"鬼影"细胞，角化的"鬼影"细胞苍白、有折光性并且含有淡嗜伊红的轮廓可以区分细胞膜和核膜。

【鉴别诊断】

漏斗形囊肿需要与皮样囊肿相区别，皮样囊肿与滤泡漏斗样囊肿不易区分，皮样囊肿含有一些小的毛囊皮脂腺从中心囊肿处辐射状排列并且垂直于囊壁。漏斗型囊肿偶见 1～2 个成簇的皮脂腺连着囊壁，漏斗形囊肿缺少同轴排列的胶原纤维。另外可以根据上皮的组成及囊腔内容物来区分漏斗形囊肿和峡部囊肿，前者上皮富含颗粒细胞，后者颗粒细胞较少或者没有，前者囊腔内容物为宽松的相对疏松的薄片状的角蛋白和一定数量的毛发，而后者的角蛋白更为致密且均一，偶见毛发。见图 12-20 至图 12-22。

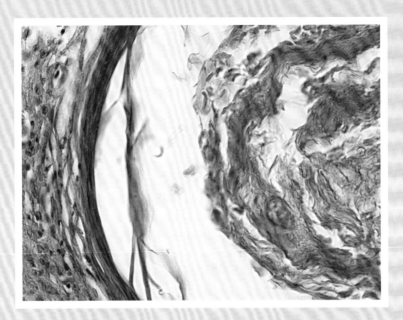

图 12-20　犬毛囊峡部囊肿

围绕囊肿的上皮中没有颗粒细胞层。囊肿腔内的角质物质呈浅红色，质地更均质（HE×200）。

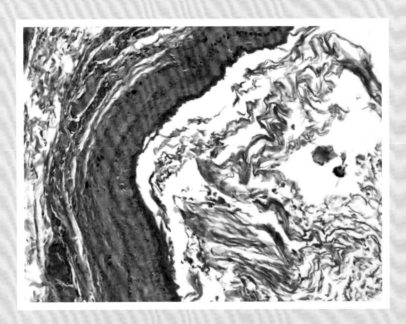

图 12-21　犬毛囊漏斗形囊肿（a）

围绕囊肿的上皮中有层明显的颗粒细胞。囊肿腔内的角质物质嗜酸性强，呈宽松薄片状（HE×100）。

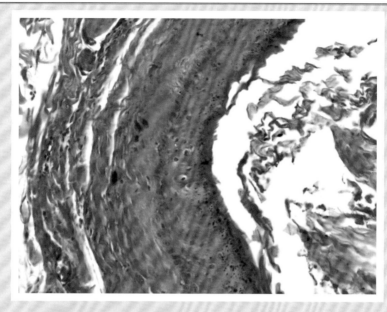

图 12-22 犬毛囊漏斗形囊肿（b）

围绕囊肿的上皮中有层明显的颗粒细胞。囊肿腔内的角质物质嗜酸性强，呈宽松薄片状（HE×200）。

12.1.2.2 毛母细胞瘤

【背景知识】

毛母细胞瘤（trichoblastoma）起源于原始毛发生殖细胞。毛母细胞瘤之前被分类为基底细胞瘤。

【临床特征】

毛母细胞瘤常见于犬和猫。在犬上，毛母细胞瘤呈独立的、坚实的、脱毛的结节，圆顶状或水螅状。大多数肿瘤直径 1～2 cm，也可见直径超过 30 cm 的大肿瘤。发病年龄多为 6～9 岁，多发于头部、颈部和耳朵底部。在猫上，毛母细胞瘤呈坚实的结节状，直径多小于 2 cm，肿瘤切面经常呈黑色，易被误诊为黑色素性肿瘤。发生率较高的犬有凯利蓝㹴软毛麦色㹴利、比熊、喜乐蒂、哈士奇、可卡、迷你贵妇、万能㹴、英国可卡、柯利犬和约克夏。发生率低的犬品种为爱尔兰碟犬、腊肠、苏格兰㹴、斑点狗、拉布拉多、杜宾、巴吉度、标准雪纳瑞、迷你雪纳瑞、罗威那、比格、德国短毛指示犬、吉娃娃、沙皮、拳师犬。该病没有性别倾向性。大部分毛母细胞瘤生长缓慢，不发生转移，只会在手术切除不完全时复发，因此手术是治疗该病的唯一方案。

【诊断要点】

毛母细胞瘤有几种不同的亚型，包括缎带型、小梁型、伴有外毛鞘分化型和梭形细胞型。虽然该肿瘤有各种不同的形式，但不影响其预后，均为良性。

【鉴别诊断】

（1）缎带型毛母细胞瘤（ribbon type trichoblastoma） 缎带型毛母细胞瘤通常位于真皮层中，与周围正常组织之间界限明显，与表皮层无联系，肿物较大时可延伸至皮下组织中。缎带型毛母细胞瘤由分枝和交织的长细胞条索组成，增生的细胞为小的基底样角质细胞。这些条索细胞通常为 2～3 层细胞厚度。细胞团块向外呈放射性延伸，形成希腊神话中蛇从水母的头部流出的形状。基底样角质细胞细胞质少，呈浅嗜酸性，细胞核形态一致，呈椭圆形，有小的核仁。有丝分裂象可能相当常见，有些肿瘤显示显著的有丝分裂活动。相邻的基质可能从黏液状到软骨样变化都有。该亚型在犬常见。

（2）小梁型毛母细胞瘤（trabecular type trichoblastoma）　该亚型在猫常见。小梁型毛母细胞瘤由角质细胞构成小岛状和小梁状结构，小岛或小梁的周围包围着薄的小叶间胶原基质。小叶外围的细胞呈栅栏状排列，细胞质较少，呈弱嗜酸性，细胞核形状一致，呈椭圆形；而小叶中央的细胞细胞质较为丰富，细胞核较外周细胞的细胞核较长。

小梁型毛母细胞瘤主要与峡部外毛根鞘瘤鉴别诊断。小梁型毛母细胞瘤的小叶外围细胞呈栅栏状排列，而缺乏外毛根鞘瘤所特有的毛根鞘角化及玻璃样、粉染的峡部区角质细胞。

（3）伴有外毛根鞘分化的毛母细胞瘤（trichoblastoma with outer root sheath differentiation）　伴有外毛根鞘分化的毛母细胞瘤的外毛根鞘分化广泛，其分化更完全的部分与毛囊球部和毛囊峡部的毛根鞘瘤截然不同。伴有外毛根鞘分化的毛母细胞瘤的病变部位被真皮层包裹，常涉及真皮层深部和皮下组织，多小叶，有小梁结构，毛囊大面积退化，无溃疡。肿瘤边缘光滑，无侵袭性。上皮层还有小的、多面的上皮细胞（生毛细胞）排列成吻合的索状，与经典的缎带型毛母细胞瘤类似，索状汇合成小岛，类似毛发生长初期毛囊球部上面的外毛根鞘，或浅粉色的宽小梁，峡形的角化细胞排列在毛囊球部外侧。糖生成细胞无外围的栅栏样，没有透明蛋白颗粒。峡形区域有轻度凋亡，个别细胞胞浆和核散在浓缩，其他细胞角化不良，胞浆散在，强嗜伊红。毛囊球部区域由于细胞凋亡，皮肤棘层细胞松懈，角化细胞脱落。基质与经典带状毛母细胞瘤类似。生毛细胞常黑色素沉积。所有上皮细胞的核比经典缎带状毛母细胞瘤的细胞核大，呈卵形，囊状，核仁小。核分裂象适度偏低或适度偏高。

伴有外毛根鞘分化的毛母细胞瘤主要与犬顶浆分泌导管腺瘤鉴别诊断。犬顶浆分泌导管腺瘤的深层真皮附属结构肿瘤也非常大，并可能有核分裂象。犬顶浆分泌导管腺瘤的管状结构由两层小上皮细胞排列而成，而毛母细胞瘤的小细胞形成吻合的小梁状。犬顶浆分泌导管腺瘤的鳞状上皮分化是通过颗粒细胞层生成角蛋白沉积。伴有外毛根鞘分化的毛母细胞瘤既没有角质透明蛋白，也没有角蛋白沉淀。毛囊球部或毛囊峡部没有显著的小的生毛细胞。

（4）梭形细胞型毛母细胞瘤（spindle type trichoblastoma）　该亚型在猫常见。梭形细胞型毛母细胞瘤可能与被覆表皮相连。肿瘤为多小叶的，但小叶间基质非常少。肿瘤细胞的形态为纺锤形时，细胞是纵向切开的；细胞形态为卵圆形时，为横向切开的。纺锤形的细胞通常呈互相交织的模式。肿瘤细胞之间和噬黑色素细胞中可能有黑色素存在。

梭形细胞型毛母细胞瘤主要与基底细胞癌和实心-囊性汗腺导管瘤鉴别诊断，后两者均与表皮层有联系，并且被黑色素着色。虽然梭形细胞在基底细胞癌和汗腺瘤中可见，但其覆盖面积没有在梭形细胞型毛母细胞瘤中大。见图 12-23 至图 12-30。

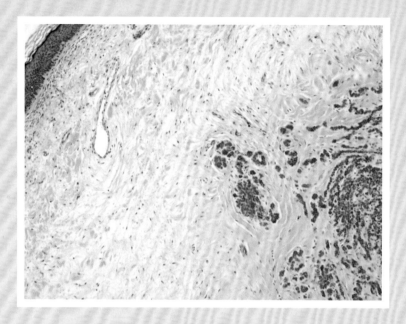

图 12-23　犬缎带型毛母细胞瘤（a）

呈分支状或条索状分布的基底样细胞位于真皮层下，与表皮层无连接（比熊犬，雌性，6 岁，右侧眼睑皮下肿瘤，HE×100）。

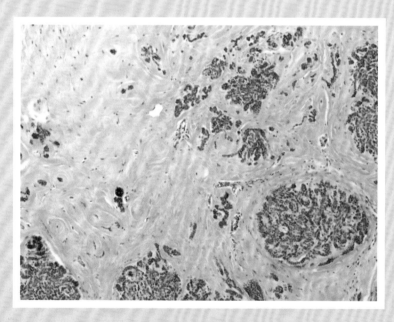

图 12-24　犬缎带型毛母细胞瘤（b）

肿瘤细胞位于丰富的透明化的纤维组织间质中（比熊犬，雌性，6 岁，右侧眼睑皮下肿瘤，HE×100）。

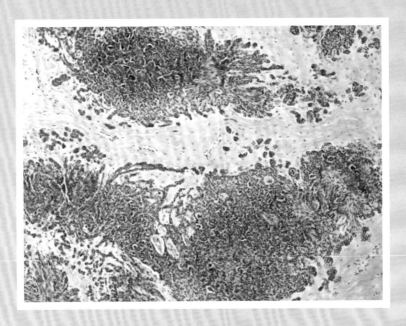

图 12-25　犬缎带型毛母细胞瘤（c）

毛母细胞团块在其边缘向外呈放射状柱状排列，形成了"水母"样结构（比熊犬，雌性，6岁，右侧眼睑皮下肿瘤，HE×100）。

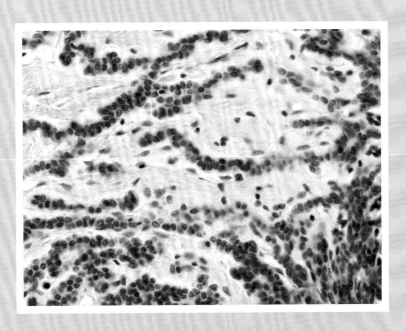

图 12-26　犬缎带型毛母细胞瘤（d）

每条分支含有两层毛母细胞，毛母细胞的细胞质较少，细胞核呈圆形或椭圆形，有一个明显的核仁。细胞核与分支的长轴垂直（比熊犬，雌性，6岁，右侧眼睑皮下肿瘤，HE×400）。

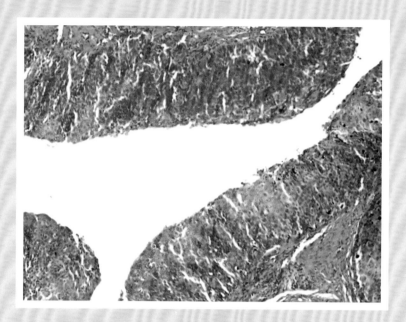

图 12-27 犬伴有外毛根鞘分化的毛母细胞瘤（a）
肿瘤中心有大面积的囊状变性（HE×100）。

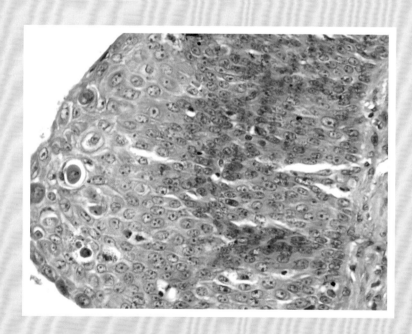

图 12-28 犬伴有外毛根鞘分化的毛母细胞瘤（b）
增生的上皮细胞细胞质适中，细胞圆形，呈空泡状；细胞排列成宽梁状结构。靠近管腔的部分细胞发生细胞凋亡（细胞核固缩，细胞质呈强嗜酸性，HE×400）。

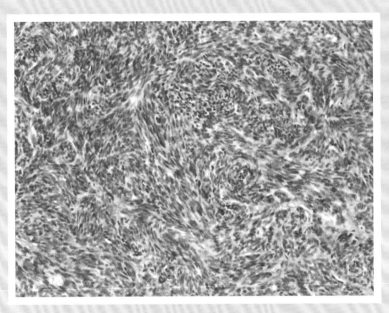

图 12-29 猫梭形细胞毛母细胞瘤（a）
梭形上皮细胞占主要成分，梭形细胞呈索状交叉分布（HE×200）。

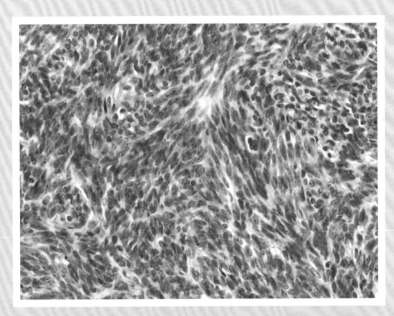

图 12-30 猫梭形细胞毛母细胞瘤（b）
图 12-29 的高倍镜。梭形细胞细胞核呈椭圆形，有一个核仁；细胞界限不明显，呈束状排列（HE×400）。

12.1.2.3 毛母质瘤

【背景知识】

毛母质瘤（pilomatricoma）为良性毛囊肿瘤，只显示毛囊基质的变异。该肿瘤最初被认为是毛发间质瘤或质瘤的上皮坏死和钙化。

【临床特征】

毛母质瘤最常发生于犬，猫和其他家畜中较少。大多数发生于2~7岁，而且易发生的品种有凯利蓝狍等。发生率较低的品种有杂交犬、金毛等。没有性别倾向性。手术完全移除的毛母质瘤为良性肿瘤，不常复发。大部分毛母质瘤出现在背部、颈部、胸部和尾部。肿瘤为皮肤内的坚实团块，表面皮肤脱毛。肿瘤切面由一个或几个大的灰白色粉笔样组织小叶构成，可能会有黑化区域。通常肿瘤有清晰的界限。

【诊断要点】

小叶外周是嗜碱性细胞区域，细胞的细胞核小而浓染，且细胞质较少。这些嗜碱性细胞可能表现大量的有丝分裂活动。随着边缘区域嗜碱性细胞的不断增生，原有的嗜碱性细胞的细胞质含量不断增加，细胞核不断消失，最后在细胞核的位置上仅有一个空白区域，周围包裹着嗜酸性细胞质和清晰的细胞边界，这些细胞称为影细胞。小叶中央的影细胞聚集并退化，并且随着退化细胞的营养不良性钙化，会导致板层骨的形成，同时可见多核巨细胞和成纤维细胞浸润。同样可能在小叶中间发现淀粉样变（为一种无定形亮色嗜酸性物质），刚果红染色阳性，并在两级扫面中显示苹果绿双折射。在肿瘤细胞细胞质或小叶旁基质中的巨噬细胞内可见黑色素。

长期存在的毛母质瘤在切除之前，外周只有薄薄一层嗜碱性细胞边缘，小叶中间可见稀疏的影细胞聚集。小叶间质由成熟的纤维结缔组织组成，可能有少量炎性细胞浸润。

【鉴别诊断】

含有多个小叶的毛母质瘤需要与毛囊基质囊肿相区分，后者仅有一个囊状结构，可认为是毛母质瘤发生的早期阶段。另外，毛母质瘤不易与基底样细胞占主要成分的毛发上皮瘤相区分。毛母质瘤的囊状结构比毛发上皮瘤的要大，其主要由基底样细胞围绕而成，仅含有少数的鳞状上皮细胞或不含有；而毛发上皮瘤至少有一个囊状结构是由鳞状上皮围绕而成的。见图12-31至图12-35。

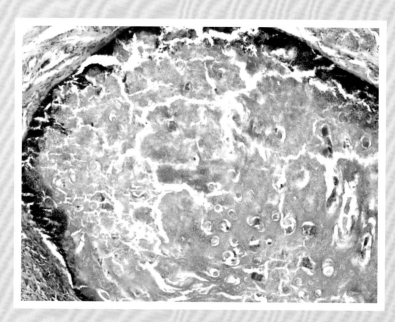

图12-31　犬毛母质瘤（a）
大的囊状结构主要由深染的角质细胞围绕而成，其内充满了角质的影细胞（HE×100）。

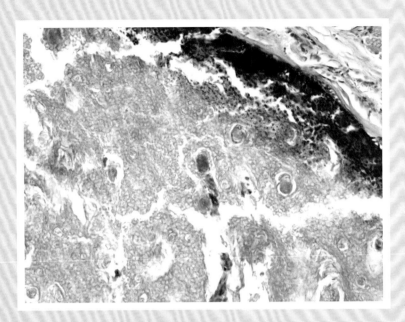

图 12-32 犬毛母质瘤（b）

角质细胞向影细胞（无细胞核结构，仅保留细胞质的成分）的移行（HE×200）。

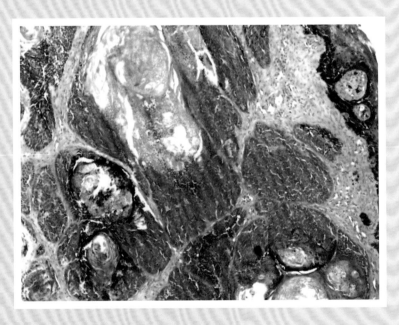

图 12-33 犬毛母质瘤（c）

深染的角质细胞形成岛屿结构，部分岛屿内部发生囊状变形，内充满影细胞（HE×100）。

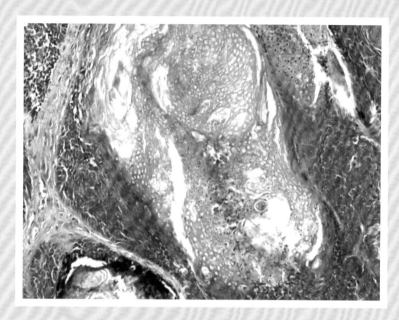

图 12-34　犬毛母质瘤（d）

图 12-33 的高倍镜（HE×200）。

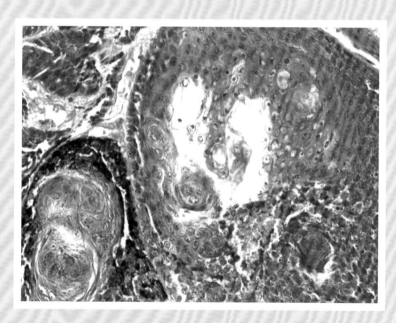

图 12-35　犬毛母质瘤（e）

角质细胞向影细胞的移行，可见角质细胞细胞核固缩，细胞质浓缩，与周围细胞的界限消失，并融为一体（HE×400）。

12.1.3　来源于皮脂腺的肿瘤

12.1.3.1　皮脂腺导管囊肿

【背景知识】

由于角蛋白成分聚集成颗粒，皮脂腺囊肿常被误诊为毛囊囊肿。事实上，皮脂是白色乳状液体。起源于皮脂腺导管的囊肿通常多病灶，并有遗传性。由于不常见的单个病变，人类皮肤病理学中古老的拉丁系统命名法命名的多发性皮脂腺囊肿或者单纯性皮脂腺囊肿仍然经常涉及。

【临床特征】

皮脂腺结构的囊肿在犬上少见，猫上罕见。皮脂腺导管囊肿(sebaceous cathetercyst)呈单个，坚实的皮肤结节，常小于0.5 cm，远小于人相似病变的大小。囊肿含有少量的角蛋白和皮脂。病变偶尔发生于眼睑的特殊皮脂腺，成为睑板腺囊肿。动物发病年龄、品种或者部位未知。

【诊断要点】

皮脂腺导管囊肿的外围是一薄层的复层扁平上皮，具有稀疏的颗粒细胞层，内表面起皱或呈起伏状。从本质上来讲，这些囊肿非常类似于正常的皮脂腺导管。囊肿的内层有时可见一层薄的嗜酸性的角化层。薄的胶原性的囊常围绕上皮。大多数皮脂腺囊肿从壁向外延伸并萎缩，但结构正常，皮脂腺小叶由中央的脂质细胞和一层外周的储备细胞组成。囊肿偶尔伴随轻度增生的皮脂腺，这些病变可能表现为结节状皮脂腺增生的导管部分囊肿扩张。组织处理过程中大多数囊肿的内容物丢失，但一些少量的薄层状的角质附着于囊肿内层。

【鉴别诊断】

皮脂腺导管囊肿需要与毛囊囊肿，尤其是毛囊峡部囊肿鉴别诊断。毛囊囊肿偶尔有少量的皮脂腺小叶附着于壁上。大量的皮脂腺或多个增大的皮脂腺小叶提示为皮脂腺导管囊肿。毛囊囊肿的内表面不呈现起伏状或者嗜酸性的表皮。见图12-36。

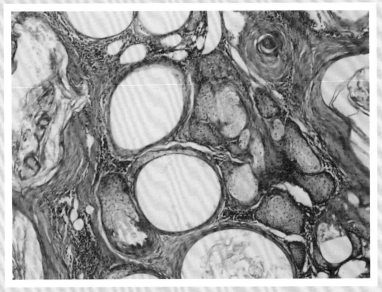

图12-36　皮脂腺囊肿

皮脂腺增多，有多个较大的囊状结构。扩张的囊状结构由鳞状上皮围成，囊腔内有嗜酸性或嗜碱性的角质成分。囊腔周围皮脂腺增生，并可见皮脂腺与囊腔相通（HE×100）。

12.1.3.2 皮脂腺瘤

【背景知识】

皮脂腺是皮肤附属的重要腺体，大多位于毛囊和立毛肌之间，为泡状腺，由一个或几个囊状的腺泡与一个共同的短导管构成。皮脂腺相关的良性肿瘤包括皮脂腺瘤、皮脂腺导管瘤和皮脂腺上皮瘤。其中，皮脂腺瘤是由大量的皮脂腺细胞、少量的基底细胞样储备细胞和导管组成。

【临床特征】

皮脂腺瘤最常发生于犬，在猫中不常见，其他种类的家畜更加少见。犬的发病高峰为8~13岁。发病率较高的品种为可卡、萨摩耶、哈士奇等；发病率较低的品种为金毛寻回犬、柯基犬、杜宾犬、大丹犬等。该病没有性别倾向性。猫发病高峰为7~13岁。波斯猫最容易发生该类肿瘤。

犬的皮脂腺瘤容易发生于头部，而猫容易发生于背部、尾部和头部。皮脂腺瘤多数为外生性的，但同样有侵袭性，可延伸到真皮层，可能涉及皮下组织。结节性肿块的被覆皮肤脱毛、色素沉着和继发感染以及溃疡。皮脂腺瘤切面为黄色至白色，而且通常被结缔组织分成小叶。

【诊断要点】

皮脂腺瘤由表皮与真皮的交界处延伸至真皮层，甚至可能涉及皮下组织。结缔组织将肿瘤分成多个小叶，残余先前存在的真皮层胶原纤维束。在小叶周围是一圈小的基底细胞样储备细胞，该类细胞细胞核浓染，细胞质少，多形性较小，但可见中等的有丝分裂象。储备细胞可能有一层或多层，可分化成为成熟的皮脂腺细胞。皮脂腺细胞细胞质丰富，呈嗜酸性淡染、液泡状。细胞核小中心浓染。皮脂腺细胞不显示有丝分裂活动。肿瘤中偶见导管结构。导管外围的细胞细胞核呈卵圆形、空泡状，细胞质中度嗜酸性，细胞界限明显。这些细胞越靠近管腔越变得扁平，管腔被覆鳞状上皮。皮脂腺细胞为皮脂腺瘤的主要组成细胞。

【鉴别诊断】

皮脂腺瘤的诊断需要与皮脂腺增生区分开来。犬和猫的皮脂腺增生通常为多发性肿瘤样病变，而且通常显示老龄化。皮脂腺增生性病变包含增生的小叶和大量的排列在皮脂腺导管周围的成熟皮质细胞，通常与毛囊漏斗部有联系。见图12-37至图12-41。

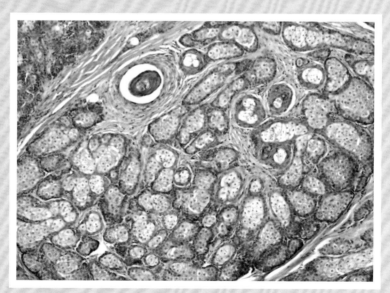

图 12-37 犬皮脂腺瘤（a）
肿瘤由多个紧密排列的小叶组成（背部皮肤肿物，HE×100）。

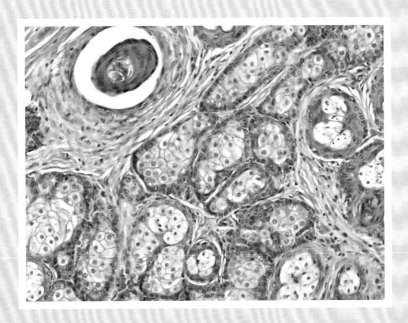

图 12-38　犬皮脂腺瘤（b）

小叶由边缘的基底样储备细胞（细胞质少；细胞核深染，呈椭圆形）和中央的成熟皮脂腺细胞（细胞质内充满了脂滴，细胞核位于中央）构成（背部皮肤肿物，HE×200）。

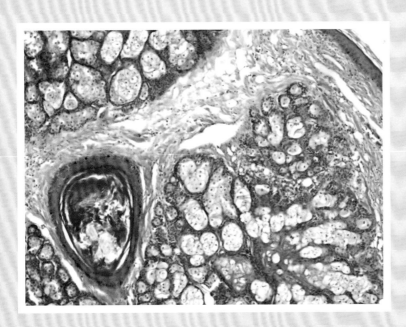

图 12-39　犬皮脂腺瘤（c）

肿瘤位于真皮层，界限明显，被结缔组织分成多个小叶，与表皮层无联系（可卡犬，雄性，8岁，腹侧皮肤肿物，HE×100）。

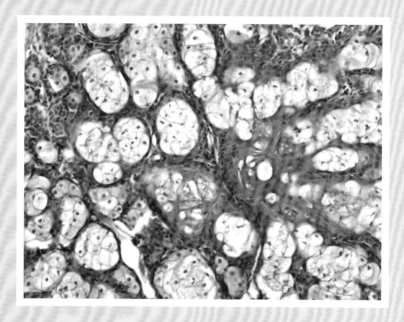

图 12-40　犬皮脂腺瘤（d）
肿瘤以成熟的皮脂腺为主（可卡犬，雄性，8 岁，腹侧皮肤肿物，HE×200）。

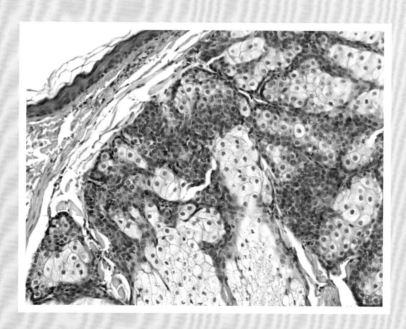

图 12-41　犬皮脂腺瘤（e）
成熟的皮脂腺细胞发生囊性变性（雌性，10 岁，肩胛部皮肤肿物，表面呈菜花样，HE×200）。

12.1.3.3　皮脂腺上皮瘤

【背景知识】

皮脂腺上皮瘤（sebaceous epithelioma）是一种恶性程度低的来源于皮脂腺基底样储备细胞的肿瘤。

【临床特征】

皮脂腺上皮瘤在犬为一种常见的肿瘤，但在猫极少见。皮脂腺上皮瘤质地坚实，结节状、真菌状或斑状团块，直径从几毫米到几厘米不等。肿物可能为多发性的，且溃疡非常常见。有些肿瘤，特别是发生在眼睑部位的肿物，通常高度黑化，而且可能在临床上容易与黑色素肿瘤相混淆。皮脂腺上皮瘤常见于头部、耳部和背部。发病的动物通常为中年或老年。有报道皮脂腺肿瘤发病率较高的品种为可卡犬，该品种的上皮瘤发病率也相当高。

犬的皮脂腺上皮瘤具有局部侵袭性，在手术切除后可能在组织深部复发，但只有少数病例发生局部淋巴结的浸润和淋巴结的转移。睑板腺上皮瘤在不完全的摘除后可能复发，但极少发现深部复发和转移。

【诊断要点】

皮脂腺上皮瘤由多个较大的不规则的上皮样储备细胞小岛构成。也可见一些吻合的小梁结构和条索状结构。与基底细胞癌相似，可见与表皮相连的多个病灶。上皮瘤较大时可发生溃疡。胶原结缔组织成分较少或中等。

肿瘤的大部分细胞类似正常皮脂腺外周的基底样储备细胞。这些细胞较小，呈多边形，细胞质少。细胞核呈卵圆形，空泡状，形态不一，有多个核仁。有丝分裂象从中等偏低至较高，分裂指数相比正常储备细胞要比预期高。通常有多个较小的局部可见单个或一团分化良好的皮脂腺细胞，其内充满脂质。成熟的皮质细胞细胞核常为圆锯齿状，无分裂活性。成熟的皮质细胞可发生坏死和/或囊性变性。大多数病变有小导管状结构，被覆成熟的鳞状上皮，内含少量的角质，这类似正常的皮脂腺导管。可能有继发感染，有可能出现亚急性感染至肉芽肿等病变。

【鉴别诊断】

皮脂腺上皮瘤需要与复合型皮脂腺瘤、上皮性皮脂腺癌以及基底细胞癌进行鉴别诊断。

皮脂腺/睑板腺上皮瘤与复合型皮脂腺瘤的鉴别诊断是个问题。复合型皮脂腺瘤的特征是，体积较小，包膜完整，保留小叶性结构，成熟的皮质细胞占主要成分、导管较多而且有丝分裂象较少。肿瘤细胞的组成90%以上为储备细胞，10%或以下为成熟皮质细胞组成，通常被认定为是皮脂腺上皮瘤。

皮脂腺上皮瘤与上皮性皮脂腺癌的诊断也同样是个问题，而且最近备受争议，因为鉴别这两种关系相近的肿物的可重复标准依然还在评估中。这两种肿瘤都是以显著的储备细胞成分为主，但皮脂腺癌显示细胞核大小增大且出现更多的有丝分裂象以及不典型的有丝分裂象，并且中间型细胞以及成熟的皮质细胞出现有丝分裂象时应该定义为癌。与大部分皮脂腺上皮瘤相比，上皮性皮脂腺癌通常体积更大而且肿瘤周围具有更强的浸润性。

基底细胞癌也需要与皮脂腺上皮瘤进行区分。皮脂腺上皮瘤通常包含至少一个以上的成熟皮脂腺细胞，而在动物并未发现真正的基底细胞癌有皮脂腺的分化。上皮瘤的主要成分储备细胞，要比基底细胞癌的细胞稍大一些且细胞质更加嗜酸性，而且上皮瘤的细胞不限制周围栅栏样的外观以及细胞的异型性变化。此外，基底细胞癌的结构为典型的斑样，而皮脂腺上皮瘤倾向于真菌状。见图12-42至图12-46。

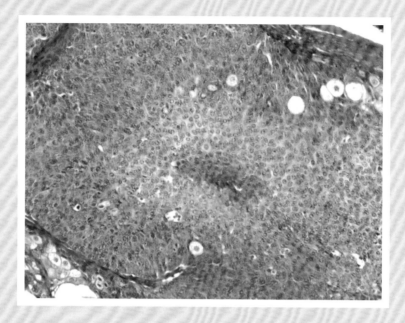

图 12-42　犬皮脂腺上皮瘤（a）

基底样储备细胞呈岛屿状排列，少量的成熟皮脂腺细胞散在分布（京巴犬，雌性，14 岁，后腿部皮肤肿物，HE×200）。

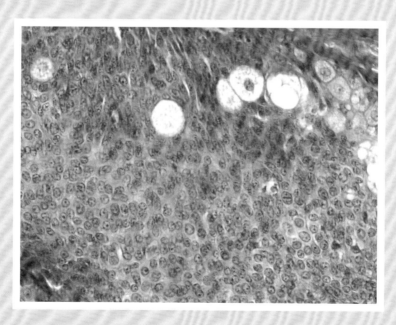

图 12-43　犬皮脂腺上皮瘤（b）

基底样储备细胞形态大小一致，成熟皮脂腺细胞呈簇状分布（京巴犬，雌性，14 岁，后腿部皮肤肿物，HE×400）。

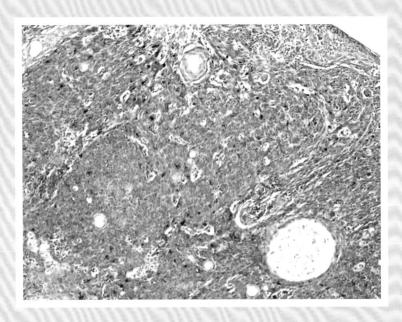

图 12-44　色素沉着的睑板腺上皮瘤（a）

基底样储备细胞形成片状或小叶状结构，少量的成熟皮脂腺细胞散在其中。注意有黑色素沉着（杂种犬，雄性，13 岁，左下眼睑肿物，HE×100）。

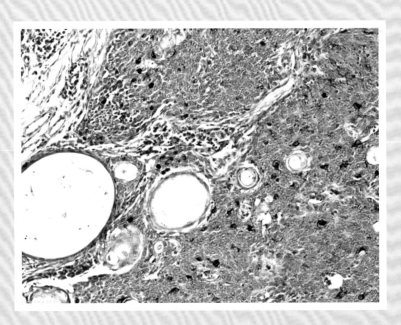

图 12-45　色素沉着的睑板腺上皮瘤（b）

皮脂腺导管由角化的鳞状上皮围绕而成，左下角（杂种犬，雄性，13 岁，左下眼睑肿物，HE×200）。

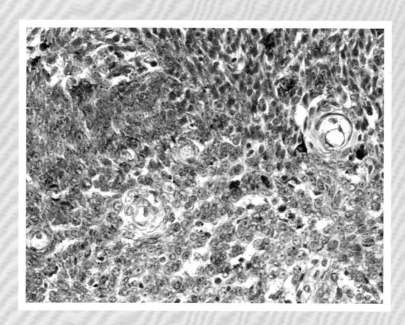

图 12-46　色素沉着的睑板腺上皮瘤

部分储备细胞中含有黑色素颗粒，而黑色素细胞及噬黑色素细胞分布在间质中（杂种犬，雄性，13 岁，左下眼睑肿物，HE×400）。

12.1.3.4　皮脂腺癌

【背景知识】

皮脂腺是皮肤附属的重要腺体，大多位于毛囊和立毛肌之间，为泡状腺，由一个或几个囊状的腺泡与一个共同的短导管构成。皮脂腺癌（sebaceous carcinoma）是由于皮脂腺细胞异化而形成的一种恶性肿瘤。该肿瘤起源于皮肤中的皮脂腺，因此，可发生于存在皮脂腺的各个身体部位。

【临床特征】

皮脂腺癌在犬猫中不常见，在其他动物中极少见。犬的皮脂腺癌多发生于头部和颈部，猫的皮脂腺癌多发生于头部、胸部和会阴。该肿瘤在皮肤内常形成多小叶状团块，与皮脂腺瘤和皮脂腺上皮瘤的切面肉眼观察相似。犬的发病年龄高峰期为 9~13 岁。发病率较高的犬品种有可卡、西部高地白㹴、苏格兰㹴、哈士奇；杜宾犬和拳师犬发病率较低；无性别倾向性。猫的发病高峰为 8~15 岁，无品种或性别倾向性。

【诊断要点】

肿瘤被纤维结缔组织分成大小不一的小叶。肿瘤细胞内有脂质液泡，但肿瘤细胞的脂质化程度各有不同。细胞核较大、浓染，有显著的核仁，而且显示中度的多形性。有丝分裂象数量变化较大，可见不典型的有丝分裂象。

【鉴别诊断】

皮脂腺癌需要与皮脂腺瘤和皮脂腺增生相鉴别。皮脂腺瘤的组成为大量的皮脂细胞和少量的基底细胞样储备细胞和导管。结缔组织将肿瘤分成多个小叶，在小叶周围是一圈小的基底细胞样储备细胞，该类细胞细胞核浓染，细胞质少。犬和猫的皮脂腺增生通常为多发性肿瘤样病变，而且通常显示老年变化。皮脂腺增生性病变包含增生的小叶和大量的排列在皮脂腺导管周围的成熟皮质细胞，通常与毛囊漏斗部有联系。皮脂腺癌主要特征为大的上皮细胞出现边界不明的小叶性分化，同时伴有程度不等的皮脂腺分化和细胞质空泡化。细胞核大，有丝分裂象对比较高。见图 12-47 至图 12-52。

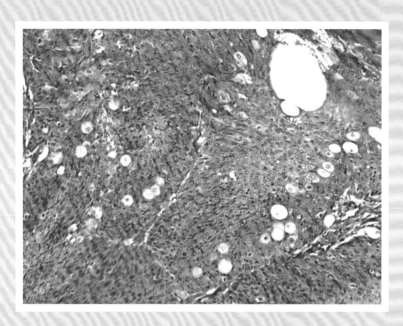

图 12-47　犬皮脂腺癌（a）
肿瘤主要由基底样储备细胞组成，少量的皮脂腺细胞散在其中（HE×200）。

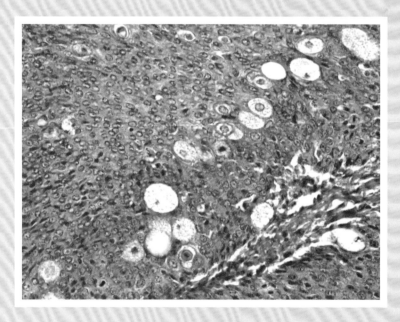

图 12-48　犬皮脂腺癌（b）
皮脂腺细胞内有核分裂象。注意部分皮脂腺细胞发生凋亡（HE×400）。

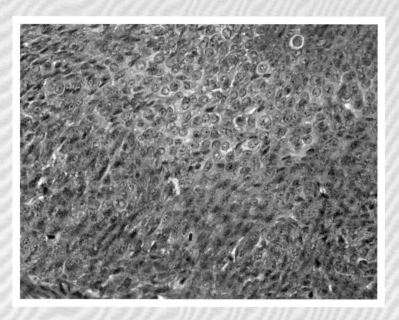

图 12-49　犬皮脂腺癌（c）

基底样储备细胞细胞大小一致，核分裂象明显（HE×400）。

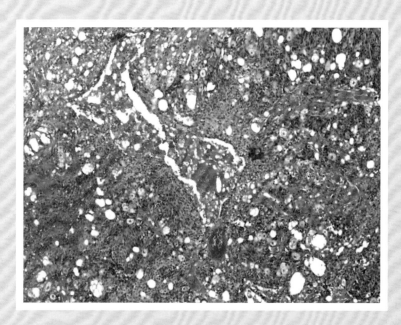

图 12-50　犬皮脂腺癌（d）

肿瘤细胞排列紊乱，呈弥散性分泌（#1585，HE×100）。

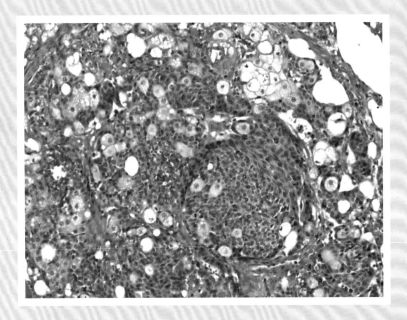

图 12-51　犬皮脂腺癌（e）

肿瘤结构紊乱，基底样储备细胞和成熟的皮脂腺细胞交叉排列，基底样储备细胞向皮脂腺细胞的过渡不明显（#1585，HE×200）。

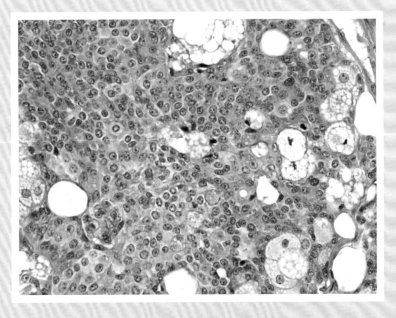

图 12-52　犬皮脂腺癌（f）

成熟皮脂腺细胞中存在核分裂象（#1585，HE×400）。

12.1.3.5　肛周腺瘤

【背景知识】

肛周腺是犬科动物分布于肛周皮肤处的一种分泌性腺体。肛周腺也能分布于尾部周围、背腰骶部以及侧面往下到达包皮部的区域，有的还可分布于沿腹中线到达颈部的区域。尽管雌雄动物出生时也有该腺体，但只有成年雄性的肛周腺会变大，分布变广，这与雄性激素的刺激有关。猫没有肛周腺。肛周腺增生和肛周腺瘤的病因还不十分清楚，但性腺激素在其中发挥着很重要作用。

【临床特征】

良性肛周腺增生包括肛周腺增生和肛周腺瘤，占犬所有皮肤肿瘤病的 8% ~ 18%。这些增生结节或腺瘤的大小从几微米到 10 cm 不等，体积较大者的常会发生溃烂。肿瘤结节有韧性，呈棕褐色。该肿瘤在未绝育雄性犬中发生的概率比雌性和绝育雄性犬的高很多，并且主要在 8 岁及以上犬中。

【诊断要点】

肿块由单个或多个结节组成，分化良好的肝样细胞排列成吻合的小梁状结构，其外缘为单层的基底样储备细胞。有的也会形成小岛状结构。部分肿块会有纤维囊包裹，大部分肿块的间质中都有少量的纤维管结构。肛周腺瘤有一些脉管结构，并且有扩张的窦状隙血管，这可以与深入的上皮小梁相区分。

【鉴别诊断】

肛周腺瘤与肛周腺增生的细胞形态一样，区别在于后者为均一的小叶结构，而前者呈小梁状或岛状。在增生病变中，少见坏死和窦状隙的脉管结构。另外，腺瘤还会经常看见有角化的鳞状上皮化生，这与导管分化失败有关。肛周腺瘤与肛周腺上皮瘤的区别，在于后者的基底细胞占的比例较高，到达 90%。当肿物表现出一定程度的排列混乱，边缘不规则，局部鳞状上皮或皮脂腺分化，可见显著核仁和明显的有丝分裂能力时，则为肛周腺癌。见图 12-53 至图 12-62。

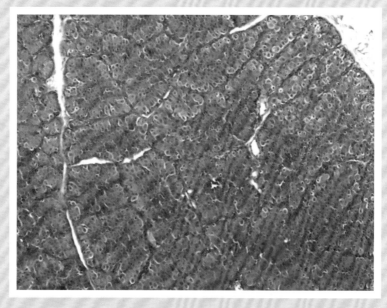

图 12-53　犬肛周腺增生（a）

增生的肛周腺细胞被纤维结缔组织分隔成一个个的小叶（HE×100）。

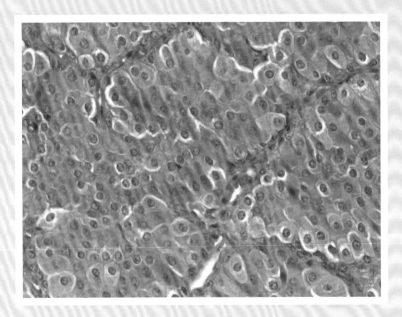

图 12-54　犬肛周腺增生（b）

图 12-53 的高倍镜。小叶的外缘为基底样储备细胞（储备细胞细胞质少，细胞核深染），其内为紧密排列的肛周腺细胞（HE×400）。

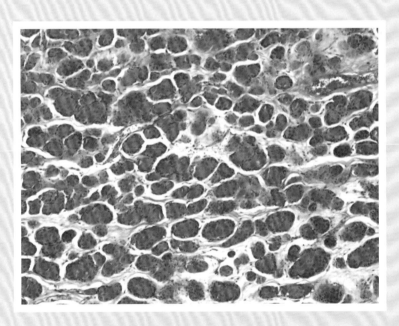

图 12-55　犬肛周腺瘤（a）

分化良好的肛周腺细胞呈小岛状分布（HE×100）。

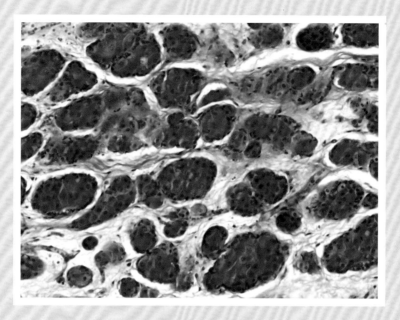

图 12-56　犬肛周腺瘤（b）
图 12-55 的高倍镜（HE×200）。

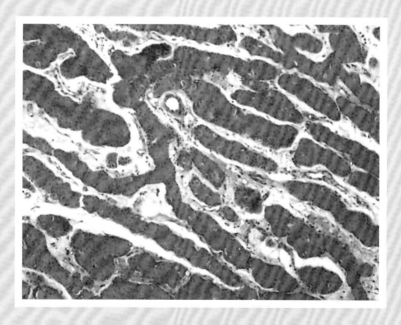

图 12-57　犬肛周腺瘤（c）
分化良好的肛周腺细胞排列成吻合的小梁状结构（HE×100）。

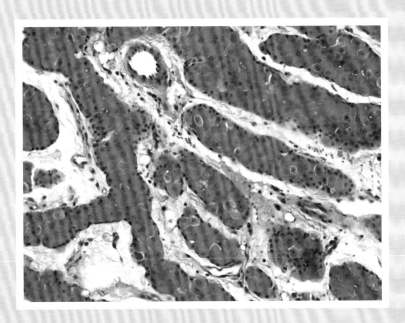

图 12-58 犬肛周腺瘤（d）

图 12-57 的高倍镜，小梁状结构由外缘的基底样储备细胞和内部的肛周腺细胞（呈多角形，细胞质丰富，呈嗜酸性；细胞核呈圆形，中空，有一个核仁，类似肝细胞）组成（HE×200）。

图 12-59 犬肛周腺瘤（e）

梗死性犬肛周腺瘤中可见肛周腺细胞的坏死、纤维化（左上角）和胆固醇裂隙的形成，可用于与炎症的鉴别诊断（HE×100）。

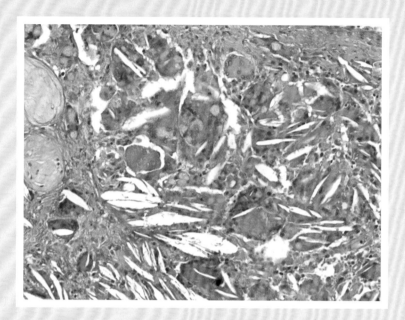

图 12-60　犬肛周腺瘤（f）

图 12-59 高倍镜（HE×200）。

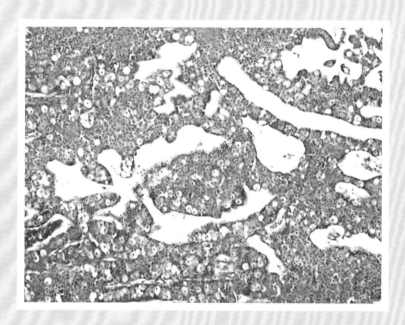

图 12-61　犬肛周腺瘤（g）

肛周腺细胞围绕呈脉管结构，可见充满红细胞的扩张的窦状隙血管（HE×100）。

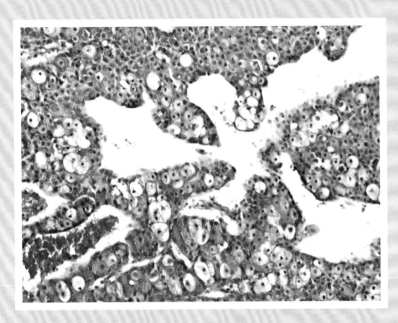

图 12-62　犬肛周腺瘤（h）
肛周腺细胞围绕呈脉管结构，可见充满红细胞的扩张的窦状隙血管（HE×200）。

12.1.3.6　肛周腺癌

【背景知识】

肛周腺癌（perianal adenocarcinomas）是肛周腺上皮的一种不常见的恶性肿瘤，显示了上皮细胞的变异。

【临床特征】

4~15 岁的犬都能发生，高发年龄为 8~12 岁。发病率较高的品种有西伯利亚哈士奇、西施犬和杂种犬。未绝育公犬（病例的 69%）发病率较高，未绝育母犬（病例的 5%）和绝育犬（病例的 9%）的发病率降低。肛周腺癌的原发部位为肛周腺、包皮周围和尾部皮肤。通过生长位置或肉眼观察是不能与良性肛周腺瘤区分开的。

【诊断要点】

肛周腺癌的结构比较紊乱，不会形成小叶状和小梁状结构。肿瘤可能仅由基底样储备细胞组成，这些细胞未分化，细胞核浓染，核仁明显，胞质很少。只有少数片状或小叶状的基底样储备细胞具有向肛周腺细胞分化的趋势。肿瘤中也可能同时包含基底样储备细胞和肛周腺细胞，基底样储备细胞核多形性高，有大量的有丝分裂象。肛周腺细胞呈多角形，细胞质丰富，细胞核大而空亮。肛周腺癌组织学最显著的特征是肿瘤细胞对周围结缔组织和淋巴结具有侵袭性。肛周腺癌的生长变化较大，可通过淋巴途径转移到骶骨和髂淋巴结，之后转移到其他器官。

【鉴别诊断】

肛周腺癌需与肛周上皮瘤相区分，前者的肛周腺细胞中可见有丝分裂象，而后者没有。见图 12-63 至图 12-67。

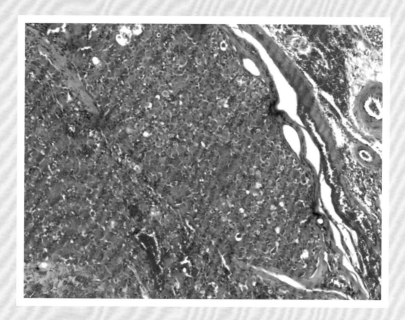

图 12-63　犬肛周腺癌（a）

增生的肛周腺细胞以及基底样储存细胞未形成明显的小叶结构或小梁结构，基底样储备细胞的比例增大（HE×100）。

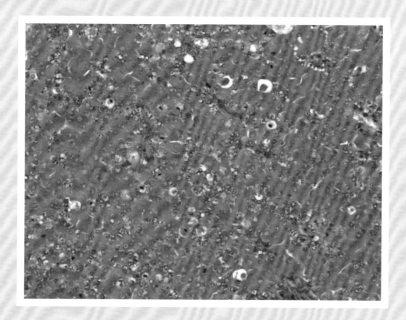

图 12-64　犬肛周腺癌（b）

基底样储备细胞相对增多，可见核分裂象和凋亡的细胞（HE×200）。

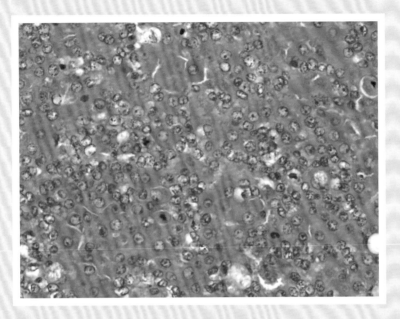

图 12-65　犬肛周腺癌（c）

肛周腺细胞和基底样储备细胞交叉分布，储备细胞比例增大，核分裂象较多（HE×400）。

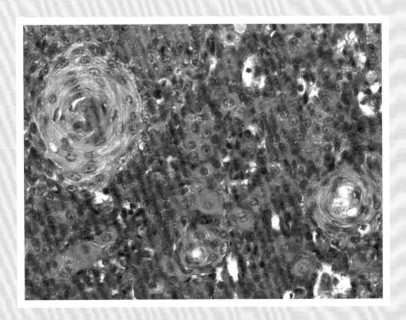

图 12-66　犬肛周腺癌（d）

基底样储备细胞向鳞状上皮化生，形成漩涡状的导管结构，管中有角质物质（HE×400）。

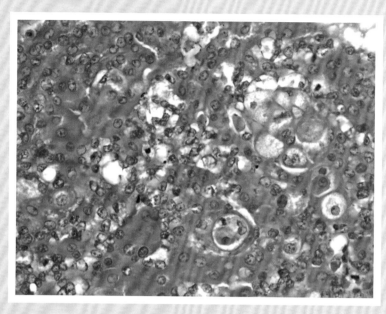

图 12-67　犬肛周腺癌（e）
肛周腺细胞向皮脂腺细胞分化（HE×400）。

12.1.4　汗腺相关腺体来源的肿瘤

【背景知识】

汗腺瘤（hidradenoma）是一种顶浆分泌上皮来源的良性肿瘤。

【临床特征】

汗腺瘤在犬中比较常见，猫类少见，在其他种类动物罕见。犬类发病年龄为 8~11 岁。发病率较高的品种有拉萨狮子犬，英国古代牧羊犬、柯利牧羊犬、西子犬和爱尔兰长毛猎犬，发病率低的品种有迷你雪纳瑞、杜宾犬、拳师犬、德国短毛犬和大丹犬。无性别偏好。猫类发病年龄为 6~13 岁，无品种或性别偏好。汗腺瘤多发于犬的头部和颈部以及猫的头部。肿瘤一般位于皮肤的真皮和皮下组织，触感柔软，经常突出于皮肤表面。肿瘤切面常多小叶并且有包膜，小叶内充满清亮液体，小叶组织间界限分明。有时，在其他病例中也可见到更小的包膜，组织间界限更加清晰显著。汗腺瘤发展较慢，手术适当切除后一般不会复发。

【诊断要点】

汗腺瘤可分为简单型和复合型（混合型）两种。简单型汗腺瘤界限明显，无囊膜，由许多腺泡和导管样结构组成。腺泡或导管由单层立方或低柱状上皮细胞围绕形成。上皮细胞胞浆丰富或适中，呈嗜酸性。细胞核小而空亮，有核仁。管腔内可能含有嗜酸性分泌物。间质中浸润着各种血细胞和吞噬了色素的巨噬细胞。在复合型（混合型）汗腺瘤中，除了增生的腺上皮细胞小岛状增生，还伴随灶状或多灶状肌上皮细胞增生。肌上皮细胞含有梭形或星形的细胞核，胞浆轻度嗜酸性，细胞间围绕着嗜碱性黏蛋白基质。还可在间质中见到黏液和软骨的分化。少量病例也表现为骨样化生。间质中有黏液和软骨成分的分化。

【鉴别诊断】

汗腺瘤需要与乳腺来源的肿瘤相区分。乳腺上皮细胞比汗腺上皮细胞小，不表现顶浆分泌的特征。另外，在乳腺肿瘤的周围可见乳腺小叶结构。见图 12-68 至图 12-70。

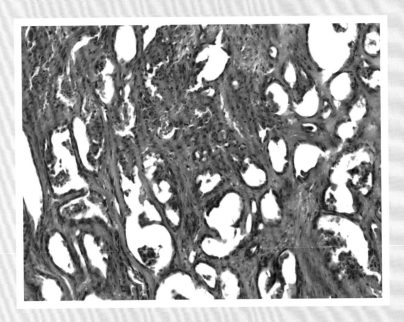

图 12-68　简单性汗腺瘤（a）
肿物由大量的导管状结构组成（HE×200）。

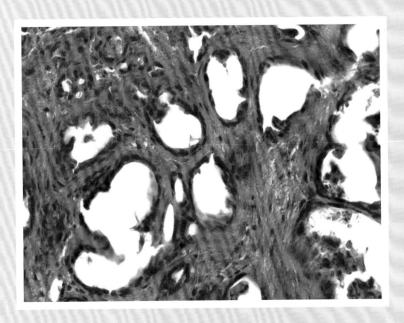

图 12-69　简单性汗腺瘤（b）
腺管样结构是由一层低柱状上皮细胞围绕而成（HE×400）。

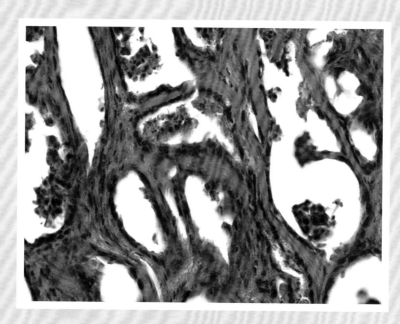

图 12-70　简单性汗腺瘤（c）
导管内有脱落的上皮细胞和嗜酸性的分泌物（HE×400）。

12.2　来源于软组织间质的肿瘤

12.2.1　纤维组织肿瘤

12.2.1.1　胶原纤维错构瘤

【背景知识】

胶原纤维错构瘤（collagenous hamartomas）是非肿瘤性病变，是犬常见的结节性病变，其特征是在真皮浅表层有大量多余的胶原纤维聚集且很少有包膜。胶原纤维错构瘤是老年犬的常见真皮层增生，没有品种或性别差异性。

【临床特征】

错构瘤可以在任何部位发生，但更容易发生在指／趾部。这些肿块通常为小结节状，突出于皮肤表面。皮肤中度脱毛但没有明显的糜烂、溃疡或其他自身创伤。

【诊断要点】

胶原纤维错构瘤是位于真皮层内的无包囊的结节性增生，由大量的胶原纤维组成。胶原纤维的排列与正常真皮层内的胶原纤维排列一致，但比正常胶原纤维的要粗，嗜酸性更强，排列更紧凑。皮肤附属结构数量减少，附属结构被挤压扭曲。

【鉴别诊断】

胶原纤维错构瘤需要与纤维瘤、结节性皮肤纤维变性和结节性疤痕鉴别诊断。位于真皮层的纤维瘤比胶原纤维错构瘤范围大，并且经常浸润到皮下组织中。与胶原纤维错构瘤相比，纤维瘤含有更多的细胞成分，其胶原纤维呈重复的涡旋状或交叉束状排列。结节性皮肤纤维变性比胶原纤维错构瘤大，前者呈多中心，发生在真皮层深部，可能会浸润至皮下组织中。在结节性皮肤纤维变性中，皮肤的附属结构不会被胶原纤维所替代。结节性皮肤纤维变性经常会继发炎症反应。结节性疤痕有显著的棘皮症，并且其内的胶原纤维较粗，会发生玻璃样变。见图12-71。

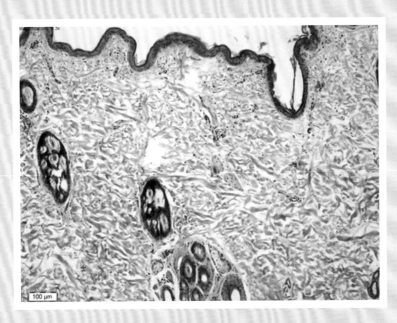

图 12-71　犬胶原纤维错构瘤

表皮结构完整，真皮层有大量胶原纤维增生，毛囊及附属腺结构可见。增生的胶原结构杂乱，呈短粗型，嗜酸性强（雌性，9岁，颈部皮肤肿物，HE×100）。

12.2.1.2　纤维瘤

【背景知识】

纤维瘤（fibroma）是一种成纤维细胞的良性肿瘤，在各种家畜中都很常见，特别是成年和老龄动物。没有品种和性别倾向性。纤维瘤经常发生于真皮和皮下组织，但是也有可能发生在任何有纤维结缔组织的部位。纤维瘤由分化良好的皮下结缔组织构成，瘤体生长缓慢，当肿瘤发展至一定程度后一般不再生长。纤维瘤很少发生恶变，治疗以手术切除为主。

【临床特征】

皮肤纤维瘤边界清楚，通常质地坚实。纤维瘤通常为圆形或卵圆形丘疹或结节，呈穹窿状隆起，有蒂或呈乳头状，直径约1 cm，通常不超过2 cm。纤维瘤呈浅灰白色，被覆皮肤光滑或粗糙，表面可能有溃疡或继发感染。一般为单发，或2~5个，偶发或多发。

【诊断要点】

纤维瘤是由成纤维细胞和胶原纤维组成，排列紊乱，往往呈螺旋状或交错状束状结构。成纤维细胞细胞核呈纺锤形或梭形，胞浆甚少。胶原纤维密度较高，或者因为水肿而排列松散。纤维瘤通常没有基质分隔。

【鉴别诊断】

纤维瘤需要与胶原纤维错构瘤、皮肤平滑肌瘤鉴别诊断。纤维瘤与胶原纤维错构瘤的鉴别诊断见胶原纤维错构瘤一节。皮肤平滑肌瘤颇似皮肤纤维瘤但有疼痛感，组织病理检查见肿瘤由纵横交错的平滑纤维束组成。胞核居中，呈杆状，两端钝圆肌纤维束间常有胶原纤维。在 HE 染色下，两种纤维不易区分，但用 Verhoeff-van Gieson 染色，胶原纤维呈红色而肌肉呈黄色；如用 Masson 三色染色，胶原纤维呈绿色，而肌肉呈暗红色。见图 12-72。

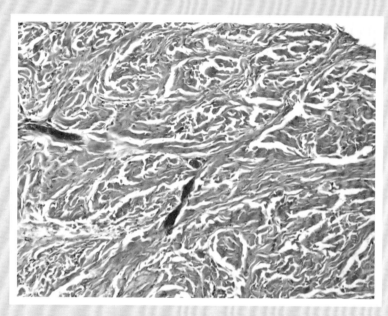

图 12-72　犬纤维瘤

胶原纤维和纤维细胞排列成重复交错的漩涡状结构，细胞成分较少（西施犬，雄性，9 岁，已绝育，胸壁肿块，HE×100）。

12.2.1.3　纤维肉瘤

【背景知识】

纤维肉瘤（fibrosarcoma）是来源于成纤维细胞的恶性肿瘤，在犬最常见而其他动物不常见。

【临床特征】

虽然纤维肉瘤在所有的家畜都有发生，但最常发生的动物是猫和犬。常成年和老龄动物多发，犬发生纤维肉瘤的平均年龄为 8 岁，在家畜中该肿瘤的发生没有明显的品种和性别倾向性。纤维肉瘤是猫最常见的肿瘤之一，有些病例与疫苗免疫有关。猫的纤维肉瘤较少发生但通常为多发而且常发生转移。纤维肉瘤可发生在身体的任何部位，大多为局部发生，但头部和四肢为常发部位。纤维肉瘤可能限制性生长或者是浸润性生长，通常不可见包膜，切面为闪亮的灰／白色，通常为明显的纤维交织状。

【诊断要点】

肿瘤可能分化良好，梭形的肿瘤细胞排列成交织的纤维状或"人"字形。肿瘤细胞胞质较少，细胞核呈梭形或卵圆形，核仁不明显。发育不良的肿瘤细胞多形性较高，可见卵圆形、多角形细胞和多核巨细胞，这些细胞通常有大的圆形或卵圆形细胞核和显著的核仁，细胞有丝分裂象多。通常肿瘤组织周围可见淋巴细胞聚集。

【鉴别诊断】

纤维肉瘤需要与外周神经鞘瘤（PNSTs）和平滑肌肉瘤相鉴别。通常 PNSTs 有更精细的细胞排列呈短的互相交织的束状、栅栏状或螺旋状。纤维肉瘤的胶原基质比 PNSTs 或平滑肌肉瘤更丰富，而且 Masson 氏三色染色法能鉴别胶原纤维和平滑肌。纤维肉瘤需与恶性纤维组织细胞瘤做鉴别诊断，纤维肉瘤的主要细胞学特征是由大小、形态均一的梭形细胞构成，细胞核深染，几乎没有胞浆，细胞膜不明显或缺失。细胞被胶原纤维间隔，交织排列，呈"鲱鱼骨"状。恶性纤维组织细胞瘤的主要特征是纤维细胞呈"轮辐状"排列，构成肿瘤的基质，有的区域内含有体积巨大形态奇特的组织细胞。见图 12-73 至图 12-77。

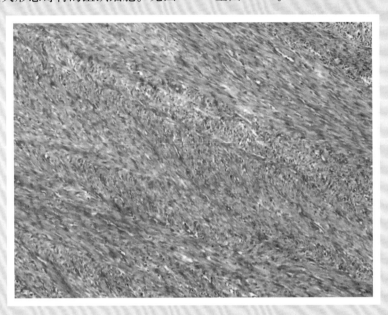

图 12-73　犬纤维肉瘤（a）
梭形细胞大量增生，排列成交织的束状结构（HE×100）。

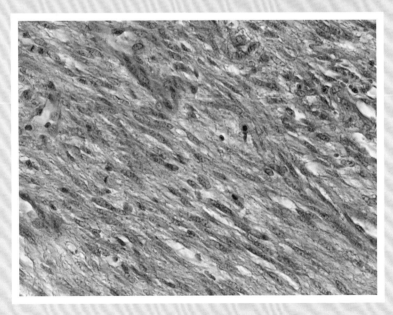

图 12-74　犬纤维肉瘤（b）
梭形细胞呈交错的束状，排列于少量胶原纤维基质中，可见多个核分裂象。梭形细胞细胞核形态不规则，为卵圆形或梭形，核仁明显（HE×400）。

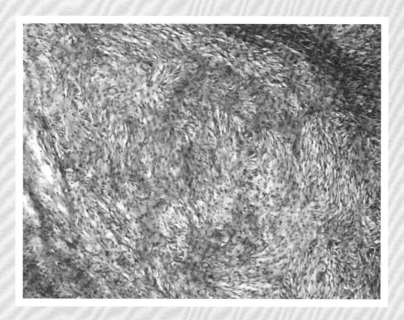

图 12-75　猫纤维肉瘤（a）

梭形细胞排列呈束状、波纹状结构（雌性，13 岁，右后肢膝关节外侧皮下肿物，HE×100）。

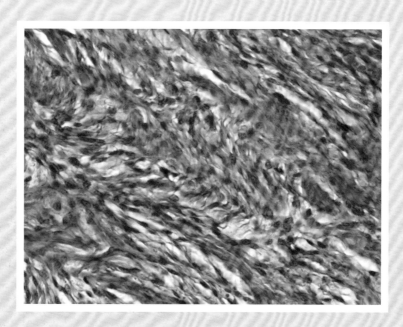

图 12-76　猫纤维肉瘤（b）

梭形细胞细胞核呈椭圆形，嗜碱性，核仁明显，轻度异型性。细胞胞浆嗜酸性，呈波纹状，沿纵轴向两端延伸，边界不清（雌性，13 岁，右后肢膝关节外侧皮下肿物，HE×400）。

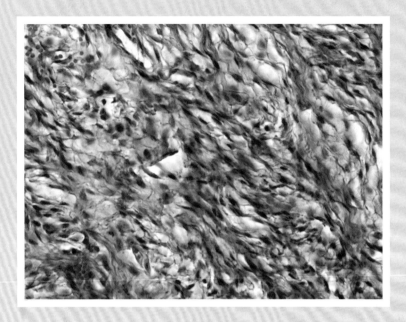

图 12-77　猫纤维肉瘤（c）

梭形细胞排列在黏液基质中，细胞核形态大小不规则（雌性，13 岁，右后肢膝关节外侧皮下肿物，HE×400）。

12.2.1.4　犬分化良好的上颌骨肉瘤

【背景知识】

犬分化良好的上颌骨肉瘤 (canine maxillary well-differenteated fibrosarcoma) 不常见，一般发病于成年的金毛犬以及其他大型养殖犬。

【临床特征】

肿瘤通常在上颌骨处不断增大，形成块状物，而下颌骨处较少见。切面处，表皮层和皮下层有灰白色的硬块。肿瘤浸润日渐增多，最后导致外形损毁和功能丧失。外科手术很难将肿瘤完全切除，其他的佐剂治疗效果也不明显。

【诊断要点】

肿瘤由分化良好的纤维细胞和成纤维细胞组成。细胞核呈多形性，有丝分裂象较少。在周围正常的结缔组织处，偶见胶原束，肿瘤界限不清楚，会浸润到周围的组织中，使得肿瘤不易完全切除。可见炎性细胞浸润。

【鉴别诊断】

由于肿瘤的组织学外观温和，易被错误诊断为纤维瘤或者认为是正常组织。见图 12-78 和图 12-79。

图 12-78　犬分化良好的上颌骨肉瘤（a）

胶原纤维和成纤维细胞排列紧密，呈螺旋状或束状结构（上颌骨肿物，大小为 2 cm×3 cm，HE×100）。

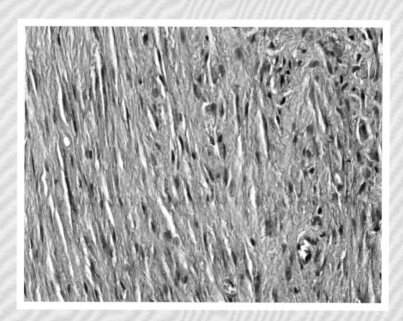

图 12-79　犬分化良好的上颌骨肉瘤（b）

细胞核浓染，形态不规则，呈卵圆形或纺锤形。未见有丝分裂象（上颌骨肿物，大小为 2 cm×3 cm，HE×400）。

12.2.1.5　黏液瘤

【背景知识】

黏液瘤（myxoma）起源于纤维细胞或者其他原发的间叶细胞，这些细胞可以产生大量的富含黏蛋白的细胞外基质，由于黏蛋白是由酸性黏多糖组成，因此阿尔新蓝染色呈蓝染。

【临床特征】

黏液瘤在犬和猫中均少见，有调查发现，在 1 143 例犬的皮肤和皮下肿瘤中，黏液瘤仅占 6 例。该肿瘤主要发生于中年或者老年的犬和猫中，犬的平均发生年龄是 9 岁，并且雌性犬更易发，但是没有种属的偏好性。手术治疗后黏液瘤可能会局部复发。大部分的黏液瘤发生在皮下，但是也有可能发生于真皮。大部分黏液瘤发生在躯干或者腿部。黏液瘤质软，大小不一且界限较差，真皮的黏液瘤会小于 1 cm，而皮下黏液瘤通常较大。发生肿瘤的部位可能会局部脱毛。创伤表面会有黏液渗出。

【诊断要点】

黏液瘤起源于皮下，偶见真皮，且无包囊。肿瘤细胞密度低，排列不连续。肿瘤细胞较小，呈卫星状或者纺锤状嵌入富含酸性黏蛋白的基质中，瘤细胞胞质呈嗜酸性红染，胞核呈卵形或者梭形，核仁不明显且有丝分裂象少见。黏液基质 HE 染色通常呈轻微的嗜碱性蓝染，阿尔新蓝染色呈蓝色。基质中可能含有少量的呈波浪状的胶原纤维。

【鉴别诊断】

黏液瘤的鉴别诊断局限于独特的基质特征，黏液瘤可能需要与黏液外周神经鞘瘤（myxoid peripheral nerve sheath tumors）和黏液肉瘤（myxosarcoma）相区别。不同于黏液肉瘤的是，黏液外周神经鞘瘤呈多小叶状，肿瘤细胞排列呈旋涡状或者形成栅栏，且细胞含有基底膜。黏液瘤与黏液肉瘤的鉴别诊断比较困难，因为良性和恶性的肿瘤都含有大量的基质、细胞密度低且无包囊的特点，黏液肉瘤的细胞学特征是核质比较黏液瘤高，且核多形性，着色深以及非典型的有丝分裂象。见图 12-80 和图 12-81。

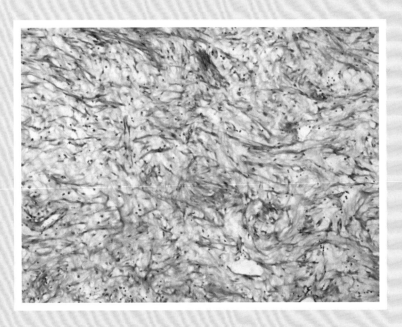

图 12-80　犬黏液瘤（a）
纺锤形细胞呈束状排列于黏液性间质中（HE×100）。

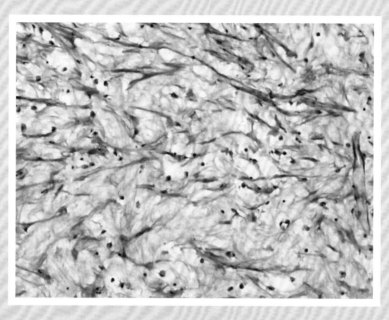

图 12-81　犬黏液瘤（b）

瘤细胞呈细长的纺锤形或星形，周围充斥大量黏液蛋白（HE×200）。

12.2.1.6　黏液肉瘤

【背景知识】

黏液肉瘤（myxosarcoma）是起源于纤维细胞和其他原始的间充质细胞的恶性肿瘤，其特征是产生大量的细胞外基质，胶原成分较少。

【临床特征】

犬、猫少见，在临床上的特征，类似于黏液瘤。通常质地较软，大小不一，皮下组织中的肿块通常大于位于真皮层中的。发生此肿瘤的动物会有不同程度的脱毛，较大的病灶中可能继发溃疡。切开肿物时，会有清亮的蛋白性液体渗出。犬的平均发病年龄是 9 岁左右。巴吉度猎犬和迷你杜宾犬易发。无性别倾向。黏液肉瘤是低级的恶性肿瘤，其特点是局部复发性和局部侵袭性，很少向远端转移。报道称肺部是最常见的转移部位。

【诊断要点】

通常无包膜包裹，与周围组织界限不清。肿物主要位于真皮层和皮下组织中。黏液肉瘤中的肿瘤细胞包括多形性的星状细胞和梭形细胞，不规则的排列于富含黏液成分的基质中，胶原成分较少。细胞成分较少，但是在分化不良的肿瘤中细胞成分呈现增多的趋势。增生的成纤维细胞胞浆少，呈嗜酸性；细胞核呈多形性，浓染，核分裂少见，偶见不典型的分裂象。部分区域会发生出血、坏死和纤维化。溃疡以及激发的炎性反应也可能存在。

【鉴别诊断】

黏液肉瘤需要与黏液瘤相区分，两者共同的特征为基质丰富，细胞成分少以及界限不清晰等。恶性程度的增加表现为细胞核核质比的增加，细胞核的多形性增加和染色的加深以及非典型核分裂象的出现。此外，黏液肉瘤还需要与黏液性脂肪肉瘤以及黏液外周性神经鞘瘤相区分。黏液性脂肪肉瘤通常含有脂肪母细胞和分化良好的脂肪细胞并且混有梭形细胞群。利用脂肪染色可以明确地判断肿瘤的起源。而黏液性外周神经鞘瘤的梭形细胞通常呈同心环状排列或者栅栏状排列，且肿瘤细胞在电镜下可见有一层基底膜包绕。见图 12-82 和图 12-83。

图 12-82　猫黏液肉瘤（a）

梭形细胞和星形细胞不规则的排列在大量蓝染的黏液性基质中（雌性，6.5 岁，肋骨处皮肤肿瘤，质硬，有游动性；切面呈白色，表面有一层黏黏的液体，HE×200）。

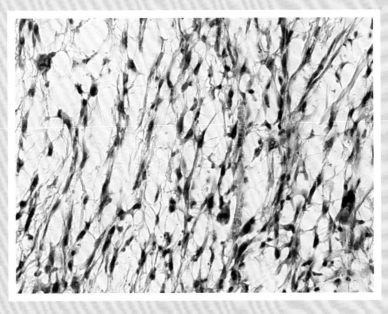

图 12-83　猫黏液肉瘤（b）

梭形细胞或星形细胞的细胞核形态大小不一，呈梭形或椭圆形，浓染，核质比高。可见细胞核双核分裂象（雌性，6.5 岁，肋骨处皮肤肿瘤，质硬，有游动性；切面呈白色，表面有一层黏黏的液体，HE×400）。

12.2.1.7 恶性纤维组织细胞瘤

【背景知识】

根据细胞的种类、形态和数量，人类的恶性纤维组织细胞瘤（maligant fibrous histocytoma）分为席纹状 - 多形性型、巨细胞型、炎性型、黏液样型。只有前三种类型，在家养动物上被发现。

【临床特征】

该肿瘤较多的发生于家养动物，犬最常见（尤其金毛犬和罗威纳犬）；多发于皮肤和脾脏，以单个扩张性的肿块形式存在；在肺、淋巴结、脾、肝、骨和肾处，它以多器官疾病的一部分存在。很难确诊病灶和多器官的恶性纤维组织细胞瘤，因为大多数的诊断基于活检样本，没有完整的跟踪检查。宾夕法尼亚大学尸检的案例中，有 40 例为犬多器官恶性纤维组织细胞瘤，其中 2 只犬皮肤有肿块。猫恶性纤维组织细胞瘤是疫苗诱导性纤维肉瘤在组织学上的一种，在未接种疫苗的真皮层或皮下层也偶然会发现肿块。无性别倾向。中老年动物易患病。肿瘤一般为灰色或白色，但也会依赖出血和坏死的数量而出现红色斑点。边缘较清晰，无包囊。

【诊断要点】

恶性纤维组织细胞瘤在动物上分为席纹状 - 多形性型、巨细胞型和炎性型三种。

（1）席纹状 - 多形性型　成纤维样细胞排列成席纹状，并伴有组织细胞样细胞以及淋巴细胞、浆细胞、中性白细胞和嗜酸性粒细胞浸润。组织细胞样细胞多为巨核样，多核，核异型性。一些肿瘤具有硬化的胶原间质的不完整区域。在犬的皮肤和器官中最常见。

（2）巨细胞型　该类型肿瘤也称为软组织的巨细胞瘤，有大量的多核巨细胞，伴有梭形细胞和单核组织细胞样细胞，以及较少见的炎性细胞。常见于猫。

（3）炎性型　淋巴细胞、浆细胞、嗜酸性粒细胞以及少量的中性白细胞浸润，偶见组织细胞样细胞。组织细胞样细胞以巨核样和核异型性为特点，与单纯的炎性过程相区分。该类型肿瘤较少见，多见于犬的脾。

【鉴别诊断】

退行性癌伴有大的巨核细胞、结缔组织生成以及炎症产生，类似于席纹状 - 多形性型恶性纤维组织细胞瘤。角蛋白的免疫阳性能够区分退行性癌与恶性纤维组织细胞瘤。炎性型最常见于脾，通过组织细胞样细胞的核异型性与炎症、增生结节进行区分。巨细胞型很难与含有巨细胞的纤维肉瘤和骨肉瘤区分，而在后两者中，巨细胞不是主要的细胞型。骨肉瘤的诊断取决于新生瘤的类骨质和骨，而这两种物质在巨细胞型中均没有被发现。超微结构研究表明，肿瘤细胞以成纤维细胞以及没有胞浆丝为特点。免疫组织化学分析与成纤维细胞或肌纤维母细胞型一致，具有波形蛋白、肌动蛋白以及少有的结蛋白。细胞学的诊断在细胞聚集处可见未黏合的梭形细胞和更圆的单核或多核的组织细胞样细胞。见图 12-84 至图 12-86。

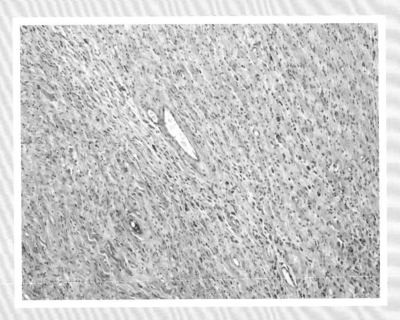

图 12-84　犬恶性纤维组织细胞瘤（a）

瘤组织无明显包膜。梭形细胞排列成束状、席纹状结构，其内夹杂着大量的圆形细胞（京巴犬，雌性，9 岁，胸壁皮肤肿物，HE×100）。

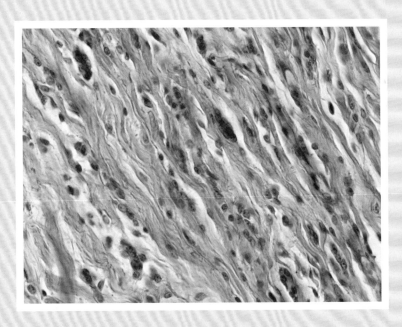

图 12-85　犬恶性纤维组织细胞瘤（b）

肿瘤以梭形成纤维细胞为主，其细胞核呈椭圆形或被拉长，胞浆嗜酸性，呈束状平行排列。少量弥散存在的圆形的组织细胞，细胞核呈圆形或卵圆形，胞浆丰富、嗜酸性（京巴犬，雌性，9 岁，胸壁皮肤肿物，HE×400）。

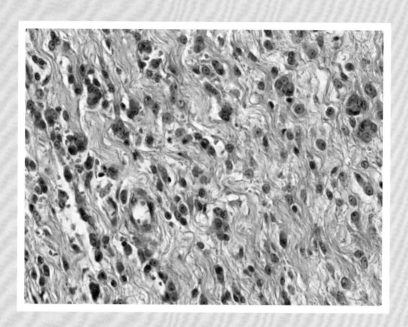

图 12-86　恶性纤维组织细胞瘤（c）

在胶原纤维间有大量的多核巨细胞。胞浆丰富，含有两个以上的圆形或椭圆形的细胞核（京巴犬，雌性，9 岁，胸壁皮肤肿物，HE×400）。

12.2.2　脂肪组织肿瘤

12.2.2.1　脂肪瘤

【背景知识】

脂肪瘤（lipoma）是一种常见的分化良好的脂肪细胞肿瘤，大多数的家畜都可发生。该肿瘤被一层薄的结缔组织包囊，内有被结缔组织束分成叶状成群的正常脂肪细胞。极少数脂肪瘤可能含有胶原纤维（纤维脂肪瘤）或小血管簇（血管脂肪瘤），即形成复杂的脂肪瘤。脂肪瘤是犬的常见肿瘤，全身任何部位的脂肪组织均可发生，但很少发生恶变。临床上常见发生于肩、背和臀部的皮肤下面。

【临床特征】

脂肪瘤是犬的常见肿瘤，全身任何部位的脂肪组织均可发生，但很少发生恶变。临床上常见发生于肩、背和臀部的皮下组织。犬的脂肪瘤常见于纯种成年母犬，占犬皮肤肿瘤的 5%~7%，脂肪肉瘤与浸润性脂肪瘤较少发生。肿瘤外观为扁圆形或分叶状，有包膜，质地柔软，色淡黄，有正常的脂肪组织的油腻感。大部分能在组织深层自由移动而且很容易被切除。肿瘤大小不一，直径几厘米至更大。常为单发性，亦可为多发性。

【诊断要点】

脂肪瘤多发生于皮下，肿瘤周围有一层薄的结缔组织包囊，内有被结缔组织束分成叶状的成群的脂肪细胞。有的脂肪瘤在结构上除大量脂肪组织外，还含有较多结缔组织或血管，即形成复杂的脂肪瘤，脂肪瘤有一层薄的纤维内膜，内有很多纤维素，纵横形成很多间隔。

脂肪瘤中的脂肪细胞与正常脂肪组织的细胞相同。大的清亮的脂滴替代了细胞质，细胞核被挤压至细胞边缘。一些肿瘤有坏死、炎症和／或纤维化区域。若有炎性细胞浸润，主要为泡沫样巨噬细胞，偶见巨噬细胞上皮化，而且因为数量巨大，它们类似脂肪肉瘤中可见的成脂肪细胞。

【鉴别诊断】

脂肪瘤应注意与正常脂肪组织、囊肿以及结核性脓肿相区分。

临床上脂肪瘤肿块常为单发、生长缓慢、一般无症状；肿块表面皮肤正常，触诊瘤体柔软，肿瘤包膜完整，呈分叶状脂肪组织，界线清楚。镜下见肿瘤由分化成熟的脂肪构成大小不规则的分叶，并有不均等的纤维组织间隔。与正常脂肪组织的区别主要在于有薄的包膜。脂肪瘤一般无明显症状，但也有引起局部疼痛病例。与囊肿或结核性脓肿相鉴别的诊断要点：囊肿是由于皮脂腺毛囊口角化过度的堵塞，使皮脂腺的排泄物潴留于腺导管内形成的，两者内容物不同。结核性脓肿也叫冷性脓肿，由结核杆菌引起，与脂肪瘤鉴别与囊肿相似，为内容物不同。见图 12-87 和图 12-88。

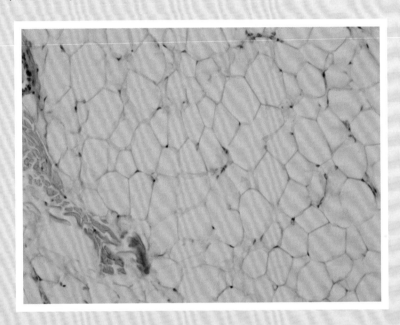

图 12-87　犬脂肪瘤（a）

大量脂肪细胞增生，呈网格状，细胞中可见大量透明脂滴，细胞核偏于一侧（哈士奇犬，雄性，5 岁，颈背部皮下肿物，HE×200）。

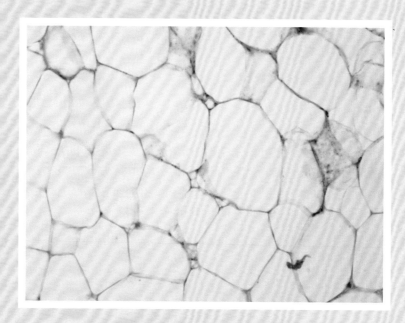

图 12-88　犬脂肪瘤（b）

成熟脂肪细胞呈空泡样，排列紧密，胞质透明，细胞核小并被挤压至细胞边缘（八哥犬，雌性，6岁，肛门右侧处皮下肿物，HE×400）。

12.2.2.2　浸润性脂肪瘤

【背景知识】

浸润性脂肪瘤（infiltrative lipoma）又称肌肉内脂肪瘤，是一种发生于肌肉内的少见的特殊类型的良性脂肪瘤。浸润性脂肪瘤通常发生于横纹肌组织内，是肌束和肌细胞间由未分化完全成熟的脂肪细胞浸润所致，瘤体无包膜且呈浸润性生长。脂肪瘤多沿肌间呈浸润性生长，长径与肌肉走向平行，质地软，肌肉收缩时肿瘤的境界变得清晰。若肿瘤位于肌组织之间，不穿破肌肉筋膜，则可称为肌间脂肪瘤，瘤组织内血管比较丰富时也可称为肌内血管脂肪瘤。

【临床特征】

浸润性脂肪瘤主要表现为皮下组织和肌肉的损伤。肿瘤体积大，存在于深层的皮下组织，比普通的脂肪瘤坚硬。多数肿瘤发生于颈部、躯干、近端腿部的深层软组织。该肿瘤在犬中不常见，猫中罕见，多发生于雌性的中老年动物。研究显示，浸润性脂肪瘤在拉布拉多犬、雪纳瑞和杜宾犬中具有高发病率。肿瘤无恶性转变及转移潜能，需手术切除以及外源性光照射辅助治疗，避免复发。

【诊断要点】

浸润性脂肪瘤是具有侵蚀性的肿瘤，分布在皮下组织、骨骼肌以及筋膜层，边界不清晰。肿块由成熟的脂肪细胞聚集成"片状"或"小梁状"，与简单的脂肪瘤相一致。肿瘤生长到筋膜层，然后到达肌肉束。肌纤维变得单个而萎缩，然后陷入脂肪组织。脂肪组织较少血管化，也很少发生变性。

【鉴别诊断】

在肥胖动物的肌肉束间有少量的普通脂肪，很难诊断为浸润性脂肪瘤。需提供活检物进行进一步诊断。见图 12-89。

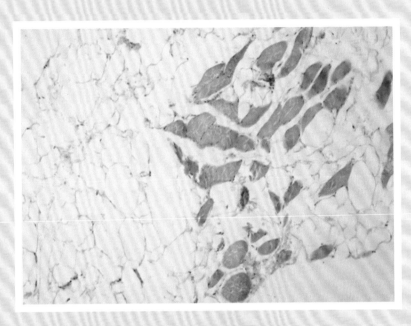

图 12-89 犬浸润性脂肪瘤

大量呈圆形或者卵圆形的脂肪细胞呈片状增生，浸润至均质红染的肌纤维束中，肌纤维被脂肪细胞分隔成单个（巴吉度猎犬，雌性，11岁，已绝育，左前胸皮下肿物，HE×100）。

12.2.2.3 梭形细胞脂肪瘤

【背景知识】

人的梭形细胞脂肪瘤（spindle cell lipoma）的特征是可形成胶原的梭形细胞取代了成熟的脂肪细胞。虽然细胞密度大但该肿瘤被认为是良性的。梭形细胞脂肪瘤在兽医文章中没有报道；作者在犬只观察到少数几个病例。

【临床特征】

梭形细胞脂肪瘤在犬少见，在猫还没有报道。梭形细胞脂肪瘤的临床特征与脂肪瘤相一致，均与周围界限清晰，为卵圆形或圆盘状的团块，质地柔软。犬梭形细胞脂肪瘤可发生在臀部、肘部、腹部侧面、腹股沟区域、躯干背部中间和前额。

梭形细胞脂肪多发于金毛寻回犬、金毛串、拉布拉多犬、澳大利亚牧羊犬串、万能㹴、拳师犬和大丹犬。发病平均年龄为 9 岁，5~14 岁间的犬均可发生此病。犬梭形细胞脂肪瘤与人的相似，为良性病变，手术切除后可治愈。

【诊断要点】

梭形细胞脂肪瘤与周围组织界限清晰，但组成差异较大，与成熟脂肪组织和梭形细胞的量有关。梭形细胞大部分排列成较短的平行束，偶尔可见排列成栅栏状。这些细胞与分化良好的增殖的脂肪细胞混合排列。脂肪细胞的细胞核较小，被丰富的中性脂质挤到细胞膜的一边。

梭形细胞形态统一，细胞质不丰富，细胞核呈梭形，核仁不明显。偶尔可见巨细胞。梭形细胞沉积不同量的胶原纤维和黏液状基质。血管不明显或者很明显，呈分枝状。梭形细胞可能围绕着扩张的、分枝的血管结构，导致一种假血管瘤性间质增生的情况。人的梭形细胞脂肪瘤偶然可见骨样或软骨样化生，但在犬没有报道。

【鉴别诊断】

梭形细胞瘤需要与外周神经鞘瘤、血管周细胞瘤、结节性筋膜炎、纤维肉瘤和平滑肌肉瘤鉴别诊断。

大部分梭形细胞脂肪瘤含有一定量的脂肪组织，因此容易与其他梭形细胞肿瘤区分开来。在梭形细胞脂肪瘤中，梭形细胞排列成短的平行束，而外周神经鞘肿瘤由大量小的梭形细胞组成，形成波浪形束和同心螺旋状结构。两种肿瘤都可能包含一定量的黏液状基质。用扫描电镜的方法有助于鉴别诊断，因为电镜下可观察到外周神经鞘肿瘤外包裹基膜。一些梭形细胞脂肪瘤有丰富的外周包裹梭形细胞的血管分支，如果脂肪组织的含量较少，很难与血管周细胞瘤相区分。大梭形细胞不规则的排列可用于区分结节性筋膜炎和梭形细胞瘤。此外，结节性筋膜炎可能包含反应性的炎性浸润。纤维肉瘤和平滑肌肉瘤的细胞成分更多，而且不含有混合的脂肪细胞。平滑肌肉瘤的梭形细胞的细胞核呈膨大伸长状，并且其尾部钝圆；而梭形细胞脂肪瘤的细胞核又窄又尖。见图12-90至图12-92。

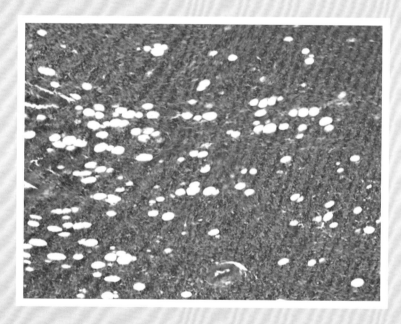

图12-90　犬梭形细胞脂肪瘤（a）
梭形细胞和大小不一的脂肪细胞混合排列，可见少量的血管分布（HE×100）。

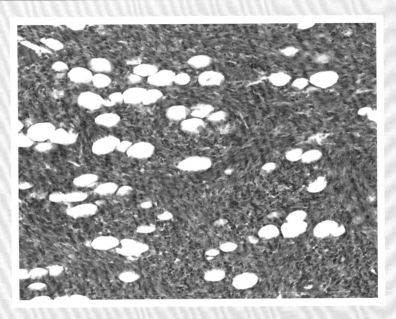

图 12-91 犬梭形细胞脂肪瘤（b）

梭形细胞呈短平行束排列，细胞周围可见胶原基质，脂肪细胞大小不一（HE×200）。

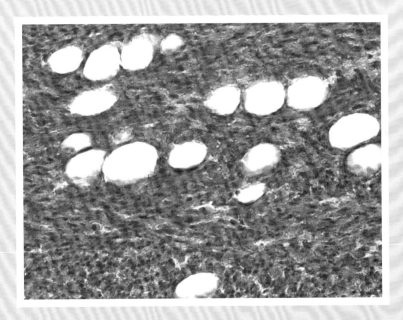

图 12-92 犬梭形细胞脂肪瘤（c）

梭形细胞大小、形态一致，核呈长梭形，核仁不清楚，细胞周围伴有胶原纤维。脂肪细胞的细胞核被脂滴挤至一侧，抵靠细胞膜（HE×400）。

12.2.2.4 脂肪肉瘤

【背景知识】

犬猫的脂肪肉瘤（liposarcoma）分为分化良好的脂肪肉瘤、黏液样脂肪肉瘤及多形性脂肪肉瘤。超微结构鉴定显示犬脂肪肉瘤来自于脂肪组织的前体细胞，为普通或者"环状体"外观的单室脂肪组织。犬脂肪肉瘤的病原学不广为人知。一些猫肉瘤病毒毒株也与小猫脂肪肉瘤的发展有关。

【临床特征】

脂肪肉瘤（包括非典型脂肪瘤）不常见于犬，在猫上也非常罕见。犬猫的发病率在所有皮肤及皮下肿瘤中不到 0.5%。

脂肪肉瘤为界限清晰、柔软、似肉的团块，直径达到至少 2 cm。多数的脂肪肉瘤出现于皮下组织，其次为真皮组织。后者皮肤增厚，脱毛。更严重的损伤会造成溃疡的形成。大多数肿瘤出现于轴向区域和腿的近端。

犬发病年龄一般为 9 ~ 10 岁，无性别偏好。喜乐蒂和小猎犬易于感染。少数猫的皮下脂肪肉瘤具有性别偏好。

人脂肪肉瘤的生物学行为部分依赖于组织病理学亚型。而非典型脂肪瘤被认为是低级（去分化的）恶性脂肪肉瘤，且预后不良。对于动物间行为的差异却没有定论。然而，一项研究显示，四只犬中的三只犬在患有代谢疾病的同时还伴有多形性脂肪肉瘤。犬猫脂肪肉瘤一般通过外科手术切除，且会复发，而 Goldschmidt 和 Shofer 认为不易复发。43 只犬的复发率为 28%。最好的方法为广泛切除，而不是将边缘切除。远端转移的发病率在犬猫中发病较少。犬的脂肪肉瘤的转移发现于肺，其他转移损伤的位置为肝和骨。

【诊断要点】

分化良好的脂肪肉瘤是脂肪肉瘤中最常见的组织病理学亚型。肿瘤呈多小叶，边缘清晰，但无包膜。肿瘤一般出现于皮下组织及真皮层。肿瘤由大而圆或多边形的细胞组成，没有间质胶原。少数情况下，黏液间质会出现少量的梭形细胞。大多数的肿瘤细胞有充足的细胞质，以及相当数量的易于识别的胞质脂滴。中等数量的细胞，包含一个单独的大的脂质液泡，导致外周核的移位，像成熟的脂肪细胞。其他细胞类似成脂细胞，包含中心核以及少数的脂滴。成脂细胞核大而圆，呈多形性，可见染色质及明显的核仁。有丝分裂低，而且多数的有丝分裂为非典型的。出血、坏死、纤维症和溃疡形成第二特征。

黏液样脂肪肉瘤是一种不常见的脂肪肉瘤，以黏蛋白为特征。团块无包膜，界限不清晰，由脂肪细胞，成脂细胞，梭形细胞及星形细胞组成。黏液基质用 pH 2.5 的阿新蓝染色显示少量的胶原纤维。可见毛细血管吻合。脂细胞分化良好，具有单个大的脂质液泡。存在大量的成脂细胞，也偶见多核细胞。星状细胞和梭形细胞交织成束，某些区域数量众多。梭形细胞核特征类似纤维肉瘤或黏液肉瘤。梭形细胞有少量的细胞质脂滴或者缺少脂质沉积。

多形性脂肪肉瘤不常见，具有明显的肿瘤细胞的大小和形状，由多核巨细胞、肿瘤细胞和具有活性的白细胞巨细胞组成，没有黏蛋白或胶原间质成分。细胞具有大量的嗜酸性胞质，可能出现玻璃样或泡沫样物质。不同的脂质液泡通常以少数的肿瘤细胞（成脂细胞）加以识别。核在大小、形状及染色质上显示了明显的差异。核染色质过度着色，核仁明显。非典型的有丝分裂常见。

【鉴别诊断】

非典型脂肪瘤应该与炎性脂肪瘤、炎性脂肪组织灶（脂肪组织炎）、纤维脂肪瘤加以区分。炎性脂肪包括损伤的泡沫状巨噬细胞，与成脂细胞很难区分。而成脂细胞的异型性和有丝分裂能够将其区分开来。相对于非典型性脂肪瘤，纤维脂肪瘤有大量的纤维组织，而没有成脂细胞。

大体上，脂肪肉瘤易于鉴别诊断。分化良好的脂细胞和中等数量的成脂细胞通常把分化良好的脂肪肉瘤和其他间质肉瘤区分开来。

黏液样脂肪肉瘤的鉴别诊断包括梭形细胞黏液肉瘤和黏液外周神经鞘瘤的黏液成分。如果大量的脂细胞分散或缺失，那么黏液样脂肪肉瘤的区分就不能基于组织形态学。冰冻切片的油红染色能够帮助鉴定肿瘤细胞胞质内的脂肪成分。

多形性脂肪肉瘤缺乏成脂细胞，很难与其他的多形性间质恶性肿瘤区分，尤其是组织细胞肉瘤。多形性脂肪肉瘤具有大量的多核巨细胞，可能呈现的是具有巨细胞的普通肉瘤。见图 12-93 和图 12-94。

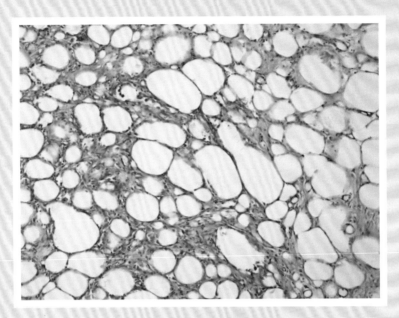

图 12-93　脂肪肉瘤（a）

许多大小不等脂肪细胞排列成实体的片状结构，由皮下组织浸润至真皮层（金毛犬，8 月龄，背部皮下硬块，HE×100）。

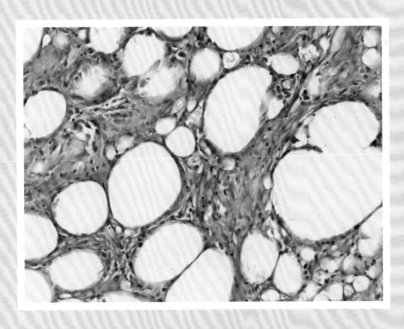

图 12-94　脂肪肉瘤（b）

成熟脂肪细胞呈大的圆形或多角形，其内含有一个大的脂滴，细胞核被挤压至细胞边缘。还可见脂肪母细胞散在纤维结缔组织中，细胞质中含有多个小的脂滴，而细胞核位于细胞中间（HE×200）。

12.2.3 血管肿瘤

12.2.3.1 海绵状血管瘤

【背景知识】

海绵状血管瘤（cavernous hemangioma）是在出生时即出现的低血流量的血管畸形，又称为静脉畸形。血管损害一般发展较慢，大多数静脉畸形呈海绵状，故名。病变除位于皮肤和皮下组织外，还可发生在黏膜下，肌肉甚至骨骼。海绵状血管瘤如因外伤或继发感染破溃时，有导致严重失血的危险。

【临床特征】

血管壁可能被大量的血栓所阻塞。血栓的形成伴随着纤维素增生和含铁血黄素的沉积。真皮层和皮下组织的血管瘤所覆盖的表皮通常发生轻度到中度的棘皮症。继发性的溃疡和出血性的结痂更常见于真皮层的血管瘤。

【诊断要点】

海绵状血管瘤界限清楚，但无包膜，存在于真皮层或皮下组织中。它是由大小不等的充满红细胞的血管腔组成，每个血管结构均为封闭的、内衬一层扁平的内皮细胞组成。核仁和有丝分裂不明显。内皮细胞外有一层胶原组织，此胶原结构较薄，常常被淋巴细胞、肥大细胞等细胞浸润。血管内可见血栓，血栓形成伴随着纤维素增生和含铁血黄素的沉积。二次溃疡和出血性结痂在此病中经常可以看到。

【鉴别诊断】

海绵状血管瘤主要需要与淋巴管瘤和血管脂肪瘤鉴别诊断。淋巴管瘤中的管腔中不含有或仅含有零星的红细胞，而血管瘤中的管腔中含有大量的红细胞。另外，淋巴管瘤的间质会发生水肿和淋巴细胞浆细胞浸润。皮下组织中的血管脂肪瘤是在典型的脂肪瘤中含有血管结构，而位于皮下组织中的血管瘤则是在脂肪组织中存在一个与周围界限明显的血管增生的肿块。见图 12-95 至图 12-97。

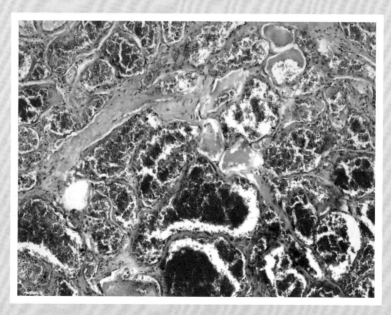

图 12-95　犬海绵状血管瘤（a）

肿物由大量形态不规则的管状结构组成，管腔内充满血液。血管间由少量纤维结缔组织支持。血栓形态较规则，几乎占据整个管腔（京巴犬，雌性，10 岁，右后爪部肿物，HE×100）。

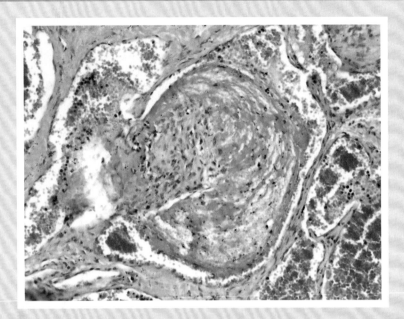

图 12-96 犬海绵状血管瘤（b）

部分管腔内出现血栓，血栓形态较规则，几乎占据整个管腔（京巴犬，雌性，10 岁，右后爪部肿物，HE×200）。

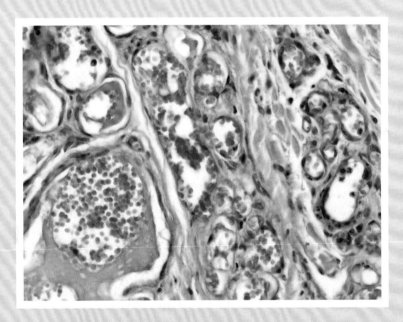

图 12-97 犬海绵状血管瘤（c）

大部分血管由单层内皮细胞构成。血管内皮细胞的细胞核呈扁平长梭形、致密、嗜碱性，胞浆嗜酸性、胞浆量少。边缘部分血管管腔小，由椭圆形的尚未成熟的内皮细胞细胞核围绕而成。部分血管内及结缔组织间可见中性粒细胞浸润（HE×400）。

12.2.3.2 阴囊血管错构瘤

【背景知识】

阴囊血管错构瘤（scrotal-type vascular hamartoma）是一种增殖的血管错构瘤而不是真正的肿瘤。其特征是界限不清晰的皮肤斑块，皮肤斑块由围绕之前存在的真皮内血管形成的多个由过剩血管结构构成的簇或小叶构成。

【临床特征】

该病变较为少见，见于具有阴囊皮肤色素的犬种。起初在中年个体中发病并随着时间增大和扩张。起初该损伤是阴囊皮肤上一个棕色/黑色的变色区域，逐步在浅层真皮上发展成为坚实的斑块。手术完全切取可治愈。

【诊断要点】

组织学观察，在真皮层可见界限不清晰的增殖的血管。在大多数病变中，在中央增生的血管较大并且扩张，在边缘的血管由近乎看不到管腔的毛细血管构成。丰富的血管从具有厚厚肌层的大的增生的动脉到由仅内皮细胞围绕形成圆形核心的毛细血管，形态多样。血管结构由具有饱满的、深色的、形态一致的细胞核的单层内皮细胞排列而成。细胞核细长的梭形细胞伴随着血管增殖。梭形细胞可能是纤维母细胞或周皮细胞。少见异型性和有丝分裂象。表层上皮的特征为棘皮症和色素沉积过度。常见创伤性溃疡，出血，继发性炎症。可能会有真皮的纤维化出现。

【鉴别诊断】

阴囊血管错构瘤形态学特征明显。然而，其可能与分化良好的血管瘤病（well-differentiated angiomatosis），梭形细胞血管瘤（spindle cell hemangioma）或毛细血管瘤（capillary hemangioma）混淆。

阴囊血管错构瘤和分化良好的血管瘤病均具有界限不明显以及周边毛细血管细胞核不成熟的特征。然而，有丝分裂象较少以及丰富的血管结构与混合增殖的纤维母细胞和周皮细胞之间正常结构关系的维持表明了血管错构瘤的良性本质。阴囊血管错构瘤以血管结构簇和小叶为特征，梭形细胞血管瘤是单发性的肿瘤结节并伴有杂乱排列的梭形细胞和血管。阴囊错构瘤中的小血管可能与毛细血管瘤类似，但后者不会在小血管周围表现出小血管到大的、扩张的血管结构的变化。见图12-98。

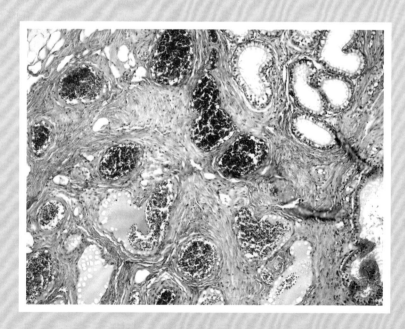

图12-98 犬阴囊血管错构瘤

附睾外结缔组织中有大量大小不等的血管，由小动脉、小静脉和毛细血管组成，血管内充满了大量的红细胞（HE×100）。

12.2.3.3　血管周细胞瘤

【背景知识】

血管外皮细胞瘤（hemangiopericytoma）在人类和犬中都有发现，但在猫中少有相关确诊病例的报道。患病动物多在 7~10 岁。大型犬通常具有更高的患病风险。据观察雌性与雄性的患病比例约为 2:1。由于鉴定血管外皮细胞瘤起源于周皮细胞比较困难，所以在进行诊断时，血管外皮细胞瘤很多时候是用来描述一种组织学形态，而不是特指源于周皮细胞的肿瘤。

【临床特征】

对于血管外皮细胞瘤，其起源的细胞很难被确定，即使在超微结构下也很难辨别。

肿瘤团块经常黏附于软组织之下，其上层被覆的皮肤通常出现脱毛、溃疡以及色素过度沉着。该肿瘤常见于躯干和四肢。血管外皮细胞瘤较易复发，并伴随有更强的侵袭力出现。

许多临床手术中，很难判断血管外皮细胞瘤的边界，这是因为多数血管外皮细胞瘤的外周，可以扩展到筋膜面以及脂肪细胞间，并围绕腱鞘存在。这一点使得临床手术时的判断变得非常困难。

【诊断要点】

犬的血管外皮细胞瘤，通常呈多小叶的、无包膜的团块，存在于皮下或真皮，也可能存在于两者内，包含小的梭形的或者多边形的细胞。肿瘤细胞以交错的束或层排列，通常呈同心螺旋状。螺旋中央通常有单一的毛细血管存在。

多数血管外皮细胞瘤的外周，可以扩展到筋膜面以及脂肪细胞间，并围绕腱鞘存在。这一点使得临床手术时判断肿瘤边界变得非常困难。

【鉴别诊断】

周皮细胞是血管周围的梭形细胞，其形态特征其实很难与内皮细胞，纤维母细胞以及其他的梭形细胞相区分。诊断血管外皮细胞瘤时，通常需要注意其特异性周皮细胞的肿瘤特征，尤其是以免疫组织化学的方法，鉴定排除其他起源的细胞类型，从而进行确诊。因此，在鉴别诊断血管外皮细胞瘤时，在广泛的免疫组织化学鉴定结果呈现之前，最好将其各种具有呈螺旋状的梭形细胞特征的肿瘤，称之为"呈螺纹样的梭形细胞肿瘤"而不是直接鉴定为血管外皮细胞瘤。

鉴别诊断时，要特别注意与其他呈螺纹样的梭形细胞的间叶细胞肿瘤相区分，包括外周神经鞘肿瘤（peripheral nerve sheath tumors）、纤维肉瘤（fibrosarcomas）、梭形细胞组织细胞肉瘤（spindle cell histiocytic sarcomas）等。见图 12-99 至图 12-104。

图 12-99　犬血管周细胞瘤（a）

大量的间质组织围绕血管增生,形成漩涡状结构,以小动脉或小静脉为中心。无血管区域细胞量少,形成黏液组织（京巴犬,雄性,10 岁,右后趾皮肤肿物,HE×100）。

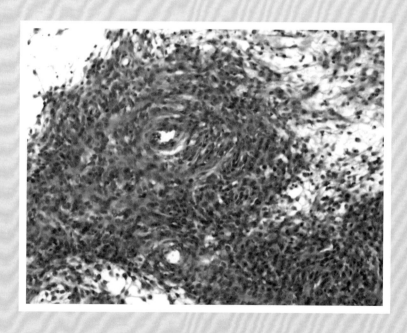

图 12-100　犬血管周细胞瘤（b）

肿瘤细胞呈梭形,围绕血管。细胞核大小不一,呈圆形至椭圆形。核仁明显（1 个或多个）,核仁增大（直径与红细胞相当）,可见有丝分裂象。梭形细胞胞浆量少,边界不清,嗜酸性（京巴犬,雄性,10 岁,右后趾皮肤肿物,HE×200）。

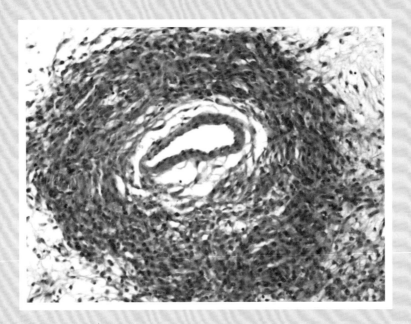

图 12-101　犬血管周细胞瘤（c）

梭形细胞呈漩涡状围绕着小静脉。无血管区域细胞量少，细胞核致密，胞浆呈丝状，形成黏液组织（京巴犬，雄性，10 岁，右后趾皮肤肿物，HE×400）。

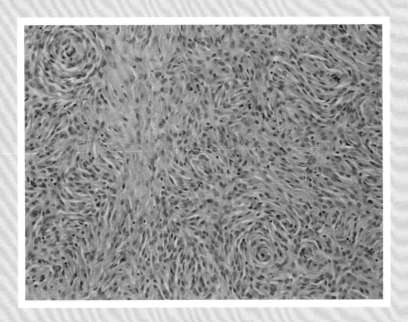

图 12-102　犬血管周细胞瘤（d）

梭形细胞围绕中心的毛细血管生长，形成指纹状结构，或者交错呈束状（柯基犬，雌性，4 岁，右前肢桡尺骨远端背侧皮下，HE×200）。

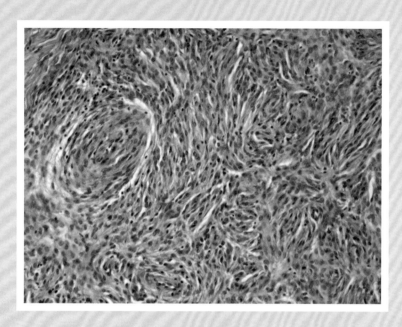

图 12-103　犬血管周细胞瘤（e）

梭形细胞围绕中心的毛细血管生长，形成指纹状结构，或者交错呈束状。可见少量胶原蛋白（柯基犬，雌性，4 岁，右前肢桡尺骨远端背侧皮下，HE×200）。

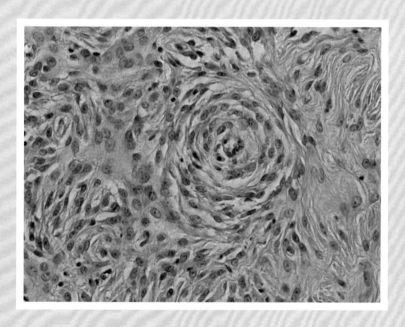

图 12-104　犬血管周细胞瘤（f）

血管周围增生的梭形细胞大小、形态一致，核呈椭圆形或瘦长形，着色较浅，中心的核仁明显（柯基犬，雌性，4 岁，右前肢桡尺骨远端背侧皮下，HE×400）。

12.2.3.4　淋巴管瘤

【背景知识】

淋巴管瘤（lymphangioma），是一种淋巴管内皮肿瘤。和黏液瘤及黏液肉瘤类似，良性淋巴管瘤和恶性淋巴管瘤区分度极小。易于复发，罕见转移。早期的切除是有效的治疗方案。据报道，有一病例通过放射性治疗方案治愈。

【临床特征】

很多病例是先天性的或是出生后几个月内发病，以至于有些人把这种病变当作痣而不是肿瘤。常发生于腹侧中线附近和四肢的皮下组织，肿瘤触感柔软呈疏松海绵状。通常肿瘤切面湿润且会流出清亮浆液。

【诊断要点】

肿瘤细胞类似于淋巴管内皮细胞。淋巴管瘤呈浸润性生长，肿瘤界限不清楚。肿瘤细胞朝向胶原蛋白束生长，胶原蛋白束被分割形成许多裂缝和沟道。多数裂缝内不含有细胞，可能因外伤或附近血管渗出所致，偶见零星的红细胞。无有丝分裂象。

【鉴别诊断】

血管瘤和淋巴管瘤的区别主要是后者沿胶原蛋白束生长的肿瘤细胞排列更紧密，且在裂缝和沟道内少见红细胞。见图 12-105 和图 12-106。

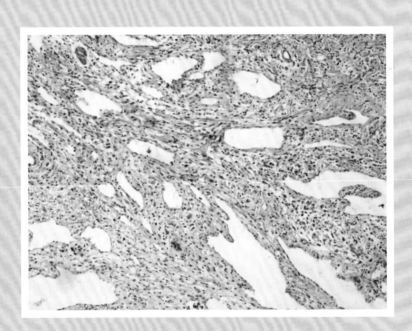

图 12-105　犬淋巴管瘤（a）

多个空穴状结构位于真皮层及皮下，呈多角形、扩张。管腔内多清亮，无明显分泌物（雌性，8 岁，尾中部皮肤肿物，切开有清亮液体流出，HE×100）。

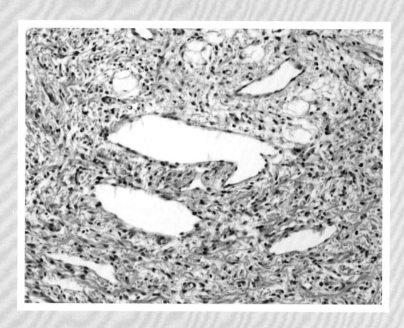

图 12-106　犬淋巴管瘤（b）

管腔内覆一层内皮细胞，内皮细胞胞浆量少，细胞核染色质致密、拉长，未见分裂象。管腔有少量白细胞。间质水肿，有少量淋巴细胞和浆细胞浸润（雌性，8 岁，尾中部皮肤肿物，切开有清亮液体流出，HE×200）。

12.2.4　外周神经系统肿瘤

12.2.4.1　良性外周神经系统肿瘤

【背景知识】

神经鞘瘤又称雪旺细胞瘤（neurilenunoma、neurinoma、schwannoma），是周围神经中常见的良性肿瘤，约占椎管内肿瘤的 29%。神经鞘瘤常单发，为有包膜的梭形结节。犬的该肿瘤主要分为良性外周神经鞘瘤（benign peripheral nervous system tumors）、良性黏液外周神经鞘瘤、恶性神经鞘瘤。其中，犬的良性黏液外周神经鞘瘤与人的黏液型雪旺氏细胞瘤或神经鞘瘤黏液细胞瘤相似，除此之外，犬猫的其他外周神经鞘瘤就没有做进一步的分类了，其绝大部分都是雪旺氏细胞起源的。

【临床特征】

犬猫皮肤发生该肿瘤的统计不是很精确，因为其组织病理学和免疫学特点与其他纺锤形细胞肿瘤类似，有很多误诊和漏诊，但总的来说不是很高。犬外周神经鞘瘤直径通常 2~3 cm，有的可达 5 cm，多数位于皮下组织中，有的扩展到真皮层。覆于肿瘤上的皮肤可萎缩、脱毛，少见溃疡。该皮肤的良性外周神经鞘瘤大部分位于躯干和四肢末端，并主要发生于中年或老年犬中，平均 7~8 岁。该肿瘤如果切除不完全可复发。

【诊断要点】

肿瘤可有包膜或无。无包膜者主要在皮下，偶有突入邻近的脂肪组织。这点可解释为何该肿瘤易复发，不易切除干净。良性的真皮神经鞘瘤通常侵入真皮表皮分界处，和人的多发性神经纤维瘤类似。在肿瘤外围可能见到小的神经束的分布。犬的该肿瘤主要由小的纺锤形细胞组成，这些细胞嵌入少量的胶原基质中。肿瘤细的胞核呈卵圆形、纺锤形或弯曲形状，较小较空，胞浆界限不明显，核仁不明显。偶可见核深染的瘤细胞，有丝分裂象少见。肿瘤细胞排列呈波浪形束状或向心旋涡状，漩涡有的围着血管分布。有的肿瘤区域有一些多边形的细胞，其核较小，染色较深，散在分布于纤维和黏液基质中。偶可见丛状结构的肿瘤排列，以散在的小叶分布于纺锤形细胞组成的弯曲小梁间为特点。

【鉴别诊断】

　　与恶性神经鞘瘤相比，良性者有相当多单一形态的细胞，且相对少的有丝分裂象。另外典型的分支入侵皮下软组织在良性者也少见，而恶性者会沿着神经纤维渗透性扩散。血管外皮细胞瘤和良性外周神经鞘瘤形态学上很相似，很难区分。向心漩涡围绕于中央分支的毛细血管，是前者的一个重要特点，而这在后者也偶有出现。比较而言，血管外皮细胞瘤细胞成分更多一点，胞核呈圆形或椭圆形，而良性外周神经鞘瘤的细胞核纺锤形和弯曲状更典型些，并且核仁更小。其他的鉴别诊断包括纤维瘤，纤维肉瘤，梭形细胞脂肪瘤和真皮纤维瘤。纤维瘤的细胞成分更少，缺少栅栏状细胞和显著的细胞漩涡结构，基质胶原更粗更丰富；纤维肉瘤有有丝分裂活力和非典型有丝分裂象，以及其他和纤维瘤一样的区别；梭形细胞脂肪瘤和良性外周神经鞘瘤都有黏液基质，但前者会有相当数量混杂的脂肪组织，也不会排列成漩涡状；真皮纤维瘤和良性外周神经鞘瘤都有相似的细胞量和形态，但前者边缘不齐，在增生的纤维细胞外之前就存在真皮胶原束。见图 12-107 至图 12-110。

图 12-107　犬皮肤良性神经鞘瘤（a）

真皮层内有大量的肿瘤细胞，肿瘤细胞排列呈旋涡状、片状或巢状涡旋，不同区域排列不全相同，但主要以旋涡状为主；而细胞排列间隔整体较为松散，局部地方比较紧密（银狐，雌性，10岁，HE×100）。

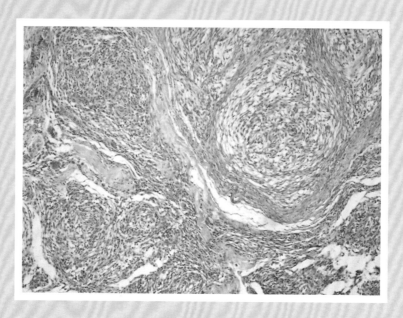

图 12-108　犬皮肤良性神经鞘瘤（b）
真皮层内有大量的肿瘤细胞，肿瘤细胞排列呈巢状涡旋，细胞排列较为松散，间质中有黏液成分（银狐，雌性，10 岁，HE×200）。

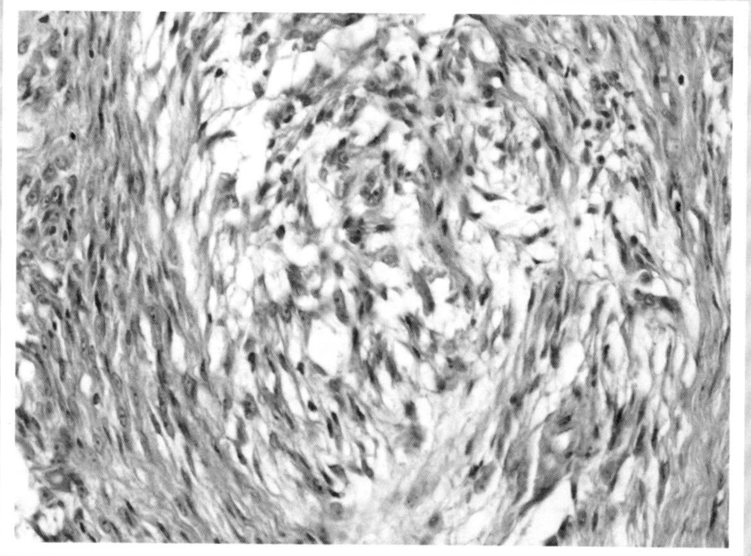

图 12-109　犬皮肤良性神经鞘瘤（c）
可见稍微幼稚一点的细胞，胞核稍圆或椭圆，深染，胞浆深染、丰富，细胞界限不明显，散在分布；成熟型细胞核呈纺锤形或弯曲状，染色稍浅，胞浆较少，排列疏松，呈巢状或漩涡状（银狐，雌性，10 岁，HE×400）。

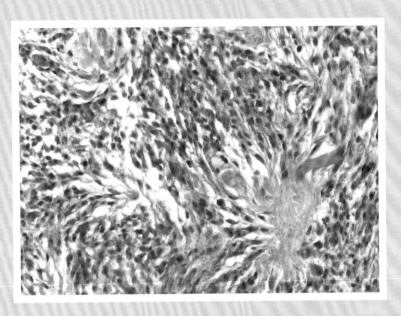

图 12-110　犬皮肤良性神经鞘瘤（d）

可见稍微幼稚一点的细胞，胞核稍圆或椭圆，深染，胞浆深染、丰富，细胞界限不明显，散在分布；成熟型细胞核呈纺锤形或弯曲状，染色稍浅，胞浆较少，排列疏松，有的镶嵌于胶原基质中（银狐，雌性，10 岁，HE×400）。

12.2.5　黑色素细胞性肿瘤

12.2.5.1　痣

【背景知识】

痣细胞（nevus cell）是改变之后的黑色素细胞。术语 nevus 广泛地用于人类皮肤病理学以及对于皮肤着色病灶的描述。痣（lentigo）或小痣、雀斑痣，是一种黑色素细胞的增生，分化后的黑色素细胞在表皮内的增生。在人类中，单纯性雀斑痣（lentigo simplex）的特征为少数小的散在斑点，而多发性雀斑样痣病（lentiginosis profusa）则是以大量的小斑点为特征。在猫和犬中，存在有类似于人类的单纯性雀斑痣的病变，发性雀斑样痣病在猫中也有相应的报道。

【临床特征】

鉴于猫和犬中的单纯性雀斑痣以及猫中的发性雀斑样痣病的报道较少，关于该疾病的数据非常有限。雀斑通常是界限清楚的，黑色的，斑点状，或者是有轻微凸起的边界清楚，表面光滑的病灶。一般直径小于 5 mm。在猫中，雀斑痣主要发生于头部，一般在唇、眼睑边缘、鼻平面、耳廓等部位；而在狗中，则几乎局限于乳头部位。猫中，病变经常发生于年幼动物，通常小于 1 年龄；而在犬中则主要发生于老年动物。

【诊断要点】

雀斑痣通常是散在的，并且有明显的界线的斑块样病灶，其特征为细小的，温和的，不规则的表皮增生和显著的色素过度沉着。病灶部位包含大量深着色的黑色素细胞。另外，表皮角质细胞有显著的色素过度沉着，进而指向可能有黑色素细胞的增生的存在。众多黑色素细胞常以单个细胞分布于基底上皮细胞，也可能聚集并以脊状延伸，形成"水滴"结构。胞内黑色素的增多可引起黑色素细胞发生肿胀。黑色素细胞的真皮-表皮簇可能会不定期地出现，并伴随有少量噬黑色素细胞聚集于真皮浅层。

【鉴别诊断】

在鉴别诊断中，应当与雀斑（ephelids, freckles）以及色素病毒斑（pigmented viral plaques）相区别。雀斑痣特征为显微镜下可见黑色素细胞增生，表皮色素过度沉着，以及不规则的表皮增生。雀斑也是斑点，但只是在散在区域内出现色素过度沉着，并且没有黑色素细胞和角质细胞的增生。色素病毒斑同样没有黑色素细胞增生，但存在表皮增生，通常呈扇形，伴随突出的色素过度沉着、颗粒层增厚（hypergranulosis）以及角化过度。见图12-111。

图 12-111　犬痣

黑色素细胞以单个细胞分布于基底细胞层和棘细胞层，也可能聚集并以脊状延伸，形成"水滴"结构。胞内黑色素的增多可引起黑色素细胞发生肿胀（雪纳瑞，雄性，8岁，HE×100）。

12.2.5.2　黑色素细胞瘤

【背景知识】

黑色素细胞瘤（melanocytoma）也称良性黑色素瘤（benign melanoma），由黑色素细胞起源的，包括先天性和获得性的各种类型的良性肿瘤，都可以囊括在黑色素细胞瘤中。根据皮肤中增生的黑色素细胞的位置，其可以划分为以下几种类型：连结型（junctional），混合型（compound）以及真皮型（dermal）。连结型指增生的黑色素细胞瘤在真皮与表皮的结合部位，混合型指肿瘤中同时含有表皮和真皮的成分，真皮型指肿瘤只存在于真皮内，不含有表皮成分。黑色素细胞瘤常见于犬、马以及特定种类的猪中，较少见于猫、牛，罕见于绵羊和山羊。

【临床特征】

由于很难在富含毛的表皮中发现，以及即使在被皮以后，也很少对其检查，所以，虽然连结型黑色素细胞瘤理论上可以在犬和猫中发生，但是当该型肿瘤被发现时，往往已经发展成为混合型的黑色素细胞瘤。混合型黑色素细胞瘤是在犬中观察到的最普遍的黑色素细胞瘤类型。混合型黑色素细胞瘤常独立存在，局限性的，棕色或黑色，秃的结节，通常直径小于1 cm。结节通常光滑或有小的凸起。真皮型黑色素细胞瘤通常为单个，局限性的，呈丰满的圆顶型包块，直径通常为 0.5~4.0 cm。

在猫和犬中，关于黑色素细胞的肿瘤是恶性还是良性的界定标准通常不是非常明显，因而，肿瘤的所在位置通常被认为较为重要，在临床上受到较多关注。在甲床、黏膜与皮肤的连结处、口腔黏膜等位置的黑色素细胞肿瘤通常是恶性的；而在被毛皮肤、包括唇和趾等部位则是良性居多。

【诊断要点】

通常情况下，黑色素细胞瘤为均匀的，局限性的，无被囊的包块。连结型以及混合型黑色素细胞瘤的表皮内部分，通常由非典型的黑色素细胞构成，常为单个细胞或小的肿瘤巢存在于下表皮或者毛囊的根鞘外部。这些肿瘤细胞多为圆形，并含有大量的胞质内黑色素，细胞核形态因而模糊不清。脱色后切面中可见核部分深染，具有一定程度的多型性，很少发现核分裂象。

混合型以及真皮型的黑色素细胞瘤的真皮部分，表现为黑色素细胞肿瘤形态上的显著变化。通常，位于真皮上部混合型的黑色素细胞瘤细胞，类似于其在表皮中的部分。然而，肿瘤细胞也会呈现为上皮样，核仁明显，并呈小群排列，由纤维小管基质良好分割。

真皮型黑色素细胞瘤中，其肿瘤细胞通常呈小的梭形细胞，胞浆内含有黑色素颗粒，有不等量的胶原基质存在于肿瘤细胞间。除非这些肿瘤细胞保留有合成黑色素的功能，否则，其很难与真皮纤维瘤相区分。

另外一种不常见的变异类型是气球状细胞黑色素细胞瘤，其包含大量充满淡嗜酸性颗粒胞浆的圆形细胞。尘样的黑色素颗粒需要 Fontana–Masson 黑色素染色（Fontana–Masson stain）来鉴别。核小而浓染，细胞边缘明显。

【鉴别诊断】

该肿瘤细胞通常表现为核较小，具有一定细胞多形性，有丝分裂象通常很少见。根据皮肤中增生的黑色素细胞的位置，可以将其划分为连结型（junctional），混合型（compound）以及真皮型（dermal）。在鉴别诊断时，有时需要通过 Fontana–Masson 黑色素染色来进行确定。见图 12-112 和图 12-113。

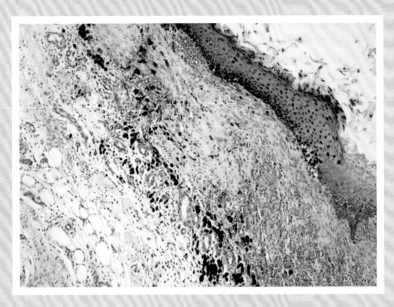

图 12-112 犬黑色素细胞瘤（a）

皮肤结构相对完整，表皮层和真皮层有大量的黑色素沉着（雪纳瑞，雌性，7 岁，臀部皮下肿物，HE×100）。

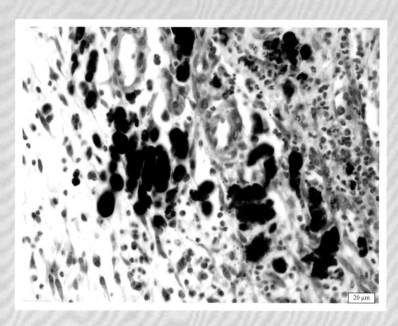

图 12-113　犬黑色素细胞瘤（b）

组织排列疏松水肿，大量的圆形黑色结构存在，并可见分叶核的嗜中性粒细胞浸润（雪纳瑞，雌性，7 岁，臀部皮下肿物，HE×400）。

12.2.5.3　黑色素瘤

【背景知识】

黑色素瘤（melanoma）即恶性黑色素瘤（malignant melanoma），是黑色素细胞的恶性肿瘤。在犬中较为常见，主要发生于 3~15 岁的犬，尤其是 9~13 岁这个阶段。不同种类的犬，其风险有所不同，苏格兰㹴犬（Scottish terrier），标准雪纳瑞（standard schnauzer），迷你雪纳瑞（miniature schnauzer），爱尔兰赛特（Irish setter），金毛寻回犬（golden retriever）以及杜宾犬（doberman pinscher）具有较高风险，而西伯利亚哈士奇（Siberian husky）的风险则较低。该肿瘤在犬中并没有显现出对于性别的偏差。恶性黑色素瘤在猫中并不常见，通常发生于老年猫中，同样也没有性别倾向。

在犬中黑色素瘤的主要发生部位包括口腔，唇部黏膜与皮肤交界处，大约 10% 起源于毛发皮肤，尤其是头部和阴囊部。猫的恶性黑色素瘤发生于皮肤的比率更高，尤其是头部（包括唇和鼻）和背部。黑色素瘤和黑色素细胞瘤肉眼检查较难区分。肿瘤细胞可呈现较深着色，或者色素缺乏，能够侵入到皮下组织和筋膜层。色素沉着的大小及程度并不是界定黑色素细胞肿瘤潜在恶性程度的可靠指标。

【临床特征】

黑色素瘤的大小从直径几毫米到 10 cm 不等，多数直径在 1~3 cm 之间。绝大多数的肿瘤是固着的，但偶发黑色素瘤呈息肉样或者斑状。黑色素瘤表现为灰色、棕色或黑色，取决于黑色素生成的范围，连结活性以及表皮色素过度沉着的反应。破溃经常出现，尤其是在较大的病灶中。

在猫和犬中，关于黑色素细胞的肿瘤是否恶性的界定标准通常不是非常明显，因而，肿瘤的所在位置通常被认为较为重要，在临床上受到较多关注。在甲床、黏膜与皮肤的连结处、口腔黏膜等位置的黑色素细胞肿瘤以恶性居多；而在被毛皮肤、包括唇和趾等部位则通常为良性。

增殖指数和生长比率通常用来额外指示许多肿瘤的生物学特性，可以有助于区分黑色素细胞瘤和黑色素瘤。

【诊断要点】

起源于皮肤的恶性黑色素瘤通常呈现出显著的连结活性。肿瘤细胞呈现出小的巢或者以单个细胞形式存在于上皮的基质部分。然而，肿瘤细胞也可出现于表皮上层，这个特征未见于黑色素细胞瘤。表皮中的该细胞与黑色素细胞瘤相比，核仁较大，较明显，有丝分裂象以及表皮的破溃也更为常见。真皮部分通常含有较多的多形性黑色素细胞，呈梭形或上皮样，并含有或多或少的胞浆内黑色素。肿瘤可呈现为交织的或漩涡状的梭形细胞。

【鉴别诊断】

黑色素瘤和黑色素细胞瘤肉眼检查较难区分，增殖指数和生长比率通常用来额外指示许多肿瘤的生物学特性，可以有助于区分黑色素细胞瘤和黑色素瘤。黑色素瘤细胞也可出现于表皮上层，而黑色素细胞瘤未见此特征。黑色素瘤与黑色素细胞瘤相比，细胞核仁较大，较明显，有丝分裂象以及表皮的破溃也更为常见。见图 12-114 和图 12-115。

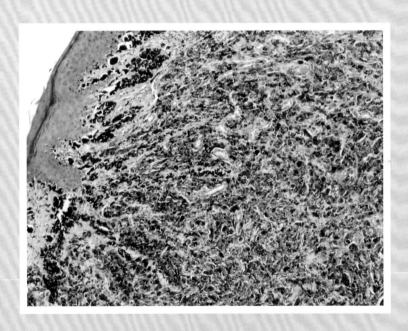

图 12-114　犬黑色素瘤（a）

肿物表面完整，表皮层未见明显异常，肿物内部有角化的毛囊。肿物实质有大量黑色素沉着（苏牧，10 岁，鼻部肿物，HE×100）。

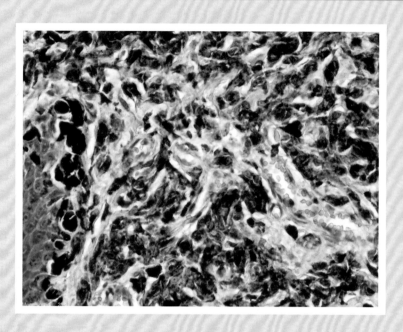

图 12-115　犬黑色素瘤（b）

大量黑色素细胞增生，细胞呈梭形或树突状。细胞核嗜碱性，形态不清，胞浆内大量黑色素颗粒掩盖细胞核结构（苏牧，10岁，鼻部肿物，HE×400）。

12.2.6　肥大细胞瘤

12.2.6.1　犬肥大细胞瘤

【背景知识】

肥大细胞瘤（canine mast cell tumor）是犬最常见的皮肤肿瘤之一，发病率占所有皮肤肿瘤的16%～21%。3周龄至13岁的犬均可发生，但常见于老龄犬（平均年龄为9岁）。拳师犬、波士顿㹴、拉布拉多犬、巴哥犬、比格犬和雪纳瑞多发，但没有性别倾向。犬常发于皮肤，其次是内脏器官。生长速度因恶性程度不同而有区别，恶性的生长迅速，并常由淋巴管转移；良性肥大细胞瘤可在动物体存在很长时间，从几个月至几年。大范围手术切除是皮肤MCT的主要治疗方案；放疗可作为辅助治疗手段，化疗效果有限。酪氨酸激酶抑制剂作为新一类药物正受到广泛关注。

【临床特征】

皮肤肥大细胞表现为无毛、发红、水肿的皮肤结节或肿物，可发生在体表任何部位。小的肿瘤结节仅有几毫米，大的直径在10 cm以上。肿瘤质地柔软，切面呈白色、灰色或褐色，有时可见红色或黄色条纹。皮肤肥大细胞可转移至局部淋巴结，最终转移至肝脏、脾脏或骨髓，引起多器官衰竭。由于肿瘤细胞脱颗粒引起组胺或肝素释放，可引发相应的副瘤综合征。

【诊断要点】

犬肥大细胞的组织病理学特征表现为无包膜的皮肤或皮下肿物，由圆形细胞排列成条索状结构。表皮通常完整，肿物增大可能出现破溃。胶原基质数量不等，可表现出肿胀和透明样化。几乎所有的病灶都会出现嗜酸性粒细胞浸润，弥散于肿瘤细胞间或聚集。嗜酸性粒细胞浸润可导致黏液沉积和血管周围透明化。

按照 Patnaik（1984）的组织学分级体系，根据分化程度和侵袭性将犬肥大细胞瘤分为 3 级：Ⅰ、Ⅱ和Ⅲ级。

（1）Ⅰ级肥大细胞瘤　大多数Ⅰ级肥大细胞瘤的被覆表皮完整，肿瘤与周围组织界限明显，局限于真皮层中。肥大细胞分化程度良好，形态均一，排列成条索状或疏松的片状。肥大细胞细胞界限明显，富含蓝染颗粒。细胞核较小，呈圆形或卵圆形，可见核仁。无有丝分裂象。有中度或大量的嗜酸性粒细胞浸润。

（2）Ⅱ级肥大细胞瘤　比Ⅰ级肥大细胞瘤的范围更广、更深，深入至真皮层深部，甚至是皮下组织中。Ⅱ级肥大细胞瘤中的肥大细胞较大，有一定的多形性，颗粒较少。细胞核伸长，空亮状，有小而明显的核仁。有少量的有丝分裂象。

（3）Ⅲ级肥大细胞瘤　分化不良，与周围组织界限不明显，可深入到皮下组织中。坏死和溃疡是常见的继发性特征。细胞多形性高，呈圆形或多角形，排列成实体的片状和巢状结构。细胞核大，呈圆形或卵圆形，空泡状，有明显的核仁。细胞胞浆呈浅粉色，其内不含有或含有少量的蓝染颗粒。有丝分裂象多。

【鉴别诊断】

由于 MCT 独特的生物学行为，典型的细胞学特征（胞浆颗粒、嗜酸性粒细胞增多、胶原溶解），以及组织学特征（弥散性细胞浸润，组织水肿、炎性反应），鉴别诊断并不困难。Ⅲ级肥大细胞瘤的细胞胞浆中含有少量的蓝染颗粒，因此需要与其他圆形细胞肿瘤进行鉴别诊断，如组织细胞瘤、浆细胞瘤、皮肤淋巴瘤等。组织细胞瘤常发于 2 岁以下的犬，瘤细胞异型性大，分裂象多见，细胞边缘不清楚，深层排列致密，有淋巴细胞浸润；浅层疏松，呈长索状排列。淋巴瘤多伴有淋巴结肿大，瘤细胞大小不一，胞浆少，核多形，染色质为粗颗粒状，有多个核仁。浆细胞瘤常见于中年犬，好发于趾、唇、耳部皮肤，瘤细胞大小不一，胞浆嗜酸性，染色质致密，核为圆形，有清晰的核周晕，染色质呈车轮状。常见分裂象，多核或双核巨细胞。主要的鉴别是通过甲苯胺蓝染色进行区分。黄色肉芽肿：瘤组织细胞成分较复杂，胶原纤维束间可见大量散在或成团分布的黄色瘤细胞，有淋巴细胞、浆细胞、嗜酸性粒细胞的广泛浸润，还可见增生成片的组织细胞以及数量不等的多核巨细胞和纤维母细胞。颗粒细胞瘤瘤细胞大小较一致，体积较小，圆形或多角形，胞浆丰富，含有明显的嗜酸性颗粒。瘤细胞排列呈索状或巢状，其间有纤维结缔组织，少数细胞的胞浆内可见星状包涵体或呈空泡状。见图 12-116 至图 12-124。

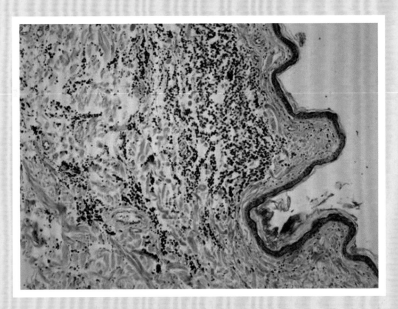

图 12-116　犬肥大细胞瘤Ⅰ级（a）
表皮结构完整，肿瘤细胞局限在真皮层内，呈片状分布（雄性，后肢皮肤肿物，HE×100）。

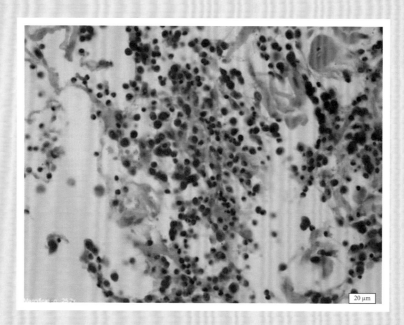

图 12-117　犬肥大细胞瘤 I 级（b）

肥大细胞呈圆形，胞浆内富含灰蓝色颗粒，未见明显的有丝分裂象。可见大量的嗜酸性粒细胞浸润（雄性，后肢皮肤肿物，HE×400）。

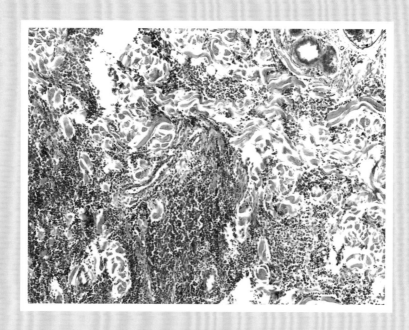

图 12-118　犬肥大细胞瘤，II 级（a）

表皮结构完整，肿瘤细胞分布于真皮层和皮下组织中，呈带状或片状分布（雌性，6 岁，右前肢皮肤肿物，HE×100）。

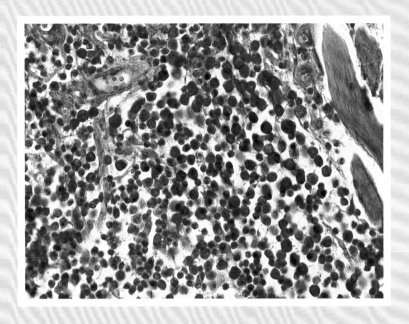

图 12-119　犬肥大细胞瘤，Ⅱ级（b）

肥大细胞呈圆形或多角形，胞浆内富含灰蓝色颗粒，有的掩盖了细胞核结构，未见明显的有丝分裂象。可见大量的嗜酸性粒细胞浸润（雌性，6 岁，右前肢皮肤肿物，HE×400）。

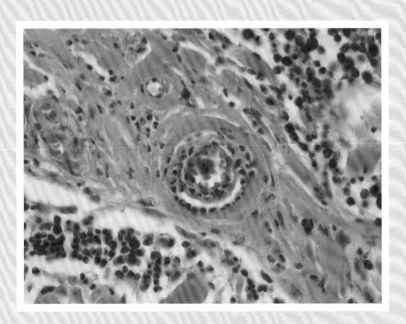

图 12-120　犬肥大细胞瘤，Ⅱ级（c）

血管周围聚集炎性细胞，形成"血管套"，并有血管周围水肿，胶原透明化（雌性，6 岁，右前肢皮肤肿物，HE×400）。

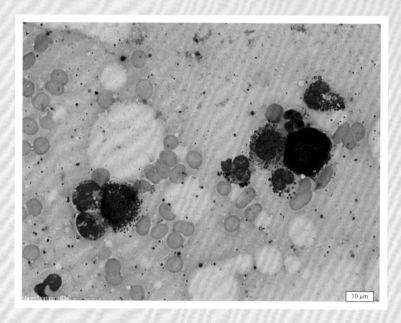

图 12-121　犬肥大细胞瘤，Ⅱ级（d）

肥大细胞呈圆形，胞浆中含有丰富的蓝染颗粒。部分细胞内的颗粒向细胞外释放（雌性，6 岁，右前肢皮肤肿物，姬姆萨染色 ×100）。

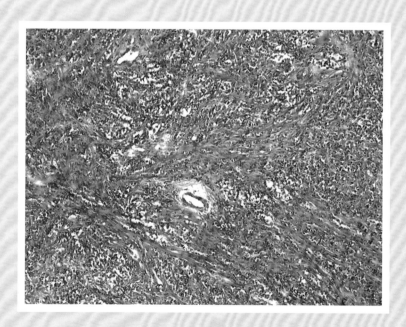

图 12-122　犬肥大细胞瘤Ⅲ级（a）

表皮缺失，有大量炎性细胞浸润。大量增生的细胞浸润至真皮层和皮下组织（雄性，8 岁，右后肢皮肤肿物，表面有破溃，HE×100）。

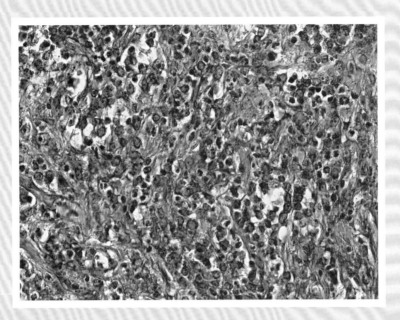

图 12-123 犬肥大细胞瘤Ⅲ级（b）

肥大细胞呈片状、巢状排列，由胶原纤维束分隔。细胞呈现多形性，细胞核呈圆形或椭圆形，核仁明显，胞浆内有少量嗜碱性颗粒。有少量的有丝分裂象（雄性，8 岁，右后肢皮肤肿物，表面有破溃，HE×400）。

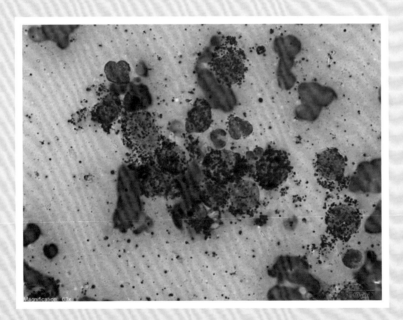

图 12-124 犬肥大细胞瘤Ⅲ级（c）

肥大细胞内含有蓝染颗粒，并且有大量颗粒释放到细胞外（雄性，8 岁，右后肢皮肤肿物，表面有破溃，姬姆萨染色 ×400）。

12.2.6.2　猫肥大细胞瘤

【背景知识】

猫肥大细胞瘤（feline mast cell tumor）可分为以下三类：分化良好的肥大细胞瘤、组织细胞型肥大细胞瘤以及多形性肥大细胞瘤。

【临床特征】

猫肥大细胞瘤的发病率较犬低，发病率为 8%~15%。多发于超过 4 岁龄的猫，没有性别差异。与其他猫相比，暹罗猫易发生肥大细胞瘤，包括较为少见的组织细胞型。与犬相比，猫更常发多灶性的肥大细胞瘤。猫肥大细胞瘤皮肤坚硬，棕褐色丘疹、斑块或结节。上层表皮常为无毛的粉红色。当存在多个肿瘤时，可成簇排列或广泛的散布全身。肿块大小从数毫米到几厘米不等，其中较大的肿瘤病灶可见溃疡。分化良好型完全切除可以治愈，其他两种类型目前并不十分清楚。

【诊断要点】

大多数猫皮肤肥大细胞瘤是良性的，位于表层真皮，是由类似猫正常肥大细胞的形态一致的细胞组成的界限清晰的肿块。肿瘤细胞基本没有多形性，少见有丝分裂象。罕有嗜酸性粒细胞浸润，但常见散乱的小的淋巴细胞簇。

分化不良的肥大细胞瘤的肿瘤细胞具有大的、偏于一侧的细胞核，常见有丝分裂象并有中度到明显多形性。该种肿瘤倾向于浸润更深层的真皮和皮下组织并伴有嗜酸性粒细胞的数量增加。

较为少见的组织细胞型可发生在幼年至中年的暹罗猫。该肿瘤肿瘤细胞较大，多边形至圆形，具有丰富的淡粉染的胞质以及圆的染色较浅的细胞核。少见有丝分裂象。该型肿瘤常见适度数量的嗜酸性粒细胞和淋巴细胞聚集。整体外观表现像肉芽肿性炎症，有时会因为对该类型肥大细胞瘤组织学外观不熟悉而导致误诊。

【鉴别诊断】

猫分化良好的肥大细胞瘤容易诊断。但分化不良型和组织细胞型的区分可能需要借助特殊染色来确诊（姬姆萨染色、甲苯胺蓝），这两种肿瘤基本上都有一定比例的阳性细胞。见图 12-125 至图 12-127。

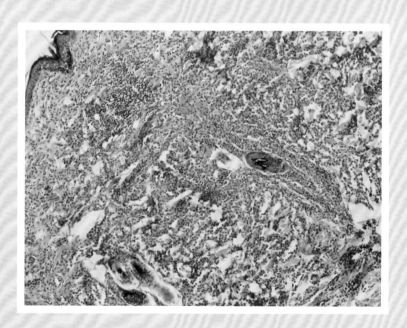

图 12-125　猫肥大细胞瘤，组织细胞型（a）

表皮结果完整。肿瘤无包膜，但细胞较集中，边缘皮肤细胞量逐渐减少至无。圆形细胞弥散性分布于毛囊周围和结缔组织间（雄性，10 岁，耳部皮肤肿物，HE×100）。

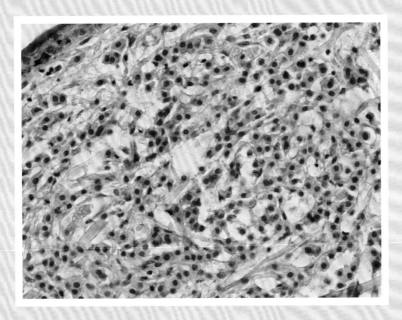

图 12-126　猫肥大细胞瘤，组织细胞型（b）

细胞呈多角形；细胞核呈圆形，核致密、无明显核仁、未见有丝分裂象；胞浆较丰富，轻度嗜酸性（雄性，10 岁，耳部皮肤肿物，HE×400）。

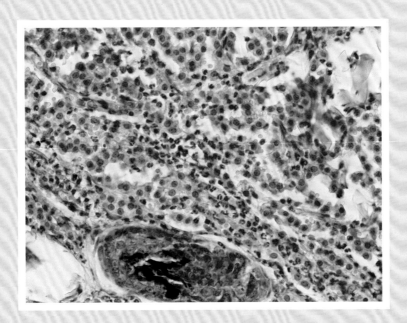

图 12-127　猫肥大细胞瘤，组织细胞型（c）

局部嗜酸性粒细胞浸润，组织轻度水肿、出血，胶原纤维结构杂乱（雄性，10 岁，耳部皮肤肿物，HE×400）。

12.2.7　组织细胞肿瘤

12.2.7.1　犬皮肤组织细胞瘤

【背景知识】

组织细胞瘤（dog skin histiocytoma）是一种来源于间叶细胞的良性肿瘤，常见于犬，猫偶发。约占犬皮肤肿瘤的 3%~19%，4 月龄至 15 岁犬都可发生，但青年犬最为常见。约 50% 的组织细胞瘤发生于 2 岁以下的犬。一般纯种犬易发病，无性别倾向，常发部位是头颈、躯干、四肢、蹄、阴囊等处皮肤的真皮层。一般瘤体在 2~3 个月可自行退化、消失。多发生于年幼犬，常见于四肢、面部及耳朵皮肤。生长迅速呈扣状，外观呈红色的半球形凸起，看起来好像发炎且触诊敏感。有些较小的组织细胞瘤会在数周后自行消失，其他的则需要手术切除。

【临床特征】

组织细胞瘤最常见于幼犬，通常表现为小的、单个的、无毛肿块，但在沙皮犬中常为多个肿块。常见发病部位为头、颈、耳和四肢，一般直径小于 2.5 cm。常引起溃疡。眼观呈纽扣状或半球形，临诊上称"纽扣肿瘤"（button tumor）。瘤体坚实，触之无痛感，常单发，直径为 0.3~5.0 cm，无包膜，但肿瘤轮廓明显。切面为均质的灰白色，有时可见出血。虽然属于良性肿瘤，但常因生长迅速而伴发皮肤溃疡，一般在 2~3 个月后可自行消退。

【诊断要点】

组织病理学变化较大，主要是因为病变的阶段、坏死程度以及继发炎症不同。典型的犬皮肤组织细胞瘤侵入真皮层，圆形的肿瘤细胞排列成索状或片层状，致密，中等程度异型性。间质成分较少或几乎不可见，皮肤的附属结构被肿瘤细胞所替代。肿瘤细胞趋向于表皮和真皮的连接处，常见为平行的索状排列延伸至真皮深层。真皮深层的肿瘤细胞比近表皮的细胞更为致密，低倍镜下肿瘤呈现出一种楔形的外观。肿瘤细胞圆形，胞核呈豆形或椭圆形，胞浆量中等，轻度嗜酸性。存在很多的有丝分裂象，但异形核或多核细胞少见。见图 12-128 至图 12-130。

【鉴别诊断】

应与肥大细胞瘤、淋巴瘤、浆细胞瘤相互鉴别诊断。肥大细胞瘤瘤细胞大小形态一致或多形性，甲苯胺蓝染色可见瘤细胞的胞浆内出现特有的紫红色颗粒。淋巴瘤多伴有淋巴结肿大，瘤细胞大小不一，胞浆少，核多形，染色质为粗颗粒状，有多个核仁。浆细胞瘤常见于中年犬，好发于趾、唇、耳部皮肤，瘤细胞大小不一，胞浆嗜酸性，染色质致密，常见分裂象，多核或双核巨细胞。主要鉴别诊断：淋巴细胞增生性疾病；进一步诊断通过 IHC 鉴别白细胞类型。犬皮肤型淋巴瘤一般发生在 5 岁以上动物，全身各脏器与皮下，多伴有淋巴结肿大，瘤细胞大小不一，胞浆少，核多形，染色质为粗颗粒状，有多个核。

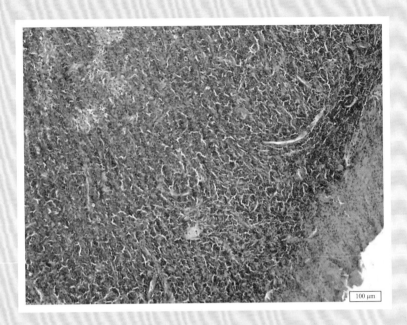

图 12-128 犬左前肢第四指皮肤肿物（组织细胞瘤）

低倍镜下，表皮部分完整，部分破溃。肿瘤细胞弥散性浸润真皮层，排列呈索状，深部细胞排列紧密呈片状（HE×100）。

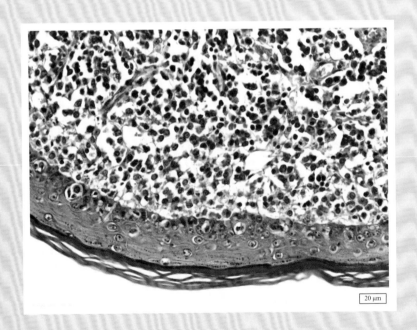

图 12-129 犬左前肢第四指皮肤肿物（组织细胞瘤）

高倍镜下，细胞呈圆形、多边形，细胞边界清晰。细胞核呈椭圆形，有较明显的小核仁，胞浆量少或适中。部分细胞表现出趋上皮性（epitheliotropism）（HE×400）。

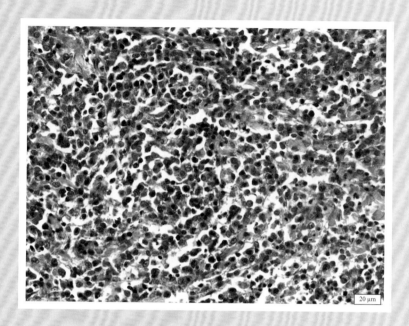

20 μm

图 12-130 犬左前肢第四指皮肤肿物（组织细胞瘤）
大量淋巴细胞弥散性浸润（HE×400）。

12.2.7.2 组织细胞肉瘤

【背景知识】

真正的组织细胞肉瘤（tissue sarcoma）起源于树突细胞，包括局部型和分散型。在人类相对少见。犬类组织细胞肉瘤为局部或分散的树突细胞瘤性增生。在猫科动物，此类病例较为少见。分散型组织细胞肉瘤第一次在伯尔尼山脉犬报道，当时称为"恶性组织细胞增生症"，现在发现在多种动物均有发生。分散型组织细胞肉瘤倾向于超过"恶性组织细胞增生症"，因为后者在不同区域同时发生组织细胞的增生。基于这一点，没有相关依据证明在犬类有此类肿瘤发生。分散型组织细胞肉瘤大多作为恶性内脏肿瘤发生，并且有广泛的转移性，皮肤和皮下组织可能同时参与。

【临床特征】

局部型组织细胞肉瘤在犬类相当普遍，在猫科动物不常见。精确的发病率尚不清楚。肿瘤组织坚实，直径可达数厘米，浸润周围组织。在犬，大多数肿瘤发生于四肢。一些肿瘤定位于关节周围；患病犬表现为跛行和缓慢的进行性肿胀。偶见皮肤会发生分散型组织细胞肉瘤，可能在身体的任何部位发生。

组织细胞肉瘤病例在许多品种中均有报道，罗特韦尔犬，伯尔尼山脉犬和金毛犬、拉布拉多犬的患病率较高。患病犬的年龄从 2~13 岁均有报道，雌性与雄性的比率为 1.2：1。猫科动物组织细胞肉瘤发病年龄从 8~11 岁不等。

局部型组织细胞肉瘤表现为局部浸润性生长，在疾病后期有向淋巴结转移的倾向。可能发生全身转移。然而，与局部型组织细胞肉瘤相比，皮肤和皮下组织的局部型组织细胞瘤可能在早期被发现，降低了广泛转移的可能。

【诊断要点】

　　局部型组织细胞肉瘤和皮肤分散型组织细胞肉瘤的组织病理学特征完全一致。组织细胞肉瘤界限不清，局部侵袭性生长。特征为密集的多型细胞增生，破坏正常组织的构建。肿瘤细胞可能广泛渗透或形成多个结节。多区域的坏死灶较为普遍。

　　细胞的形态和排布在不同病例和同一个病例的不同区域表现为多形性。两种主要的类型为以圆形细胞为主和以纺锤形细胞为主。第一种类型的特点为一些肿瘤结节主要由大的独立的圆形细胞组成，胞浆双嗜性，偶见胞浆形成空泡。这些圆形细胞有大的、囊状、圆形到卵圆形不等或锯齿状和扭曲的细胞核，每个细胞核有一到两个核仁。第二种类型的特点是各种饱满的梭形细胞，生长密集，胞浆细长，膨大，卵圆形，有囊泡，部分核仁扭曲。有时可见核仁浓缩，染色质深染。可能观察到典型的红细胞大小不均和细胞核大小不等。多核肿瘤巨细胞经常可见，常生长奇特，表现为体积较大的圆形细胞或细胞细长的卫星细胞。偶见吞噬细胞的液泡内含有中性粒细胞或肿瘤细胞碎片。

　　可见不同程度的炎症反应。中性粒细胞较为常见，尤其在坏死区边缘处。炎性细胞的数量不尽相同；偶见分散或聚集的淋巴细胞。

【鉴别诊断】

　　犬类梭形细胞型组织细胞肉瘤可能与其他多形性梭形细胞或圆形细胞肉瘤相似，包括分化不良的纤维肉瘤，恶性外周神经鞘瘤，多形性平滑肌肉瘤，多形性脂肪肉瘤，滑膜细胞肉瘤，血管外皮细胞瘤。一些组织细胞肉瘤可能存在大量巨细胞，因此可能需要与各种来源巨细胞的间变性肉瘤相区分。纤维肉瘤形成的梭形细胞形态较一致，不常见圆形细胞。与组织细胞肉瘤相比，分化不良的纤维肉瘤可能产生胶原，可以用马氏三色染色进行鉴定。外周神经鞘瘤形成栅栏样细胞。平滑肌肉瘤发生于立毛肌或真皮血管，可能与这些组织相连接。多形性脂肪肉瘤需要用油红染色进行鉴别。需要进行免疫组织化学对滑液肉瘤与组织细胞肉瘤进行鉴别诊断。与血管外周细胞瘤相比，组织细胞肉瘤缺乏血管外肿瘤的排列。见图 12-131 和图 12-132。

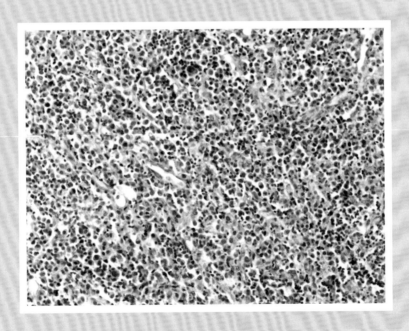

图 12-131　犬组织细胞肉瘤（a）

肿物与周围软组织无明显界限，无特殊结构，呈弥散性浸润性生长（喜乐蒂，雄性，7 岁，前肢皮肤肿物，HE×100）。

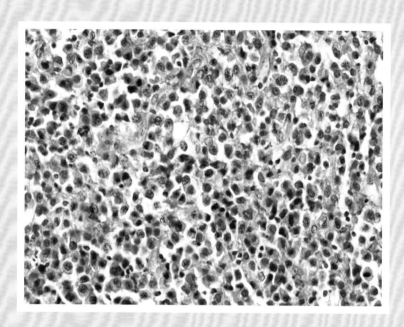

图 12-132　犬组织细胞肉瘤（b）

细胞核呈椭圆形，嗜碱性强，大小不一，异型性。胞浆嗜酸性，较丰富，细胞之间有较明显的间隙。细胞间有少量嗜酸性基质成分。有丝分裂象多见，可见少量多核巨细胞。肿物内部及周围有淋巴细胞浸润（喜乐蒂，雄性，7 岁，前肢皮肤肿物，HE×400）。

12.2.8　淋巴细胞肿瘤

12.2.8.1　浆细胞瘤

【背景知识】

浆细胞瘤（plasmacytoma）是一种来源于间叶细胞的肿瘤，多见于老龄犬，罕见于猫。该肿瘤在犬中有品种偏好性，以可卡犬、万能㹴、凯利蓝㹴、贵宾犬和苏格兰㹴犬易发。

【临床特征】

眼观肿瘤结节略高于皮肤，常单发，较小，脱毛，偶见伴发溃疡。常发部位有耳郭和趾部，口腔和直肠次之。切面肿瘤轮廓明显，但无包膜，颜色从白色到红色不等。

【诊断要点】

虽然与组织细胞瘤的大体病变和好发部位相似，但低倍镜下组织学形态还是有所不同。低倍镜下，浆细胞瘤有大片的圆形细胞，胞核多形性，呈不清晰的索状或巢状。细胞分散在组织间，核大且深染，可能是单核、多叶或者多核。低倍镜下，这群细胞可作为该肿瘤的诊断标志。瘤细胞一般为圆形，胞浆中等嗜酸性或嗜双色性。大多数瘤细胞不具有典型的浆细胞的"时钟表面样"染色质形态，而在肿瘤的外周，细胞不密集，形态更接近于正常浆细胞，个别细胞可见核周的透明带或圆形的胞浆颗粒。有丝分裂象指标多变，但一般较低。

少数皮肤或口腔浆细胞瘤可见淀粉样物质，是由免疫球蛋白 λ 轻链构成的。散在于肿瘤细胞间，可见大的片状或小的沉积物，偶见于血管壁。

【鉴别诊断】

见组织细胞瘤鉴别诊断。见图 12-133 和图 12-134。

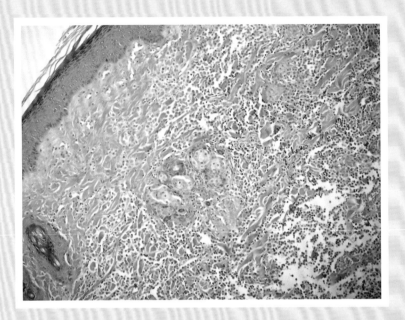

图 12-133　犬浆细胞瘤（a）
肿瘤细胞呈不清晰的索状或巢状分布，分散在真皮层结缔组织中（HE×100）。

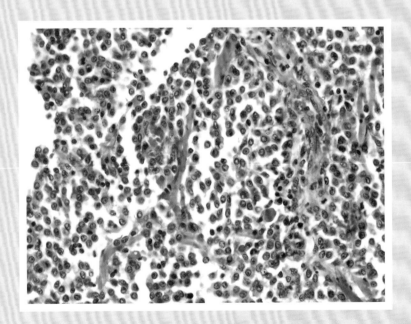

图 12-134　犬浆细胞瘤（b）
浆细胞瘤有大片的圆形细胞，胞核多形性，核大且深染，可能是单核、多叶或者多核；胞浆中等嗜酸性或嗜双色性。大多数瘤细胞不具
有典型的浆细胞的"时钟表面样"染色质形态，而在肿瘤的外周，细胞不密集，形态更接近于正常浆细胞（HE×400）。

12.2.8.2　非亲上皮性淋巴瘤

【背景知识】

皮肤非亲上皮性淋巴瘤（non-pro epithelial lymphoma）可能源于或发生于散在的淋巴结节。人类中，皮肤非亲上皮性淋巴瘤可能源于 T 细胞或 B 细胞。人类的分类系统对于犬猫该肿瘤的治疗和预后价值是有限的。除了典型的形态，在犬猫，非亲上皮性淋巴瘤也包括促血管和促侵袭性淋巴瘤（也被称为淋巴瘤样肉芽肿），以及血管内淋巴瘤（也被称为恶性血管内皮增生症）。犬猫大部分非亲上皮性淋巴瘤来源于 T 细胞。B 细胞淋巴瘤极其罕见。

【临床特征】

对于猫类，最常见的皮肤淋巴瘤类型是非亲上皮性淋巴瘤，而在犬类比较少见。犬类所有的皮肤肿瘤报道中，皮肤淋巴瘤占 1%，而在猫占 2.8%，而以上数据包含了所有亲上皮型和非亲上皮型。在身体任何部位都有可能单独发生或多发，分散在真皮层和皮下结节或形成浸润性斑块。口腔相对较少受到影响，溃疡和局部淋巴结病比较常见。该肿瘤没有性别偏好。魏玛伦纳猎犬、拳师犬、圣伯纳犬、巴吉度猎犬、爱尔兰雪达犬、可卡犬、德国牧羊犬、金毛猎犬和苏格兰狭犬为好发品种。对于大多数犬猫病例，非亲上皮性淋巴瘤表现为快速发展和向淋巴小结转移性强，随后很快发展到其他各系统。

促血管和促侵袭性淋巴瘤（淋巴瘤样肉芽肿），此类皮肤淋巴瘤的特点是常发于真皮和皮下结节或形成黑色有波动感的斑块。进一步发展为点状或漏斗状溃疡，伴随大量渗出液和结痂。受损区域包括面部，眼睑，黏膜与皮肤连接处和躯干。由于肺部参与，患犬也表现为呼吸困难。有报道提及猫类的肺部淋巴瘤样肉芽肿，但是皮肤型的尚未见报道。

血管内淋巴瘤（恶性血管内皮增生症）在犬类皮肤肿瘤中有报道过。动物表现为头部、颈部和躯干的皮肤色素过度沉着、暗红、脱毛斑块和结节。尸检时在脑部额叶发现肿瘤的侵袭。血管内淋巴瘤报道于犬猫脑部和其他器官。在猫类尚未有皮肤血管内淋巴瘤的报道。

【诊断要点】

典型的非亲上皮性淋巴瘤表现为在真皮深层和皮下组织形成无包膜的片层聚集物或由相对单一形态细胞组成的血管周围结节性聚集物。瘤样浸润物有一个厚重或广泛的基底部结构，原有的皮肤结构消失。然而有时可能在表皮内发现肿瘤细胞。表皮上的肿瘤可能形成溃疡。可能由于淋巴瘤细胞释放的嗜酸性趋化因子 IL-5 的原因，常能见到散在的嗜酸细胞。非亲上皮性淋巴瘤细胞的细胞形态学不尽相同，可以被分为多种亚型，包括小细胞型、大细胞型或免疫母细胞型。大细胞型最为常见。小细胞型的特点为圆形浓染的细胞核和少量的细胞质。大细胞型含有大的、椭圆的、弯曲折叠的、泡状细胞核和丰富清亮的细胞浆，因此可能与组织细胞比较相似。大细胞型淋巴瘤也成为"清亮型细胞"淋巴瘤或者不准确地称之为"组织细胞"淋巴瘤。偶尔，淋巴瘤细胞与免疫母细胞相似，含有大的泡状细胞核，中心很大的核仁，少量的细胞浆。常见细胞核大小不均，可见核分裂象。根据细胞类型和/或肿瘤级别的不同，有丝分裂象不尽相同。小细胞型淋巴瘤的有丝分裂活性较低，而大多数大细胞型和免疫母细胞型淋巴瘤的有丝分裂活性从低到高不尽相同。

促血管和促侵袭性淋巴瘤（淋巴瘤样肉芽肿）与人类的损伤类似，表皮坚硬厚重的溃疡覆盖在楔形缺血性真皮坏死区。血管中心性多小结肿瘤细胞聚集，可能合并形成弥散性肿瘤细胞浸润，在周围完整的真皮深层和皮下组织可以见到。在许多促血管型淋巴细胞瘤中可以看到在血管内部和周围出现大量单一形态的瘤细胞。淋巴瘤性肉芽肿的早期损伤含有更多的增生细胞和肉芽肿性质的血管中心性炎症反应。随着时间推移，多形性大的圆形细胞数量增多，有丝分裂象增加，侵血管现象出现。侵血管现象可能与血管壁纤维蛋白样物质坏死有关。大的肿瘤细胞表现为暗淡的细胞浆和泡状稍微拉长、扭曲或不规则形的细胞核，因此与组织细胞相似。然而免疫表型鉴定其为 T 细胞来源。

　　血管内淋巴瘤（恶性血管内皮增生症）的特点为在缺乏固定的肿瘤细胞源的时候表现出瘤性淋巴球在血管内增殖。报道指出在犬的皮肤病例中，多小结的真皮肿物侵入皮下组织，并伴随血管增生。肿物由薄壁血管形成，其中填满圆形饱满的梭形细胞。可见多灶性出血和坏死。新生血管由小到中等瘤细胞组成，圆形瘤细胞一般形态单一，胞浆稀少，锯齿状胞核呈圆形或椭圆形，含有一个或两个核仁。血管内淋巴瘤的组织学特点典型且独一无二，可以与其他圆形瘤细胞相区分。

【鉴别诊断】

　　经常需要通过免疫组织化学方法将非亲上皮性淋巴瘤和其他皮肤圆形细胞瘤区分开，比如组织细胞瘤，浆细胞瘤，肥大细胞瘤，转移性性瘤，默克尔细胞瘤和无黑色素的黑色素细胞瘤。而且，由于早期淋巴瘤有过多反应的细胞浸润，无法与纯粹的炎症反应过程相区分。确定T细胞来源的分散的非典型肿瘤细胞需要免疫组织化学方法。与非亲上皮性淋巴瘤相比，组织细胞瘤有一个"顶部厚重"的结构，表皮内瘤细胞较为常见。然而在细胞学形态特征上很难将两者区分，需要免疫组织化学方法鉴别。浆细胞瘤表现为典型的细胞大小不等，细胞核的多形性，双核细胞和多核细胞较为常见。而且，紧密排列的增殖的浆细胞和沿着肿瘤边界分化良好的浆细胞可以鉴别；并且没有嗜酸性粒细胞的存在。甲苯胺蓝和姬姆萨染色可以很好地鉴别出肥大细胞瘤中的异染颗粒。从新鲜的送检样品中可以观察到转移性性瘤含有细胞质充满液泡的圆形瘤细胞。默克尔细胞瘤的典型特征是包裹或嵌套的肿瘤细胞和良好的血管基质。与淋巴瘤相比，圆形细胞型无黑色素性黑素细胞瘤可能含有更丰富的细胞浆并且可能混有部分梭形瘤细胞。Fontana–Masson染色可能会鉴别出肿瘤细胞中少量黑色素的存在。见图12-135至图12-139。

图 12-135　犬非亲上皮性淋巴瘤（a）
皮肤真皮层内有肿瘤细胞形成无包膜的片层聚集物或由相对单一形态细胞组成的血管周围结节性聚集物（罗威纳，雄性，5岁；肛门上方至尾根处及上部皮肤，HE×100）。

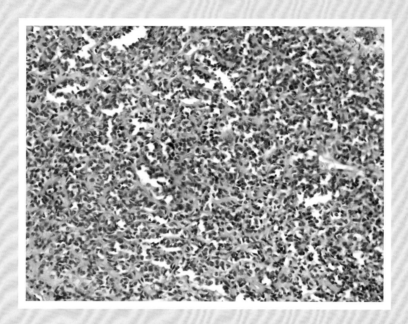

图 12-136　犬非亲上皮性淋巴瘤（b）

肿瘤细胞位于结缔组织裂隙中（罗威纳，雄性，5 岁，肛门上方至尾根处及上部皮肤，HE×200）。

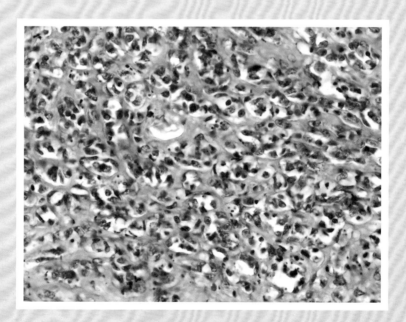

图 12-137　犬非亲上皮性淋巴瘤（c）

瘤细胞不清晰，细胞形态不一，呈梭形甚至梨形，胞质淡染甚至看不到胞浆成分，细胞核椭圆形或拉长，核仁较小（罗威纳，雄性，5 岁，肛门上方至尾根处及上部皮肤，HE×400）。

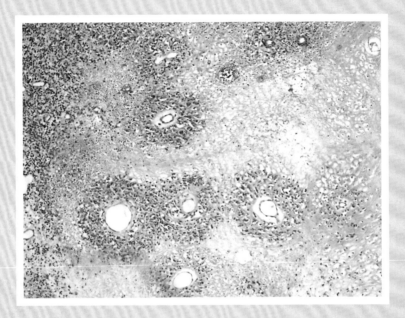

图 12-138 犬非亲上皮性淋巴瘤（d）

瘤细胞围绕血管增生，血管较远处结缔组织疏松、水肿（罗威纳，雄性，5 岁，肛门上方至尾根处及上部皮肤，HE×100）。

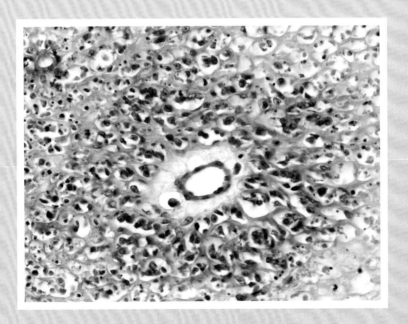

图 12-139 犬非亲上皮性淋巴瘤（e）

血管周围水肿，瘤细胞围绕血管增生。瘤细胞细胞核呈多边形，核深染，胞浆较少，细胞界限不明显（罗威纳，雄性，5 岁，肛门上方至尾根处及上部皮肤，HE×400）。

12.2.9　其他间叶肿瘤

12.2.9.1　犬转移性性肿瘤

【背景知识】

转移性性肿瘤（transmissible venereal tumor, TVT）是犬自然发生、水平传播的一种肿瘤，偶尔也可发生于其他犬科动物（狐狸、豺、土狼等）。TVT 呈全球分布，温带地区发病率较高，没有明显的性别差异。肿瘤细胞通过交配或其他社交行为（如舔舐、闻嗅）经黏膜水平传播。外生殖器是肿瘤最常发生的部位。此外，肿瘤偶尔也能发生于鼻腔、口腔、眼睑和肛周黏膜；发生于皮下组织的 TVT 罕见。

肿瘤的起源尚不清楚，一些研究提示肿瘤细胞可能起源自组织细胞。肿瘤的潜伏期为 2~6 个月，可能发生自行消退，该过程中有体液免疫和细胞免疫的参与。机体的免疫系统在肿瘤的消退中起着重要的作用，免疫抑制犬或免疫力不全的幼犬可能发生肿瘤的转移。据统计，TVT 的转移率为 17%，转移部位包括局部淋巴结、皮肤、脑、眼、骨和肾。该肿瘤可通过化疗治愈，使用长春新碱的有效率为 90%~95%。整体预后良好。

【临床特征】

TVT 主要发生于性成熟的年轻犬，且患犬具有交配史或相应的接触史。外生殖器是最常见的肿瘤原发部位，包括雄性犬的阴茎和包皮腔，以及雌性犬的阴门。患犬表现出不适，或从阴门和包皮腔排出血性分泌物。TVT 通常表现为易碎的菜花样肿物，血管丰富，容易发生出血。鼻腔 TVT 通常表现为鼻衄和打喷嚏，偶尔引起面部变形。肿瘤发生于外生殖道的动物容易继发上行性泌尿道感染。

【诊断要点】

根据动物的临床特征、病史和体格检查可初步怀疑 TVT。通过细胞学检查或组织病理学检查可以确诊。

TVT 的细胞学特征为圆形细胞瘤，细胞呈圆形或椭圆形，胞浆较丰富、淡蓝色。细胞核呈圆形，染色质致密，有一个或多个小核仁，偶尔出现双核和有丝分裂象。TVT 细胞最典型的细胞学特征是胞浆内有大量界限清晰的小空泡。

组织病理学特征表现为界限不清的真皮和皮下肿物，由片状或成排的界限清晰的圆形或多边形细胞组成。细胞学检查中特征性的胞浆空泡在组织切片中不易看到。有丝分裂指数通常较高，每个 40× 高倍镜下的分裂象可能高达 6~8 个。肿瘤表面和内部通常有坏死灶。可见淋巴细胞、浆细胞、巨噬细胞和中性粒细胞的浸润。在肿瘤快速发展的早期，这些细胞浸润较少见；在肿瘤消退期，细胞浸润明显。

【鉴别诊断】

TVT 的细胞学鉴别诊断包括其他圆形细胞瘤，如淋巴瘤、肥大细胞瘤、浆细胞瘤、组织细胞瘤和某些黑色素瘤，但是由于这些肿瘤的细胞学特征都很明显，容易鉴别。在组织病理学检查时，由于胞浆空泡不明显，TVT 容易与其他圆形细胞瘤相混淆。组织细胞瘤可能表现趋上皮性（epitheliotropism），而 TVT 很少出现。肥大细胞瘤以胞浆内的颗粒为特征，但在分化不良的肥大细胞瘤，通过甲苯胺蓝染色可以对二者进行鉴别。通过免疫组化可进行鉴别诊断。TVT 表达 CD45 和 CD45RA，表明具有白细胞起源，此外仅表达 CD49d。皮肤淋巴瘤通常表达 T 细胞的标记物 CD3。组织细胞瘤表达与朗格罕斯细胞一致的 CD18，CD11c，CD1，MHC Ⅱ 和 E-钙黏蛋白。肥大细胞瘤表现为纤溶酶和 KIT 阳性。浆细胞瘤多表达 CD79a。见图 12-140 至图 12-143。

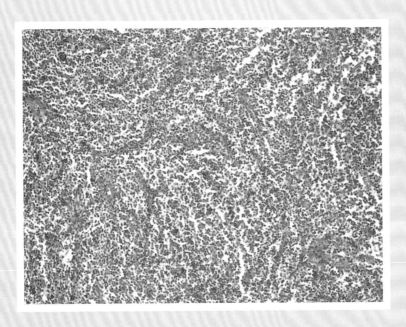

图 12-140　犬转移性性肿瘤（a）

肿瘤细胞弥散性浸润，纤维结缔组织形成小梁，有局部出血灶（獒，雄性，3 岁，实施前有过局部肿物切除，HE×100）。

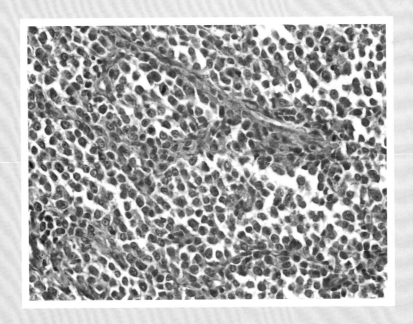

图 12-141　犬转移性性肿瘤（b）

细胞核呈圆形至椭圆形，异型性明显，核仁突出，胞浆嗜酸性，核质比高，有丝分裂指数高。组织内有结缔组织增生，少量炎性细胞浸润（獒，雄性，3 岁，实施前有过局部肿物切除，HE×400）。

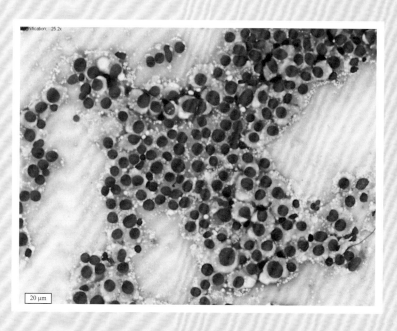

图 12-142　犬转移性性肿瘤——细胞学观察（c）

细胞学观察，细胞量丰富，呈圆形细胞瘤特点，细胞核大小不一、染色质粗糙，少量有丝分裂象。细胞浆清亮，内大量小空泡。同时伴有成熟淋巴细胞浸润（獒，雄性，3 岁，实施前有过局部肿物切除，HE×400）。

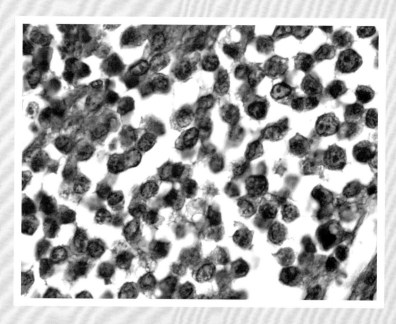

图 12-143　犬转移性性肿瘤（d）

细胞核呈圆形至椭圆形，异型性明显，核仁突出，核质比高，细胞浆内有透明小空泡存在（獒，雄性，3 岁，实施前有过局部肿物切除，HE×1000）。

12.2.9.2　间皮瘤

【背景知识】

间皮为分布在胸膜、腹膜、心包膜内表面的单层扁平上皮（衬于心血管和淋巴管腔面的单层扁平上皮称内皮）。间皮瘤（mesothelioma）的组织发生学发展表明，早期认为是来自两种细胞，即腹膜表面的间皮细胞及结缔组织细胞。最近已经证实是来自单一细胞，即间皮细胞。间皮细胞向上皮细胞及纤维细胞呈两种形态分化。Dardick 发现间皮瘤中的肉瘤样区域，超微结构并不显示成纤维细胞的特点，而显示不同分化阶段的上皮细胞的特征。综上所述，间皮瘤起源于体腔浆膜的间皮细胞。

【临床特征】

该肿瘤无品种和性别差异。通常发生于老年动物，但偶见幼年动物发病的报道。体腔浆膜、胸膜、心包和腹膜是常见的发生部位，极少数发生于犬的阴囊和鞘膜。胸膜间皮瘤可能单独发生，也可能与心包膜或腹膜相连。在大多数病例中，当受感染浆液腔有液体渗出时才被发现。心包膜间叶瘤可出现心包液渗出现象。外观通常为弥散性结节，覆盖于体腔表面。肿瘤细胞可通过脱落和种植在体腔内扩散，恶性程度高，但很少发生远距离转移。犬的发病率为 0.5%~0.8%。另有报道指出，在所有犬类收集的诊断病例中，间皮瘤占 0.2%，其中 35% 仅限于心包膜，26% 仅限于胸膜，18% 同时发生在心包膜和胸膜。

【诊断要点】

在组织学上有上皮型、间质型和混合型。犬猫间皮瘤以上皮型为主，类似癌或腺癌。

（1）纤维性间皮瘤　瘤细胞由梭形细胞组成，细胞呈长梭形，伴有多少不等的胶原纤维。在纤维性间皮瘤有时很难与纤维组织肿瘤相区别，瘤细胞呈梭形，细胞周围可有胶原化，甚至可有编织状结构，局灶性钙化或骨化。但单纯根据组织形态，有时难以将两者区别开来。

（2）上皮样间皮瘤　瘤细胞呈立方形或多角形，常有脉管状或乳头状结构。瘤细胞呈不同的分化状态，可形成高分化管状或乳头状结构，也可呈未分化的片块状瘤组织，为结缔组织所包绕。管状乳头状结构的瘤组织构成腺样、管状或者囊性，内衬以立方或扁平的上皮样细胞，细胞大小一致，空泡状核，可见 1~2 个核仁。胞浆丰富，细胞轮廓清楚。肿瘤亦可呈裂隙状或形成大小不等的囊腔，内衬以扁平的上皮细胞，这些裂隙内有时可见乳头状突起。类似乳头状腺癌。

（3）混合性间皮瘤　又称双向分化的间皮瘤，在同一个肿瘤内伴有纤维及上皮 2 种成分。混合型间皮瘤瘤组织由上皮样细胞及肉瘤样成分组成，形态类似滑膜肉瘤。肉瘤样成分由梭形细胞组成，它与上皮成分常有过渡形式。

【鉴别诊断】

间皮瘤的超微结构特征为细胞周围丰富的长微绒毛，它们与其他细胞连接成许多细胞桥粒。细胞质中许多张力微丝束围绕着细胞核排列。免疫组织化学染色可用于此肿瘤的鉴别诊断，因为间皮瘤细胞特异性的表达上皮细胞角蛋白和间叶细胞标志性蛋白，比如波形蛋白。见图 12-144 和图 12-145。

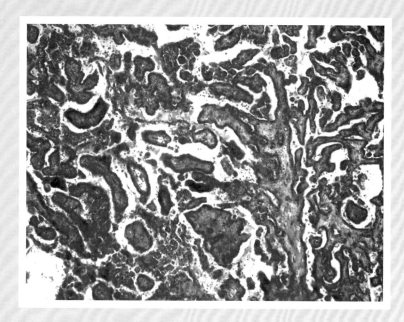

图 12-144 犬腹腔间皮瘤（a）

　　增生物被覆上皮，乳头内部为嗜酸性纤维，可见数量多少不等的红细胞和其他渗出性细胞（腹壁菜花样增生物，患犬腹水、贫血，HE×100）。

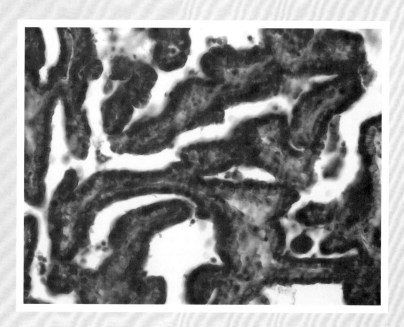

图 12-145 犬腹腔间皮瘤（b）

　　乳头被覆单层扁平、立方样上皮，细胞基底常出现空泡，胞核分裂象散在分布，细胞异形性较低；间质的纤维间有成熟的成纤维细胞，纤维内红细胞集中或散在分布，偶见炎性细胞（腹壁菜花样增生物，患犬腹水、贫血，HE×400）。

13 消化系统肿瘤

13.1 口腔肿瘤

13.1.1 黑色素瘤

【背景知识】

黑色素瘤(melanoma)即恶性黑色素瘤,是黑色素细胞的恶性肿瘤。在犬中较为常见,主要发生于3~15岁的犬,尤其是9~13岁。不同种类的犬患病风险不同,苏格兰㹴犬、雪纳瑞、爱尔兰赛特、金毛寻回犬以及杜宾犬等具有较高的风险,而西伯利亚哈士奇的风险则较低。无明显的性别偏差性。恶性黑色素瘤在猫中并不常见,通常发生于老年猫中。

在犬中黑色素瘤的主要发生部位包括口腔、唇部黏膜与皮肤交界处,大约10%起源于毛发皮肤,尤其是头部和阴囊部。猫的恶性黑色素瘤发生于皮肤的比率更高,尤其是头部(包括唇和鼻部)和背部。

【临床特征】

黑色素瘤的大小从直径几毫米到10 cm不等,多数直径在1~3 cm之间。黑色素瘤表现为灰色、棕色或黑色,取决于黑色素生成的范围,连结活性以及表皮色素过度沉着的反应。常伴有破溃,尤其是在较大的病灶中。犬和猫的黑色素细胞的肿瘤是否恶性的界定标准通常不明显,因此,肿瘤的所在位置通常被认为较为重要。在甲床、黏膜与皮肤的连结处、口腔黏膜等位置的黑色素细胞肿瘤以恶性居多;而在被毛皮肤、包括唇和趾等部位则通常为良性。

【诊断要点】

起源于皮肤的恶性黑色素瘤通常呈现出显著的连结活性。肿瘤细胞呈现小巢状或者以单个细胞形式存在于上皮的基质部分。但肿瘤细胞也可出现于表皮上层,这个特征未见于黑色素细胞瘤。表皮中的这种细胞与黑色素细胞瘤的瘤细胞相比,核仁大且明显,有丝分裂象以及表皮的破溃也更为常见。真皮部分通常含有较多的多形性黑色素细胞,呈梭形或上皮样,并含有或多或少的胞浆内黑色素。肿瘤可呈现为交织的或漩涡状的梭形细胞。

【鉴别诊断】

黑色素瘤和黑色素细胞瘤肉眼检查较难区分。肿瘤细胞可呈现较深着色,或者色素缺乏,能够侵入到皮下组织和筋膜层。色素沉着的大小及程度并不是界定黑色素细胞肿瘤潜在恶性程度的可靠指标。增殖指数和生长比率通常用来额外指示许多肿瘤的生物学特性,可以有助于区分黑色素细胞瘤和黑色素瘤。黑色素瘤细胞也可出现于表皮上层,而黑色素细胞瘤未见此特征。见图13-1至图13-6。

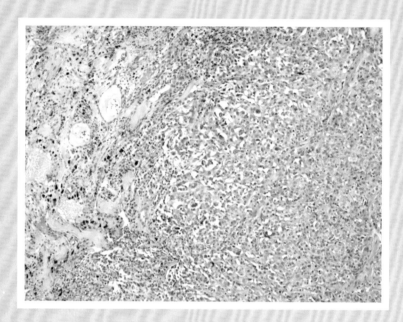

图 13-1　犬气球样黑色素瘤（a）
肿瘤由大量的细胞组成，单个的充满黑色素的细胞散在分布于肿瘤中（HE×100）。

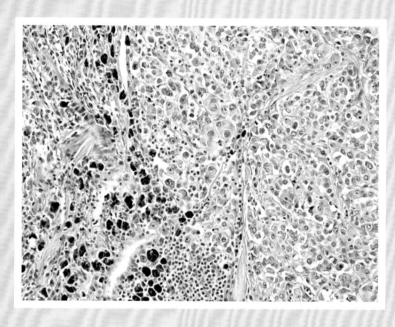

图 13-2　犬气球样黑色素瘤（b）
肿瘤细胞的细胞以及细胞核都显示大小不一，具有一定异型性（HE×200）。

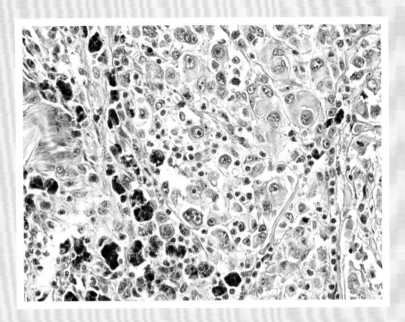

图 13-3　犬气球样黑色素瘤（c）

肿瘤细胞大小不一，大的呈气球状；细胞核卵圆形或多边形，细胞核囊泡状，核仁明显，染色较深；细胞与周围界限清晰，可见少量有丝分裂象；淋巴样细胞浸润（HE×400）。

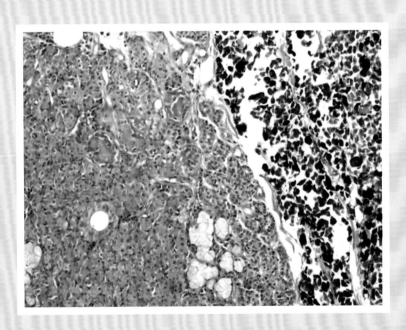

图 13-4　犬黑色素瘤（a）

右边为由大量含有黑色素的细胞和少量结缔组织间质构成的结构，与正常组织之间有纤维包膜隔断（金毛，雄性，7 岁，位于口腔至颈部皮下，HE×100）。

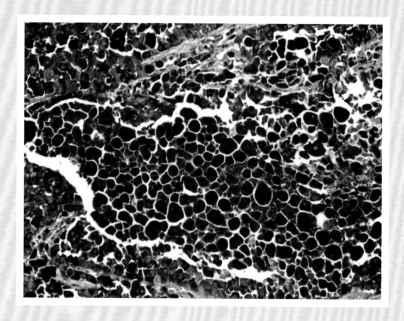

图 13-5　犬黑色素瘤（b）

肿瘤细胞内黑色素含量较多，因此不可见细胞核结构，肿瘤细胞大小不一，边界清晰。结缔组织间质将众多细胞分割成小叶或岛状（金毛，雄性，7 岁，位于口腔至颈部皮下，HE×200）。

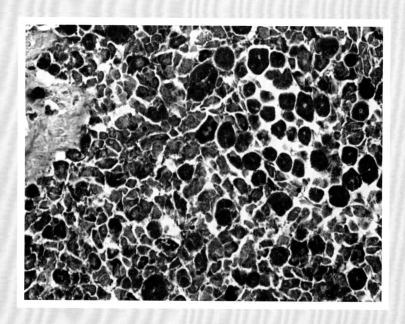

图 13-6　犬黑色素瘤（c）

肿瘤细胞大小不一，边界清晰。肿瘤细胞内黑色素含量较多，有的细胞隐约可见蓝染的细胞核（金毛，雄性，7 岁，位于口腔至颈部皮下，HE×400）。

13.1.2　牙源性肿瘤

龈瘤是齿龈上起源于牙周韧带的肿瘤，外观类似于齿龈增生，通常表面完整、生长缓慢、质地坚实。犬常见，猫的发生率稍低，有调查显示 50% 以上的病猫低于 3 岁。常见的龈瘤有纤维性龈瘤（fibrous epulis），棘细胞性龈瘤（acanthomatous epulis），巨细胞性龈瘤（giant cell epulis）以及外周骨化性纤维瘤（peripheral ossifying fibroma）。前三种也发生于犬，但只有纤维性龈瘤较常见，犬发生纤维性龈瘤的平均发病年龄是 8~9 岁。

13.1.2.1　犬棘皮细胞型成釉细胞瘤

【背景知识】

棘皮瘤性龈瘤，是成釉细胞瘤的一种形式，它侵入骨组织。棘细胞性龈瘤侵袭性强，常累及骨骼，但不转移。治疗方案为手术切除（包括吻端骨切除），术后复发率 8%~18%。棘细胞性龈瘤又称为棘皮型成釉细胞瘤。

【临床特征】

犬的棘细胞性龈瘤一般生长在上颌骨或下颌骨的两边，呈外生性疣状。眼观为乳头状或无蒂的肿块，呈灰白至粉红色。

【诊断要点】

肿瘤以非角化性的牙源上皮相互交错连接形成宽大的片状结构为特征，细胞呈立方状或者柱状，细胞核呈圆形至卵圆形，胞浆量中等。在许多中心呈多面形的细胞之间有明显的细胞间桥。在一些肿瘤中，出现上皮细胞间囊肿，其中有空泡状物质或无结构的嗜酸性物质以及细胞碎屑。这些囊肿可能是由上皮细胞变性所形成。病变的早期，可见典型的外周韧带的组织结构。间叶组织通常细胞成分较多，成纤维细胞分布在致密的胶原纤维中，可见空虚的血管结构。当有些棘皮瘤突破齿龈下基质并侵犯骨组织时，则表现出鳞状上皮癌的特征，但不转移。

【鉴别诊断】

棘皮细胞型成釉细胞瘤是犬齿拱常见的肿瘤，在人牙源性肿瘤的分类中，属于成釉细胞瘤的一种，棘皮型成釉细胞瘤起源于牙源性上皮，从形态学上可与其他类型的成釉细胞瘤区分，可见其明显的棘皮样细胞的特征。见图 13-7 和图 13-8。

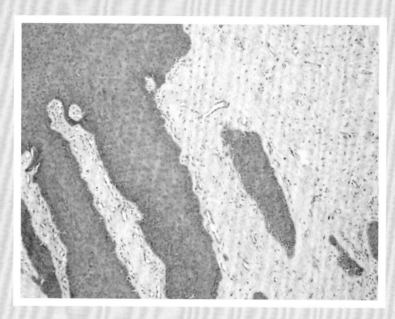

图 13-7　犬棘细胞性龈瘤（a）

表皮向齿龈内部凸出，基底细胞层完整，棘细胞占主要成分（9岁，HE×100）。

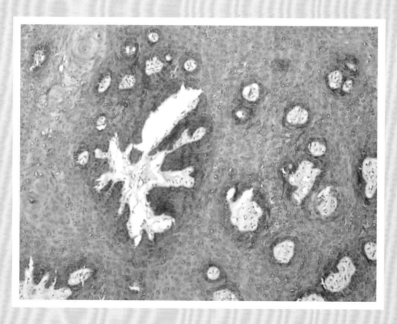

图 13-8　犬棘细胞性龈瘤（b）

多角形棘细胞占据大部分的视野，牙龈结缔组织被覆盖，形成强嗜酸性的上皮性结构和嗜酸性弱的结缔组织小团块结构（9岁，HE×100）。

13.1.2.2 牙周韧带起源的纤维性龈瘤

【背景知识】

牙周韧带起源的纤维性龈瘤是一种外周性的成牙肿瘤，为良性肿瘤。常常出现在犬临近齿拱的位置，每个年龄段的犬都会发生，3岁以下的犬很少发生。该肿瘤也被称作外周牙源性纤维瘤，由于其与人类的外周牙源性纤维瘤特征相同。该肿物起源于牙周韧带，同时属于反应性增生性损伤，因此有些学者也将其称作丛状上皮增生。

【临床特征】

纤维瘤性龈瘤（fibromatous epulis of periodontal ligament origin）是一种外周性的成牙肿瘤，相当于人类的罕见外周性纤维瘤，为良性肿瘤。主要见于犬，其次是猫。眼观，纤维瘤性牙龈瘤是坚实至坚硬，灰白至粉红色的肿块，常突发于牙齿之间，或靠近牙齿周围形成硬板，呈分叶状，表面光滑。它与骨外膜相连，可机械性地取代牙齿，但不侵害骨。属于牙周韧带基质的良性过度生长，手术切除可治愈。

【诊断要点】

牙周韧带起源的纤维性龈瘤的最典型特征是代表着牙周韧带的间叶组织的出现。间叶组织由成分致密的星状或者梭形的成纤维细胞构成，还可见相互交织的血管，偶见骨或骨样胶原基质。约有60%的肿瘤细胞与牙龈的分枝状上皮细胞索或细胞岛相连。上皮细胞的边缘是一层类似成牙上皮细胞的立方状细胞。当骨样基质占优势时，这种龈瘤成为牙周源性骨性龈瘤。

【鉴别诊断】

根据纤维瘤性齿龈瘤细胞基质的不成熟性，炎性组织少以及质地坚硬的特征可与纤维性增生相区别。与骨病变的区别在于，临床上纤维性牙龈瘤位于骨的外周而非来自骨组织。见图13-9至图13-12。

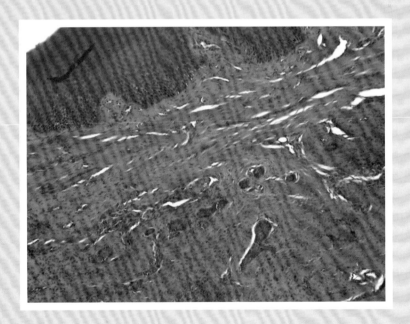

图13-9 犬纤维性龈瘤（a）

上皮基底膜完整，肿瘤实质大部分为致密的结缔组织（雄性，已绝育，6岁，左上犬齿旁牙龈肿瘤，实施前已有过2次肿瘤摘除，HE×100）。

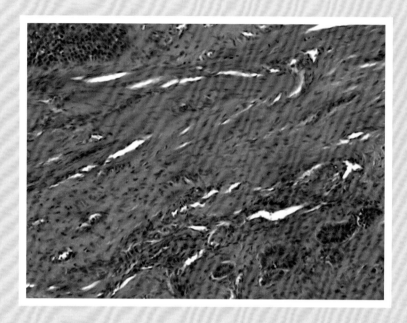

图 13-10　犬纤维性龈瘤（b）

瘤组织中细胞成分较多，细胞核梭形的细胞构成的致密结缔组织（雄性，已绝育，6 岁，左上犬齿旁牙龈肿瘤，实施前已有过 2 次肿瘤摘除，HE×200）。

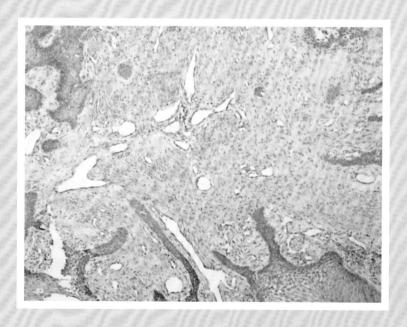

图 13-11　犬纤维性龈瘤（c）

鳞状上皮基底膜完整，肿瘤实质为细胞排列致密，细胞大小形态较为均一的结缔组织（喜乐蒂牧羊犬，雌性，6 岁，HE×100）。

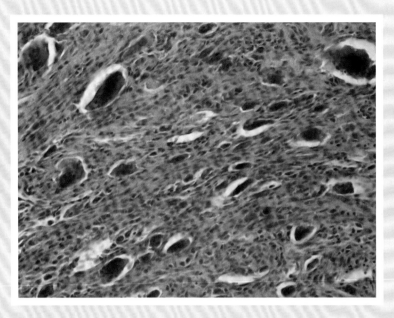

图 13-12　犬纤维性龈瘤（d）

巨细胞性主要可见排列紧密的破骨细胞样多核巨细胞分布于间质中，间质中有肥胖的单核细胞，可能为巨噬细胞的前体（HE×200）。

13.2　唾液腺肿瘤

唾液腺癌

【背景知识】

绝大多数唾液腺肿瘤（salivary gland）发生于老年动物。唾液腺肿瘤的细胞类型和细胞结构与正常的唾液腺相似，可能是由于异化的肿瘤细胞始终表达与其母细胞相似的细胞特征，大多数唾液腺肿瘤第一次被发现时已经为恶性。在犬猫，恶性唾液腺上皮癌非常普遍。最常见的即为唾液腺腺泡细胞癌（acinic cell carcinoma）和腺癌（adenocarcinoma）。

【临床特征】

唾液腺腺泡细胞癌（acinic cell carcinoma）：在肿瘤组织中出现类似于正常唾液腺腺泡的细胞是确诊唾液腺腺泡细胞癌的证据。肿瘤一般为单一病灶，但也可表现为多中心型。肿瘤形成包膜，但可能是不完整的，可能形成浸润性生长。肿瘤恶性程度和细胞异形性较低，有丝分裂象不常见。肿瘤转移少见，通常发生于疾病后期。发生年龄从 3~15 岁不等。具有侵袭性。没有品种或性别偏好，易转移。

腺癌（adenocarcinoma）：肿瘤通常表现为恶性的细胞学特点和浸润型生长边界。其主要生长表现形式为腺泡型、导管型、小梁型（小条索）或者实体型，一般病例中以上生长方式都可以发现。犬的发病年龄从 3~15 岁不等，猫的发病年龄从 8~15 岁不等，没有性别和品种偏好性，病例通常表现为局部侵袭性，肿瘤易发生转移。

【诊断要点】

唾液腺腺泡细胞癌（acinic cell carcinoma）的五种细胞型：

（1）腺泡细胞型　最为常见。细胞大而圆或呈多边形，排列成小巢状，被基底膜包裹。HE染色时，细胞质颗粒感强，呈嗜碱性或双嗜性。颗粒表现为PAS染色阳性，淀粉酶抗性。细胞核圆形，大小一致，小而黑，常偏离中心。

（2）夹层导管样细胞型　细胞小于腺泡细胞，呈立方状，沿管腔排列。HE染色细胞质为双嗜性或嗜酸性，细胞核与腺泡细胞的相似。

（3）液泡细胞型　细胞类似于腺泡细胞，但胞浆中有一个或多个液泡，脂类或糖原染色不着色，但是可被黏多糖着色。

（4）亮细胞型　这种细胞在形态上类似于腺泡或夹层导管样细胞，但是细胞质不被HE着色，特殊染色表明不含有脂质、黏液或糖原。

（5）非特异性腺细胞型　多能干细胞形成多核细胞体，无明显的细胞界限。细胞质为双嗜性，细胞核大于其他类型的细胞，呈多形性。

【鉴别诊断】

肉食动物的唾液腺癌的发病率高于草食动物，当犬、猫等肉食动物疑发生唾液腺癌时，常用细胞学和免疫组织化学的检测方法来确诊。常用抗角蛋白抗体来区分正常的上皮组织和发生癌变的细胞成分。见图13-13至图13-17。

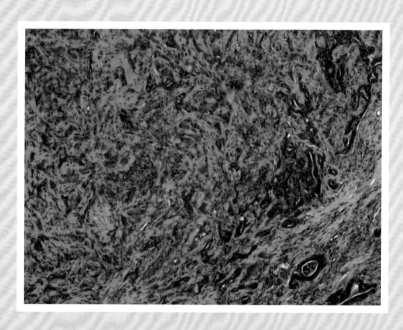

图13-13　犬唾液腺腺癌（a）

肿瘤细胞分散于结缔组织间质中，呈小团块或小岛状分布，有的可见单层肿瘤细胞排列成管状结构，蓝色深染的两层细胞之间有较小裂隙（吉娃娃，雄性，10岁，右侧颈部肿物，HE×100）。

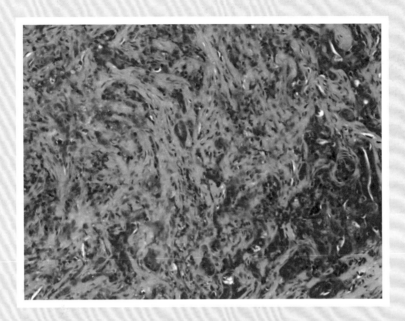

图 13-14 犬唾液腺腺癌（b）

有的肿瘤细胞不形成结构而是分散于结缔组织中，有的肿瘤细胞排列成单层的管状结构，蓝色深染的两层细胞之间有较小裂隙（吉娃娃，雄性，10 岁，右侧颈部肿物，HE×200）。

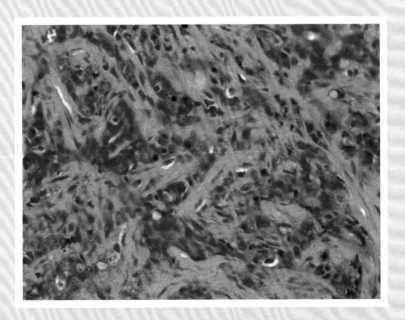

图 13-15 犬唾液腺腺癌（c）

肿瘤细胞围绕管状结构或裂隙状结构；肿瘤细胞细胞核较大，嗜碱性强，细胞质较少，肿瘤细胞与结缔组织之间界限不明显；有些肿瘤细胞细胞核呈泡状，核仁明显（吉娃娃，雄性，10 岁，右侧颈部肿物，HE×400）。

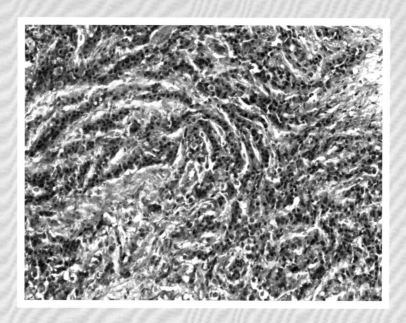

图 13-16　唾液腺腺癌（a）
肿瘤细胞单层排列呈腺管样结构，管腔较小或无，结缔组织疏松（HE×200）。

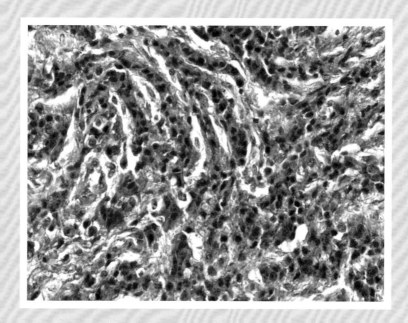

图 13-17　唾液腺腺癌（b）
肿瘤细胞单层排列呈腺管样结构，细胞核强嗜碱性，染色深，细胞质中等。部分细胞脱落于管腔，结缔组织较少且疏松（HE×400）。

13.3　肠道肿瘤

13.3.1　来源于上皮的肿瘤

印戒细胞癌

【背景知识】

印戒细胞癌（mucinous cell carcinoma），又称黏液细胞癌，是上皮组织的恶性肿瘤，属于腺癌的一种表现形式，最常发生于消化系统，此外呼吸和泌尿生殖系统等也常有发生，乳腺较罕见。印戒细胞癌早期诊治预后较好，而中后期具有浸润性和高转移率。

【临床特征】

该病早期并无明显症状，部分病例可表现为消化不良、食欲不振等症状，随着病情的发展可能会出现腹水、消瘦等症状。癌细胞呈浸润性生长，并且伴有明显的纤维化病变。

【诊断要点】

组织学特点是可以见到印戒细胞，以细胞内分泌的黏液为特点，多呈弥漫性浸润性生长。由于细胞内充满分泌的黏液而呈空泡状，并将细胞核挤到细胞的一侧，使其外形类似于戒指。

【鉴别诊断】

发生在胃部的印戒细胞癌的异型性不明显或量不多时，需和胃黄色癌区分。后者在光镜下可见胃黏膜固有层内聚集巢团状巨噬细胞。细胞界限清晰，圆形或多边形，胞浆丰富。HE 染色呈泡沫状，又称为泡沫细胞。核小，圆形或卵圆形，位于细胞中央，或偏一侧，核染色质细腻，分布均匀。见图 13-18 至图 13-20。

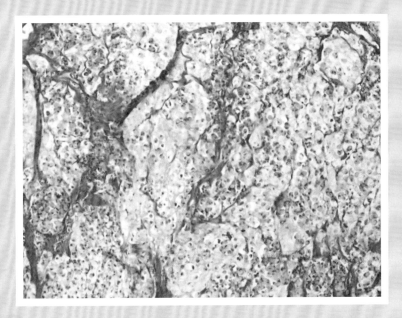

图 13-18　肠道印戒细胞癌（a）

肠道正常结构消失，被大量的粉染的黏液样物质和细胞所代替（HE×100）。

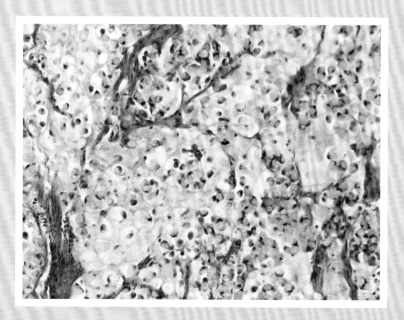

图 13-19　肠道印戒细胞癌（b）

肿瘤细胞散布在黏液样物质中，细胞核被挤到一边，较幼稚的癌细胞体积较小，胞质染色更红，核质比较大（HE×200）。

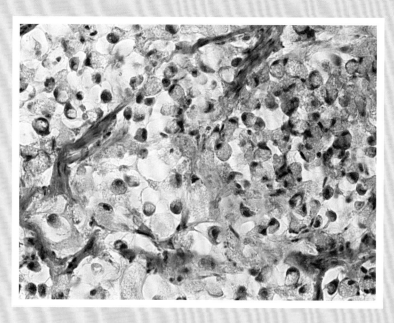

图 13-20　肠道印戒细胞癌（c）

肿瘤细胞因细胞质中充满了大量的黏液，因细胞核偏向一侧，外形酷似一枚戒指，称为印戒细胞（HE×400）。

13.3.2　淋巴瘤

【背景知识】

肠道淋巴瘤（Intestinal lymphoma）是一种影响肠道淋巴结的肿瘤。肠道淋巴瘤很少与癌、平滑肌瘤共存。肠道淋巴瘤也可以由胃、肝脏、脾脏、淋巴结或淋巴管等器官的肿瘤细胞经淋巴系统蔓延到肠道而发生。

【临床特征】

患畜在临床上常表现出食欲减退、呕吐、腹泻、贫血、精神委顿、嗜睡、体重减轻等症状。此外，患畜还会出现淋巴结肿大、腹部肿大、粪便带血等症状。

【诊断要点】

肿瘤呈斑块状、结节状或者纺锤形。肠道淋巴肿瘤一般起源于胃、小肠和大肠的黏膜下层。肿瘤细胞的大小不一，并且发生淋巴细胞 - 浆细胞的浸润。核分裂象增多，可见丝状分裂象。肠道淋巴瘤细胞对 CD3 和 α-CD79 抗原进行免疫组织化学染色呈阳性。

【鉴别诊断】

应与肥大细胞瘤、组织细胞瘤、浆细胞瘤相互鉴别诊断。肥大细胞瘤瘤细胞大小、形态一致或多形性，甲苯胺蓝染色可见瘤细胞的胞浆内出现特有的紫红色颗粒，组织细胞瘤瘤细胞呈圆形、椭圆形或肾形，核膜清晰，部分细胞有较大核仁，有丝分裂象多见。胞浆多少不一，含细小的颗粒或脂滴。浆细胞瘤瘤细胞大小不一，胞浆嗜酸性，染色质致密，常见分裂象，多核或双核巨细胞。见图 13-21 至图 12-24。

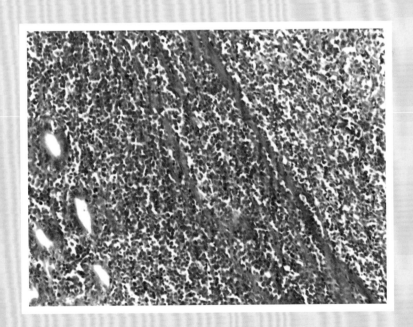

图 13-21　肠道淋巴瘤（a）

肠道正常结构形态消失，被大量聚集的淋巴样细胞替代，淋巴样细胞蓝色且染色较深，细胞质少，肿瘤细胞之间有少量嗜酸性的结缔组织间质（HE×200）。

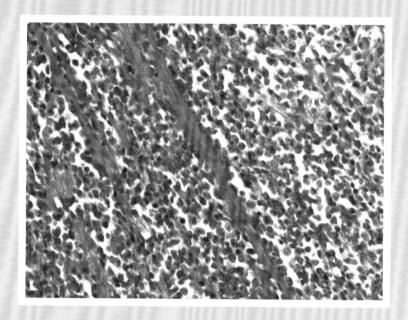

图 13-22　肠道淋巴瘤（b）

淋巴样细胞层层叠叠，分布比较均匀，细胞核圆形椭圆形，蓝色深染，细胞质少，肿瘤结缔组织间质较少，嗜酸性，染色呈红色（HE×400）。

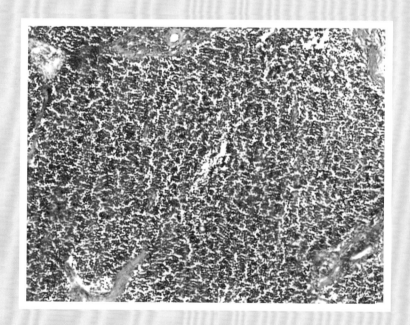

图 13-23　犬肠道淋巴瘤

肿瘤主要由蓝色深染的淋巴样细胞构成，还含有少量的结缔组织间质成分（德国牧羊犬，雄性，4 岁，小肠，肠系膜淋巴结，腘淋巴结，HE×100）。

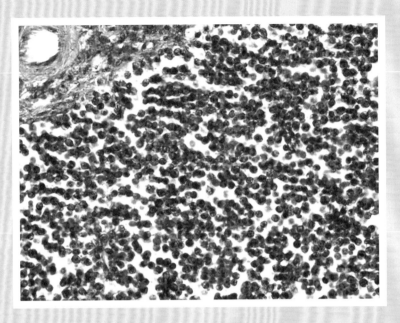

图 13-24 肠道淋巴细胞瘤

淋巴样细胞细胞核圆形或卵圆形，细胞核蓝色深染，细胞质少，几乎不可见；细胞界限清晰，大小较为均一（德国牧羊犬，雄性，4 岁，小肠，肠系膜淋巴结，腘淋巴结，HE×400）。

13.3.3 平滑肌瘤

【背景知识】

肠道平滑肌瘤（intestinal leiomyoma）是一种来源于肠道平滑肌细胞的良性肿瘤，与平滑肌肉瘤都属于平滑肌性肿瘤，是最常见的胃肠道间质瘤。肠道平滑肌瘤和平滑肌肉瘤常发生于 4~16 岁的犬，无种属差异，大部分肠道平滑肌病例都能引起动物胃肠性疾病。

【临床特征】

患病动物临床上一般出现食欲不振、体重减轻、腹部出血、肠扭转、肠套叠以及直肠闭塞等症状，有的还会出现呕吐、腹泻及腹部出现可触诊的肿块等症状。

【诊断要点】

肠道平滑肌瘤一般局限在肠管内部，发生于黏膜肌层下。平滑肌瘤由分化良好的具有强嗜酸性的平滑肌细胞构成。肿瘤细胞结构一致，细胞密度偏低，细胞核细长且较小。肿瘤细胞几乎看不到核分裂象。有时可见细胞凝固性坏死和钙化。肿瘤细胞对 α-平滑肌肌动蛋白和肌间丝蛋白的免疫组织化学反应呈阳性。

【鉴别诊断】

肠道平滑肌瘤和平滑肌肉瘤与发生于其他部位的平滑肌瘤和平滑肌肉瘤的组织学区别基本一致。平滑肌瘤肿瘤细胞分化良好，细胞界限清楚、结构一致，缺少细胞核分裂象。而平滑肌肉瘤恶性程度较高，呈浸润性生长，细胞形状各异，细胞核分裂象增多，肿瘤细胞发生多核化，肠道平滑肌肉瘤常伴发细胞坏死。

13.3.4 平滑肌肉瘤

【背景知识】

肠道平滑肌肉瘤（intestinal leiomyosarcoma）是发生于肠道平滑肌细胞的恶性肿瘤，一般由平滑肌瘤恶化演变而来。

【临床症状】

平滑肌肉瘤的临床症状通常表现为腹痛，胃肠道梗阻或者发生肠扭转。肿瘤破溃后可导致消化道出血，排黑便，从而引起机体贫血，也可见发热，严重者可导致机体恶病质。

【诊断要点】

平滑肌肉瘤为无囊膜包裹的浸润性肿瘤，其组织学特征多样，可能是由与正常平滑肌瘤细胞相似的相对同质的梭形细胞组成，也可能以从多角形到卵圆形等不同的细胞为主。核分裂象常见并且可能很多。分化良好的平滑肌肉瘤包含梭形细胞，细胞核长且含颗粒状染色质，形成广泛交错的肌束。分化不良的平滑肌瘤细胞，胞浆量减少，细胞数目更多，细胞核紧密包裹，呈椭圆形或伸长状，染色质可能具有颗粒性或弥散分布。细胞可能形成典型的广泛交错的肌束结构；但肌束结构短小细窄，形状呈竹节状或者不见上述交错的肌束结构。分化程度更差的平滑肌肉瘤细胞中可见到双核、多核或形态奇异的肿瘤细胞。肿瘤坏死常见，坏死与炎症可能导致水肿与组织学变形。

【鉴别诊断】

可通过浸润性生长特征，核分裂象指数或肿瘤坏死区域的面积与平滑肌瘤相区分。肠道平滑肌肉瘤呈侵袭性生长，组织学上可见肿瘤细胞密度较高，存在大量的细胞核分裂象。见图 13-25 至图 13-30。

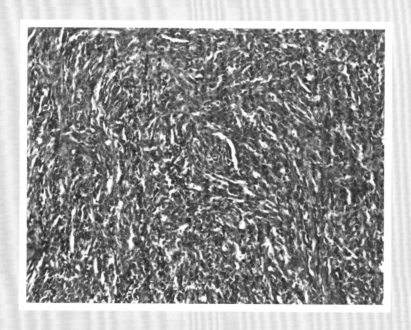

图 13-25　肠道平滑肌肉瘤（a）
肿瘤由大量的梭形细胞交织成束状或漩涡状排列，束与束之间有裂隙（HE×200）。

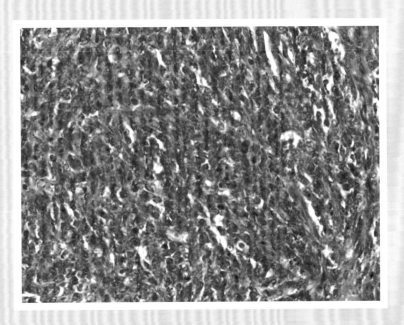

图 13-26 肠道平滑肌肉瘤（b）
肿瘤细胞细胞核异型性明显，形状、大小不一，细胞质较少，细胞界限不清（HE×400）。

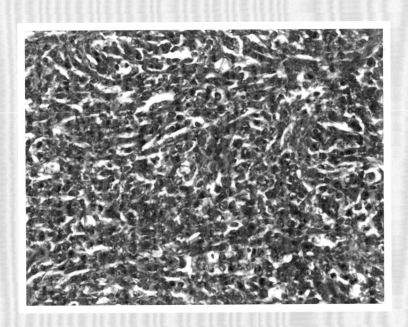

图 13-27 肠道平滑肌肉瘤（c）
肿瘤细胞大小不一，细胞核圆形、卵圆形、梭形或多角形，具有异型性，细胞交织排列，形成束状或漩涡状（HE×400）。

图 13-28　貂肠道平滑肌肉瘤（a）
固有层有出血，肌层有大量梭形细胞排列成束状（美国貂，雌性，3 岁，HE×100）。

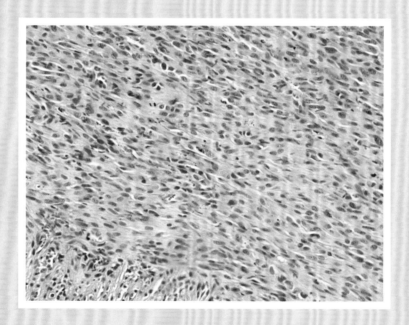

图 13-29　貂肠道平滑肌肉瘤（b）
肿瘤细胞梭形，大部分细胞核为梭形，细胞质丰富，嗜酸性；肿瘤细胞排列成束状，束与束之间可见较小的裂隙（美国貂，雌性，3 岁，HE×200）。

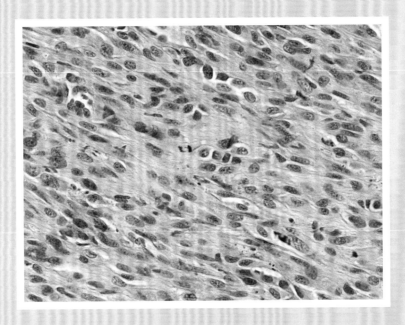

图 13-30　貂肠道平滑肌肉瘤（c）

肿瘤细胞排列成典型的交织成束的模式，细胞核颗粒状染色，且染色深浅不一，细胞核形态具有一定异型性，较多有丝分裂象的细胞散在分布于梭形细胞之间（美国貂，雌性，3 岁，HE×400）。

13.4　肝脏和胆管肿瘤

13.4.1　肝细胞癌

【背景知识】

肝细胞癌（hepatocellular carcinoma）是来源于肝脏上皮组织的一种恶性肿瘤。犬的发生率低于良性肿瘤，但是高于其他恶性肿瘤的发生率。其病因尚不明确，可能与慢性炎症和化学物质注射或毒物引起的肝脏损伤有关。已知乙型肝炎病毒和丙型肝炎病毒慢性感染使其发生的风险增加。

【临床特征】

肝细胞癌可发生于多种动物，包括猫、犬、奶牛、绵羊、猪和马等。犬的发病率要高于其他动物；犬的肝细胞癌比胆管肿瘤更为常见；猫则相反。犬多发生于 10~11 岁。猫的发病年龄为 2~18 岁。犬雄性发生率高于雌性，其他种类动物中也未发现性别和品种差异性。犬和猫的肝细胞癌相关临床表现主要包括厌食、呕吐、虚弱、腹水、精神不振，还有偶发的症状，如黄疸、腹泻、体重减轻等。某些病例中还有可能发生癫痫。

【诊断要点】

根据肝细胞的分化程度和组织学的排列特点，主要分为以下三类：小梁型、腺泡型和硬化型，三者之间的组织学特征差异明显。

小梁型肝细胞癌：最为常见，肿瘤细胞和组织排列类似正常肝脏，肿瘤主要由增厚的小梁状结构构成，一般为 3~20 层细胞。但在局部可见肿瘤细胞排列呈片状或者层状。小梁中没有或只有少量的结缔组织，较宽的小梁结构中心可见坏死区。

腺泡型肝细胞癌：以肿瘤细胞形成原始腺泡为特征，肿瘤细胞分化良好，腺泡间结缔组织分布较少。

硬化型肝细胞癌：肿瘤细胞排列未形成窦状，细胞分化程度低，呈多形性，瘤体内部有数量不等的结缔组织分布，常有显著的纤维化特征。分化良好的肿瘤细胞与正常肝细胞类似，呈多角形，核圆形且位于细胞中央，胞浆弱嗜酸性，胞浆中含糖原或液体成分，导致染色较淡，甚至呈空泡状。分化程度较低的肝样细胞呈多形性，细胞核大小和形状差异较大，胞浆弱嗜碱性，体积较小，核质比增大。

【鉴别诊断】

分化良好的小梁型肝细胞癌和肝细胞腺瘤进行区分，肝细胞癌具有侵袭性，肿瘤细胞侵袭至邻近的肝实质或血管可确定为肝细胞癌，当肿瘤无侵袭性时，可根据肿瘤组织的大小、肝板的厚度以及细胞变化程度来进行区分。腺泡型肝细胞癌与胆管癌的区别是：腺泡型肝细胞癌的腺泡中含有蛋白样物质，而胆管腺瘤的腺泡中含有黏液，PAS 染色呈阳性。见图 13-31 至图 13-33。

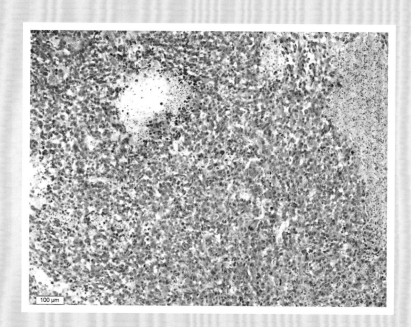

图 13-31　肝细胞癌（a）

组织结构紊乱，无正常的肝小叶、中央静脉及门管区结构。组织内多个局限性坏死灶（吉娃娃，雌性，6 岁，肝脏肿物，HE×100）。

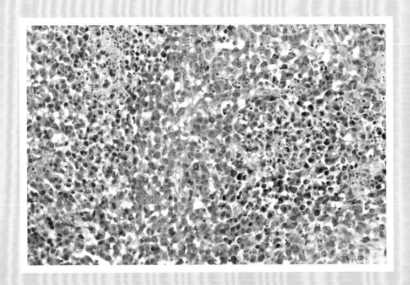

图 13-32　肝细胞癌（b）

坏死灶内有炎性细胞浸润，主要是中性粒细胞和巨噬细胞，以及碎裂的细胞核与粉染的细胞残影（吉娃娃，雌性，6 岁，肝脏肿物，HE×200）。

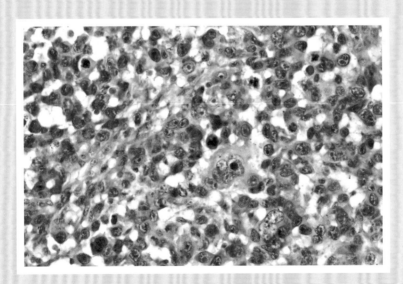

图 13-33　肝细胞癌（c）

肿瘤细胞排列紊乱，细胞核呈圆形或椭圆形，核异型性明显。胞浆嗜酸性，胞浆量不等，部分胞浆丰富，细胞间联系紧密形成类似肝细胞索的结构（吉娃娃，雌性，6 岁，肝脏肿物，HE×400）。

13.4.2　肝脏血管肉瘤

【背景知识】

肝脏血管肉瘤（hepatic hemangiosarcoma）是一种少见的恶性肿瘤，起源于血管内皮细胞，故又称恶性血管内皮细胞瘤。犬和猫的原发性肝脏血管肉瘤是一种进行性肿瘤，呈显著的侵袭性生长，肿瘤边缘侵入正常的肝脏实质。由于该肿瘤是由内皮细胞构成的，因此与其他肿瘤相比，更易通过血管或淋巴管进入血液循环，这也在一定程度上解释了该肿瘤容易转移到全身其他组织的原因。

【临床特征】

犬的肝脏血管肉瘤在肝脏原发性肿瘤中所占比例低于 5%，猫的比例难以做出准确估计。犬的肝脏血管肉瘤多发于 10 岁以上犬，尚难以确定是否具有品种偏好性，但一般在德国牧羊犬中最为常见。肿瘤直径为 1 mm 至 10 cm 不等。可单发，呈一个大的肿块；或由多个小肿块构成，弥散性地分布于整个肝脏。

【诊断要点】

肿瘤组织主要由新生的内皮细胞构成，内皮细胞排列呈大的囊状或血管状，形成大量小管径的毛细血管，或排列成有狭窄裂隙的实质结构。容易破裂，有出血及坏死倾向。这些细胞与正常的血管内皮细胞类似，呈纺锤形，但是体积较大，容易发生出血，有饱满的细胞成分向管腔内突出。

【鉴别诊断】

原发性肝脏血管肉瘤与间质病变不易区分，如果多个器官发生血管肉瘤，难以确定其起源。肝脏血管肉瘤与硬化型肝细胞癌的区别：通过Ⅷ相关抗原染色鉴别诊断，肝脏血管肉瘤Ⅷ相关抗原染色呈阳性。见图 13-34 至图 13-36。

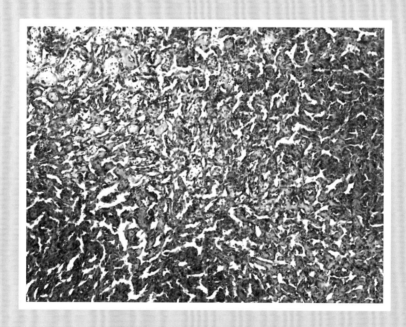

图 13-34　犬肝脏血管肉瘤（a）

肝脏正常结构形态已无法分辨，被大量新生的由内皮细胞所构成的毛细血管所替代，有明显的红细胞浸润（金毛，9 岁，雄性，肝脏肿块，HE×200）。

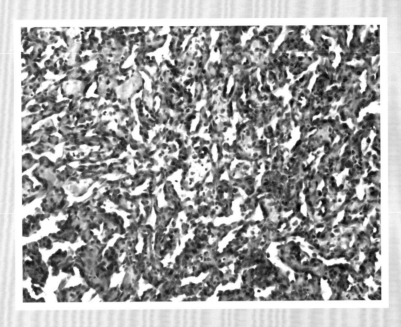

图 13-35　犬肝脏血管肉瘤（b）

血管大小不一，管腔不规则，血管间有少量结缔组织，血管不规则地相互吻合；肝窦间隙扩张，内皮细胞增生（金毛，9岁，雄性，肝脏肿块，HE×200）。

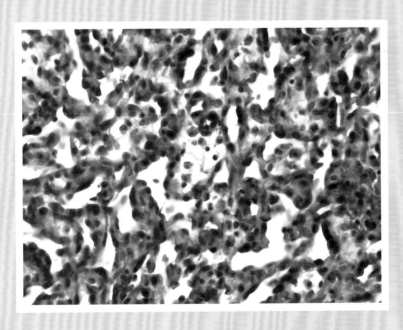

图 13-36　犬肝脏血管肉瘤（c）

肿瘤细胞较长，异型性大，核有多形性，呈椭圆形、圆形和不规则形状，核染色质深，偶见多核细胞，胞质粉色浅染，胞浆稀少（金毛，9岁，雄性，肝脏肿块，HE×400）。

13.4.3　胆管癌

【背景知识】

胆管癌（cholangiocarcinoma）是起源于胆管的上皮细胞的一种恶性肿瘤，死亡率高，病因尚不明确。在人医上发现，胆管癌的发生与寄生虫感染有一定联系。对犬猫的研究发现，华支睾吸虫感染可能与该肿瘤的发生有关。

【临床特征】

胆管癌在犬、猫、绵羊、山羊、马等动物中均有报道，但都不常见。胆管癌没有特定的临床症状，且犬、猫的临床表现类似。胆管癌和肝细胞癌在临床症状方面有共同之处，包括厌食、呕吐、精神不振以及体重减轻等。偶尔会发生腹水和血清白蛋白减少。临床诊断可以通过触诊检查到肝脏上的肿块。

【诊断要点】

分化良好的胆管癌，呈管状或腺泡状排列，肿瘤细胞主要由类似胆管上皮的细胞构成，立方形或柱状，弱嗜酸性，细胞核圆形或椭圆形，染色质清晰，可见明显清晰的管腔结构。在分化程度较低的胆管癌中，可见肿瘤细胞呈团块状增生，并在其中可见正在形成的管腔结构。在未分化的肿瘤中，肿瘤细胞主要呈小岛状、片状或索状排列；数量不等的结缔组织分布于增生的上皮细胞间；管腔或腺泡中常见有黏液样物质渗出。肿瘤边缘部位常见肿瘤细胞入侵肝脏实质。

【鉴别诊断】

胆管癌需要与腺泡型的肝细胞癌鉴别。胆管癌的肿瘤细胞围成典型的管状或腺泡状结构，肿瘤细胞由类似胆管上皮细胞构成，呈立方形或柱状；另外可见有结缔组织增生，常见大量核分裂象，管腔中还有胆管上皮分泌的黏液。腺泡型肝细胞癌的肿瘤细胞与肝细胞类似，细胞呈多角形或多形性。尽管也会有类似腺泡样结构形成，但是管腔发育不完全，分泌物不常见。此外，胆管癌与胆管腺瘤的区别是：胆管癌为恶性肿瘤，具有侵袭性，并且有纤维化及核有丝分裂象，胆管腺瘤中不存在上述特征。见图 13-37 和图 13-38。

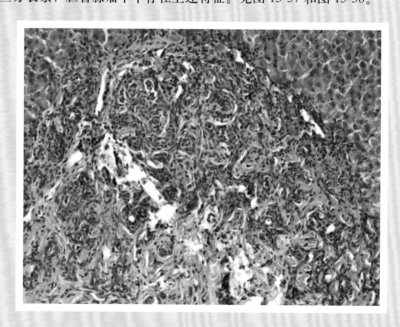

图 13-37　犬胆管癌（a）
肝细胞被条索状排列的胆管上皮细胞替代（HE×100）。

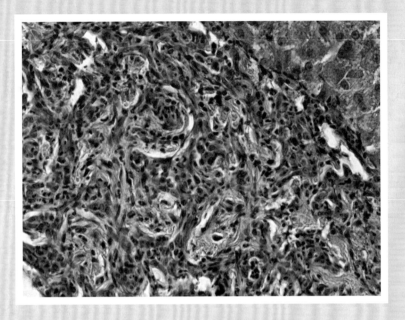

图 13-38　犬胆管癌（b）

肿瘤细胞主要由类似胆管上皮的细胞构成，立方形或柱状，弱嗜酸性；细胞核圆形或椭圆形，染色质清晰；无明显清晰的管腔结构（HE×400）。

14 泌尿系统肿瘤

14.1 肾脏肿瘤

14.1.1 肾腺癌

【背景知识】

肾腺癌（renal adenocarcinoma），又称肾细胞癌、肾癌，是一种胚胎时期不分化的恶性上皮性肿瘤，家畜罕见，主要发生于犬、猫和马。雄性发病率高于雌性（比例约为 2∶1）。反刍动物的肾腺癌无明显的临床症状。在马属动物中可能出现疝气、消瘦、血尿、腹腔积血和病理性水肿等症状。犬、猫还可出现尿频和蛋白尿症状。当动物出现上述临床症状时，肿瘤多已到晚期，多数已经发生转移，愈后不良。

【临床特征】

肿瘤多单侧生长，偶见于双侧肾。肿瘤与周围组织界限清晰，呈黄色或者黄棕色，质软。肿瘤的大小差异较大，小的直径约为 2 cm，较大的肿瘤可占据 80% 的肾。体积较大的肿瘤常伴随局灶性出血，坏死和囊性退变。较大的肿瘤可以伸入肾盂、血管和肾周围的组织。发生在犬的肿瘤经常呈囊状，内含透明或者红色的液体。

【诊断要点】

肿瘤细胞呈条索状、管状和乳头状排列，并且这三者的混合型可共存于一种肿瘤组织中，其中管状排列最常见。每一种形态的肿瘤细胞又可进一步分为嫌色细胞型、嗜酸性细胞型、透明细胞型和混合型。可以以此区分肾腺癌和由肾盂处移行而来的肾癌。肾腺癌的肿瘤细胞呈嗜酸性，呈乳头状和管状排列。透明细胞型多发于实验动物和人，犬、猫少见。癌细胞胞浆丰富，高度透明，可利用冰冻切片和超微结构观察予以确认，且细胞核呈圆形、致密，肿瘤细胞分化程度良好。嗜酸性细胞型肿瘤是嫌色细胞型肿瘤的变体，嗜酸性细胞型多见于牛，肿瘤多呈乳头状，细胞质高度红染，呈颗粒状。嫌色细胞胞浆内含有大量小的囊泡，淡染，网状或絮状排列。

【鉴别诊断】

肾腺癌作为一种肾脏原发性的肿瘤需要和由其他器官移行而来的继发性肿瘤相区分，如果肿瘤仅出现于一侧或两侧的肾脏而不发生转移，则为原发性肾脏肿瘤，如果由一侧的肾脏移行到另一侧则为从其他器官移行而来的肿瘤。原发性肿瘤主要引起肾脏皮质区的损伤，而继发性的肿瘤会引起髓质的损伤。肾调节素可以作为肾细胞癌的标记分子之一。见图 14-1 至图 14-4。

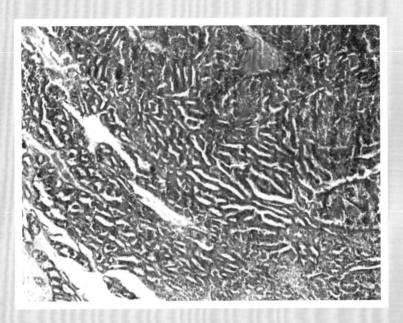

图 14-1　犬肾腺癌（a）

大量由癌细胞排列成的小管状结构分布于实质部位（吉娃娃，雌性，6 岁，HE×100）。

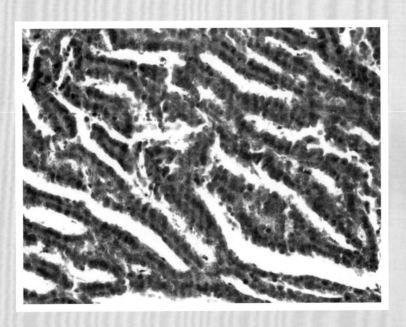

图 14-2　犬肾腺癌（b）

小管结构由单层深染的上皮细胞通过线性排列构成，多处可见核分裂象（吉娃娃，雌性，6 岁，HE×400）。

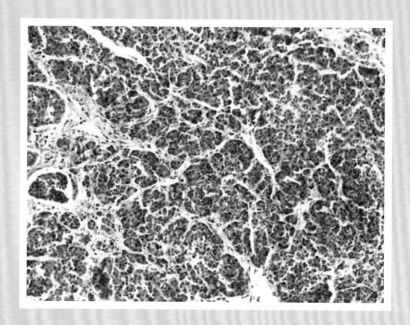

图 14-3　犬肾腺癌（c）

瘤细胞分布呈大小形态不一的岛状，有的区域呈散在实体分布；大多数瘤细胞嗜伊红性深染（吉娃娃，雌性，6 岁，HE×200）。

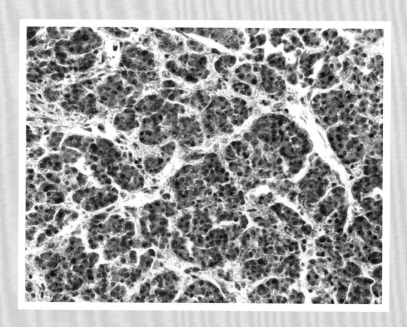

图 14-4　犬肾腺癌（d）

瘤细胞围成大小不一的小岛状，胞核深染呈圆形；胞浆丰富，强嗜伊红性；小岛间疏松，有少量间质成分（吉娃娃，雌性，6 岁，HE×400）。

14.1.2 移行细胞癌

【背景知识】

肾脏的移行细胞癌（transitional cell carcinoma）（5%）一般起源于肾盂或是输尿管，与膀胱部移行上皮细胞癌有一致的组织学特征。请参阅膀胱的移行细胞癌。见图 14-5 至图 14-10。

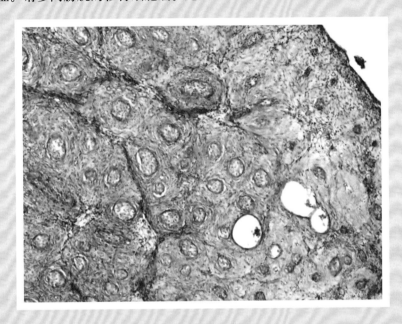

图 14-5　犬输尿管移行细胞癌（a）

大量圆形巢状结构随机分布于输尿管黏膜下层，巢状结构内填满染色较浅的细胞（松狮，雄，7 岁，左肾、输尿管，HE×100）。

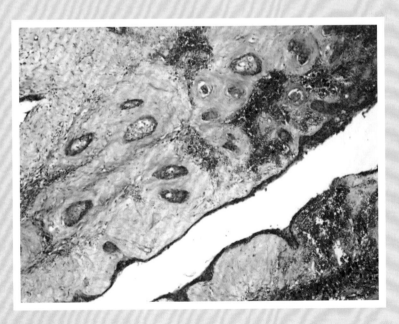

图 14-6　犬输尿管移行细胞癌（b）

输尿管黏膜固有层浸润有多个含移行上皮的椭圆结构，同时可见大量成片出血（松狮，雄，7 岁，左肾、输尿管，HE×100）。

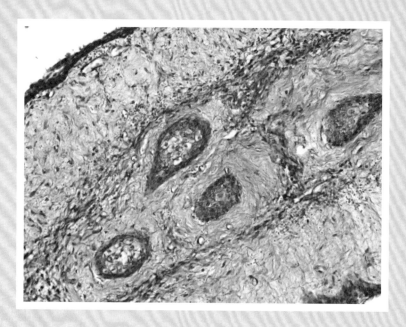

图 14-7　犬输尿管移行细胞癌（c）

输尿管肌层浸润的含有移行细胞的结构（松狮，雄，7 岁，左肾、输尿管，HE×200）。

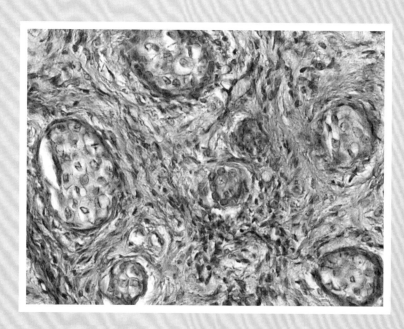

图 14-8　犬输尿管移行细胞癌（d）

呈圆形、椭圆形的浸润结构内细胞呈桑葚胚样，其细胞相互粘连，界限不清，胞核胞浆染色较浅；周围有一层角化层包裹（松狮，雄，7 岁，左肾、输尿管，HE×400）。

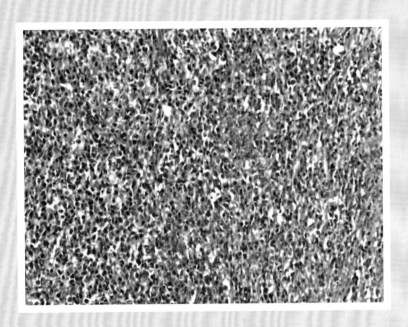

图 14-9 犬肾脏未分化肉瘤（a）

肿瘤细胞呈实心片状分布，细胞间有粉染的基质，局部有出血（杜宾，雄，11 岁，左肾，HE×200）。

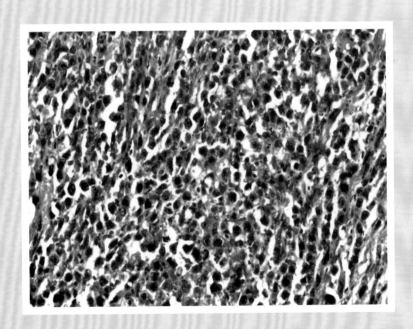

图 14-10 犬肾脏未分化肉瘤（b）

肿瘤细胞分化程度降低，胞核深染、大小形态不一，胞浆较少；胞体附着于粉染的基质；可见核分裂象（杜宾，雄，11 岁，左肾，HE×400）。

14.2 膀胱肿瘤

14.2.1 乳头状瘤

【背景知识】

膀胱的乳头状瘤（papilloma）是上皮细胞呈乳头样增生的病变。膀胱乳头状瘤分为典型型和内翻型，一型中偶见另一型少量成分的混合。典型的乳头状瘤由单个或者成簇的多个乳头组成，乳头表面覆盖与变移上皮非常相似的上皮细胞，细胞少于7层，呈伞状，无异型性。内翻性乳头状瘤约占肾盂、输尿管、膀胱和尿道肿瘤总数的2%，绝大多数发生在膀胱，典型症状是尿道阻塞和血尿，大约80%病变发生在膀胱三角区或膀胱颈，犬膀胱乳头状瘤占膀胱肿瘤的17%。

【临床特征】

泌尿道可见凸凹不平的暗棕色状或菜花状肿物，单个或多个，呈簇状。由于上皮细胞大量增生，导致泌尿道阻塞，膀胱肿大并且疼痛，排尿困难，可见血尿。

【诊断要点】

膀胱变移上皮明显增生，局部呈乳头状并有分支，乳头宽而短，同时组织间隙伴有出血、瘀血。膀胱内可见息肉样的结节，表面覆盖正常的泌尿道上皮，下面有基底样细胞组成互相吻合的梁状结构，肿瘤周边细胞呈栅栏状排列，与皮肤基底样细胞相似，病变中还常见有鳞状上皮样结构，呈多层漩涡状，肿瘤实质常发生囊性变性，囊内有嗜酸性液体。见图14-11和图14-12。

【鉴别诊断】

内翻性乳头状瘤需要与膀胱移形细胞乳头状瘤（transitional cell papilloma）和乳头状移形细胞癌进行鉴别，乳头状移形细胞癌细胞体积较大，有一定量的淡嗜酸性胞浆，有时可见胞浆丰富，呈强嗜酸性，癌细胞界限不清楚，具有一定程度的细胞不典型性和核分裂象，可见圆形或者卵圆形的癌巢向间质浸润，在局部形成典型的浸润，乳头状移形细胞癌的乳头长并且非常明显，乳头表面覆盖的上皮细胞多于7层。而内翻性乳头状瘤很少见鳞状细胞化生，内翻性乳头状瘤的乳头短而小，覆盖的上皮细胞少于6层。

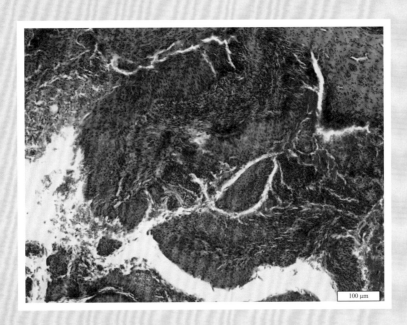

图 14-11　犬膀胱乳头状瘤

低倍镜下，可见膀胱变移上皮明显增生，局部呈乳头状并有分支，乳头宽而短，同时组织间隙伴有出血，瘀血（HE×100）。

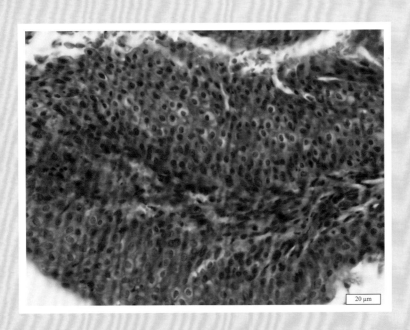

图 14-12　犬膀胱乳头状瘤

高倍镜下可见，上皮细胞层数明显增多，增生的细胞较大，胞浆丰富，排列整齐，细胞异型性不明显，血管外有大量的红细胞聚集（HE×400）。

14.2.2　移行细胞癌

【背景知识】

移行细胞癌（transitional cell carcinoma）是犬最常见的膀胱原发性恶性肿瘤，发病率占犬膀胱肿瘤的 2/3。猫很少发生膀胱肿瘤，TCC 也是最常见的膀胱肿瘤类型。膀胱的其他肿瘤类型还包括鳞状细胞癌、腺癌、未分化癌、横纹肌肉瘤、淋巴瘤、血管肉瘤、纤维瘤及其他间质性肿瘤。

TCC 的发病原因尚不完全清楚，但有研究显示，除草剂和杀虫剂的应用在该病的发生过程中起到重要作用。该肿瘤的转移率较高（约 50%），主要的转移部位是局部淋巴结和肺，此外，肿瘤还能转移至腹膜和骨骼。治疗方案包括肿瘤的手术切除和以卡铂为基础药物的化疗；此外，使用 COX-2 抑制剂（如吡罗昔康）对肿瘤的控制也有效。TCC 预后不良，接受治疗的患犬平均存活时间 10~15 个月。

【临床特征】

膀胱移行细胞癌主要发生于老年犬，平均年龄为 9~11 岁。雌性犬发病率约为雄性犬的 2 倍，去势雄性犬也易感。常见品种包括万能㹴、比格犬、苏格兰㹴等。猫的 TCC 没有性别和品种差异。

TCC 主要位于膀胱颈或膀胱三角区黏膜，呈单个或多个乳头状突起肿物或表现为膀胱壁增厚。肿瘤大小不一，可能仅局限于黏膜层（原位癌），也可能增大明显占据整个膀胱。由于膀胱内的占位性病变，会造成泌尿道部分或完全阻塞。TCC 可同时发生在输尿管和雄性犬的前列腺。常见的临床症状主要是由肿瘤阻塞造成的排尿异常，包括排尿困难、痛性尿淋漓、血尿、尿失禁等。患 TCC 的猫还可能表现出里急后重、便秘、直肠脱出、厌食等症状，触诊时可发现后腹部肿物。此外，由于肿瘤的转移，可能引起局部淋巴结病、呼吸困难、腹腔积液、疼痛等临床表现。

【诊断要点】

通过病史和发病特征进行初步诊断，影像学检查可发现膀胱内占位性病变，尿沉渣细胞学检查可能发现肿瘤性移行上皮细胞。该肿瘤的确诊需通过活检采样进行组织病理学检查。

组织病理学检查可见，TCC 由多形性或退行性移行上皮构成。肿瘤性移行上皮细胞以不规则的形态覆盖黏膜表面，以巢状或腺泡状细胞团的形式侵入黏膜固有层，并可出现在肌层和黏膜下层的淋巴管中。根据肿瘤的形态和侵袭性，可以将 TCC 分为以下 4 个亚型：乳头状和浸润性移行细胞癌（papillary and infiltrating transitional cell carcinoma）是最常见的亚型。肿瘤呈乳头状或菜花样突入膀胱腔，并侵入肌层。中央为纤维性柄，由不同层数的肿瘤细胞覆盖。非浸润性移行细胞癌（papillary and noninfiltrating transitional cell carcinoma）形态与前者相似，但是不侵入黏膜固有层。非乳头状浸润性移行细胞癌（nonpapillary and infiltrating transitional cell carcinoma）是第二常见的亚型，通常发生溃疡并侵入肌层深部。这是最容易发生转移的亚型。非乳头状和非浸润性移行细胞癌（nonpapillary and noninfiltrating transitional cell carcinoma），也叫原位癌（carcinoma in situ）。是局限于上皮表面的扁平病灶。移行上皮细胞表现恶性特征，可能并不出现在上皮全层。

【鉴别诊断】

需要将 TCC 与良性肿瘤（如乳头状瘤）或非肿瘤性增生（如息肉、膀胱炎）进行鉴别。TCC 可能表现为膀胱内息肉样、菜花样或乳头状肿物，形态可能与乳头状瘤相似，但体积较大、基部较宽。从发病部位来看，TCC 主要发生在膀胱三角区，但膀胱炎主要发生在膀胱顶部靠腹侧区域。从组织学特征来看，膀胱炎以明显的炎性反应为特征，慢性炎症过程中增生的移行上皮细胞多分化良好，细胞形态较均一，分裂指数较低；且增生的细胞不会侵入肌肉层。而肿瘤性的移行上皮细胞恶性特征明显，细胞排列紊乱，侵入深层的肌肉，容易发生转移。见图 14-13 至图 14-15。

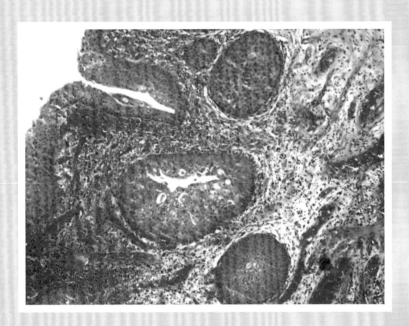

图 14-13　犬膀胱移行细胞癌（a）

膀胱固有层可见浸润有大小不等的巢状结构，富含膀胱上皮细胞；固有层可见多处出血（雄性，5.5 岁，HE×100）。

图 14-14　犬膀胱移行细胞癌（b）

膀胱黏膜突出呈乳头状结构，其固有层大量出血；同时在其他黏膜固有层也有浸润的富含细胞的巢状结构，周围也伴有出血（雄性，5.5 岁，HE×100）。

图 14-15　犬膀胱移行细胞癌（c）

突出呈乳头状结构的膀胱黏膜的固有层中血管瘀血，并伴有出血（雄性，5.5 岁，HE×200）。

14.2.3　横纹肌肉瘤

【背景知识】

膀胱横纹肌肉瘤（bladder rhabdosarcoma）是横纹肌肉瘤的一种，多见于犬，尤其是幼犬（1~2 岁），猫和马偶发。雌雄发病率比例为 2:1。膀胱横纹肌肉瘤常呈葡萄串样外观，因此也被叫作葡萄状肉瘤。目前的治疗手段主要包括手术切除配合放疗和化疗，但因为该肿瘤的恶性程度高，对放疗和化疗不敏感，因此患畜的生存率低。

【临床特征】

膀胱横纹肌肉瘤来源于膀胱三角区并向膀胱内层生长，恶性程度较其他部位的横纹肌肉瘤高，易向淋巴结和血液转移，生长比较迅速。肿瘤呈半透明，大小不等，切面多呈灰红或灰白色，质地较嫩似鱼肉，较大的肿瘤呈坏死出血及囊状变性。发生膀胱横纹肌肉瘤的幼畜常伴有膨胀性骨病，可能是因为神经性的刺激和肿瘤的空间占位性刺激所引起。肿瘤被移除后，骨病就会消失。

【诊断要点】

肿瘤主要由未分化的黏液组织、结缔组织、横纹肌和平滑肌组成。分化程度较高的肿瘤的肌纤维呈线状，交叉排列。分化程度低的肿瘤排列呈片状、管状、肉瘤状，有丝分裂象多见。肿瘤可分为胚胎型、腺泡型和多形型。胚胎型横纹肌肉瘤的肿瘤表面被正常黏膜上皮覆盖，在上皮下有"形成层"，主要由数层小圆形或短梭形与表面平行排列分化不良的横纹肌母细胞形成的密集带构成。瘤细胞呈小圆形，胞浆少，呈浸润性生长。腺泡型的肿瘤细胞呈不规则的腺泡状排列，肿瘤细胞间有数量不等的纤维结缔组织，腺泡腔内细胞呈小圆形，分化不良，偶见排列呈花环状的多核巨细胞。多形型的横纹肌肉瘤主要由异型性的横纹肌母细胞组成。细胞体积较大，呈多角形或梭形，胞浆丰富，核分裂象多见，细胞排列不规则。

【鉴别诊断】

膀胱横纹肌肉瘤的临床表现主要包括尿痛，尿频，下腹部出现肿块，并在疾病晚期出现贫血和肾积水。和其他恶性肿瘤基本相似。可利用横纹肌肉瘤细胞对肌球蛋白，结合蛋白和波形蛋白呈阳性染色，并同时配合免疫组化和电镜辅助诊断来确定来源。见图14-16至图14-21。

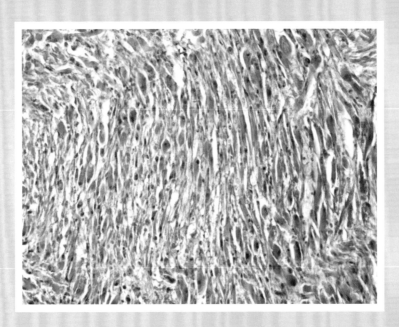

图 14-16　犬膀胱横纹肌肉瘤（a）

肌纤维细胞呈长梭形，分化较成熟排列呈流梳状，疏松排列，肌纤维大小不均一，染色深浅不一（金毛，雌性，1岁，膀胱颈部黏膜息肉，HE×200）。

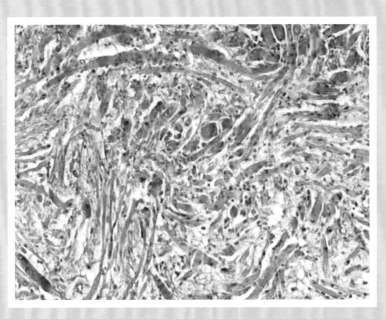

图 14-17　犬膀胱横纹肌肉瘤（b）

肌纤维粗细不一，呈交错混乱排列（金毛，雌性，1岁，膀胱颈部黏膜息肉，HE×200）。

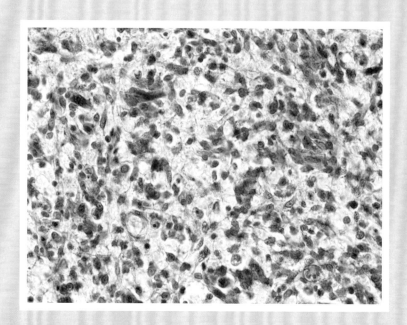

图 14-18　犬膀胱横纹肌肉瘤（c）

未分化区域的肌细胞呈片状疏松排列，胞核呈圆形或椭圆形，蓝染，胞浆界限不清（金毛，雌性，1 岁，膀胱颈部黏膜息肉，HE×400）。

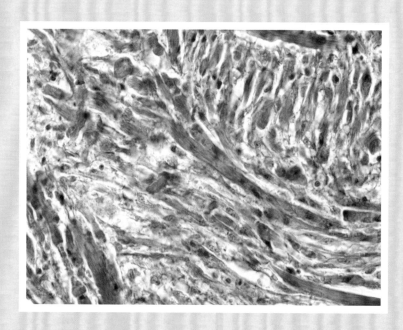

图 14-19　犬膀胱横纹肌肉瘤（d）

肌纤维分化程度不一，粗细、着色不均匀，部分肌纤维可见横纹以及嗜伊红颗粒（金毛，雌性，1 岁，膀胱颈部黏膜息肉，HE×400）。

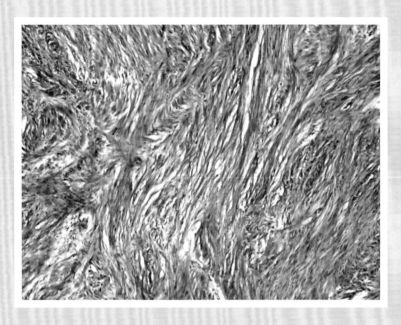

图 14-20　犬膀胱平滑肌瘤（a）
膀胱大量平滑肌纤维平行排列成束状或弯曲流体状（京巴，雌性，已绝育，13 岁，膀胱壁外肿瘤，HE×100）。

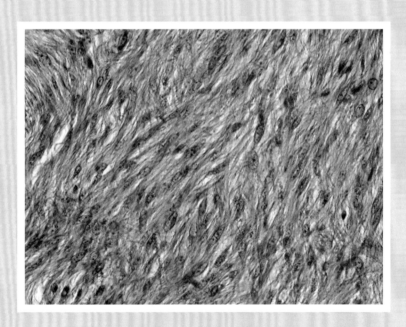

图 14-21　犬膀胱平滑肌瘤（b）
平滑肌纤维紧密排列，细胞间界限不清，细胞核呈椭圆形或梭形，染色较浅，可见核仁；细胞核异型性大，大小形状不一，可见核分裂象（京巴，雌性，已绝育，13 岁，膀胱壁外肿瘤，HE×400）。

15　生殖系统肿瘤

15.1　雄性生殖系统肿瘤

15.1.1　睾丸肿瘤

15.1.1.1　精原细胞瘤

【背景知识】

精原细胞瘤（seminoma）是犬最常见的睾丸恶性肿瘤之一，老年犬易发，拳师犬具有较高的风险。隐睾是发生睾丸肿瘤最常见的危险因素。仅仅依靠病理组织学特征来判断肿瘤的恶性程度不准确，而肿瘤细胞向血管和睾丸周围组织的浸润是恶性的标志。肿瘤可能转移至局部淋巴结和体内其他器官。

【临床特征】

绝大多数精原细胞瘤患病动物临床表现为睾丸肿大，少数伴有睾丸疼痛，有 1%～3% 的患病动物的首发症状是肿瘤转移，最常见的是腹膜后转移。肿瘤通常中等大小，实性，均匀一致，呈淡黄色，并可含有界限清楚的坏死区，通常看不到囊状变性或出血区域。

【诊断要点】

精原细胞瘤根据组织学外观，可进一步分为管内型和弥散型。管内型的结构相对简单，表现为受累的曲细精管内充满了肿瘤细胞的聚集，取代了原有的各级精细胞和支持细胞。肿瘤细胞体积大，多角形，细胞间边界锐利，细胞核透明呈泡状，核仁明显，细胞浆空虚，呈嗜碱性或者双嗜性。有丝分裂象数量多且形状怪异。在很多病例中可见淋巴细胞的聚集。弥散型的肿瘤中，肿瘤细胞不局限于分布在曲细精管内，而是形成片状、条索状。某些肿瘤细胞的坏死往往会呈现出"星空样"的外观特征。

【鉴别诊断】

精原细胞瘤与淋巴瘤的细胞形态相似，但恶性淋巴瘤在曲细精管之间弥漫性浸润，而曲精细管仍然存在；细胞体积比精原细胞癌要小，胞浆少，核浆比例大，胞浆不透明，有大的核仁；核不规则，细胞境界不如精原细胞瘤清楚，瘤细胞常浸润血管壁，嗜银性纤维在曲细精管周围呈疏松状，而精原细胞瘤的肿瘤细胞呈致密的排列。见图 15-1 和图 15-2。

图 15-1　犬精原细胞瘤，弥散型（a）

睾丸基本结构不见，曲精小管之间界限不清，肿瘤细胞并不局限于曲精小管内，而是成片分布（雄性，5 岁，HE×100）。

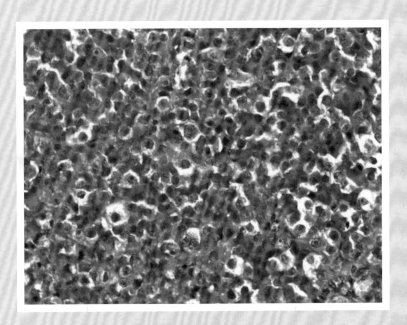

图 15-2　犬精原细胞瘤，弥散型（b）

肿瘤细胞呈多形性，细胞核较大且呈囊泡状，核仁明显，坏死细胞和有丝分裂细胞的胞浆弱嗜碱性，个别坏死细胞表现出"满天星"的效果（雄性，5 岁，HE×400）。

15.1.1.2　支持细胞瘤

【背景知识】

睾丸支持细胞瘤（sertoli cell tumor）来源于生精小管的支持细胞，常见于犬，尤其是患隐睾的犬，种马、羊、猫和牛也有报道，常发于老年动物，也可见于新生牛犊。患副中肾管存留综合征的迷你雪纳瑞发病率极高。睾丸支持细胞瘤常单侧发病，但也有双侧发病的病例。约有一半的犬支持细胞瘤发病于隐睾患犬。

【临床特征】

患支持细胞瘤的动物有 20%~30% 表现雌激素过多的表征，特点是雌性化、乳腺发育、对侧睾丸萎缩、前列腺鳞状化生（常伴随化脓性前列腺炎）、脱毛和骨髓抑制。尚无证据证明仅雌激素可导致所有这些症状，事实上，犬睾丸支持细胞引起雌激素显著过多时血清雌激素并没有升高。肿瘤的其他分泌物，如抑制素，可促进症状的出现，也有可能促进症状或损伤的发展。赘生的支持细胞降低睾酮生成。支持细胞瘤的患犬雌性化后吸引雄性犬、嗜睡、性欲丧失和脂肪重新分布。骨髓抑制效应引起贫血、白细胞减少和血小板减少。血小板减少可能表现出血性素质。犬雌性化后被毛发生变化，两侧对称性脱毛，表皮萎缩，与垂体嗜碱细胞增殖病、甲状腺机能减退等内分泌病相似。

支持细胞瘤的肿物坚实，在受累的睾丸中呈分散的小叶状或者界限清晰的多个小叶状。肿瘤体积很大，使得睾丸组织严重扭曲变形。大多数的肿瘤完全局限在睾丸内，有些恶性的肿瘤入侵到睾丸邻近组织中，如白膜、附睾和精索。肿瘤切面呈白色或者灰色，有时伴有黄色的出血灶。肿瘤的边缘可见被挤压的残留的正常的睾丸组织。支持细胞瘤的肿物远比精原细胞和间质细胞瘤的肿物坚实得多。

【诊断要点】

根据组织学特征，可将支持细胞瘤分为管内型和弥散型。瘤体内类似于支持细胞的肿瘤细胞在大量的致密成熟的结缔组织分割呈岛状或者管状结构。典型的管内型支持细胞瘤的支持细胞为柱状，形成形态较一致的扭曲的实心或空心小管，小管内衬一层或多层立方状或者柱状细胞，半数病例管状结构为实心，无明显管腔，管状结构排列紧密，呈分叶状，小管之间有纤维带分割。有腔小管和实心小管并存的情况不少见。有管腔者，腔大小较一致，一般中空，偶可有嗜酸性分泌物。瘤细胞核大小一致，卵圆形或瓜子形，位于基底，核仁不明显，核分裂象罕见，胞质嗜酸或空泡状，常透明或伊红染。支持细胞常含脂滴，有些肿瘤脂质含量较多，瘤细胞膨胀，胞质呈空泡状，形成富含脂质的支持细胞瘤。弥散型的肿瘤缺乏规则的管状结构，支持细胞排列成广泛的片状或者岛状。这种类型的肿瘤细胞大小和形态不规则，恶性程度高的肿瘤有可能浸润到睾丸邻近的组织或者血管。

【鉴别诊断】

与间质细胞瘤不同之处在于，支持细胞瘤中没有明显的间质细胞成分。另外，支持细胞瘤以实心小管和梁索状结构为主时，必须注意与梁状型类癌鉴别。后者瘤细胞索或细胞巢在制片过程中常收缩，而与周围间质分离，出现特征性的空隙。免疫组化表型为神经内分泌标记阳性。见图 15-3 至图 15-6。

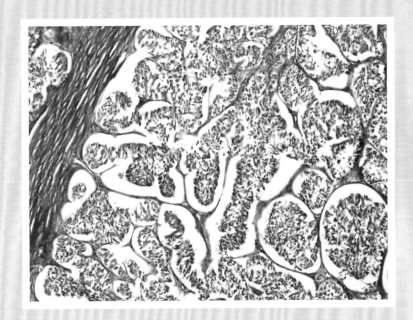

图 15-3　犬支持细胞瘤（a）

肿瘤细胞呈条索状分布，排列成管状结构，周围被致密的纤维基质包围（HE×100）。

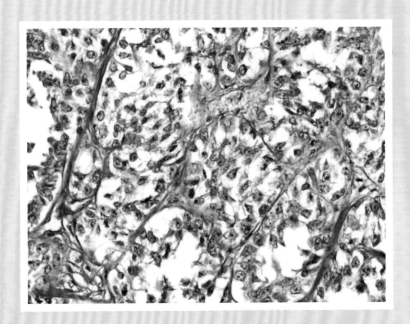

图 15-4　犬支持细胞瘤（b）

管腔中分布多层肿瘤细胞，肿瘤细胞形态较长，细胞核小而圆，有的细胞质呈液泡状，有的细胞质呈强嗜酸性（HE×400）。

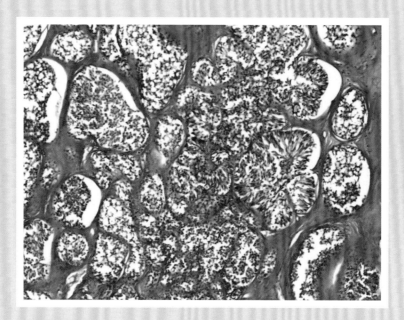

图 15-5　犬支持细胞瘤（c）

肿瘤细胞呈片状或岛屿状分布，被致密的纤维基质分隔开（西施犬，雄性，14 岁，HE×100）。

图 15-6　犬支持细胞瘤（d）

肿瘤细胞的大小和形状均不规则，肿瘤细胞形态较长，细胞核小而圆，有的细胞质呈液泡状，有的细胞质呈强嗜酸性（西施犬，雄性，14 岁，HE×400）。

15.1.1.3　间质细胞瘤

【背景知识】

睾丸间质细胞肿瘤（leydig cell tumors）又称为莱迪希细胞瘤，是犬类最常见的睾丸肿瘤，也可见于牛、猫和马，马患睾丸间质细胞肿瘤后常患隐睾病。正常睾丸及隐睾中均可发生，单侧或两侧发生。睾丸间质细胞瘤多发生于中年犬及老年犬，许多此种类型肿瘤并没有明显的临床表现，那些在死后剖检中才偶然发现的此类肿瘤。

【临床特征】

虽然睾丸间质细胞分泌雄性激素，但睾丸间质细胞肿瘤没有明显的雄性激素分泌过多的迹象。直径通常为1~2 cm，与周围正常的睾丸组织界限明显。受累的睾丸有扭曲，切面外翻，均质。肿瘤呈黄色或棕色，质地柔软，界限明显，临床表现比较明显的肿瘤，一般呈囊状瘤，囊内充盈无色液体。

【诊断要点】

瘤细胞形态一致，呈圆形或多角形，核位于细胞中央，呈球形，胞浆较丰富，嗜酸性，富含颗粒或呈空泡状。瘤细胞排列成巢状、片状或索状。

【鉴别诊断】

间质细胞瘤瘤细胞大，呈圆形或多角形，胞浆丰富，胞界清楚，核位于细胞中央，有清楚的核仁，胞浆内有脂质空泡，类似肾上腺皮质细胞或肝细胞，胞浆内还有颗粒。间质细胞瘤有时有一种小细胞，此种细胞胞浆均匀嗜酸性染，瘤细胞排成腺管或囊腔，间质多少不定，血管较多。支持细胞瘤不见嗜酸性染色的小细胞，瘤细胞圆形或椭圆形，排成假腺泡或乳头状的倾向，或排成实片，组织间质疏松。见图15-7和图15-8。

100 μm

图 15-7　睾丸间质细胞瘤（a）

肿瘤细胞弥漫性分布于少量结缔组织形成的支持基质中。低倍镜下可见睾丸基本结构已经消失，大量增生瘤组织瘤细胞排列成片状，取代正常睾丸结构（HE×100）。

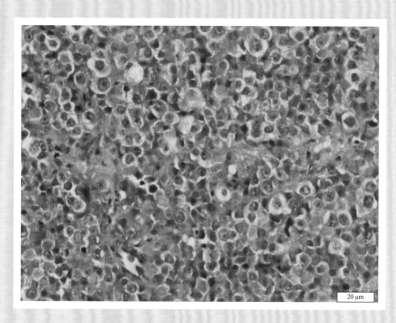

20 μm

图 15-8　睾丸间质细胞瘤（b）

高倍镜下瘤细胞较大，呈圆形或多角形，细胞界限较为清楚。胞浆较为丰富，嗜酸性，部分细胞的胞浆，富含脂质空泡，呈空泡状。可见瘤细胞核较圆，居中或偏位，核仁明显，呈球形（HE×400）。

15.1.2　其他肿瘤

15.1.2.1　前列腺囊肿

【背景知识】

前列腺囊肿（prostatic cyst）是临床常见的公畜泌尿生殖道疾病，多发于老年未去势的公犬，囊肿直径从几厘米到几十厘米不等，随着囊肿内容物的增加，囊肿会压迫邻近的直肠和尿道，从而引起排泄困难，而且会使前列腺发生感染进而引起脓肿，还可能会引起腹膜炎、败血症、毒血症和死亡。因此前列腺囊肿是严重威胁雄性生殖系统功能甚至危机其生命的疾病。多采用手术治疗。

【临床特征】

前列腺囊肿可分为实质性囊肿和旁性囊肿。前者继发于前列腺管的感染、阻塞和雌激素过多，刺激前列腺上皮鳞状化生而导致前列腺导管或腺管闭塞。后者可能是胚胎时期体中肾管的残迹在前列腺中形成前列腺小室，蓄积分泌物形成囊肿，多为一个或多个液性囊泡，位于前列腺旁并与其相连；也有部分起源于前列腺或胚胎发育过程中子宫的残迹或有前列腺的先天畸形或发育异常所引起。小的多发性囊肿会有少量的尿道分泌物出现，大的囊肿会引起腹壁紧张、里急后重、排泄困难和血液性尿道分泌物。

【诊断要点】

镜下可见囊肿由正常的腺泡组成，或为多房性，腺泡内衬柱状上皮，有的为低立方上皮，囊内充满浆液性或浆液血性液体。囊壁由纤维结缔组织构成，内层血管丰富，常伴有出血，外层的胶原纤维内部出现钙化灶、黏液化区域，组织坏死。

【鉴别诊断】

诊断时需和前列腺脓肿，前列腺内尿道憩室，射精管囊肿等鉴别。前者可由病史、临床症状与体征检验区别；后两种可根据超声图像，由囊肿的解剖位置和前列腺以及精囊的相应关系做出判断。见图 15-9 和图 15-10。

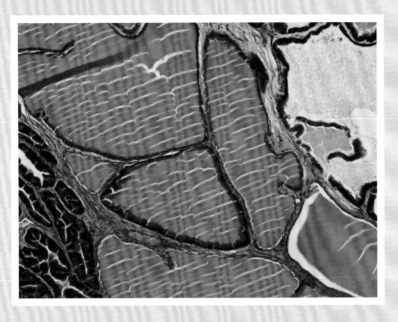

图 15-9 犬前列腺囊肿（a）

腺泡内充满大量的积液，腺泡腔变大，腺泡上皮细胞变小（德牧，雄性，5 岁，实施前列腺部分切除——大网膜引流术和公犬去势术，HE×100）。

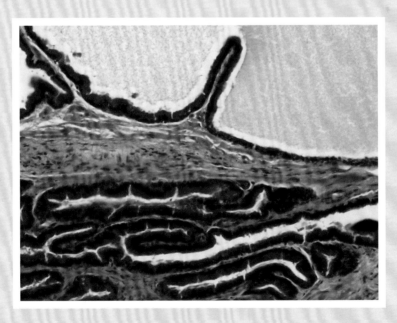

图 15-10 犬前列腺囊肿（b）

发生囊肿的腺泡上皮细胞由于囊肿液的挤压而呈扁平状（德牧，雄性，5 岁，实施前列腺部分切除——大网膜引流术和公犬去势术，HE×400）。

15.1.2.2 前列腺增生

【背景知识】

前列腺增生（benign prostatic hyperplasia）是一种由于腺上皮和肌纤维间质的增生形成的前列腺的良性膨大，也经常伴有囊肿、腺体萎缩以及腺腔周围炎性细胞浸润（主要有淋巴细胞和单核细胞）。该病在健康的雄性犬中易发。几乎所有的犬都会随着年龄的增长而发病增高，犬的前列腺在两岁之前就开始增生，只有在一些罕见的情况下才会到 10 岁发病。大多数犬在 6 岁的时候前列腺增生的最快。对于这种发病率的升高与年龄之间的关系到目前为止还不完全清楚，但是实验证明该病被激素所调控。前列腺增生只发生在完整的动物上，其可以通过摘除达到治愈的效果。

【临床特征】

（1）尿频、夜尿增多　尿频为早期症状，先为夜尿次数增加，但每次尿量不多。膀胱逼尿肌失代偿后，发生慢性尿潴留，膀胱的有效容量因而减少，排尿间隔时间更为缩短。

（2）排尿困难　随着腺体增大，机械性狭阻加重，排尿困难加重，下尿路狭阻的程度与腺体大小不成正比。

（3）尿不尽、残余尿增多、尿血　残余尿是膀胱逼尿肌失代偿的结果。

【诊断要点】

犬的前列腺位于膀胱的后面，直肠的下面。

犬的前列腺增生主要有两种形式，在腺体良性增生的方式中，腺泡内的分泌上皮细胞增加，伴随着分泌上皮小叶和乳头的突起和增大。这些乳头突起比正常的要复杂并且数量增多。这种形式的增生一般是均一的且贯穿了腺体，但是囊肿可能会进一步增生。在复合型前列腺增生中，腺体肿大的区域中伴随着囊泡的形成，上皮组织把这些可能是萎缩的或者饱满的柱状的囊泡排成一列。腺体的肌纤维间质数量增多。在复合型前列腺增生中经常伴随着炎症的发生。复合型前列腺增生被认为是弥散型前列腺增生的后遗症。

【鉴别诊断】

前列腺癌（prostate cancer）：主要发生于 10 岁以上的犬，较少见。前列腺癌增生的细胞排列不规则，通常细胞核明显可见异染色质和有丝分裂象。犬的前列腺癌病情发展迅速，早期难以察觉和检测到，大多数情况下，前列腺癌的犬难以治愈，已经确诊为前列腺癌的犬仅能存活 30 d。前列腺的癌细胞可以快速地转移到骨、肺脏、肾脏和淋巴结。最常见的是癌细胞转移到骨盆或者腰椎。见图 15-11 至图 15-14。

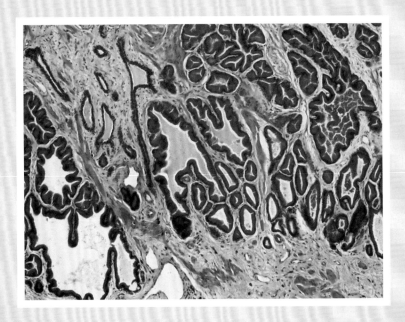

图 15-11　犬前列腺增生（a）

良性弥散性前列腺增生，可见囊性结构和增生的小叶（德牧，雄性，5 岁，实施前列腺部分切除——大网膜引流术和公犬去势术，HE×100）。

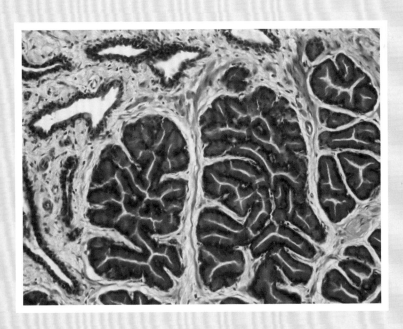

图 15-12　犬前列腺增生（b）

小叶结构变大，分泌性上皮细胞形成乳头状结构突出于腺腔内（德牧，雄性，5 岁，实施前列腺部分切除——大网膜引流术和公犬去势术，HE×200）。

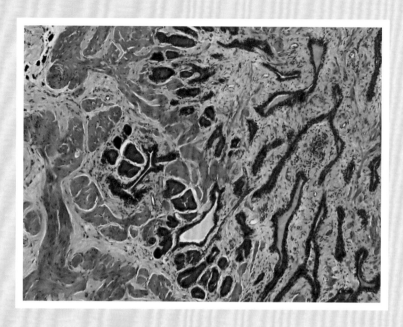

图 15-13　犬前列腺增生（c）

良性混合性前列腺增生，可见腺体增生部位混合有囊性腺泡，腺体周围的纤维肌性物质增多，常见有炎性细胞浸润（德牧，雄性，5 岁，实施前列腺部分切除——大网膜引流术和公犬去势术，HE×100）。

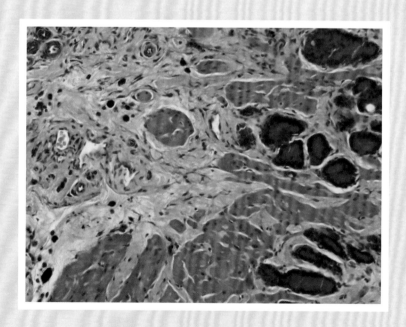

图 15-14　犬前列腺增生（d）

腺体周围的纤维肌性物质增多，常见有炎性细胞浸润（德牧，雄性，5 岁，实施前列腺部分切除——大网膜引流术和公犬去势术，HE×200）。

15.2　雌性生殖系统肿瘤

15.2.1　卵巢肿瘤

15.2.1.1　卵巢囊肿

【背景知识】

卵巢囊肿（ovarian cyst）是指在卵巢上形成的囊肿性肿物，数量为一到数个不等，直径为1 cm到数厘米不等，主要分为卵泡囊肿和黄体囊肿。另外也表现为子宫内膜性囊肿，包括包含物性囊肿和卵巢冠囊肿。

【临床特征】

卵泡囊肿是最常见的一种卵巢囊肿，主要是后天性的，偶见先天性的。囊肿的卵泡变大，单发或多发，见于一侧或两侧卵巢。囊肿大小不等，壁薄而致密，内充满囊液。黄体囊肿是由于黄体囊状化形成的囊肿，多发于单侧，大小不等，囊腔内充满透明液体，囊腔形状不规则。子宫内膜性囊肿是子宫内膜在子宫以外的组织器官种植引起子宫内膜的异位性病变。当子宫内膜种植到卵巢时，形成子宫内膜性囊肿。另外还偶见包含物性囊肿和卵巢冠囊肿。

【诊断要点】

镜下观察卵泡囊肿可见卵泡的颗粒细胞变性减少，在基部仅残留少量颗粒细胞，甚至完全消失。卵泡壁结缔组织增生变厚，卵细胞坏死消失，卵泡液增多。同时可见子宫内膜增厚，腺体增生并分泌多量黏液蓄积于腺腔内，内膜表面被覆黏液与脱落破碎上皮细胞混合物，呈脓样。发生卵泡囊肿时，常伴发脑垂体、甲状腺和肾上腺增大，垂体前叶的嗜碱性细胞胞浆透明稍呈酸性，核大且核仁明显，显示卵泡刺激激素的产生增多。有时，卵泡囊肿继发乳腺肿瘤。

镜下观察黄体囊肿的囊肿壁由多层的黄体细胞组成，其细胞浆内含有黄体色素颗粒和大量脂质。有时黄体细胞在囊壁分布不均，一端多而另一端少，当囊壁很薄时，贴有一层纤维组织或透明样物质的薄膜和少量黄体细胞。发生两侧行黄体囊肿时，常为多发性小囊肿。当未排卵的卵泡壁上皮细胞黄体时也可以发展为黄体囊肿，此种黄体囊肿也可称为黄体化囊肿或黄体样囊肿。囊肿常呈圆球形，囊壁光滑，缺乏正常动物排卵小泡黄体化产生的排卵乳头。

子宫内膜性囊肿的囊壁由子宫内膜上皮细胞组成，囊壁内充满棕褐色的物质，内含血源性色素，也称"巧克力"囊肿。

包含物性囊肿的发生时由于卵巢表面的一部分上皮细胞被包埋在卵巢基质中，并被分割形成一些小的囊肿，当囊肿数量多时，卵巢的切面成蜂窝状。囊肿主要由一层扁平上皮细胞形成。

卵巢冠囊肿的镜检可见囊壁由单层扁平上皮、立方上皮或柱状上皮细胞组成。见图15-15和图15-16。

【鉴别诊断】

诊断时需和子宫肌瘤和腹水区分。子宫肌瘤与子宫相连，检查时肿瘤随宫体及宫颈移动。大量腹水应与巨大卵巢囊肿鉴别，腹水常有肝病、心脏病史，两者可以借助B超区别。较大的囊肿需要和肾的肿瘤、卵巢肿瘤及其他腹部团块进行鉴别诊断，确诊常常需要做剖腹探查。

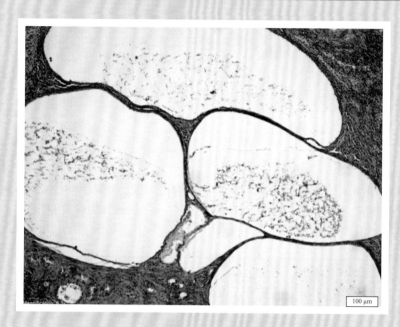

图 15-15　犬卵巢囊肿

低倍镜下，卵巢皮质中有大小不等的卵泡，有的呈椭圆形，有的呈卵圆形或圆形，卵泡腔内偶见嗜碱性化脓灶，呈丝网状或均质团岛状。扩张的卵泡将皮质部其他间质细胞和处于不同发育阶段的卵泡挤压，使之轻度萎缩（HE×100）。

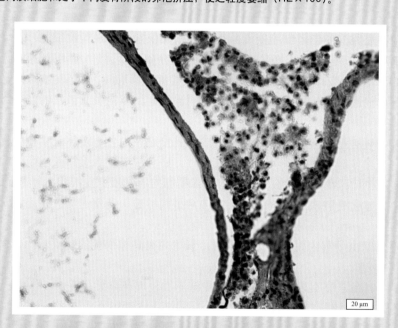

图 15-16　犬卵巢囊肿

卵泡高倍镜下，扩张的卵泡间的化脓灶为：嗜碱性强分叶核明显的嗜中性粒细胞，卵泡腔内为无结构形态的嗜碱性强的细胞碎片（HE×400）。

15.2.1.2　畸胎瘤

【背景知识】

畸胎瘤（teratoma）是一种被膜包裹的肿瘤，起源于性腺或胚胎剩件中的全能细胞，多含有两个以上胚层的多种组织成分，结构排列错乱；畸胎瘤常常含有毛发、牙齿、骨骼和油脂，常发生于卵巢和睾丸，偶尔可见于纵隔、骶尾部、腹膜、松果体等部位。病理组织学上畸胎瘤分为：①成熟型畸胎瘤：即良性畸胎瘤，由分化成熟的组织构成；②未成熟的畸胎瘤：即恶性畸胎瘤，由未成熟的组织结构，多为神经胶质或神经管样结构。卵巢畸胎瘤又称为卵巢皮样囊肿，是由于生殖细胞异常增生所致的，是一种生长在卵巢组织中的生殖细胞异常增生、聚集形成的肿瘤，因为生殖细胞中含有外胚叶、中胚叶和内胚叶 3 种组织成分，所以肿瘤里会有毛发、油脂、皮肤、牙齿、骨片等外胚叶组织，也可能含有中胚叶或内胚叶组织如肌肉、胃肠、甲状腺组织等。卵巢畸胎瘤占所有卵巢肿瘤的 10% ～ 20%，多为良性。

【临床特征】

卵巢畸胎瘤最常见的症状是盆腔的无痛性肿块，通常由 2~3 个胚层构成，表面光滑、薄膜完整，成熟的畸胎瘤囊内含有皮脂和毛发，有时可见牙齿、骨骼和头皮构成的头节，头节突向官腔。若是肿瘤破裂、扭转或者出血会导致急性腹痛。

【诊断要点】

肿块主要由界限清晰的团块状结构构成，团块内细胞量大，内部有毛发、骨骼、牙齿或者脂肪样结构，团块周围结缔组织增生，将其包裹。

【鉴别诊断】

巧克力囊肿（chocolatecyst）又叫子宫内膜异位症（endometriosis）是指子宫内膜易位症发生在卵巢内，在卵巢内形成大量黏稠咖啡色样巧克力状的液体，虽然是良性疾病，却有增生、浸润、转移及复发等恶性行为。卵巢囊腺瘤是由于腺瘤中的腺体分泌物淤积，腺腔逐渐扩大并互相融合，肉眼上可见大小不等的囊腔分布于卵巢，镜下可见腺上皮细胞的增殖，形成多数大小不一的房室，内容物有浆液、黏液、假黏液、胶质等多种物质。见图 15-17 至图 15-20。

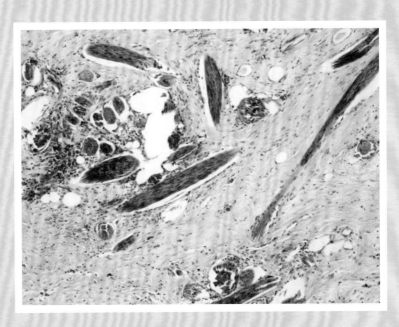

图 15-17　犬卵巢畸胎瘤（a）
肿瘤内含有毛囊和毛发结构（杜宾，雌性，3 岁，HE×100）。

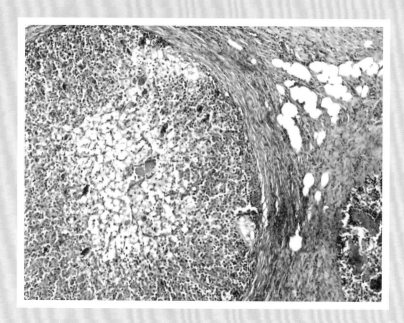

图 15-18　犬卵巢畸胎瘤（b）
肿瘤内含有脂肪组织，卵泡内也有脂肪细胞分布（杜宾，雌性，3 岁，HE×100）。

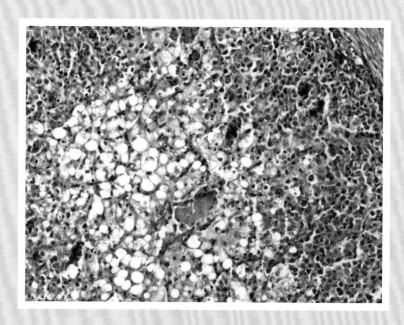

图 15-19　犬卵巢畸胎瘤（c）
卵泡内分布有脂肪细胞（杜宾，雌性，3 岁，HE×200）。

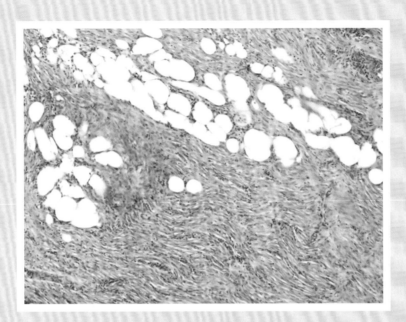

图 15-20　犬卵巢畸胎瘤 (d)

肿瘤内含有脂肪组织和平滑肌结构（杜宾，雌性，3 岁，HE×100）。

15.2.2　阴道肿瘤

15.2.2.1　平滑肌瘤

【背景知识】

阴道平滑肌瘤（vaginal leiomyoma）是一种来源于平滑肌细胞的肿瘤，常发生于 5~16 岁的母犬。阴道平滑肌瘤因为是良性所以预后良好。

【临床特征】

肿物形状为圆形或椭圆形，阴道平滑肌瘤和阴道平滑肌肉瘤会影响到尿道，导致动物出现排尿困难、便秘和里急后重，发生在管腔外的肿瘤还会引起会阴部肿胀。

【诊断要点】

典型的阴道平滑肌瘤是发生在局部的较小的皮肤结节，是由交错成束的梭形细胞构成。平滑肌肿瘤由分化良好的平滑肌细胞构成，肿瘤的细胞密度较低，细胞核细长呈横杆状，胞质呈强嗜酸性，几乎看不到核分裂象。胞核周围有液泡形成，这些液泡内含有糖原，可以用 PAS 染色证实。

【鉴别诊断】

阴道平滑肌瘤必须和阴道平滑肌肉瘤区分开。阴道平滑肌肉瘤恶性程度较高，主要表现在细胞多形现象、细胞分裂象增多以及细胞多核化。阴道平滑肌肉瘤是呈侵袭性生长的肿瘤。组织学上，平滑肌肉瘤由分化良好的梭形细胞构成，肿瘤细胞密度较高，结构相对均一。梭形细胞存在大量的细胞核分裂象，梭形细胞细胞核细长，核质呈颗粒状，胞质嗜酸性较强。平滑肌肉瘤细胞形状各异，从小的圆形细胞到大的多核细胞不等。相比阴道平滑肌瘤，阴道平滑肌肉瘤常发生细胞坏死。见图 15-21 和图 15-22。

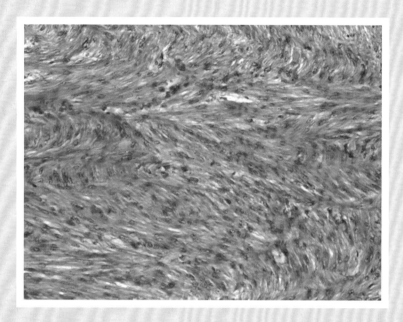

图 15-21　犬阴道平滑肌瘤（a）

瘤组织由形态比较一致的梭形平滑肌细胞构成，呈束状或栅栏状排列（西高地㹴犬，雌性，8 岁，HE×200）。

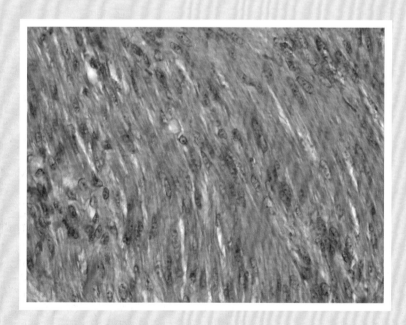

图 15-22　犬阴道平滑肌瘤（b）

肿瘤细胞呈梭形，有丰富的嗜酸性胞浆，细胞核核呈椭圆形，两端钝圆，有些细胞核周围可见空泡（西高地㹴犬，雌性，8 岁，HE×400）。

15.2.2.2　平滑肌肉瘤

【背景知识】

阴道平滑肌肉瘤（vaginal leiomyosarcomas）是来源于阴道平滑肌细胞的恶性肿瘤，一般由平滑肌瘤演变而来。几乎所有的生殖道平滑肌肉瘤病例都发生在雌性，尤其是未绝育雌性，犬最为常见。在一个关于犬阴道和外阴肿瘤的调查中发现，99 个病例中有 10 个病例为平滑肌肉瘤，其中只有一例为卵巢摘除的犬。在对 90 例年龄在 9～15 岁未绝育雌性犬的调查中发现于子宫的病例有 11 个，3 个为阴道部平滑肌肉瘤病例，康奈尔文献表明犬的平滑肌肉瘤好发于外阴和阴道部，而猫则好发于子宫。阴道平滑肌肉瘤如果没有发生转移，那么预后也是良好，如果转移至其他器官，则预后不良。

【临床特征】

大体标本为类圆形肿物，边界清楚，切面编织状，淡灰色，质实而韧，但坏死和出血较为常见，表面有隆起呈分叶状，黄白色，有不完整的包膜。

【诊断要点】

瘤细胞呈长梭形，呈不同程度的异型性，交织状排列，胞浆丰富，深粉红染色。细胞核多形性或圆形、长椭圆形，染色深，核大小和形状异型性明显，染色质粗大。可见核分裂及巨型瘤细胞，核分裂象的多少对判定其恶性程度有重要意义。超过 10 个核分裂象 /50 个高倍视野者通常表明肿瘤的恶性，其他特点包括肿瘤大小、坏死灶、浸润邻近组织和器官、高核浆比。细胞间小血管丰富，瘤细胞与血管衔接较为密切。

【鉴别诊断】

平滑肌瘤的瘤细胞呈梭形，核呈椭圆形，核的两端钝圆，胞浆较少，瘤细胞形成致密的束，交错而紧密的排列，细胞大小一致。分化较好的平滑肌肉瘤与平滑肌瘤的组织学外观差别不大，但细胞的量比平滑肌瘤的细胞量多，核略大小不等，易见核分裂象，偶可见到组织的出血和坏死。组织内当看到多量的核分裂即可诊断平滑肌肉瘤；当看到瘤巨细胞时，其恶性程度已经很高。见图 15-23 至图 15-26。

图 15-23　犬阴道平滑肌肉瘤（a）

瘤细胞呈长梭形，大小不一，呈平行或交织束状排列（雌性，9 岁，HE×100）。

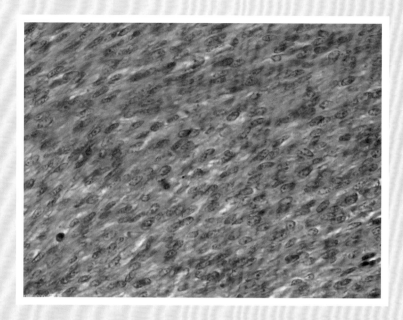

图 15-24　犬阴道平滑肌肉瘤（b）
肿瘤细胞呈梭形，呈平行或束状排列，细胞质呈嗜酸性，细胞核形态不一，可见核分裂象（雌性，9 岁，HE×400）。

图 15-25　阴道平滑肌肉瘤（a）
肿瘤细胞排列不规则，失去平滑肌细胞形态和排列方式，有局部出血区域（京巴，雌性，未绝育，14 岁，HE×100）。

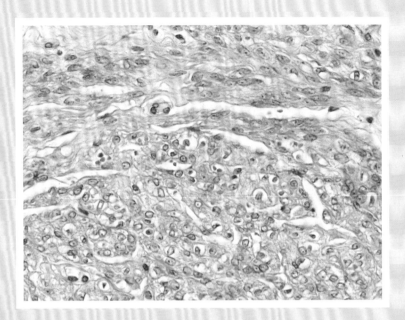

图 15-26　阴道平滑肌肉瘤（b）

肿瘤细胞呈多形性，不规则排列，有核旁空泡（京巴，雌性，未绝育，14 岁，HE×400）。

15.2.2.3　纤维瘤

请参阅第 12 章中的纤维瘤（fibroma）。见图 15-27。

图 15-27　阴道纤维瘤

肿瘤细胞排列不规则，但较致密，有丰富的小血管分布（雌性，15 岁，HE×100）。

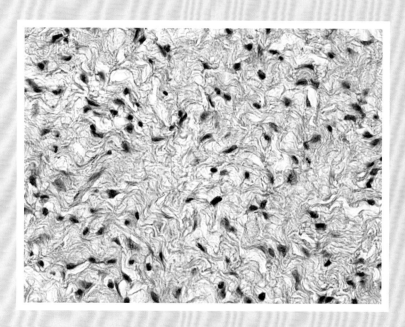

图 15-28　阴道纤维瘤（b）
肿瘤细胞呈梭形，细胞核形态、大小不一，有大量胶原纤维分布（雌性，15 岁，HE×400）。

16 乳 腺 肿 瘤

乳腺癌是母犬最常见的恶性肿瘤。年发生率为 0.198%。当犬和人的发生率调整成相同的数量分布，矫正了年龄的犬发生率比人类高 3 倍。这两个物种雌性特定年龄的发生率相同；犬的发生率（与人的发生率相比较）和低年龄组的指数值差不多一样。如果兽医没有注意到特别小的良性肿瘤或者没有对其进行摘除，乳腺肿瘤确切的发生率及良性/恶性的比例是很难确定的。基于组织学和生物学标准，摘除的肿瘤中大约有 30% 是恶性肿瘤。发育不良、良性肿瘤和恶性肿瘤从前部乳腺到后部乳腺都会发生。犬的许多肿瘤中大部分细胞一般都是不同的组织学类型。

猫的乳腺肿瘤是仅次于皮肤肿瘤和淋巴瘤的第三大肿瘤，占猫肿瘤中的 12%，占雌性猫中的 17%。无论性别年发生率为 0.0128%，雌性猫发生率为 0.025 4%。在 2.5 ~ 13 岁都会发生，而平均确诊年龄为 10 ~ 11 岁。恶性和良性肿瘤的比例为 4:1 ~ 9:1。许多肿瘤有相似的或者不同的组织学类型。同时应该考虑邻近原发肿瘤发生淋巴转移的可能性。

16.1 恶性肿瘤

16.1.1 简单性腺癌

【背景知识】

乳腺简单性癌（simple carcinomas）是犬、猫发生的最常见的恶性肿瘤，由一种肿瘤细胞组成，肿瘤细胞为单纯的腺上皮细胞或者肌上皮细胞。乳腺简单癌可以分为管状、管状乳头状、实体型、筛状癌和未分化癌。

【临床特征】

这类的肿瘤具有强烈地向周围组织和血管浸润的倾向，这种倾向大于 50%。淋巴源性和血源性传播常见；平均存活时间 10 ~ 12 个月。肿瘤组织中间质的成分各种各样，差别很大。癌周的淋巴细胞常见，这种淋巴细胞的浸润可能与坏死相关也可能无关。

【诊断要点】

（1）管状癌（tubular carcinoma）此种肿瘤常见，特点是主要形成管状结构，构成管状结构的细胞通常为一层或者两层，细胞的形态变异较大，细胞核内有一个较大的核仁或者多个小的核仁，细胞质嗜酸性，细胞间界限相对清晰。有丝分裂象或多或少。管状结构的形成，细胞的形态和分裂象的多少可以来判断肿瘤的恶性程度。在犬原发性和转移性肿瘤中，管状癌通常伴随着显著的间质性成纤维细胞增生。管状结构间的基质包含有血管和成纤维细胞，有时可见炎性细胞浸润，当增生的肿瘤细胞入侵到周围的乳腺组织时，能够引发基质反应，包括成纤维母细胞的增生。肿瘤增生的浸润性和细胞大小不均以及核分裂象的增加可以用来作为与腺瘤的区别。见图 16-1 至图 16-3。

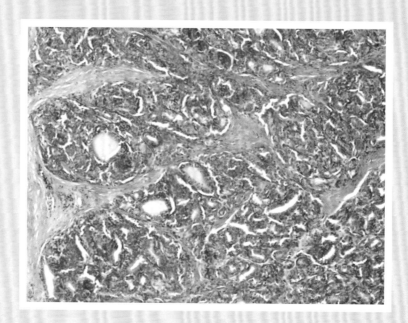

图 16-1　犬乳腺简单癌——管状癌（a）
肿瘤细胞主要形成管状结构，呈岛屿状分布，结缔组织较为发达（京巴犬，左侧第 3、4、5，右侧第 4、5 乳腺增生，有肿块，HE×100）。

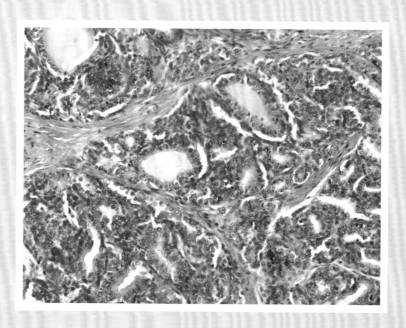

图 16-2　犬乳腺简单癌——管状癌（b）
管状结构内衬一层到两层的腺上皮细胞（京巴犬，左侧第 3、4、5 以及右侧第 4、5 乳腺增生，有肿块，HE×200）。

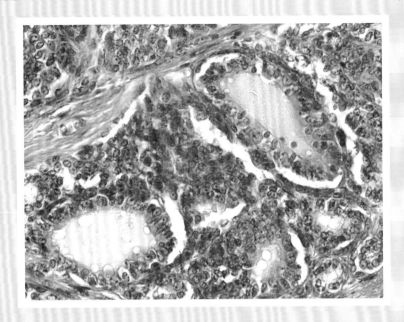

图 16-3 犬乳腺简单癌——管状癌（c）

腺上皮细胞呈柱状，形态不一致，细胞间界限不明显，管腔内有分泌物（京巴犬，左侧第 3、4、5 以及右侧第 4、5 乳腺增生，有肿块，HE×400）。

（2）管状乳头状癌（tubulopapillary carcinoma） 这类肿瘤的特点是带有或不带有突起的乳头状小管的形成。乳头状的简单癌在犬猫中经常发生，并且间质成分在这种型的癌症中通常散在分布。管状乳头状癌与管状癌的区别在于前者形成延伸至管腔的乳头状结构。猫的该肿瘤应该与小孔型的乳腺简单癌相区分。囊性乳头状癌是管状乳头状癌的特殊变种，该类型癌界限清晰，易与导管内乳头状瘤增生等良性病变混淆。见图 16-4 至图 16-6。

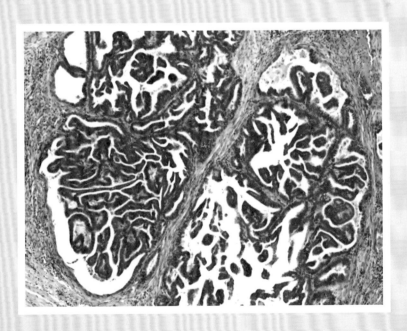

图 16-4 猫乳腺简单癌——管状乳头状癌（a）

瘤细胞主要形成分枝状的乳头状结构突入到大的管腔内（雌性，未绝育，7 个月内乳腺肿瘤复发，HE×100）。

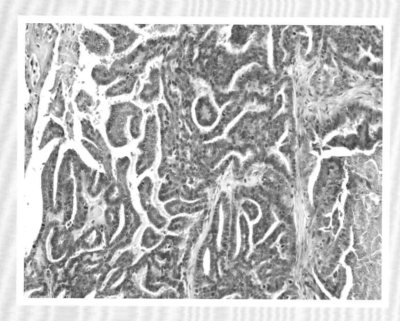

图 16-5　猫乳腺简单癌——管状乳头状癌（b）
乳头状结构有细微的纤维血管结缔组织作为支架（雌性，未绝育，7 个月内乳腺肿瘤复发，HE×200）。

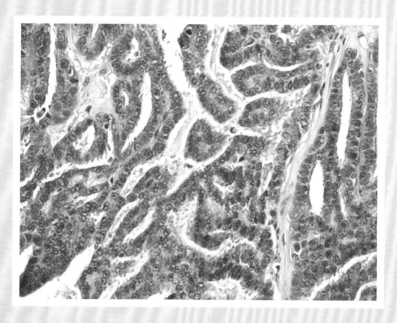

图 16-6　猫乳腺简单癌——管状乳头状癌（c）
乳腺腺上皮细胞呈柱状，核分裂象多见，细胞间界限不明显（雌性，未绝育，7 个月内乳腺肿瘤复发，HE×400）。

（3）实性癌（solid carcinoma）　实性癌在犬、猫中也非常常见。通常情况下边界不清晰，但是也会出现个别的病例边界清晰。特征是形成实质性的片层状、索状或巢状。这种肿瘤是由紧密排列的细胞形成致密的、大小不规则的小叶结构，并且由细小的纤维血管性基质支撑。细胞形态从多角形到卵圆形，细胞间界限不清晰，细胞质含有空泡（透明细胞型 clear cell type），这种细胞可能是肌上皮起源。这种类型的肿瘤细胞的间质数量从少量到中等程度。核不均和细胞大小不一程度从中度到重度，核分裂象不等。肿瘤细胞常常浸润到癌周的淋巴管，造成局部淋巴结的转移。见图 16-7 至图 16-9。

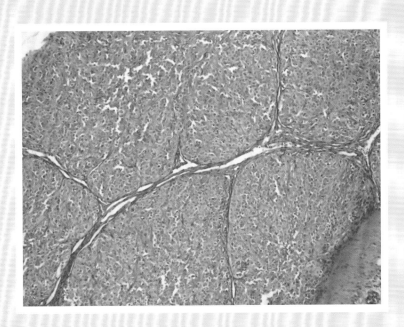

图 16-7　犬乳腺简单癌——实性癌（d）

肿瘤细胞主要排列成片状或者实体状，被细小的结缔组织所分割，无管腔结构（西施犬，雌性，11 岁，左侧最后乳腺，HE×100）。

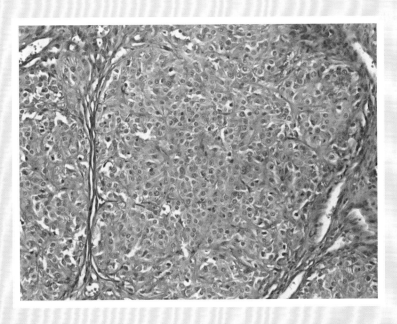

图 16-8　犬乳腺简单癌——实性癌（e）

瘤细胞呈挤压状态形成致密的、大小不一的小叶状结构，并有细微的纤维血管基质支撑（西施犬，雌性，11 岁，左侧最后乳腺，HE×200）。

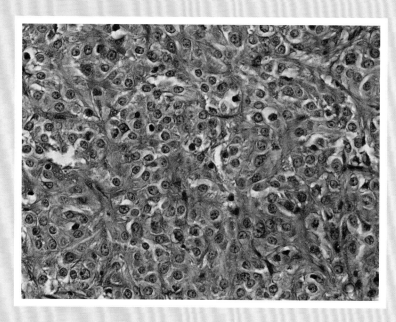

图 16-9　犬乳腺简单癌——实性癌（f）

瘤细胞呈多角形至卵圆形，细胞间界限不明显，细胞质少，细胞核染色质丰富，可见核分裂象（西施犬，雌性，11 岁，左侧最后乳腺，HE×400）。

（4）筛状癌（cribriform carcinoma）。这种类型的癌不常见，特点是增生的肿瘤细胞形成裂筛状或者滤网状结构，周围的结缔组织数量很少。肿瘤细胞从立方状到多角形不等，通常含有嗜酸性的胞浆。细胞大小不均和核不均程度中等，核分裂象的数量不等。通常表现出高度的侵袭性。筛状癌通常是伴有小孔出现的实体癌，与乳头状癌和实体癌的区别是筛状癌有坏死灶的出现。

（5）未分化癌（anaplastic carcinoma）　这种肿瘤是乳腺癌中恶性程度最高的肿瘤形式。肿瘤表现为小叶间结缔组织和淋巴管的扩张性浸润。这种癌在犬中有发生，但是在猫中不常见。大体上，这类肿瘤界限不清，肿瘤细胞呈弥散性存在或者形成聚团的巢状分布，细胞呈圆形、卵圆形或者多角形，细胞体积很大，细胞直径为 15 ～ 70 μm，胞浆量多且嗜酸性，细胞核圆形或椭圆形，有的细胞核形状奇怪且染色质丰富。有些细胞出现多核。细胞大小不一，细胞核不均严重，有丝分裂象多见。癌细胞的刺激导致成纤维细胞明显增多，淋巴细胞、浆细胞、肥大细胞浸润明显，偶见中性粒细胞和嗜酸性粒细胞以及巨噬细胞可能分布在瘤体和肿瘤间质中。肿瘤间质呈水肿性，淋巴管扩张明显，胶原性的间质丰富。肿瘤细胞常入侵到淋巴管内，造成局部淋巴结进而肺脏的转移。这种类型的癌预后不好，因为其很易复发或发生转移。见图 16-10 至图 16-18。

【鉴别诊断】

需要与乳腺的良性肿瘤和乳腺其他类型的恶性肿瘤进行区别。良性肿瘤界限清晰，细胞分化良好，不会出现血管内浸润。与复合性癌相比，简单性癌的特征是肿瘤组织由一种肿瘤细胞组成，肿瘤细胞为单纯的腺上皮细胞或者肌上皮细胞；而复合性癌的肿瘤细胞成分多样，包含腺上皮细胞和间质细胞等成分。

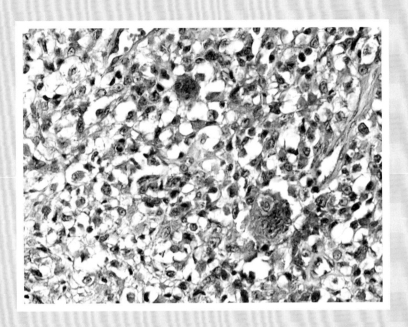

图 16-10　犬乳腺未分化癌（a）

瘤细胞呈单个或者小巢排列，瘤细胞呈多角形或者圆形，细胞大小不一和核不均明显，有丝分裂象常见，可见多核细胞（英斗犬，雌性，8 岁，左右两侧均有乳腺肿物，HE×400）。

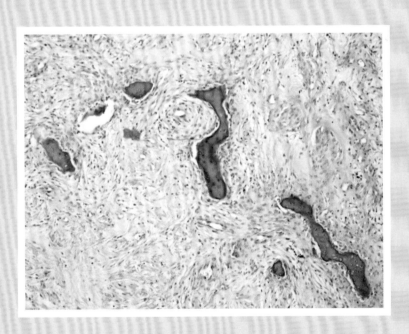

图 16-11　犬乳腺未分化癌（b）

增生的结缔组织中可见骨化生（英斗犬，雌性，8 岁，左右两侧均有乳腺肿物，HE×100）。

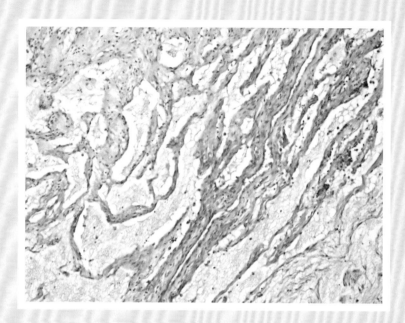

图 16-12　犬乳腺未分化癌（c）

肿瘤间质中可见多量扩张的淋巴管，管腔内充满淋巴液（英斗犬，雌性，8 岁，左右两侧均有乳腺肿物，HE×400）。

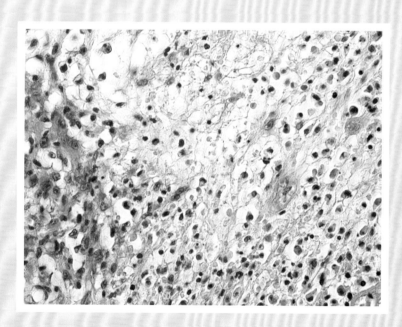

图 16-13　犬乳腺未分化癌（d）

肿瘤间质中可见炎性细胞的浸润（英斗犬，雌性，8 岁，左右两侧均有乳腺肿物，HE×400）。

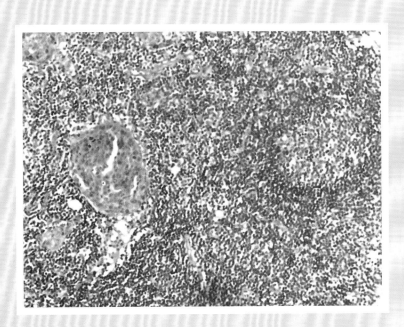

图 16-14　猫简单性癌，转移至淋巴结（a）
淋巴结内出现了乳腺上皮细胞增生所形成的大小不一的团块或小巢（HE×200）。

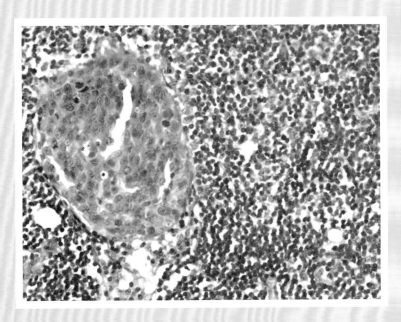

图 16-15　猫简单性癌，转移至淋巴结（b）
淋巴结中转移而来的乳腺上皮细胞体积较大，椭圆形，细胞间界限不明显，可见核分裂象（HE×400）。

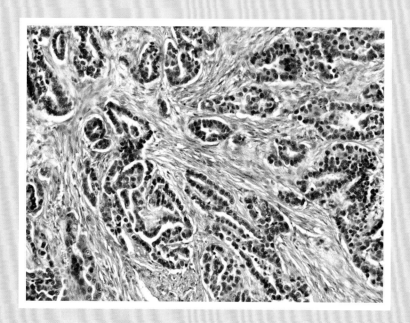

图 16-16 猫乳腺简单癌，转移至皮肤（a）
在皮肤真皮层中乳腺上皮细胞形成大小不一的管状结构（雌性，11 岁，HE×200）。

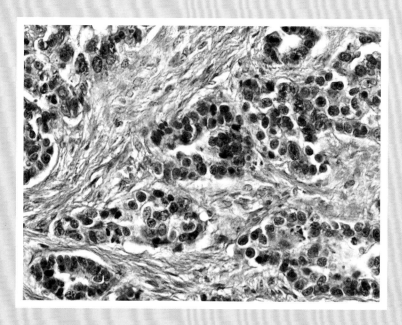

图 16-17 猫乳腺简单癌，转移至皮肤（b）
单层或者双层的腺上皮细胞在真皮层中围绕成管状结构，可见核分裂象（雌性，11 岁，HE×400）。

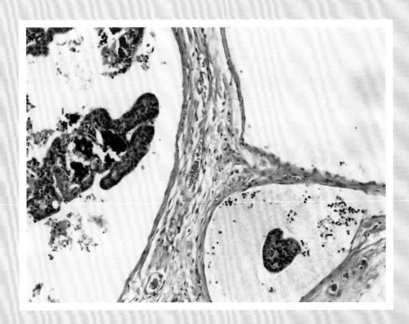

图 16-18　猫转移性乳腺癌，转移至皮肤（c）

皮肤真皮中的淋巴管内可见乳腺腺上皮细胞团块和其他细胞成分（HE×200）。

16.1.2　复合性腺癌

【背景知识】

复合性腺癌（complex carcinoma）为恶性肿瘤，在犬较为常见，但是猫少见。治疗方案为手术切除，平均存活时间是 10 个月。

【临床特征】

复合性腺癌常见于犬，浸润性较单纯癌小且预后也比单纯癌好。猫的复合性腺癌较少见，约占猫乳腺肿瘤的 7.5%，并且通常具有浸润性，从肿瘤的发现到死亡 6～12 个月。眼观复合性腺癌的肿物界限良好，质硬，呈灰白色的实性肿物；发生于猫的肿物直径为 0.8～4 cm，常见于 4～14 岁的猫。

【诊断要点】

复合性腺癌由恶性的腺上皮成分和肌上皮成分组成，肿瘤的特征是具有以上两种细胞，并且细胞成分由纤维血管性基质支持。由一层或者多层立方状到高柱状细胞的腺上皮样细胞排列形成不规则的管状，细胞胞浆量较少且呈嗜酸性，细胞大小不一和核不均现象明显，分裂象不等，有时可见细胞形成的坏死灶，单个或者多个。部分细胞发生鳞状上皮化生现象。肌上皮样的梭形细胞呈星射状、网状方式或者不规则的束状排列于黏液样的基质中，黏液样的物质一般是从幼稚软骨分化而来。肌上皮细胞界限不清晰，胞浆轻度嗜酸性，细胞核呈圆形或者卵圆形，核仁位于中央，染色质呈点状分布。在癌周可见炎性细胞浸润灶，多以淋巴细胞和浆细胞为主。复合性腺癌的膨胀性生长较为常见，但是很少伴随着淋巴管的生长。高分化的复合性腺癌和复合性腺瘤的区分比较困难。被膜消失、浸润性生长、多孔性、高坏死和高细胞分裂指数说明肿瘤的恶性程度。

【鉴别诊断】

需要与复合性腺瘤进行区别：复合性腺癌细胞成分多、上皮细胞具有显著的多样性，有丝分裂象明显，出现坏死灶以及呈现浸润性生长等特点。癌肉瘤中也可见与复合性腺癌相类似的幼稚软骨，但是这类肿瘤以其软骨基质的缺陷中镶嵌有肿瘤细胞为特点。见图 16-19 至图 16-23。

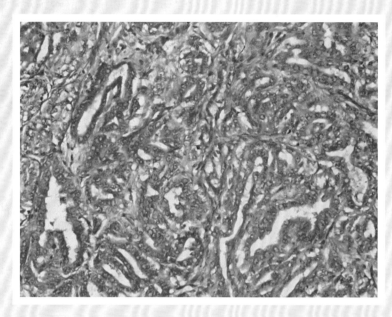

图 16-19　犬乳腺复合性癌（a）

肿瘤由大小不一的管状结构（腺上皮细胞）和黏液化的网状基质（肌上皮细胞）组成（雌性，8 岁，HE×200）。

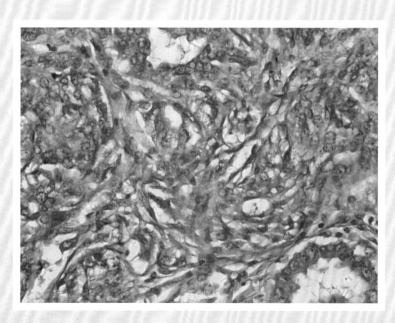

图 16-20　犬乳腺复合性癌（b）

腺上皮细胞为恶性，单层或者多层，呈立方状或者柱状，细胞大小不一。肌上皮细胞为良性，细胞较为一致，界限不明显（雌性，8 岁，HE×400）。

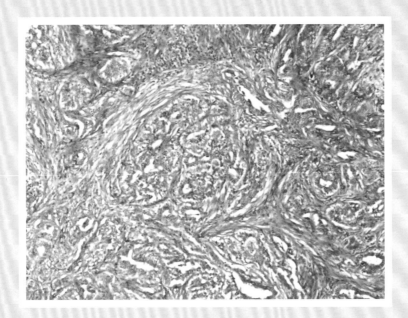

图 16-21 犬乳腺复合性癌（c）

可见肿瘤中有大量管状结构分布，周围被结缔组织包裹，部分管状结构看不到管腔（雌性，10 岁，位于右侧第 4、5 乳腺处，HE×100）。

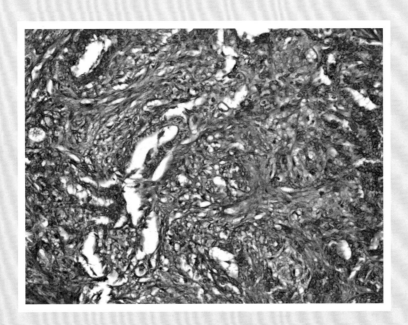

图 16-22 犬乳腺复合性癌（d）

肿瘤间质由梭形的肌上皮细胞呈不规则的束状、网状排列，部分细胞间可见有嗜碱性的黏液样基质（雌性，10 岁，位于右侧第 4、5 乳腺处，HE×200）。

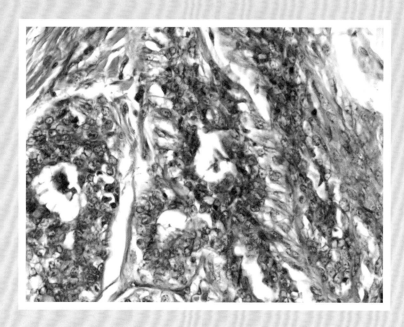

图 16-23　犬乳腺复合性癌（e）

乳腺导管由腺上皮细胞和肌上皮细胞组成。腺上皮细胞位于官腔内侧，排列紧密，细胞核呈圆形，空亮，可见明显核仁；细胞质较小，细胞界限不清楚。肌上皮细胞竖立于腺上皮和基底膜之间，呈梭形或星形，细胞质较为丰富，细胞间有黏液成分（雌性，10岁，位于右侧第4、5乳腺处，HE×400）。

16.1.3　特殊形式的腺癌

16.1.3.1　伴随鳞状分化的腺癌

【背景知识】

犬的伴随鳞状分化的腺癌（carcinomas with squamous differentiation）不常见，而在猫中未见报道，治疗方案为手术切除。

【临床特征】

肿物的形状不规则，质硬，呈小叶状，颜色呈灰色或者白色并且可见有黄色的斑点。通常有较大面积的化脓和坏死。肿瘤具有高度的浸润性，可以侵入淋巴管。

【诊断要点】

典型的鳞状细胞癌和腺鳞状细胞癌属于此种肿瘤的范畴。典型的鳞状细胞癌由立方细胞层形成片状或索状结构，并伴有部分角化区域。在细胞层的外缘主要是基底细胞，中心区域由片状的角蛋白构成，其中可见坏死的肿瘤细胞（影细胞）。而腺鳞状细胞癌由腺瘤样组织组成，并伴有鳞状分化区域。

大多数是鳞状上皮癌都是高度浸润性生长的，并入侵淋巴管。乳腺或者乳头管起源形成的鳞癌不仅应与从皮肤或者附属物分化而来的鳞状细胞癌相区分，也应与较大腺管由于炎症而形成的鳞状上皮化生相区分。肿瘤细胞通常具有异型性，并向周围组织侵袭。而且，有一种比较少见的腺癌也包括在本类肿瘤中，在一定程度上与基底细胞样腺瘤类似，但是具有侵袭和转移特性。

【鉴别诊断】

需要与基底细胞样腺瘤相鉴别。基底细胞样腺瘤最先在用于孕酮临床试验的比格犬中发现。肿瘤通常较小，界限清晰，且不发生迁移。有一些肿瘤的生长类似于腺病，而非独立的腺瘤。肿瘤由均匀的条索和单型的上皮细胞簇组成，有些上皮细胞可能发生角化。外层细胞沿一层薄的基膜包围肿瘤外缘。见图 16-24 至图 16-26。

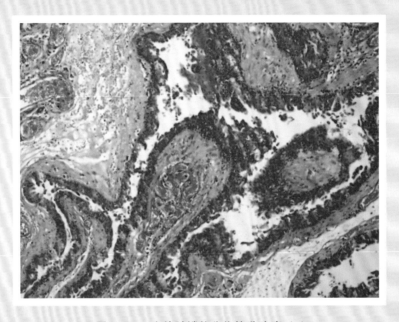

图 16-24　犬伴随鳞状分化的乳腺癌（a）

可见乳腺肿瘤中出现鳞状结构，呈乳头状分布，鳞状结构周围主要为基底细胞，鳞状结构中心主要为角蛋白（层状分布）和坏死的肿瘤细胞，其中有大量血管分布（雌性，9 岁，右侧乳腺增生，HE×100）。

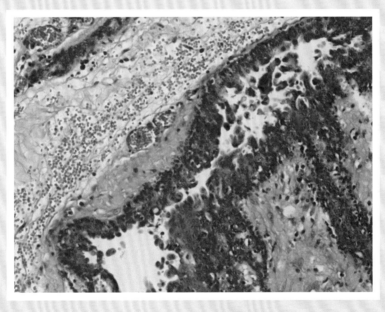

图 16-25　犬伴随鳞状分化的乳腺癌（b）

图 16-24 的高倍镜（雌性，9 岁，右侧乳腺增生，HE×200）。

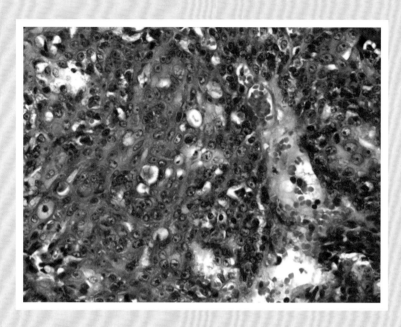

图 16-26　犬伴随鳞状分化的乳腺癌（c）

可见乳腺肿瘤中化生的鳞状结构，肿瘤细胞呈多形性，胞浆丰富，细胞核核仁明显，还有少量细胞核深染的炎性细胞浸润，鳞状结构中心有大量血管分布（雌性，9 岁，右侧乳腺增生，HE×400）。

16.1.3.2　黏液性腺癌

【背景知识】

乳腺黏液癌（mucinous carcinoma）是一种特殊类型的浸润性乳腺癌，在临床上较少见，预后较好。根据是否含有无细胞外黏液区域的浸润性癌成分，将乳腺黏液癌分为单纯型及混合型。单纯型黏液癌的所有区域都有大量细胞外黏液，小岛状的癌细胞团漂浮在丰富的细胞外黏液基质中，黏液占肿瘤总体积至少 33%。混合型黏液癌中既有大量细胞外黏液的区域，同时又含有缺乏细胞外黏液的浸润性癌区域，细胞外黏液至少占整个肿瘤的 25%。

【临床特征】

乳腺黏液癌的临床表现与普通型乳腺癌相比无特征性的表现，多表现为可触及的包块，少数患病动物无明显包块而以乳头溢血或溢液为首发症状。黏液癌与其他类型乳腺癌均主要以发现乳腺包块为主要症状，但黏液癌生长速度较慢，呈推进式地向周围组织生长，肿物局限，较隆凸。乳腺 X 线摄影可见边界尚清楚的叶状包块。淋巴结转移程度是决定乳腺癌预后的重要因素，黏液癌的淋巴结转移率明显低于普通型，说明其预后也较好。乳腺黏液癌少见于犬猫，可形成界限清晰的肿物，质地较柔软，呈胶样，有明显的光泽，肿瘤的直径一般在 1 ~ 4 cm之间。黏蛋白是否由肌上皮细胞或分泌上皮细胞产生的还不能确定。

【诊断要点】

突出特点是存在大量的 PAS 染色阳性的黏液样物质。产生黏液物质的肿瘤细胞散在或呈巢状分布。有时可见黏液样的物质转变成软骨样的细胞间物质。肿瘤细胞呈多边形，胞质内含有液泡。

【鉴别诊断】

　　乳腺黏液癌易与黏液样纤维腺瘤和黏液囊肿样病变相混淆。纤维腺瘤具有受压的空腔，内衬上皮和肌上皮细胞，此外，黏液样间质中有肥大细胞浸润等特点。黏液囊肿样病变在黏液湖中漂浮的细胞呈条状，存在肌上皮细胞，此为良性本质的重要线索；而黏液癌组织中，细胞簇为纯上皮细胞成分，缺乏肌上皮，所以不难鉴别。此外，还需要与产生细胞外黏液样基质的复合性癌相区别。见图 16-27 至图 16-30。

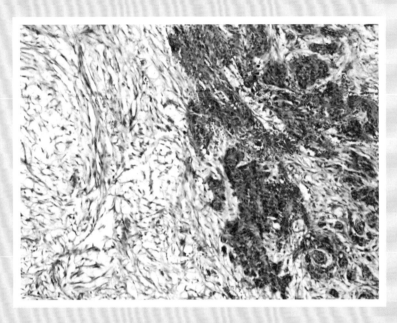

图 16-27　犬乳腺黏液癌（a）

可见乳腺肿瘤中存在大量的黏液样细胞，呈条索状和网状分布，还可见有红细胞浸润（京巴犬，雌性，未绝育，11 岁，右侧第 1、2 乳腺肿块增生，HE×100）。

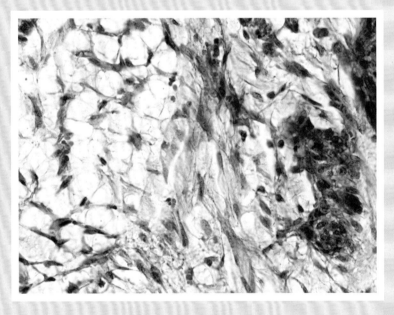

图 16-28　犬乳腺黏液癌（b）

可见肿瘤细胞呈多面型，细胞质呈液泡状，细胞核被挤至一侧，呈梭形（京巴犬，雌性，未绝育，11 岁，右侧第 1、2 乳腺肿块增生，HE×400）。

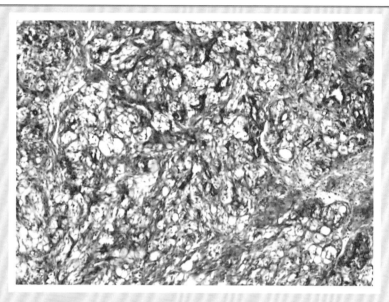

图 16-29　犬乳腺黏液癌（c）

肿瘤中仍能看到乳腺结构中的管状分布，管状结构中可见大量的黏液样细胞，呈网状分布（西施犬，雌性，未绝育，10 岁，左侧最后一个乳腺出现肿块，HE×100）。

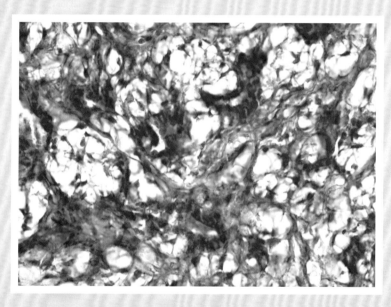

图 16-30　犬乳腺黏液癌（d）

可见肿瘤中的黏液样细胞呈多面型，细胞质呈液泡状，细胞核被挤至一侧（西施犬，雌性，未绝育，10 岁，左侧最后一个乳腺出现肿块，HE×400）。

16.1.4　肉瘤

【背景知识】

　　乳腺肉瘤(sarcomas)占犬乳腺肿瘤的为 10%～15%，但猫的发生率较低。老年猫的纤维肉瘤在软组织中常发，但有时乳腺也会发生。肉瘤一般体积较大，且界限清晰，牢固地附着于骨样基质上。犬的纤维肉瘤和骨肉瘤是最常见的乳腺肉瘤，软骨肉瘤少见。由于局部复发率高并易转移至局部淋巴结或肺脏，乳腺肉瘤一般预后不良，平均存活时间为 10 个月。

16.1.4.1　骨肉瘤

【临床特征】

骨肉瘤（osteosarcoma）是全乳腺间质组织最常发的肿瘤。临床上这种肿瘤通常出现较长时间（几年），但最近有生长迅速的趋势。肿瘤的生物学特征通常类似于发生于其他部位的骨肉瘤，可通过血源性途径转移，主要是转移至肺。

【诊断要点】

这类肿瘤的特征是肿瘤细胞产生类骨样物质。肿瘤细胞的形态从纺锤形、星状或圆形，与肿瘤骨样组织岛或者骨的形成密切相关。肿瘤骨组织直接形成的形式与通过软骨样中间阶段形成的骨为特征的软骨肉瘤的特点不同。骨肉瘤或为纯粹的骨肉瘤或者为骨组织、纤维组织和软骨样成分的混合物。后者由恶性骨组织和软骨样细胞组成，并且可能含有恶性纤维成分或脂肪细胞。通常情况下肿瘤中心的基质最密集，四周区域细胞成分比较丰富。多形性核与分裂象通常显著。见图 16-31 至图 16-33。

【鉴别诊断】

骨肉瘤为巨细胞瘤，但前者肿瘤细胞能够产生类骨质。对于软骨母细胞性骨肉瘤，此肿瘤能够直接产生类骨质和软骨样基质。多数病例，赘生性细胞产生骨和软骨物质；而也有少数病例只产生骨或者软骨，所以易被误认为是软骨肉瘤。对于毛细管扩张性骨肉瘤，此肿瘤侵袭性强，出现溶骨性放射损伤，出血和膀胱损伤，易被误认为原发性或转移性骨血管肉瘤。前者，在多形性和恶性的间质细胞中出现类骨质，一些大小不一且充满血液的空腔外周由肿瘤细胞排列，而不是内皮易被误认为骨折骨痂。骨折修复的特点为大量的间质细胞迅速增殖，且可见类骨质。骨痂处的细胞异型性较多数骨肉瘤低。另外，骨折骨痂可见软骨与骨的成分，大量的细胞软骨逐渐转变成类骨质，没有连接。骨肉瘤可见大量分散的多核巨细胞，有时数量达到一定程度易被误认细胞。毛细管扩张性骨肉瘤的转移性通常与原发性骨血管肉瘤类似，含有大量充满血液的囊性空腔。

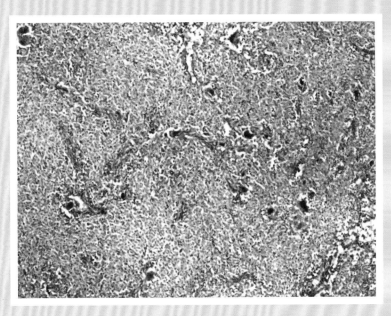

图 16-31　犬乳腺骨肉瘤（a）

可见肿瘤细胞呈条索状和团块状分布，细胞质嗜碱性染色，其中还有少量深蓝染的团块状物质（金毛，雌性，4 岁，左侧第一乳区肿物，HE×100）。

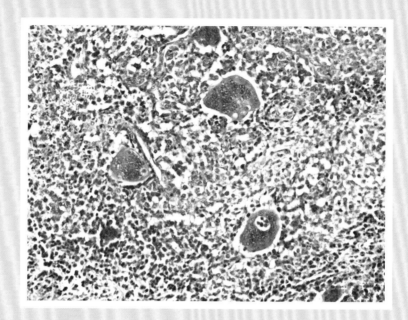

图 16-32　犬乳腺骨肉瘤（b）

可见肿瘤细胞呈多形性，还有由多核巨细胞组成的破骨细胞，细胞核紧密聚集在一起（金毛，雌性，4 岁，左侧第一乳区肿物，HE×200）。

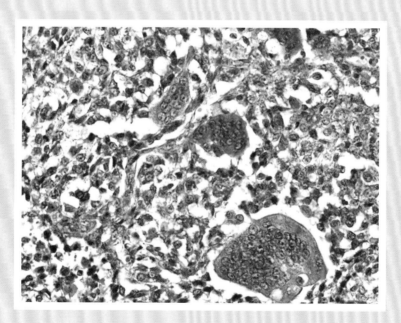

图 16-33　犬乳腺骨肉瘤（c）

可见肿瘤细胞呈多形性，还有由多核巨细胞组成的破骨细胞，细胞核紧密聚集在一起（金毛，雌性，4 岁，左侧第一乳区肿物，HE×400）。

16.1.4.2 软骨肉瘤

【临床特征】

软骨肉瘤(chondrosarcoma)发展迅速,不常发生转移,但是经常在局部复发。一般表现为界限清晰,质地坚硬,呈一定程度的多个小叶状,不附着于周围的组织和皮肤。预后不良,平均存活时间在个体间差异较大。软骨肉瘤不常发生转移,但是经常复发。

【诊断要点】

软骨肉瘤界限清晰,由大片体积较大的、中度多形性的纺锤形细胞和卵圆形细胞组成,这些细胞具有大而细长的核(核中包含粗糙呈颗粒状的染色质)和中量的细胞质,胞质略呈嗜酸性。细胞周围存在大量胶原,有时混有黏液性间质,可见坏死、出血、水肿和散在的略微扩张的管腔,以及核分裂象。肿瘤小叶边缘部位的肿瘤细胞细胞核小而圆,染色质丰富,偶见双核或者多核的肿瘤细胞。核分裂象数量不等,但在分化不好的肿瘤中更为常见。嗜碱性的软骨样基质的数量不等,软骨基质的数量和形态并不是预后的标志。

【鉴别诊断】

在犬的肋骨等产生大量的软骨和骨骼的区域生长的大型肿瘤,区分软骨肉瘤和骨肉瘤通常是比较困难的。在这些区域内的肿瘤,其显微镜下形态像骨肉瘤,而肿瘤生物学行为更符合软骨肉瘤的特征在显微镜下诊断软骨肉瘤时,应确定形态学的诊断是否符合临床和影像学的结果。重要的是,一些恶性软骨肉瘤的细胞学特征在其他肿瘤中也可呈现,比如成软骨细胞型骨肉(chondroblastic osteosarcomas)、活跃生长或受创伤的骨软骨瘤(osteochondromas),和各种非恶性的骨膜和滑膜对于损伤的反应。在愈伤组织,一些外生骨疣,创伤韧带着生处,滑囊、腱鞘、关节内衬的软骨-骨化生的位置中可以找到一些非典型的软骨细胞。这些诊断中的问题主要是由于临床和影像学研究结果不可用或不足,或者当组织标本的不能指向损伤时出现的。见图 16-34 和图 16-35。

图 16-34　犬乳腺软骨肉瘤（a）
肿瘤由大量的呈淡蓝染的软骨细胞组成,呈不规则排列（HE×100）。

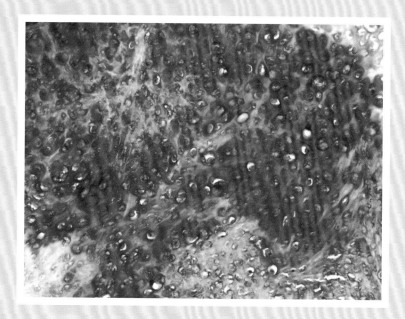

图 16-35　犬乳腺软骨肉瘤（b）

软骨细胞大小不一，细胞核呈圆形或卵圆形，细胞质呈淡蓝染色，细胞排列不规则（HE×200）。

16.1.5　癌肉瘤

【背景知识】

乳腺癌肉瘤（carsinosarcoma），又称为乳腺化生性癌，是指癌和肉瘤共同发生的肿瘤。乳腺癌肉瘤是一种罕见的侵袭性肿瘤。在犬中不常见而在猫中更少发生，现在的证据证明癌肉瘤是由一种多能干细胞向上皮和间叶细胞双向分化的结果。

【临床特征】

这类肿瘤通常界限清晰，切面坚硬，有时甚至如骨组织一样。乳腺癌肉瘤通过血液或淋巴循环途径进行传播，肺脏是其最常见的转移的部位。乳房切除术是外科治疗的根本的首选的方法。随后按照常规的乳腺癌的术后治疗、化疗和免疫疗法进行治疗。一般术后平均存活时间为 18 个月。肿瘤的大小、分化程度、细胞的异型性及有丝分裂象可作为评价其预后的参考因素。

【诊断要点】

肿瘤组织由恶性上皮细胞（腺上皮细胞和 / 或肌上皮细胞）和恶性的结缔组织构成。临床上可见各种癌成分混合类型的肿瘤。有些肿瘤的形态学外观类似于良性肿瘤，肿瘤癌性部位与软骨性部位的融合往往是预示着转化的发生。

【鉴别诊断】

犬乳腺癌肉瘤与犬乳腺复合性癌、良性混合瘤、纤维腺瘤在病理学上需要加以区别。犬乳腺复合性癌由腺上皮和肌上皮两种成分组成，腺上皮细胞排列成管状乳头状或实体样，肌上皮细胞的排列表现出一定程度的星形、网织状，有时细胞内存在黏液状物质。良性混合瘤由良性的腺上皮细胞和肌上皮细胞组成，混有各种各样的纤维组织、软骨、骨和 / 或脂肪细胞。纤维腺瘤由腺上皮成分和丰富的纤维样间质细胞组成，有时混有肌上皮成分，没有清晰的软骨、骨或脂肪存在。而乳腺癌肉瘤则同时包含有恶性上皮和恶性间质。见图 16-36 至图 16-38。

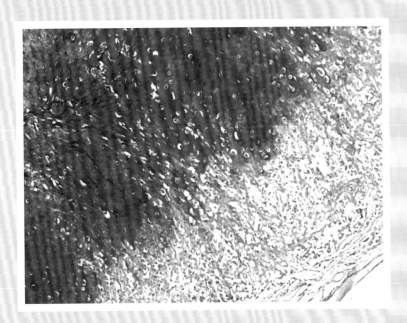

图 16-36　犬乳腺癌肉瘤（a）

肿瘤由外层的呈条索状分布的上皮样细胞逐渐向中央分化成深蓝染色的软骨样或骨样结构（雌性，12 岁，肿瘤位于右侧第一乳头下，HE×100）。

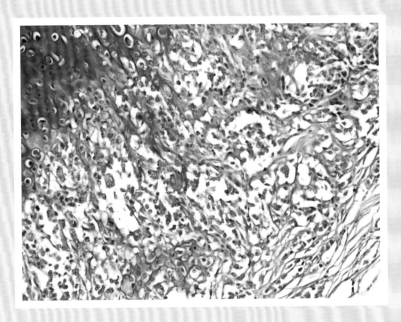

图 16-37　犬乳腺癌肉瘤（b）

上皮样细胞向软骨细胞分化（雌性，12 岁，肿瘤位于右侧第一乳头下，HE×200）。

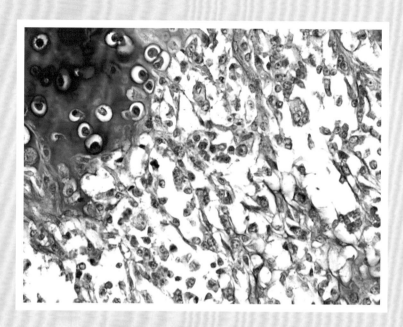

图 16-38　犬乳腺癌肉瘤（c）

肿瘤边缘的上皮样细胞呈圆形或多角形，胞浆丰富但不着色，细胞核呈圆形，浓染，可见明显核仁；上皮样细胞分化成软骨细胞，软骨细胞呈椭圆形，2 个以上的细胞分布于蓝染的软骨陷窝中；可见少量的多核巨细胞（雌性，12 岁，肿瘤位于右侧第一乳头下，HE×400）。

16.2　良性肿瘤

　　犬的良性乳腺肿瘤的发生率比猫高（在犬中良性与恶性的比为 70/30，猫为 20/80）。大多数良性肿瘤有很好的界限，犬肿瘤的内部结构通常没有规则，包含有多种型细胞类型，如腺上皮细胞、肌上皮细胞或者基质细胞等。

16.2.1　简单性腺瘤

【背景知识】

简单性腺瘤（simple adenoma）是良性肿瘤的一种，较为少见。手术切除是治疗本病的最佳选择。

【临床特征】

眼观呈界限清楚的无浸润性的结节状结构。

【诊断要点】

　　简单性腺瘤一般形成管状，由分化良好的腺上皮细胞组成，腺管有均一的单层排列的立方形或柱状细胞组成，胞质适量、嗜酸性；核呈圆形或椭圆形位于中央；核仁较小。核大小不均和细胞大小不均少见，核分裂象少见。某些管状瘤中存在分泌性的产物，支持性的纤维血管基质成分较少。

　　实体型的简单性腺瘤型主要有良性的梭形细胞组成，在美国的一些病理学家把它称为肌上皮瘤。在稀疏的间质中梭形细胞呈结节状生长，有丝分裂象不明显。

【鉴别诊断】

应与管状癌鉴别，后者小管的内层通常有 1 ~ 2 个细胞厚，细胞形态大小不一，呈多形性。胞核淡染，核仁大小不均，有丝分裂明显，向周围的乳腺组织中浸润时，引发基质反应，有很多成纤维细胞增生。见图 16-39 至图 16-41。

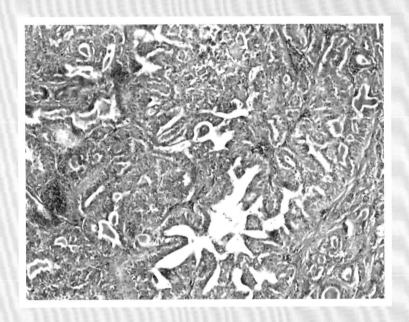

图 16-39　犬乳腺简单瘤（a）

肿瘤形态简单，多见增生的导管结构和乳头状结构（可卡犬，雌性，14 岁，右侧乳腺皮下 3 个肿块，HE×100）。

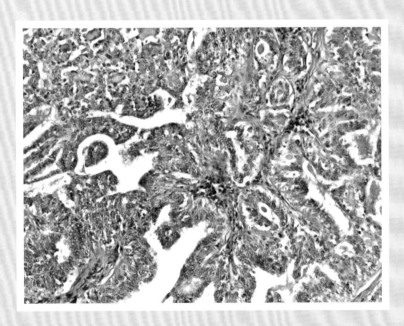

图 16-40　犬乳腺简单瘤（b）

导管结构间被细小的结缔组织所分割，腔内可见嗜酸性分泌物（可卡犬，雌性，14 岁，右侧乳腺皮下 3 个肿块，HE×200）。

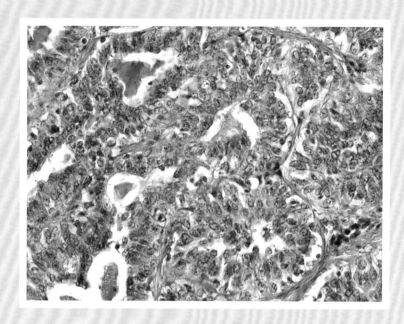

图 16-41　犬乳腺简单瘤（c）

形成的腺腔结构被覆多层的腺上皮细胞，管腔较小（可卡犬，雌性，14 岁，右侧乳腺皮下 3 个）。

16.2.2　复合性腺瘤

【背景知识】

乳腺复合腺瘤（complex adenoma）常发于犬而少见于猫。复合腺瘤与良性混合瘤、纤维腺瘤以及小叶增生（腺病以及导管增生）区别比较困难。

【临床特征】

犬、猫的乳腺肿瘤和人类的有很多相似之处，乳腺肿瘤在这三者中都是常发性肿瘤，随着年龄的增长，犬类的发病率是人类的 3 倍。复合性腺瘤在母犬中最为常见。荷尔蒙，内因外因对于乳腺的发生都起到促进作用。在犬、猫肿瘤发生的末期，可能发生转移，在这种病例中，很少发现或几乎没有荷尔蒙受体的存在，表明自发生长可能与自分泌或旁分泌作用相关联。犬猫乳腺肿物的治疗可能需要早期全部切除。在 40% ～ 60% 的病例中，可能发现微小的转移灶并最终导致致死性结果。需要努力的方向是检测并消除微小的转移灶。

【诊断要点】

肿瘤由腺上皮细胞与类似肌上皮细胞的纺锤形或星形细胞构成。后者细胞可以产生黏液样的物质，易被误认为是良性混合瘤（benign mixed tumors）特有的软骨样结构。其特征是有包膜、低有丝分裂指数、缺乏坏死以及低异型性。

【鉴别诊断】

与纤维腺癌的区别在于软骨、骨或脂肪是否存在。

纤维腺瘤在犬猫相对较为常见。乳腺腺纤维瘤由腔上皮细胞以及成纤维间质细胞构成，有时混合有肌上皮细胞。基质细胞丰富，含有丰富的有丝分裂象。与小叶增生的区别见乳腺增生部分。与复合性癌的区别在于恶性程度的差异，表现为低有丝分裂指数、缺乏坏死以及低异型性。混合瘤由类管腔上皮以及肌上皮混有间质细胞产生的纤维组织组成，同时又存在软骨、骨或脂肪组织。见图 16-42 和图 16-43。

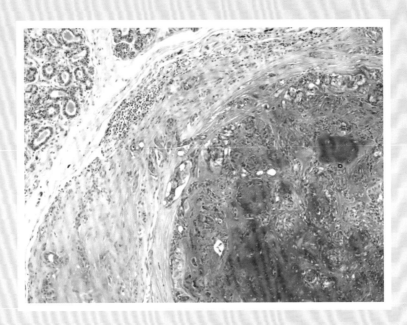

图 16-42　犬乳腺复合性瘤（a）

肿瘤组织包含有增生的导管结构和界限清晰的黏液样和软骨样结构（约克夏㹴犬，雌性，7 岁，乳腺双侧第 3 ~ 5 块乳腺多出小包块，HE×100）。

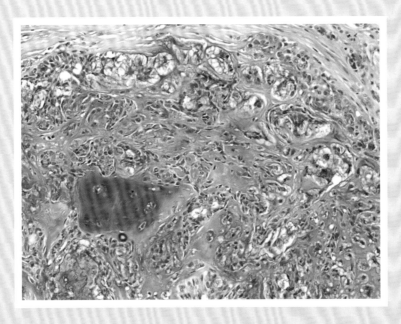

图 16-43　犬乳腺复合性瘤（b）

增生的肌上皮细胞呈星状或网状，部分细胞发生黏液化和软骨化（约克夏㹴犬，雌性，7 岁，乳腺双侧第 3 ~ 5 块乳腺多出小包块，HE×200）。

16.2.3　纤维腺瘤

【背景知识】

乳腺腺纤维瘤（adenofibroma）也叫乳腺纤维腺瘤（fibroadenomas），是由异常增生的纤维组织和腺体组织两种成分组成的良性肿瘤。有人将乳腺腺纤维瘤以纤维和腺体增生比例多少分成 3 种情况，纤维为主腺管较少为腺纤维瘤（adenofibroma），反之为纤维腺瘤（fibroadenoma），如由大量小腺管构成叫腺瘤。

【临床特征】

腺纤维瘤在犬猫中相对常见，可发生于乳腺组织任何部位，通常生长缓慢，极少发生恶变。瘤体多单发，也见多发者，一般呈圆形或卵圆形，质地坚韧，有包膜，切面呈灰白或灰红色，常见散在的小裂隙或小囊肿。

【诊断要点】

纤维腺瘤由腺上皮细胞和纤维性间质细胞共同组成，有时还伴有肌上皮细胞的存在。基质细胞丰富，含有丰富的有丝分裂象。腺管、腺泡和纤维组织都参与乳腺纤维腺瘤的形成，可分为管内型和围管型，也可见混合型。

管内型腺纤维瘤是由腺上皮下的纤维组织呈局灶性增生而引发的肿瘤，增生的纤维组织常由一处逐渐向腔内突入，腺腔被覆以双层细胞。瘤细胞呈梭形，伴有黏液样变。

围管型腺纤维瘤主要表现为乳管弹力纤维层外的纤维组织增生，环绕于乳管和腺泡周围。乳管和腺泡呈弥漫性散在分布，上皮正常或伴有轻度增生，有时形成乳头状。如果上述两种腺纤维瘤同时存在，则可称为混合型腺纤维瘤。

【鉴别诊断】

肌上皮细胞的存在可能会导致与复合性腺瘤的区分困难。见图 16-44 至图 16-46。

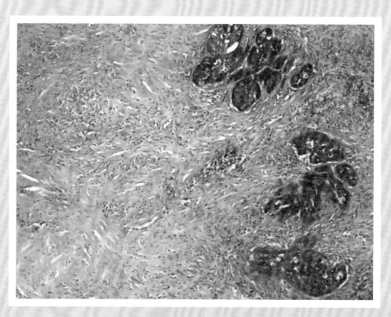

图 16-44　犬乳腺纤维腺瘤（a）

肿瘤有增生的导管和广泛增生的结缔组织组成（京巴犬，雌性，11 岁，左前区第一乳腺，HE×100）。

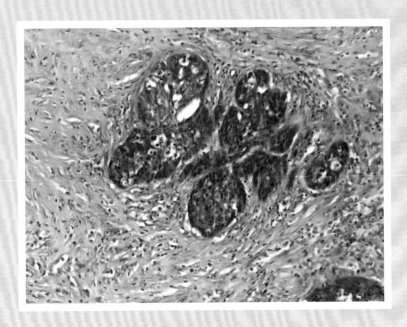

图 16-45　犬乳腺纤维腺瘤（b）

腺上皮细胞增生围绕成管状结构，散在于大量增生的结缔组织中（京巴犬，雌性，11 岁，左前区第一乳腺，HE×200）。

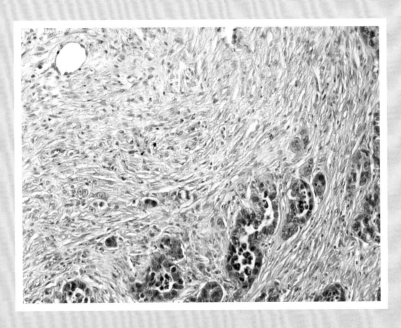

图 16-46　猫乳腺纤维腺瘤（c）

肿瘤以增生的结缔组织和少量的导管组成（雌性，11 岁，HE×200）。

16.2.4　混合瘤

【背景知识】

混合瘤（mixed tumor）是犬常见的良性肿瘤，猫少见。

【临床特征】

肿瘤质地坚实，生长缓慢，无痛感，单个结节状，边界清楚，中等硬度，与周围组织不粘连，有移动性。孤立的结节通常是主结节的副产物，而不是多结节。如果肿瘤位于腮腺，可引起下颌圆枕萎缩。尽管属于良性肿瘤，但其增生能力强，随时间延长可能向恶性发展。

【诊断要点】

肿瘤细胞中包含了两类以上的细胞，其中之一是增生的管腔上皮细胞（腺上皮细胞），另一类为肌上皮细胞，同时还有间质细胞的增生，长成了纤维组织，此外肿瘤通常含有软骨、骨或脂肪组织。

【鉴别诊断】

复合腺瘤也含有两类细胞，除管腔上皮外，另一种为梭形或星形细胞，可以产生黏液样的基质，易于良性混合瘤的软骨样物质相混。纤维腺癌在犬猫中较为常见，除含有管腔上皮细胞，还有成纤维细胞，有时还混有肌上皮细胞，区别在于软骨、骨或脂肪是否存在。见图16-47和图16-48。

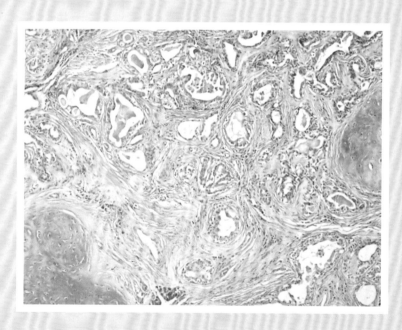

图16-47　乳腺混合瘤（a）

肿瘤由两部分组成，一是增生的乳腺上皮细胞形成的数量不等的导管，二是纤维结缔组织包裹的软骨样结构（雌性，12岁，半个月内肿物再次复发，HE×100）。

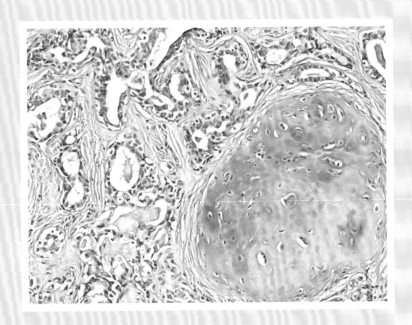

图 16-48　犬乳腺混合瘤（b）

乳腺腺上皮轻度增生，软骨样结构界限清晰（雌性，12 岁，半月内肿物再次复发，HE×200）。

16.2.5　导管乳头状瘤

【背景知识】

犬和猫的导管乳头状瘤（duct papilloma）少见，在囊性疾病导致的导管扩张病例中偶见。

【临床特征】

常见于龈颊沟黏膜，硬腭后部和软腭前部、唇、口底、磨牙后区和腮腺等。肿瘤生长缓慢，多无自觉症状，体积小，直径约 1.5 cm，外突性肿块，中等硬度。乳头状涎腺瘤呈坚实的疣状突起，临床上常诊断为乳头状瘤。乳头状瘤一般体积甚小，仅数毫米，常有蒂、质脆弱，易脱落。

【诊断要点】

结构上一般为分枝状或者小叶状，肿瘤呈乳头状、分枝状的生长模式，肿瘤细胞由腺上皮细胞或者肌上皮细胞组成，并由纤维血管性的柄支持。乳头状结构可由单个或者多个病灶发展而来。邻近的导管通常呈扩张状态，内衬的上皮细胞稍有退化。表面的上皮细胞形成单层结构，细胞核卵圆形，胞浆量少且嗜酸性。腺上皮之下，可见一层清晰的肌上皮细胞。支持性基质包括成纤维细胞、胶原纤维以及血管。核分裂象少见。

【鉴别诊断】

起源于导管上皮或者肌上皮的多发性导管乳头状瘤需要与导管乳头状增生相区分，后者是一种伴有导管内成分的腺病。见图 16-49 和图 16-50。

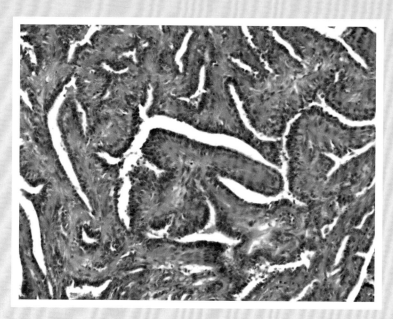

图 16-49　犬导管乳头状瘤（a）
肿瘤形成乳头状结构，乳头状结构内衬一层上皮细胞，并由纤维血管性的柄支持（HE×200）。

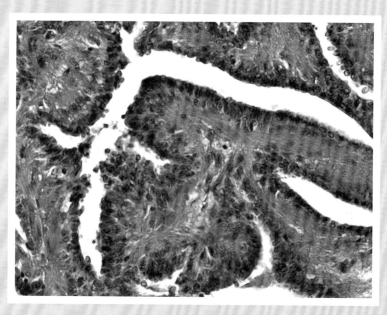

图 16-50　犬导管乳头状瘤（b）
乳头状结构内衬一层立方状的上皮细胞，细胞核卵圆形，胞浆量少且嗜酸性（HE×400）。

16.3　乳腺增生

【背景知识】

乳腺增生又叫乳房囊性增生病，小叶增生，乳腺结构不良症，纤维囊性病等，命名较为混乱。乳腺增生是犬猫的良性病变，其特征是乳腺组织的持续性扩张以及退行性变化，并伴有腺上皮、肌上皮以及相关组织成分的异常作用。变化包括很多方面并可能产生明显的肿块。大多数上皮的增生可能起源于终末导管，有导管和小叶增生两种类型，在一些情况下，区分两者是比较困难的。

【临床特征】

主要临床表现为乳腺单发或多发性结节或界限不清的乳腺增厚区。不同程度的疼痛或胀痛，少数可见有乳头溢液或溢血性分泌物。

16.3.1　小叶增生

【背景知识】

小叶增生（lobular hyperplasia）是小叶内导管的非肿瘤性增生，通常表现为导管数量的增多和小叶内腺泡的增多。上皮细胞未表现为典型的变化。在乳腺良性肿瘤或者恶性肿瘤的边缘或者邻近部位可见小叶增生。

【临床特征】

患畜乳腺组织增大，触诊可发现一个或多个明显的肿块、结节，乳头可能出现红、肿、大的特征变化，严重可见乳房区连接呈片状，分界不清。常发于 1 ~ 14 岁的猫（平均 8 岁），多数为未经绝育的猫。多与内分泌水平有关。

【诊断要点】

小叶增生有两种不同的类型：腺病（adenosis），即小导管数量的增加；上皮增生（epitheliosis），即小叶内导管的上皮细胞增生。

小导管的增生导致小导管数量的增加，即腺病。腺病以不同的比例包含以下的成分：小导管、腺上皮、肌上皮以及特异性或非特异性的相关组织。当纤维组织增生明显时，称为硬化性腺病（sclerosing adenosis），有可能误诊为浸润性癌。小叶的保留以及缺乏浸润性的情况更有可能是良性过程。犬、猫中最常见的生长模式是管腔内生型、外生型或导管周围型。腺病类型的小叶增生在犬、猫中经常表现为单叶增生和多小叶增生的聚集或腺瘤样增生（一种小叶增生与腺瘤或良性混合瘤的中间阶段）。炎性细胞可能明显存在于间质中。猫中的部分或全部纤维腺瘤的变化可能与相关组织过度增生性腺瘤有关联。

【鉴别诊断】

与导管增生鉴别。导管增生（ductal hyperplasia）包括单纯型上皮增生和非典型上皮增生，以正常或异常导管的上皮增生为特征。最终可能引起导管的部分或全部闭塞。该增生可能是弥散性的或多病灶性的，曾被叫作乳头状增生（papillomatosis）或上皮增生（epitheliosis）。细胞及细胞核较小且大小均一，缺少有丝分裂象，存在极易辨认的肌上皮层，表明该损伤是良性的。当异型性明显时，我们称为非典型导管上皮增生（atypical ductal hyperplasia）。与导管内癌的区别是细胞和细胞核的异型性程度。上皮细胞脱落到管腔内，也可能存在类巨噬细胞或未分化的癌细胞。伴有适度明显的异型性的导管增生认为是癌前的征兆，极有可能发展成为浸润性癌。见图 16-51 和图 16-52。

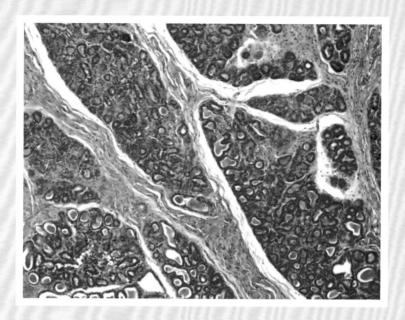

图 16-51　犬乳腺小叶状增生（a）
乳腺小导管数量增多，排列紧密，导管内有红染的均质分泌物（雌性，6 岁，HE×100）。

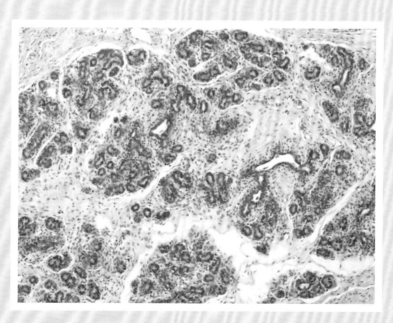

图 16-52　犬乳腺小叶状增生（b）
乳腺小导管数量增多，增生呈小叶状（约克夏㹴犬，雌性，7 岁，乳腺双侧第 3-5 块乳腺多出小包块，HE×100）。

16.3.2　乳腺囊肿

【背景知识】

乳腺囊肿（cysts）又称为乳汁淤积症，是处于哺乳期因某个腺叶的乳汁排出不畅，致使乳汁在乳内积存而成，临床上主要表现是乳内肿物。

【临床特征】

囊肿为单个或多个、圆形、大小不等，内含性状不同的液体，从稀薄透明的淡黄色液体到黏稠不透明的绿色或棕色物质。除非是较大囊肿反复复发或多个囊肿引起乳腺变形或不适或伴有囊内其他病变，否则囊肿极少手术切除。囊肿常多个存在，是乳腺纤维囊性疾病的一部分。上皮细胞可能会发生萎缩或表现出一定程度的增生并呈乳头状生长。囊肿可能在猫中发生率更为突出。

【诊断要点】

囊肿可分为两种主要的形式。一种被覆单层立方上皮或扁平上皮细胞，另一种被覆大汗腺上皮细胞。后者细胞形态类似于正常的大汗腺，细胞体积大，呈高柱状，胞浆丰富且呈嗜酸性颗粒状，细胞核位于基底部，苏丹Ⅲ及PAS染色阳性。胞浆以"尖嘴"形式向腺腔内突出。大汗腺上皮细胞一般呈单层排列，也可增生呈乳头状结构。

【鉴别诊断】

对囊液的生化检测可对大汗腺囊肿与其加以鉴别。大汗腺囊肿的囊液通常pH高，钠钾比低。见图16-53。

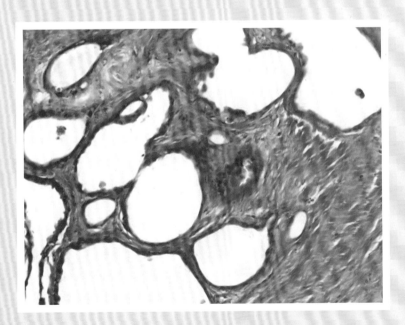

图16-53　犬乳腺囊肿

乳腺导管扩张，大小不一，被覆扁平的上皮细胞，腔内充满了分泌液（蝴蝶犬，雌性，已绝育，16岁，右侧第4、5乳腺肿块增生，HE×200）。

16.3.3　导管扩张

【背景知识】

导管扩张（ductectasia）是乳腺发育不良（纤维囊性）疾病的一种，一般在母犬和母猫常见。犬的发病率占肿瘤性疾病的3%，丹麦种猎犬、吉娃娃、小种短毛犬和英国驰猎獚犬更易发生。犬的乳腺导管扩张是一种非肿瘤性的乳腺增大的疾病。切除病变部位是治疗的最佳效果，切除后很少复发。

【临床特征】

当连续的上皮细胞层受到破坏时，细胞碎片聚集与脂类物质突破基底膜，与很多泡沫状的巨噬细胞混合，在导管腔内发生胆固醇结晶，导管扩张可能继发于管腔内赘生物阻塞管腔。扩张不仅仅发生在导管，终端的小导管、小叶间的小导管甚至腺泡也可能发生。眼观可见乳腺组织体积增大。

【诊断要点】

很多的导管发生扩张，可见导管直径由500 μm至2.5 cm，扩张的导管排列着1～2层柱状的上皮细胞，部分上皮细胞增生成乳头状结构，增生的上皮细胞突入到管腔内。

【鉴别诊断】

导管扩张与囊肿不易区分。乳腺囊肿的上皮细胞发生萎缩或者表现出不同程度的增生或乳头状的生长，囊肿的空间通常较小，可辨认的导管的起源。见图16-54。

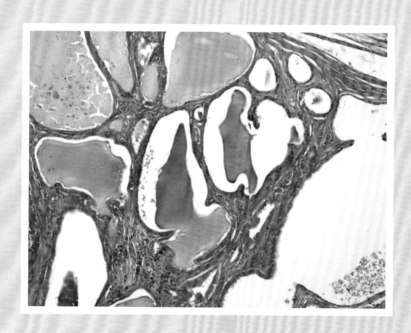

图 16-54　犬乳腺扩张

导管发生扩张膨胀，扩张导管的上皮细胞由立方变得扁平（蝴蝶犬，雌性，已绝育，16岁，右侧第4、5乳腺肿块增生，HE×100）。

16.3.4　纤维性硬化

【背景知识】

纤维硬化（fibrosclerosis）又称局灶性纤维化，是乳腺发育不良（纤维囊性）疾病的一种，导管增生、囊肿、导管扩张小叶增生等都伴有不同程度的纤维化。局灶性纤维化一般发生在小叶增生和导管增生中，是一种非肿瘤的扩散。病变多采用手术切除。

【临床特征】

眼观可见纤维硬化呈结节状，增生的结节像卵巢的白体或者增生的结节大部分或全部被广泛而不规则的胶原物质取代，后者代表着病变的消退或愈合。

【诊断要点】

在导管内和小叶间可看到局灶性增生的纤维组织。

【鉴别诊断】

局灶性纤维化常伴发于乳腺小叶增生症或导管增生，多用于描述纤维组织增生，这一名词更多作为病理的描述性词语使用，而非用作最终的诊断结论。

与硬化性腺病的鉴别诊断：硬化性腺病的特征为腺泡致密增生，腺泡保存腺上皮和周围肌上皮以及基底膜，有时可见中心弹力纤维化伴有内陷的导管。主要表现为纤维间质和腺体均增生。见图 16-55 和图 16-56。

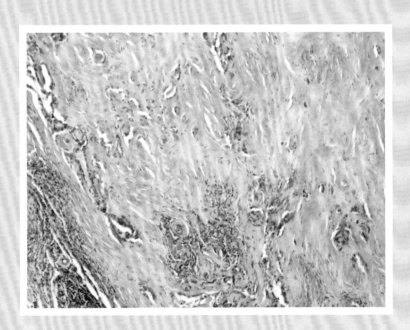

图 16-55　犬乳腺纤维硬化（a）

肿瘤以大片增生的纤维组织为主，可见少量的腺管结构（京巴犬，雌性，已绝育，13岁，左侧第 3、4、5，右侧第 4、5 乳腺增生，HE×100）。

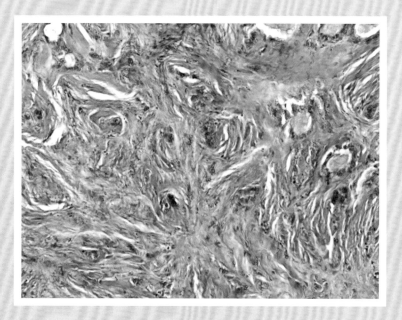

图 16-56　犬乳腺纤维硬化（b）

肿瘤中可见广泛的胶原物质和少量的乳腺导管结构（京巴犬，雌性，已绝育，13 岁，左侧第 3、4、5，右侧第 4、5 乳腺增生，HE×200）。

第三部分

海龟内脏组织学

绿海龟 (*Chelonia mydas*) 属于脊索动物门脊椎动物亚门龟鳖目海龟总科的动物，广泛分布于南北纬 30° ~ 40° 的温水海域中。我国东海至南海海域均有发现。近年来，绿海龟数量急剧减少，已被《濒危野生动植物种国际贸易公约 (CITES)》列为 I 类濒危物种，我国将其列为国家二级重点保护动物。绿海龟的人工饲养在各地均早有报道，被列为濒危动物，也是国家二级保护动物。

绿海龟的心肌纤维的排列较鸟类和哺乳动物疏松，且横纹也不如骨骼肌明显。爬行动物龟鳖类的肝脏在进化程度上较低，接近于两栖动物。

在绿海龟的肝脏细胞可观察到大小不等的空泡，这与其肝脏细胞内含有丰富的糖和脂类物质有关。

鱼类的脾髓仅有红髓，两栖类出现红髓和白髓，动脉周围淋巴组织鞘较薄，而绿海龟动脉周围淋巴鞘丰富，但仍无脾小体的形成，禽类和哺乳动物进化完善，脾脏具有了典型的脾小体。

绿海龟气管、支气管结构分化完全，海龟颈部的出现使气管延长，这都增强了肺的功能活动，使气体交换效率大大提高。

绿海龟的肾小管上皮细胞的质膜内褶较淡水生类爬行动物发达，这与海水的高渗透压其要求肾脏有较强的重吸收能力有关。致密斑是鸟类和哺乳类肾脏结构的特点，绿海龟肾脏内观察到了致密斑说明其肾脏已开始向哺乳类进化。

海龟的消化道和其他龟鳖类动物相似，主要由口腔、咽、食管、胃、小肠、大肠和泄殖腔组成。除口腔和泄殖腔外，消化道管壁均由内到外依次由黏膜层、黏膜下层、肌层和外膜层组成。黏膜层由覆盖于消化道内表面的上皮和固有层组成，固有层下可见黏膜肌层；黏膜下层为疏松的结缔组织，其中含有较丰富的血管和神经；除食管壁中可见纵行骨骼肌外，消化道其他部分肌层均由内环外纵的平滑肌组成，且环形肌均较纵行肌发达. 外膜层主要为由疏松结缔组织和间皮构成的浆膜。

绿海龟的食管壁内表面分布有致密的粗刺样倒齿结构，与哺乳动物、鸟类、淡水龟及鳖的皱襞结构不同。食管上皮与哺乳动物和鸟类一样为复层扁平上皮，但表面高度角化。绿海龟食管壁除了含有内环外纵的平滑肌层外，还在黏膜固有层下有纵行的骨骼肌，绿海龟胃壁内侧皱襞结构发达，且固有层中存在大量的胃腺。胃腺细胞能分泌大量胃液，有助于软化、充分消化食物并保护胃黏膜。胃体部的纵行皱襞和发达的肌层可保证胃有充分的容受性，以容纳较多的食物，并促进胃的蠕动。

绿海龟的小肠前段无皱襞但绒毛结构发达。肠绒毛向后逐渐变短并最终过渡为低矮的皱襞结构，大肠无绒毛仅有低矮的皱襞，其不同的结构与其不同肠段的消化能力有关。绿海龟的各段肠壁中均未见肠腺，黏膜上皮中的杯状细胞可分泌的黏液和消化酶，从而起到润滑作用和促进对食物的消化和吸收。绿海龟的肠道的肌层中环形肌较纵行肌发达。绿海龟食管、胃、肠的黏膜固有层中均可见弥散淋巴组织存在，但未见成形的孤立淋巴小结。

17　心　　脏

　　心脏位于胸腹腔前段，靠近腹侧，鲜红色，心形。外被心包，心壁质软，心腔由两个心房和一个心室组成，心室内出现不完全隔膜。其壁由内膜、肌膜和外膜构成（图17-1）。内膜很薄，为单层扁平上皮，内膜下层和心内膜下层不明显。肌膜由心肌纤维构成，心室的肌纤维较粗长，排列紧密，心房的肌纤维则细短，排列疏松（图17-2和图17-3）。外膜为心包膜脏层，表面为间皮，间皮下为内含血管、神经和脂肪的薄层结缔组织。心室肌层向腔内长出许多细长的肌肉组织突起，将心室分隔成许多裂缝状的小室，形成肉眼可见的蜂窝状结构。心肌细胞核较大，椭圆形，嗜碱性，胞浆嗜酸性。心肌纤维横纹极不明显，有闰盘结构。

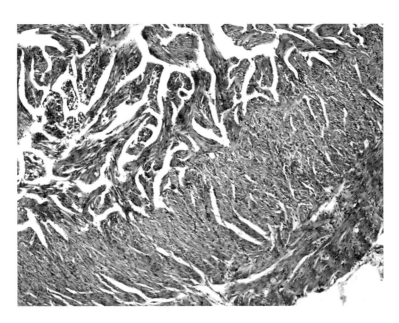

图 17-1　心室（HE×100）

图 17-2　心房（HE×100）

图 17-3　心房（HE×400）

18　肝　　脏

　　肝脏呈淡红色，体积较大，分3叶。表面被覆一层较厚的浆膜，浆膜由较致密的结缔组织外覆以间皮构成。小叶间结缔组织分布很少，所以肝小叶分界不清，连成一片。门管区明显，分布有小叶间静脉、小叶间胆管及小叶间动脉等结构（图18-1）。肝细胞呈多角形，体积较大，内含大小不等的空泡，核圆形，常被挤在一侧，但并不呈"戒指样"。肝细胞往往呈两列并行，镜下呈腺泡状或团状结构分布，以中央静脉为中心呈索状排列（图18-2）。腺泡、团块之间分布有丰富的肝血窦，窦壁衬以一层内皮细胞，在有的窦状隙中可见分布有大小不等的星形的棕褐色的色素细胞。

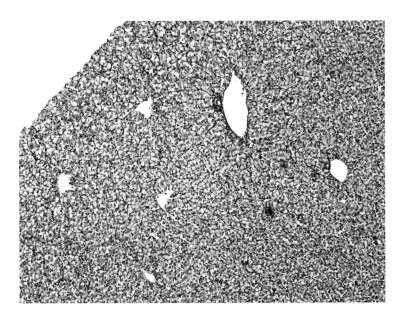

图 18-1　肝脏（HE×100）

图 18-2　肝脏（HE×400）

19　脾　脏

　　脾脏为暗红色实质器官，较小，球形，位于十二指肠祥间的肠系膜上，可见点状的白髓结构。被膜较厚，分布有平滑肌纤维，毛细血管和毛细淋巴管发达，结缔组织并未深入实质在脾内形成小梁。实质为脾髓，也分为红髓和白髓，两种结构交错分布。白髓中可见数量较多发育良好的动脉周围淋巴鞘，但无明显的脾小体样致密淋巴组织。红髓由富含血细胞的淋巴组织构成的脾索和之间的脾血窦构成。见图 19-1 和图 19-2。

图 19-1　脾脏（HE×100）

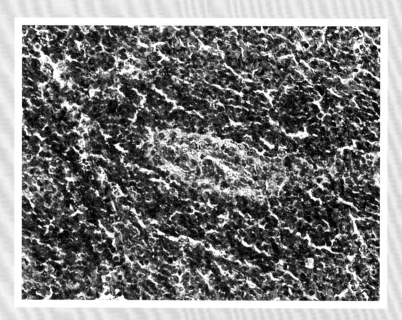

图 19-2　脾脏（HE×400）

20　肺　脏

　　肺脏为一对中空、壁薄、富有弹性的扁球形囊状结构，紧贴腹甲背侧。粉红色，包被有绿色脂肪。气管由黏膜、黏膜下层和外膜组成，各层结构与哺乳动物相似。在胸腔入口处，气管一分为二，分别进入左肺和右肺。支气管上皮为假复层柱状纤毛上皮，之间分布有杯状细胞，外膜内软骨呈不规则片状。随着支气管的逐渐分级和延伸，可以观察到其上皮的构成由假复层纤毛柱状上皮过渡为单层肺泡细胞和血管内皮细胞，肺泡细胞和其相邻的血管内皮细胞围成的毛细血管网共同行使气体交换功能，也就是支气管逐渐分支的末端形成的囊状结构，相当于哺乳动物的肺泡囊。囊间质由胶原纤维、游离的平滑肌纤维、网状细胞等构成，起支撑作用。见图20-1至图20-4。

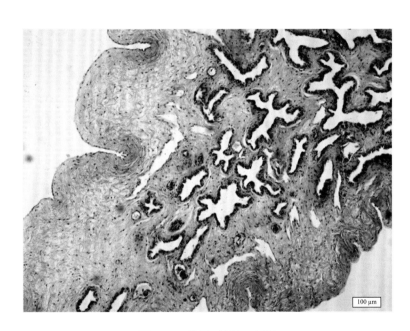

图 20-1　肺脏（HE×100）

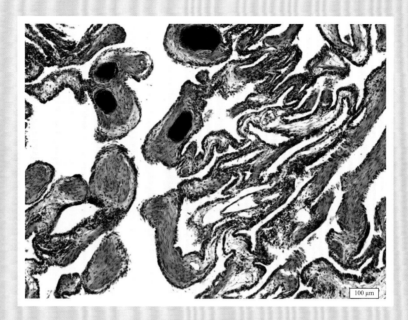

图 20-2　肺脏（HE×100）

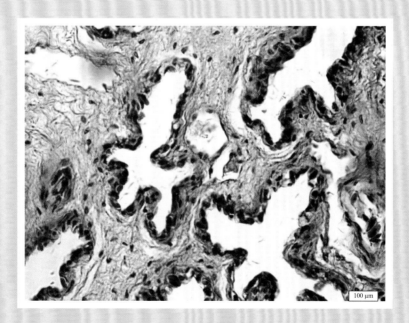

图 20-3　肺脏（HE×400）

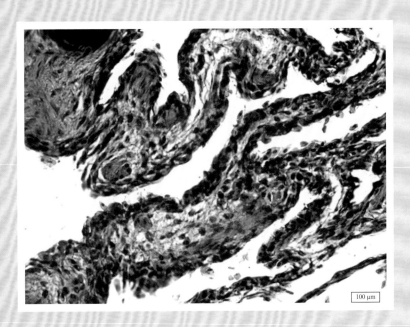

图 20-4 肺脏（HE×400）

21 肾 脏

　　肾脏位于体腔后方，在脊柱两侧对称分布，为1对棕色椭圆球状器官，深褐色，较大，表面有沟回，由肾小体和肾小管组成。肾小体由肾小囊和肾小球组成，肾小管由颈段、近曲小管、中间段、远曲小管和收集管组成。未发现近直小管、细段、远直小管，故无髓袢、髓放线的结构。与哺乳动物相比，绿海龟的肾小体数量较少，散布于皮质（图21-1）。颈段是肾小囊和近曲小管之间的结构，由单层立方上皮细胞构成，胞质着色较浅。近曲小管由单层立方上皮细胞构成，细胞较大且分界不清晰，管腔不规则，胞质嗜酸性强于远曲小管，核圆，位于近基底部，腔面有刷状缘。中间段的组织学特征和颈段相似。远曲小管由单层立方上皮细胞构成，细胞排列整齐，界限清晰，管腔较大。在远曲小管邻近肾小球血管极的一侧可见排列紧密、核染色较深的细胞，为致密斑。集合管由单层柱状上皮细胞构成，细胞分界清楚，管腔较大，上皮细胞分界清楚，胞质清亮，核圆形，居于中央（图21-2）。肾脏髓质内结缔组织发达。髓质内泌尿小管的数量少于哺乳动物。皮质与髓质的厚度比大约为4：1。

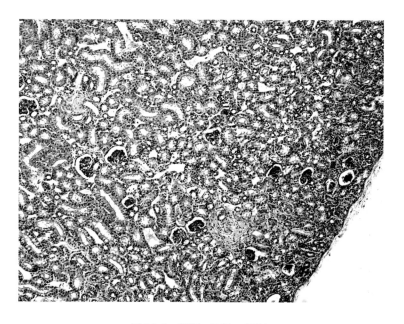

图 21-1　肾脏（HE×100）

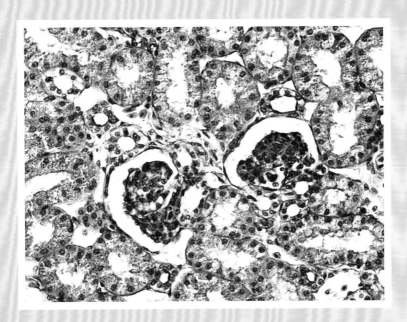

图 21-2　肾脏（HE×400）

22 食 管

食管壁的组织结构特点肉眼观察发现，绿海龟的食管壁内层布满了由大量的粗刺样倒齿，而无常见的黏膜皱襞，倒齿朝向食管后部弯曲。光镜下观察发现，该倒齿为食管黏膜层的突起，其黏膜上皮为复层扁平上皮，由 3 ～ 5 层细胞构成，表面高度角化（图 22-1）；固有层为细密结缔组织，内充满纤维结构，黏膜肌层不可见，但在固有层下可见较发达的纵行骨骼肌（图 22-2）。食管前段固有层中无可见的食管腺，临近贲门部可见直管状黏液性腺体和弥散淋巴组织（图 22-3）。黏膜下层为较致密结缔组织，内有小血管。食管壁的平滑肌分两层，内层环形肌，外层纵行肌（图 22-4）。外膜为浆膜（图 22-5）。

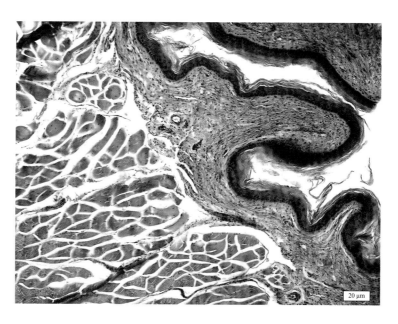

20 μm

图 22-1　食管（HE×100）

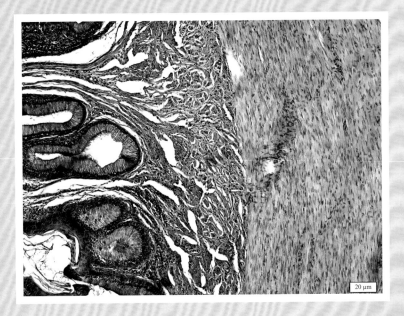

图 22-2 食管（HE×100）

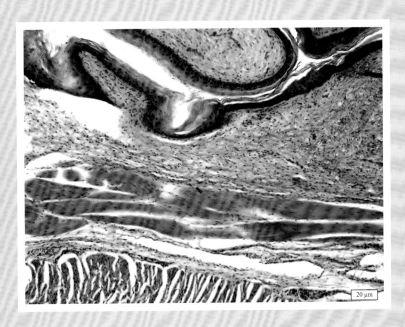

图 22-3 食管（HE×100）

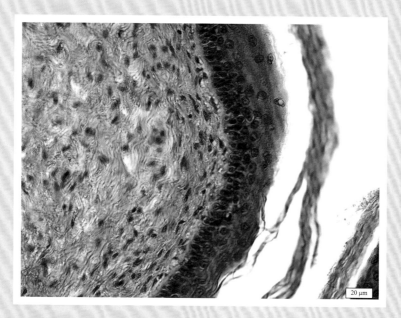

图 22-4　食管（HE×400）

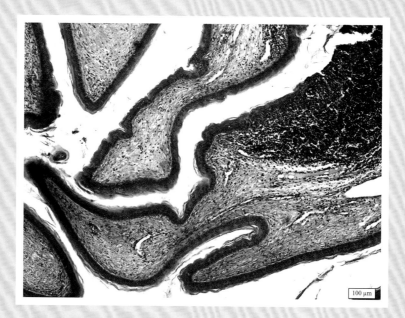

图 22-5　食管（HE×100）

23 胃

　　胃壁的组织结构特点绿海龟胃壁临近贲门的黏膜上皮及部分黏膜下层向胃腔内凸起形成发达的皱襞（图23-1），且前向后逐渐变低矮。黏膜上皮为吸收上皮，由单层柱状上皮构成，未见杯状细胞。上皮凹陷处形成了胃小凹（图23-2）。胃壁前部的黏膜固有层很厚，向后逐渐变薄。固有层中直管状的胃腺发达，以浆液腺和混合腺为主。其中浆液性腺细胞的细胞核呈圆形或椭圆形，胞质深染；黏液性腺细胞的细胞核呈扁圆形，位于细胞基部，胞质淡染。固有层中可见弥散的淋巴组织。黏膜肌层明显。黏膜下层为疏松结缔组织，内含较丰富的血管。胃壁肌层分内层环形肌和外层纵行肌，均为平滑肌，纵行肌相对不发达。最外层为浆膜，其中含有较丰富的中小血管。

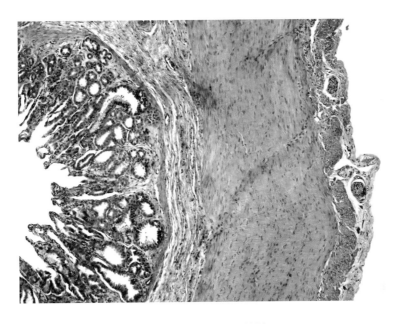

图 23-1　胃（HE×100）

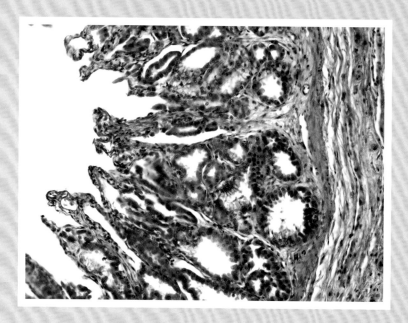

图 23-2　胃（HE×200）

24 小 肠

　　小肠壁的组织结构特点绿海龟的小肠是消化道中最长的一部分，约占整个消化道的3/5。小肠分十二指肠、空肠和回肠，但各段结构相似，分界不明显。其中十二指肠段无黏膜皱襞，而是由黏膜上皮和固有层突入肠腔形成特有的指突状、长短不一的有分支肠绒毛（图24-1）。肠绒毛表面为单层柱状上皮，其中可见杯状细胞，中间为致密固有层。固有层中未见中央乳糜管，但有直通绒毛顶端的毛细血管（图24-2）。固有层中可见弥散淋巴组织（图24-3）。十二指肠以远指状绒毛逐渐变矮变短并最终过渡为皱襞结构。小肠中后段黏膜固有层较疏松，内含丰富的毛细血管。整个小肠段均未见小肠腺。固有层下黏膜肌层明显。黏膜下层为疏松结缔组织，其内也含较丰富的小血管。小肠肌层以内层的环形肌为主，纵行肌很薄。浆膜层明显（图24-4）。

图 24-1　小肠（HE×100）

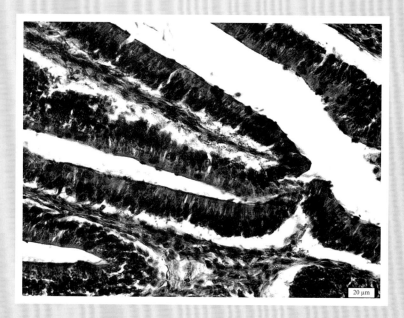

图 24-2　小肠（HE×400）

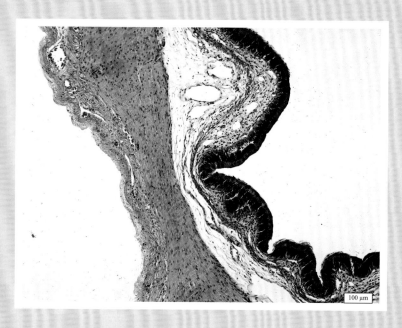

图 24-3　小肠（HE×100）

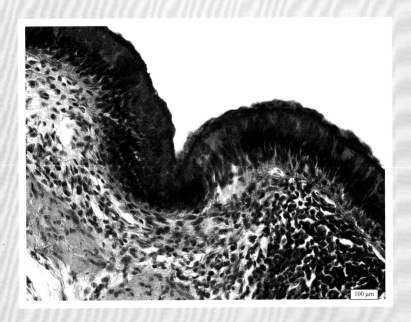

图 24-4　小肠（HE×400）

25 大 肠

　　绿海龟大肠壁的组织结构特点：大肠结构与小肠后段相似，有纵行黏膜皱襞，无肠绒毛，各段分界不明显（图25-1）。黏膜上皮为单层柱状上皮，其中杯状细胞发达，固有层较致密，其中未见肠腺，有弥散淋巴组织（图25-2，图25-3），且大肠后段的淋巴组织多于前段。黏膜肌层发达。黏膜下层由疏松结缔组织组成，内有较多的血管、神经的分布。大肠肌层较小肠段更发达，内环外纵，且纵行肌所占比例较小肠段更大。

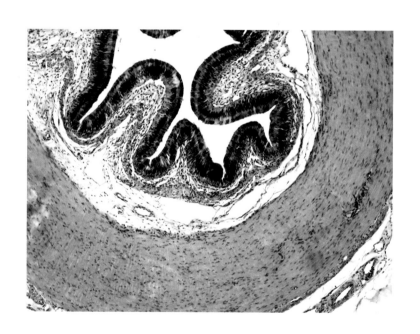

图 25-1　大肠（HE×100）

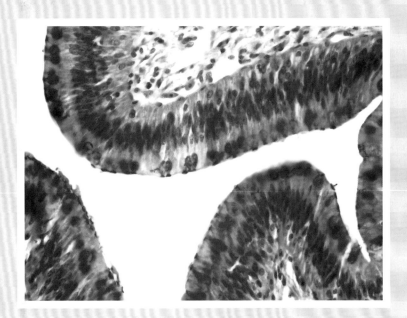

图 25-2　大肠（HE×400）

图 25-3　大肠（HE×100）

【参考文献】

[1] 周婷.中国濒危野生动物保护动物系列 - 海中蛟龙绿海龟.中国观赏鱼，2005(5): 170-172.

[2] 丁天健，等.绿海龟主要器官组织学多态性观察.中国兽医杂志，2012, 48(2): 64-67.

[3] 甘文强，等.绿海龟消化道组织学观察.中国兽医杂志，2011,47(11): 23-25.

第四部分

长爪沙鼠组织学

26　肺　　脏

肉眼观察：肺呈海绵样组织。

低倍镜观察：肺表面被覆浆膜，肺分实质和间质两部分，实质即肺内的导气部和呼吸部，间质为结缔组织、血管、神经和淋巴管等。每个细支气管激起所属的分支和肺泡构成一个肺小叶。肺小叶是肺的结构单位，呈锥形体形或不规则多边形。见图 26-1。

（1）细支气管（bronchiole,B）　细支气管黏膜皱襞发达，紧密排列。黏膜上皮为单层纤毛柱状上皮，杯状细胞极少；平滑肌增厚并形成完整的一层；软骨片逐渐消失。

（2）呼吸性细支气管 (respiratory bronchiole，RB)　呼吸性细支气管管壁上出现少量肺泡开口。管壁上皮起始端为单层纤毛柱状上皮。

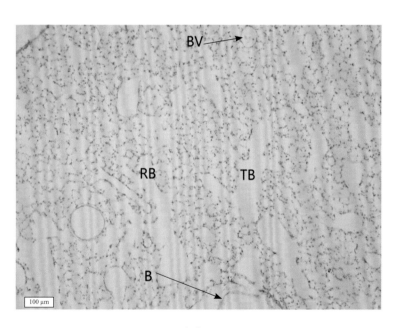

图 26-1　肺脏（HE×100）

BV：血管　TB：终末细支气管

　　高倍镜观察：肺泡囊（alveolar sac，AS）：肺泡囊是由几个肺泡围成的具有共同开口的囊状结构，相邻肺泡开口之间无平滑肌，故无结节状膨大。肺泡为半球形或多面行囊泡，开口于呼吸性细支气管，肺泡管或肺泡囊。肺泡壁很薄，由单层肺泡上皮细胞组成。相邻肺泡之间的组织称肺泡隔。肺泡上皮由Ⅰ型肺泡细胞和Ⅱ型肺泡细胞组成。见图26-2。

　　Ⅰ型肺泡细胞（type I alveolar cell）数量多，细胞很薄，只有核的部分稍厚。

　　Ⅱ型肺泡细胞（type II alveolar cell）细胞较小，呈圆形或立方形，散在凸起于Ⅰ型肺泡细胞之间。胞核圆形，胞质着色浅，呈泡沫状。肺泡隔内含密集的连续毛细血管和丰富的弹性纤维。肺泡隔内或肺泡腔内可见体积大，胞质内常含吞噬颗粒的细胞，即肺巨噬细胞（pulmonary macrophage）或称尘细胞（dust cell，DC）。

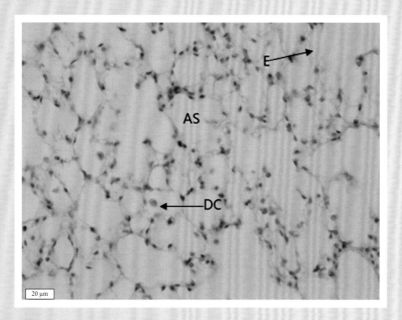

图 26-2　肺脏（HE×400）
E：上皮

27 食 管

食管管腔内有数个由黏膜和部分黏膜下层共同形成的皱襞，管腔小而不规则。黏膜下层（submucosa，SM）：疏松结缔组织，内含大量食管腺（esophageal，EG），属复管泡状混合腺。黏膜下层中还可见大量血管和神经。黏膜肌层（muscularis mucosae，MM）：散在的纵行平滑肌束，嗜酸性着色。见图 27-1。

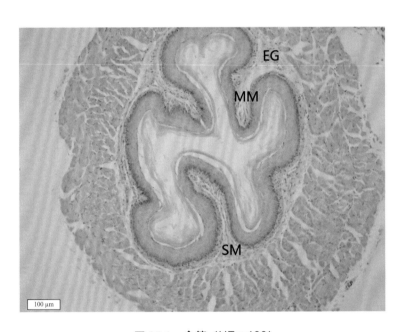

图 27-1 食管（HE×100）

　　食管的颈段为结缔组织构成的外膜，之后为浆膜，即外膜被覆一层间皮。食管的管壁由内向外分为黏膜、黏膜下层、肌层和外膜，重点观察黏膜和黏膜下层结构。黏膜上皮（epithelium mucosae，EM）：复层扁平上皮。固有层（lamina propria，LP）：为疏松结缔组织。肌层（muscular layer，ML）：分为内环行和外纵行两层，其间有时可见斜行。见图27-2。

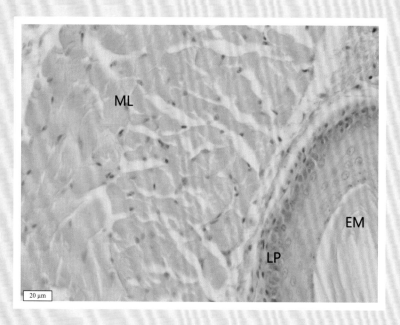

图 27-2　食管（HE×400）

28 气 管

气管内壁被覆假复层纤毛柱状上皮（E）。固有层（LP）相对较薄，黏膜下层（SM）较厚，并且含有黏液性腺，其分泌物通过导管穿过固有层排至上皮外表面。C 形软骨环（CR）透明软骨的软骨膜（Pc）与黏膜下结缔组织相融合。气管管腔较大，呈圆形。管壁中央有一嗜碱性着色的"C"形软骨环，软骨环的缺口处可见平滑肌束。有人认为由包括 C 形软骨环的疏松结缔组织构成，内含一些脂肪细胞（AC），神经和血管。见图 28-1。

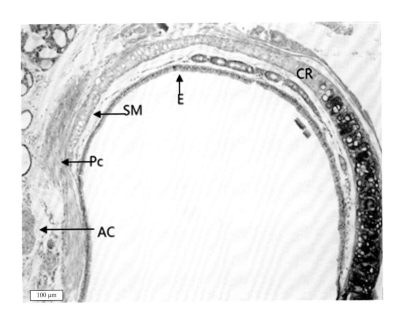

图 28-1　气管（HE×100）

假复层纤毛柱状上皮（E），上皮内含许多能分泌黏液性物质的杯状细胞（GC）。固有层（LP）相对较薄，为富含弹性纤维的结缔组织，并可见腺导管浆细胞等。黏膜下层为疏松结缔组织（CT），与固有层和外膜无明显界限，它与食管相连，疏松结缔组织内常见脂肪组织。见图28-2。

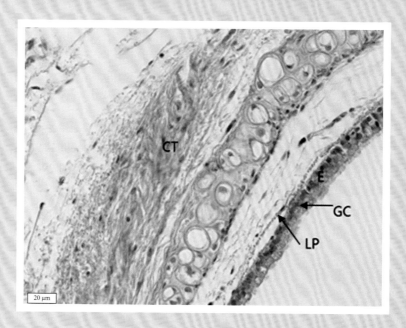

图 28-2　气管（HE×400）

29 胃

低倍镜下观察胃皮质结构，可见胃皮质部具有完整四层结构，包括黏膜层 (M)、黏膜下层 (Sm)、肌层 (TM) 和外膜 (S)。其中黏膜层包括黏膜上皮、固有层、黏膜肌层，皮质部黏膜上皮呈现角质化；黏膜下层为疏松结缔组织；肌层分为两层，分别为内层环肌和外层纵肌；外膜为单层扁平上皮。见图 29-1。

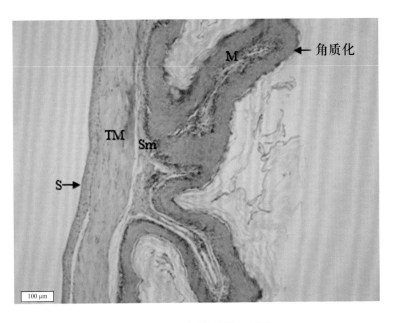

图 29-1　胃皮质（HE×100）

高倍镜下观察胃皮质黏膜结构，可见胃皮质黏膜包括黏膜上皮 (EM)、固有层 (LP)、黏膜肌层 (LMM) 三部分。其中黏膜上皮为复层扁平上皮，且上皮已发生角质化；固有层为疏松结缔组织，分布有毛细血管 (CV)，可见淋巴细胞，成纤维细胞，嗜酸性染色细胞；黏膜肌层为散在的平滑肌束。见图 29-2。

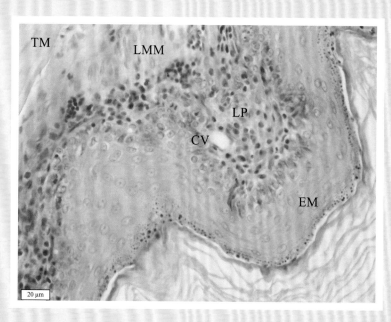

图 29-2　胃皮质（HE×400）

低倍镜下观察胃腺部结构，可见胃腺部具有完整四层结构，包括黏膜层 (M)、黏膜下层 (Sm)、肌层 (TM) 和外膜 (S)。黏膜层较厚，黏膜表面有凹陷，称胃小凹 (GP)，黏膜固有层内有大量排列紧密的胃底腺 (FG)，胃小凹与腺体相连；黏膜下层为疏松结缔组织 (CT)。见图 29-3。

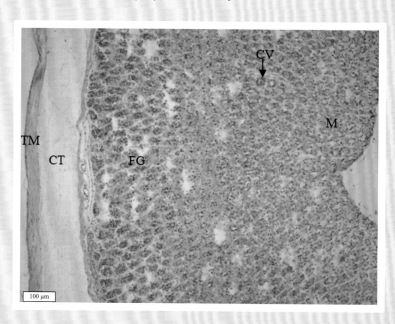

图 29-3　胃腺部（HE×100）

　　高倍镜下观察胃腺部黏膜结构，可见胃腺部黏膜分为黏膜上皮 (EM)、固有层 (LP)、黏膜肌层 (LMM) 三部分。其中黏膜上皮为单层柱状上皮，上皮向下凹陷形成胃小凹 (GP)；固有层内有大量密集排列的胃底腺，可见大量壁细胞 (PC) 和主细胞 (CC)，腺体之间有少量疏松结缔组织及黏膜肌层延伸入其中分散的平滑肌细胞。见图 29-4。

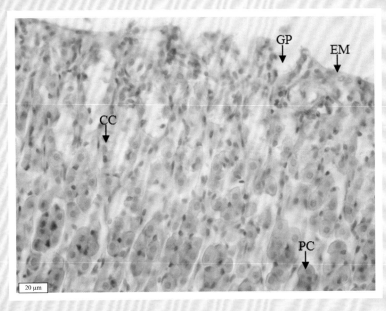

图 29-4　胃腺部（HE×400）

　　高倍镜下观察胃腺部黏膜结构，可见胃腺部黏膜分为黏膜上皮 (EM)、固有层 (LP)、黏膜肌层 (LMM) 三部分。黏膜固有层较厚，内有大量密集排列的胃底腺，可见大量壁细胞和主细胞，腺体之间有少量疏松结缔组织及黏膜肌层延伸入其中分散的平滑肌细胞，腺体底部可见小静脉 (SV) 和小动脉 (SA) 分布；黏膜肌层为薄层平滑肌。见图 29-5。

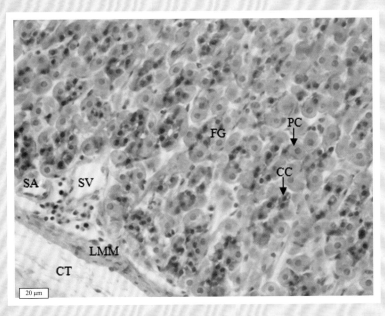

图 29-5　胃底腺（HE×400）

高倍镜下观察胃幽门部，可见幽门部具有以下结构：黏膜层 (M)、黏膜下层 (Sm)、肌层 (TM)。黏膜层较厚，黏膜上皮向下凹陷形成胃小凹，黏膜固有层内有幽门腺 (PG)，黏膜肌层为薄层平滑肌；黏膜下层为疏松结缔组织 (CT)，内含丰富的血管。见图29-6。

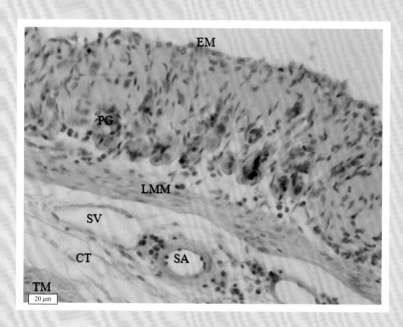

图 29-6　胃幽门（HE×400）

30　小　肠

　　低倍镜下观察十二指肠结构,可见十二指肠具有完整四层结构,包括黏膜层(M)、黏膜下层(Sm)、肌层(TM)、浆膜层(Se)。其中黏膜层有黏膜上皮和固有层向肠腔内突起形成的肠绒毛(V),十二指肠肠绒毛在小肠中最长,黏膜上皮细胞排列整齐,黏膜上皮向下凹陷形成肠腺(IG);黏膜下层为疏松结缔组织,内含丰富的毛细血管;黏膜肌层分为内层环肌,外层纵肌;浆膜层为单层扁平上皮。见图30-1。

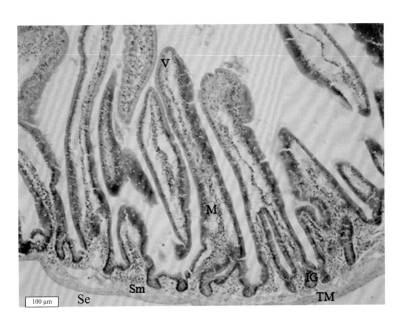

图 30-1　十二指肠（HE×100）

低倍镜下观察十二指肠黏膜结构，可见十二指肠黏膜包括黏膜上皮 (EM)，固有层 (LP)，黏膜肌层 (LMM) 三部分。其中黏膜上皮为单层柱状上皮，有杯状细胞 (GC) 分布；固有层内分布有结缔组织细胞、毛细血管等，部分绒毛固有层内有未知的均质淡红染物质存在。见图 30-2。

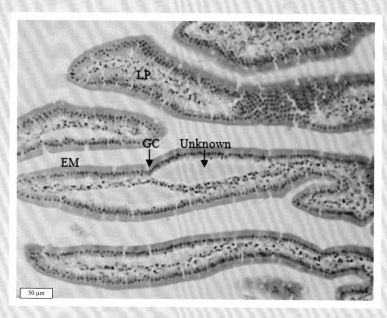

图 30-2　十二指肠（HE×200）

高倍镜下观察十二指肠黏膜结构，可见十二指肠黏膜包括黏膜上皮 (EM)，固有层 (LP)，黏膜肌层 (LMM) 三部分。其中黏膜上皮为单层柱状上皮，由柱状细胞 (CC)、杯状细胞 (GC) 和上皮内淋巴细胞 (LC) 构成；固有层内可见结缔组织细胞和毛细血管等，固有层外围存在基膜 (BM) 将其与上皮分开，没有参与构成绒毛的固有层中可见腺体存在。见图 30-3。

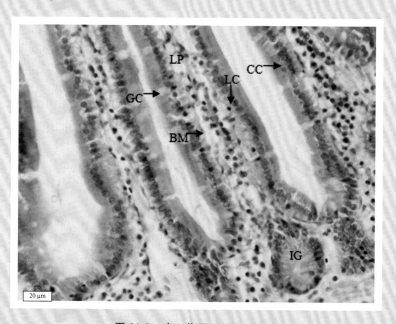

图 30-3　十二指肠（HE×400）

　　低倍镜下观察空肠结构，可见空肠具有完整四层结构，包括黏膜层 (M)、黏膜下层 (Sm)、肌层 (TM)、浆膜层 (Se)。其中黏膜层有黏膜上皮和固有层向肠腔内突起形成的肠绒毛 (V)，空肠肠绒毛较短，排列较疏松，黏膜上皮细胞排列整齐，黏膜上皮向下凹陷形成腺体；黏膜下层为疏松结缔组织，内含丰富的毛细血管 (CV)；肌层较薄，分为内层环肌和外层纵肌两部分；浆膜层为单层扁平上皮。见图 30-4。

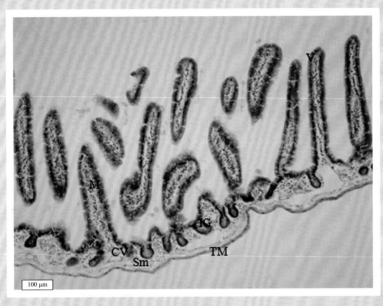

图 30-4　空肠（HE×100）

　　低倍镜下观察空肠黏膜结构，可见空肠黏膜包括黏膜上皮 (EM)，固有层 (LP)，黏膜肌层 (LMM) 三部分。其中黏膜上皮为单层柱状上皮，有杯状细胞 (GC) 分布；固有层内分布有结缔组织细胞、毛细血管 (CV) 等，没有参与构成绒毛的固有层中可见腺体存在；黏膜肌层非常薄；黏膜下层为疏松结缔组织 (CT)；肌层较薄，但仍可见两层，内层环肌和外层纵肌。见图 30-5。

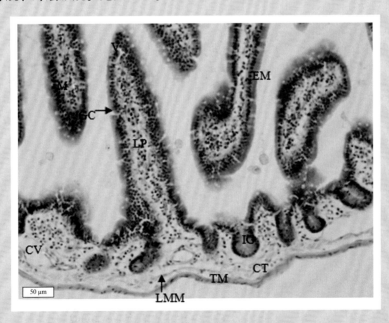

图 30-5　空肠（HE×200）

高倍镜下观察空肠黏膜结构，可见空肠黏膜包括黏膜上皮 (EM)，固有层 (LP)，黏膜肌层 (LMM) 三部分。其中黏膜上皮为单层柱状上皮，由柱状细胞 (CC)、杯状细胞 (GC) 和上皮内淋巴细胞 (LC) 构成；固有层内可见结缔组织细胞和毛细血管等，固有层外围存在基膜 (BM) 将其与上皮分开。见图 30-6。

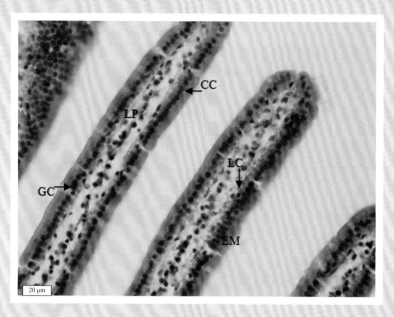

图 30-6　空肠（HE×400）

低倍镜下观察回肠结构，可见回肠具有完整四层结构，包括黏膜层 (M)、黏膜下层 (Sm)、肌层 (TM)、浆膜层 (Se)。其中黏膜层有黏膜上皮和固有层向肠腔内突起形成的肠绒毛 (V)，回肠肠绒毛较长，排列紧密，黏膜上皮细胞排列整齐，黏膜上皮向下凹陷形成腺体；黏膜下层为疏松结缔组织，内含丰富的毛细血管；肌层较厚，分为内层环肌和外层纵肌两部分；浆膜层为单层扁平上皮。见图 30-7。

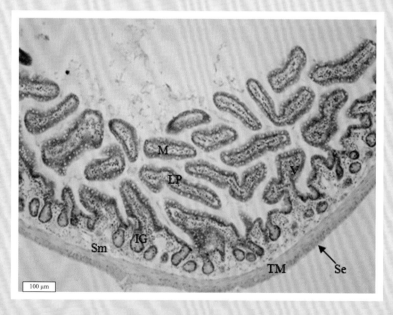

图 30-7　回肠（HE×100）

低倍镜下观察回肠黏膜结构，可见回肠黏膜包括黏膜上皮 (EM)，固有层 (LP)，黏膜肌层 (LMM) 三部分。其中黏膜上皮为单层柱状上皮，有杯状细胞 (GC) 分布；固有层内分布有结缔组织细胞、毛细血管等，没有参与构成绒毛的固有层中可见腺体存在，部分腺体可见有红染颗粒的潘氏细胞 (PC)；黏膜下层为疏松结缔组织 (CT)；肌层较厚，可见内层环肌和外层纵肌；浆膜层为单层扁平上皮。见图 30-8。

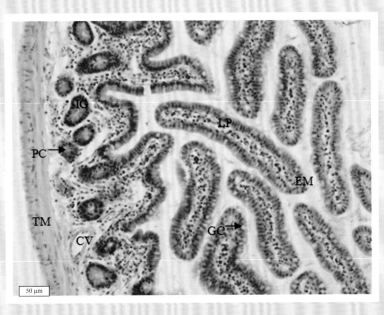

图 30-8　回肠（HE×200）

高倍镜下观察回肠黏膜结构，可见回肠黏膜包括黏膜上皮 (EM)，固有层 (LP)，黏膜肌层 (LMM) 三部分。其中黏膜上皮为单层柱状上皮，由柱状细胞 (CC)、杯状细胞 (GC) 和上皮内淋巴细胞 (LC) 构成；固有层内可见结缔组织细胞和毛细血管 (CV) 等，固有层外围存在基膜将其与上皮分开；腺体内可见潘氏细胞 (PC) 存在。见图 30-9。

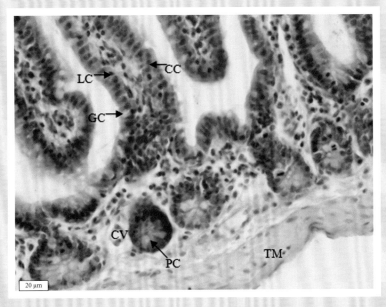

图 30-9　回肠（HE×400）

31　大　　肠

　　低倍镜下观察盲肠结构，可见盲肠具有完整四层结构，包括黏膜层 (M)、黏膜下层 (Sm)、肌层 (TM)、浆膜层 (Se)。其中黏膜层由黏膜上皮 (EM)、固有层 (LP)、肠腺 (IG) 和黏膜下肌层 (LMM) 组成，固有层内淋巴组织发达，可见集合淋巴小结 (LN)；黏膜下层为疏松结缔组织，内含丰富的毛细血管 (CV)，部分黏膜下层作为中轴和黏膜共同突入肠腔内形成皱襞 (MF)；黏膜肌层分为内层环肌，外层纵肌；浆膜层为单层扁平上皮。见图 31-1。

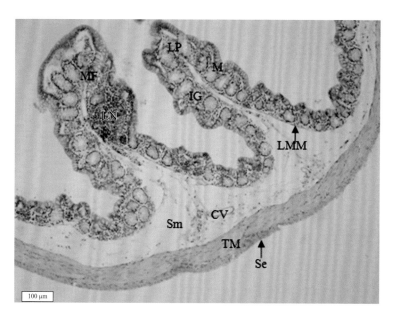

图 31-1　盲肠（HE×100）

高倍镜下观察盲肠黏膜结构，可见盲肠黏膜上皮细胞和肠腺上皮细胞间含有大量的杯状细胞 (GC)，腺体发达，固有层内可见结缔组织细胞和淋巴小结 (LN)。见图 31-2。

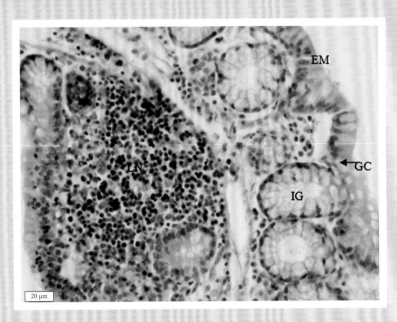

图 31-2　盲肠（HE×400）

低倍镜下观察结肠结构，可见结肠具有完整四层机构，包括黏膜层 (M)、黏膜下层 (Sm)、肌层 (TM)、浆膜层 (Se)。其中黏膜层由黏膜上皮 (EM)、固有层 (LP)、丰富的肠腺 (IG) 和黏膜下肌层 (LMM) 组成；黏膜下层为疏松结缔组织，内含丰富的毛细血管，部分黏膜下层作为中轴和黏膜共同突入肠腔内形成皱襞 (MF)；黏膜肌层较厚，分为内层环肌，外层纵肌；浆膜层为单层扁平上皮。见图 31-3。

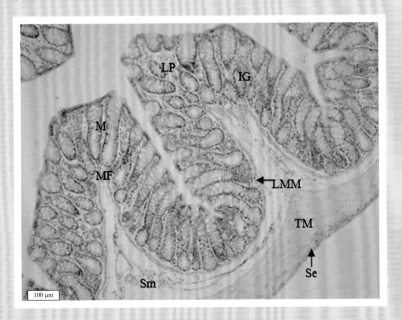

图 31-3　结肠（HE×100）

高倍镜下观察结肠黏膜结构，可见结肠黏膜上皮细胞和肠腺上皮细胞间含有大量的杯状细胞(GC)，腺体发达，黏膜下肌层为薄层平滑肌。见图31-4。

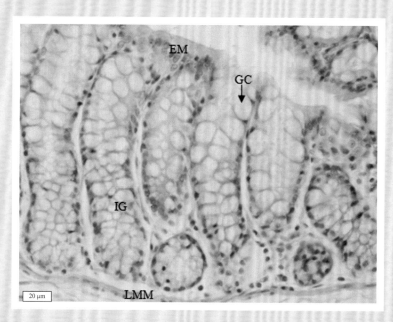

图31-4　结肠（HE×400）

低倍镜下观察直肠结构，可见直肠具有完整四层机构，包括黏膜层(M)、黏膜下层(Sm)、肌层(TM)、浆膜层(Se)。其中黏膜层由黏膜上皮(EM)、固有层(LP)、肠腺(IG)和黏膜下肌层(LMM)组成；黏膜下层为疏松结缔组织，内含丰富的毛细血管；黏膜肌层较厚，分为内层环肌，外层纵肌；浆膜层为单层扁平上皮。见图31-5。

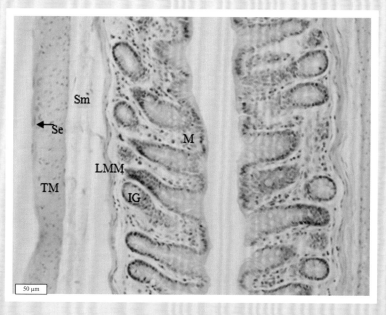

图31-5　直肠（HE×200）

　　高倍镜下观察直肠黏膜结构，可见结肠黏膜上皮细胞和肠腺上皮细胞间含有大量的杯状细胞 (GC)，肠腺相比结肠不发达，固有层内可见结缔组织细胞。见图 31-6。

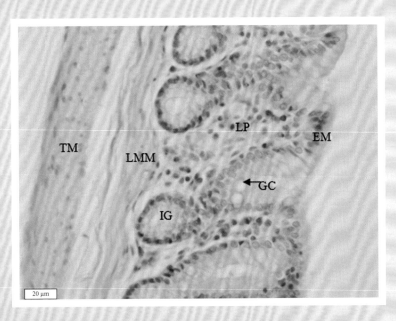

图 31-6　直肠（HE×400）

32　胰　　腺

　　胰腺表面覆以薄层结缔组织被膜（C），结缔组织（ICT）伸入腺内将实质分隔为许多小叶，但人胰腺小叶分界不明显。腺实质由外分泌部和内分泌部两部分组成。外分泌部分泌胰液，含有多种消化酶，经导管排入十二指肠，在食物消化中起重要作用。内分泌部是散在于外分泌部之间的细胞团，称胰岛（PI），它分泌的激素进入血液或淋巴，主要参与调节碳水化合物的代谢。见图 32-1 和图 32-2。

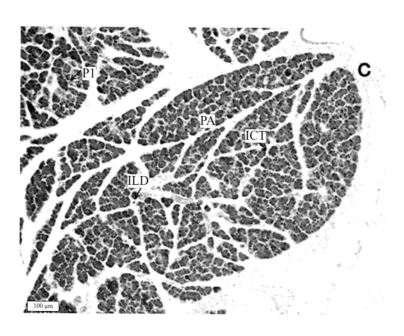

图 32-1　胰腺（HE×100）

PA：胰腺泡

　　胰腺腺泡腔面还可见一些较小的扁平或立方形细胞，称泡心细胞（CC），细胞质染色淡，核圆形或卵圆形。泡心细胞是延伸入腺泡腔内的闰管上皮细胞。导管腺泡以泡心细胞与闰管相连，胰腺的闰管长，无纹状管，闰管逐渐汇合形成小叶间导管（ILD）。

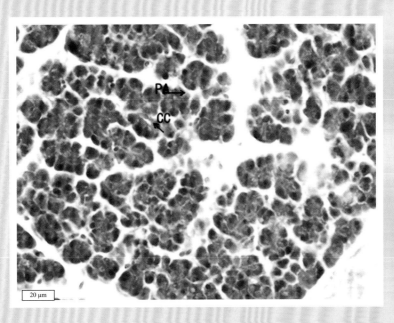

图 32-2 胰腺（HE×400）

33 肝　　脏

　　肝细胞是构成肝小叶的主要成分。是多角形的腺细胞，直径 20 ～ 30 μm。每个肝细胞有 1 ～ 2 个核，位于细胞中央，有核仁。细胞质丰富，含有各种细胞器。肝细胞排列呈索状，称肝细胞索（LCC）。每个肝细胞有三种不同接触面，即相邻肝细胞的接触，肝细胞与肝血窦的邻接，肝细胞与胆小管的邻接。见图 33-1。

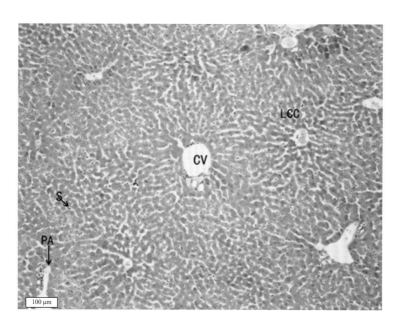

图 33-1　肝脏（HE×100）

CV：中央静脉

　　肝血窦（S）位于肝板与肝板之间，并通过肝板上的孔彼此沟通成网窦壁由一层内皮细胞构成。内皮细胞之间有间隙，宽 0.1 ～ 0.5 μm，内皮细胞膜上还有窗孔。门管区（PA）出入肝门的三个主要管道（门静脉、肝动脉和肝管）外包结缔组织，总称肝门管。三个管道伴行在小叶间结缔组织内，所以在肝组织切片中，常见三者伴行管道的切面：门静脉的分支称小叶间静脉；肝动脉的分支称小叶间动脉；胆管的分支称小叶间胆管。见图 33-2。

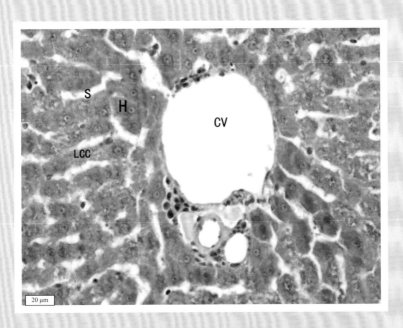

图 33-2　肝脏（HE×400）
CV：中央静脉　H：肝细胞

34 胆 囊

　　胆囊黏膜上皮由单层柱状上皮细胞(SCE)组成，黏膜有许多皱襞（MF），皱襞间有黏膜上皮深入至固有膜甚至肌层（TM）内。胆囊黏膜细胞具有典型的吸收型细胞的特征，具有较强的吸收和浓缩功能，同时，胆囊黏膜亦有分泌功能，分泌黏液。见图 34-1。

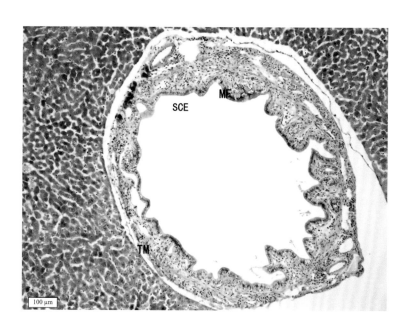

图 34-1 胆囊（HE×100）

　　胆囊管的层次与胆囊壁相同，但有以下两个特点：①胆囊管近胆囊颈的一端，黏膜呈螺旋瓣样皱襞（MF）。②胆囊管的肌纤维构成环状带，称为胆囊颈括约肌。这些特点有助于规律性地控制胆汁进入与排出。见图34-2。

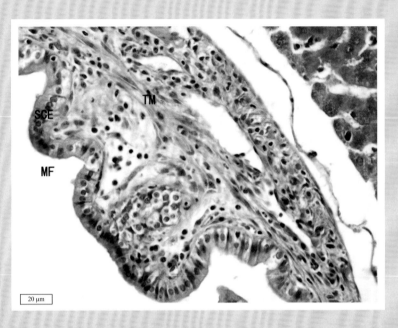

图34-2　胆囊（HE×400）
TM：肌层

35　舌下腺及腮腺

　　舌下腺是复管状腺，被膜不是十分明显。分泌物以黏液为主，腺体产生混合性分泌物。主要由带浆液半月的黏液性腺泡（MA）构成，并被肌上皮细胞（篮状细胞）包围，无闰管，纹状管也较短，小叶内导管 (ID) 系统分布不广泛。黏液性腺泡扁平深染的细胞核（N）位于细胞膜基底部。大部分细胞质被含有黏液的小泡占据，故侧面细胞膜非常清晰，腺腔（L）清晰可见。浆液半月（SD）由分泌性浆液细胞构成，细胞核（N）呈圆形或者卵圆形。见图 35-1 和图 35-2。

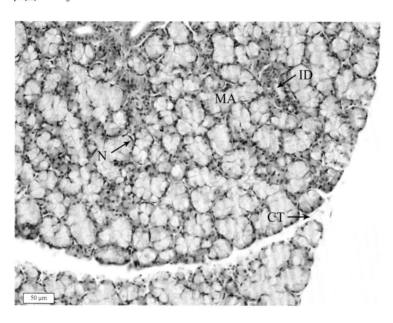

图 35-1　舌下腺（HE×200）

CT：结缔组织

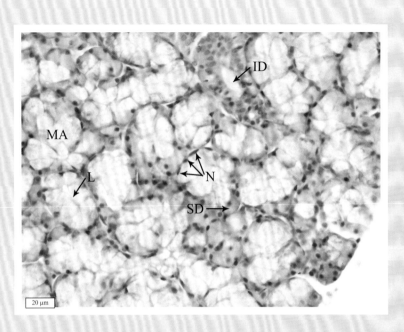

图 35-2　舌下腺（HE×400）

　　下颌下腺是复管状腺，由结缔组织（CT）分隔成许多小叶，虽然含有足量的黏液性腺泡但是主要以浆液为主。黏液性腺泡带有浆液半月，腺泡被肌上皮细胞（篮状细胞）包围。闰管短，纹状管发达。黏液性腺泡（MA）呈点状散在浆液性腺泡（SA）之中，浆液性腺泡细胞核（N）呈圆形位于细胞底部；黏液腺腔（L）清晰可见。下颌腺富含导管（D），导管管腔较大，导管上皮细胞胞质淡染，细胞核呈圆形。见图 35-3。

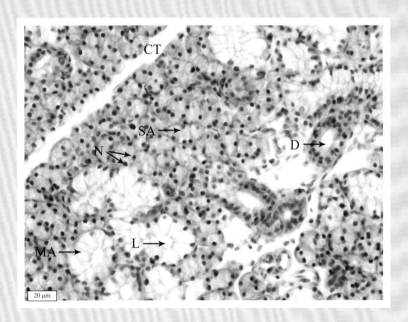

图 35-3　下颌下腺（HE×400）

　　腮腺是纯浆液性的复管泡状腺，被膜形成小梁深入到实质中将其分隔成许多小叶（Lo）。小叶内腺泡（Ac）排列紧密；小叶内导管（iD）散在分布于小叶中，小叶间导管（ID）和间质血管由结缔组织包裹。浆液性腺细胞核（N）呈圆形位于细胞底部，较其他动物长爪沙鼠的腮腺腺细胞核质比较大，腺泡结构不明显。见图35-4。

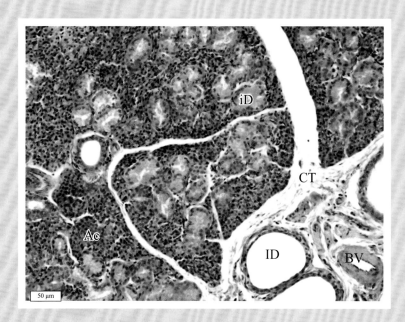

图 35-4　腮腺（HE×200）

BV：血管

36 心　　脏

心脏是中空的肌性器官，其壁由内膜，肌膜和外膜构成。

心内膜（EC）包括由单层扁平细胞组成的内皮 (En)，薄层疏松结缔组织 (CT) 构成内皮下层以及疏松结缔组织组成的内膜下层构成。

心肌膜（My）主要由心肌纤维（CM）组成。心肌纤维主要呈螺旋状排列，大致分为内纵、中环和外斜三层。

心瓣膜（Le）是心内膜向心腔（L）内突出，形成片状皱褶。见图 36-1 和图 36-2。

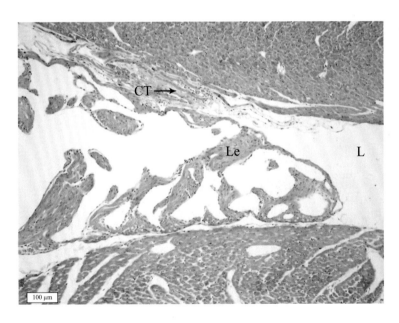

图 36-1　心脏（HE×100）

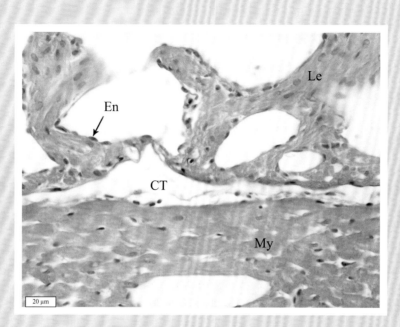

图 36-2　心脏（HE×400）

37 血 管

　　大动脉内膜由内皮和内皮下层构成。内皮下层为疏松结缔组织，含纵行胶原纤维和少量平滑肌纤维，并有 1～2 层内弹性膜。中膜占很厚的厚度，含 20～40 层弹性膜和大量弹性纤维。由于切片制作过程中的收缩作用，弹性膜呈波浪状。各层弹性膜由弹性纤维相连，弹性膜之间还有环形的平滑肌纤维和胶原纤维。外膜较薄，内侧有内弹性膜，外侧由疏松结缔组织构成，成纤维细胞是主要的细胞成分。可见散在分布的营养血管，分布到外膜和中膜。内膜一般无血管分布，营养由动脉管腔内血液渗透供应。见图 37-1 和图 37-2。

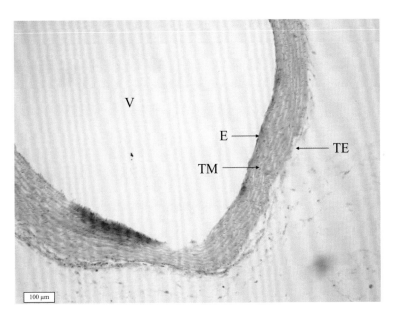

图 37-1　大动脉（HE×100）
V：大动脉　E：上皮　TM：中膜　TE：外膜

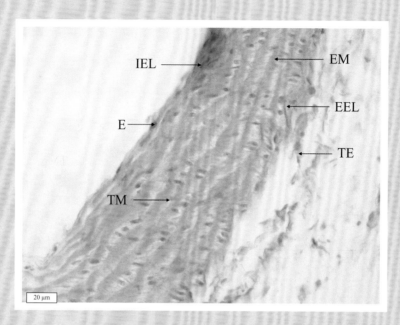

图 37-2　大动脉（HE×400）
E：上皮　IEL：内弹性膜　EEL：外弹性膜　EM：弹性膜　TM：中膜　TE：外膜

　　大静脉也由内膜、中膜和外膜构成。但是管壁内膜较薄，内皮下层仅含有少量的平滑肌纤维，内膜与中膜分界不清，中膜非常不发达，为几层排列较疏松的环行平滑肌纤维。大静脉的外膜相当厚，由结缔组织和大量的纵行平滑肌纤维束构成。还可见内膜突入管腔形成的瓣膜，即静脉瓣，由内膜凸入管腔折叠形成，表面为内皮，内部为含弹性纤维的结缔组织。由静脉瓣的游离缘的方向可以判断静脉血流的走向。见图 37-3 和图 37-4。

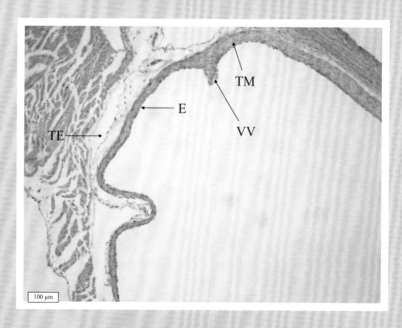

图 37-3　大静脉（HE×100）
TE：外膜　E：上皮　VV：静脉瓣　TM：中膜

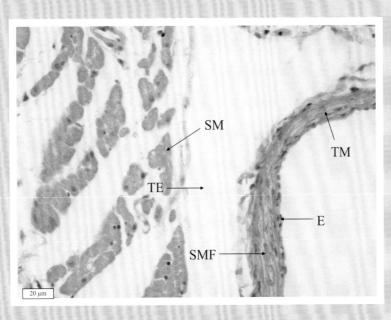

图 37-4　大静脉（HE×400）
TE：外膜　SM：平滑肌　SMF：平滑肌纤维　E：上皮　TM：中膜

　　中动脉和小动脉结构相似，这里以小叶间动脉（小动脉）为例进行描述。中、小动脉内膜也分为内皮和内皮下层，内皮下层较薄，外侧有 1～2 层内弹性膜。中膜较厚，中动脉由 10～30 层环行平滑肌纤维组成，小动脉由 1～5 层环行平滑肌纤维构成，平滑肌纤维间有少量弹性纤维与胶原纤维。中、小动脉外膜厚度与中膜接近，由疏松结缔组织构成，含营养血管，高倍下可见神经纤维末梢。中动脉外膜内侧可见外弹性膜，而小动脉则缺失。

　　中静脉与小静脉结构相似，这里以小叶间静脉（小静脉）为例进行描述。中静脉内膜薄，内皮下层含少量平滑肌纤维，内弹性膜不明显。中膜较薄，有分布稀疏的环行平滑肌纤维。外膜厚于中膜，由结缔组织构成，含少量平滑肌纤维束。小静脉内中外层均变薄，但是外膜与中膜的厚度比例与中静脉相比逐渐变大。见图 37-5 和图 37-6。

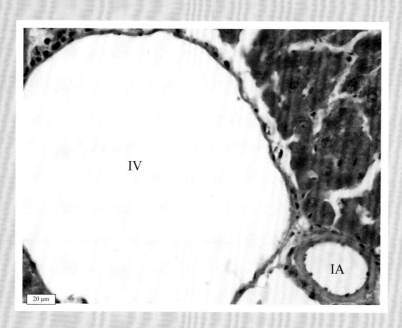

图 37-5　肝小叶间动脉、小叶间静脉（HE×400）
IV：肝小叶间静脉　IA：肝小叶间动脉

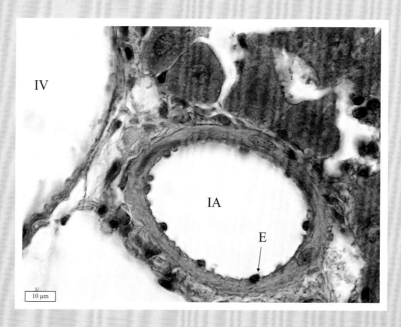

图 37-6　肝小叶间动脉、小叶间静脉（HE×1 000）
IV：肝小叶间静脉　IA：肝小叶间动脉　E：上皮

微动脉各层均很薄，无内外弹性膜，中膜含 1～2 层平滑肌纤维。

微静脉各层均菲薄，中膜含散在的平滑肌纤维。见图 37-7 和图 37-8。

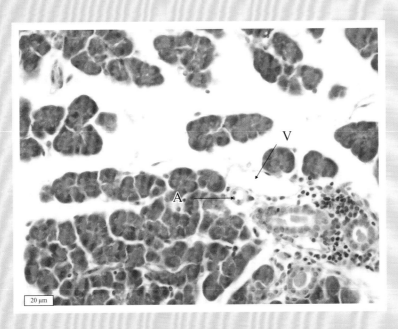

图 37-7　腮腺微动脉、腮腺微静脉（HE×400）
A：腮腺微动脉　　V：腮腺微静脉

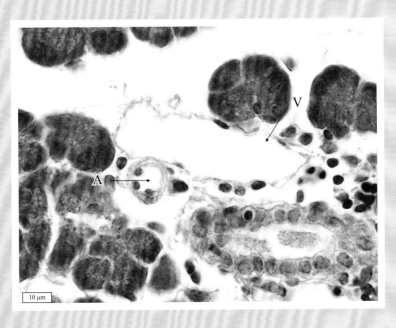

图 37-8　腮腺微动脉、腮腺微静脉（HE×1 000）
A：腮腺微动脉　　V：腮腺微静脉

38　毛细血管

　　毛细血管是管径最细、分布最广的血管，分为连续毛细血管、有孔毛细血管和血窦（窦状毛细血管），由于连续毛细血管和有孔毛细血管在光镜下无法分辨，所以不加以详细描述。肝血窦管腔较大，无标准的形态特征。内皮基膜不完整，内皮细胞间隙很大，这样的结构特征有利于大分子物质和 RBC 的进出。见图 38-1。

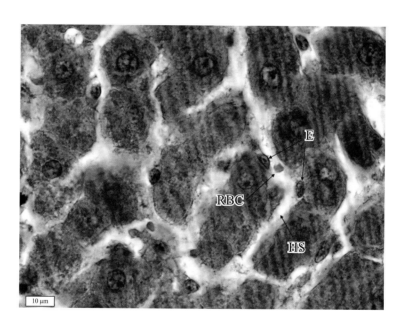

图 38-1　肝血窦（HE×1 000）

E：上皮　RBC：红细胞　HS：肝窦状隙

39 肠系膜淋巴结

肉眼大体观察：肠系膜淋巴结为长串状，白色，位于肠系膜中央汇集处。

低倍镜观察：肠系膜淋巴结的纵切面呈长椭圆形，为实质性器官。表面染成淡粉色的是被膜，被膜下深蓝色为皮质，中央部分着浅蓝色为髓质。有的标本在一侧有凹陷而无皮质结构这是淋巴结门部。见图 39-1。

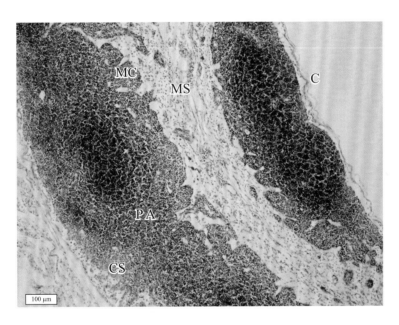

图 39-1 肠系膜淋巴结——纵切（HE×100）
C：被膜　CS：皮质淋巴窦　PA：副皮质区　LN：淋巴小结　MC：髓索　MS：髓窦

高倍镜观察：皮质区淋巴小结顶部周围为密集的小淋巴细胞，核小，染色较深，称小结帽。生发中心分为明区和暗区。明区位于小结帽内侧，染色淡主要由网状细胞、巨噬细胞和中淋巴细胞等组成（不必区分），暗区位于明区的内侧，染色深，由大淋巴细胞组成。副皮质区，主要由小淋巴细胞组成。见图 39-2。

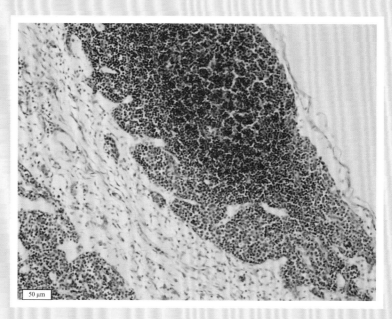

图 39-2　肠系膜淋巴结——纵切（HE×200）

低倍镜观察：

（1）被膜　淋巴结被膜由薄层结缔组织构成，包围在淋巴结表面，内有淋巴管穿越。

（2）皮质　淋巴结皮质由淋巴小结、副皮质区和皮质淋巴窦构成。淋巴小结位于皮质浅层，呈球形或椭圆形；由于淋巴细胞密集，淋巴小结呈嗜碱性深染。有的淋巴小结全部由致密的淋巴细胞组成，为初级淋巴小结；有的淋巴小结中央有以大中型淋巴细胞组成的浅染的生发中心，为次级淋巴小结。副皮质区，包括淋巴小结之间和皮质深层的弥散淋巴组织。皮质淋巴窦，包括被膜下方的淋巴窦，称被膜下窦。

（3）髓质　淋巴结髓质由髓索和髓窦构成。髓索，相互连接的条索状致密淋巴组织。髓窦位于髓索和髓索之间，为皮质淋巴窦的延续，并与输出淋巴窦相通。见图 39-3。

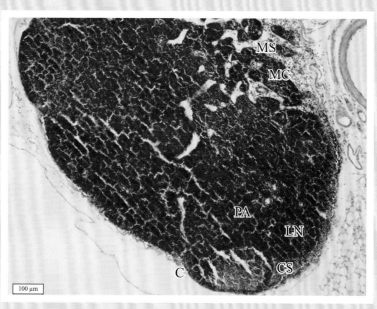

图 39-3　肠系膜淋巴结——横切（HE ×100）

C：被膜　CS：皮质淋巴窦　PA：副皮质区　LN：淋巴小结　MC：髓索　MS：髓窦

　　高倍镜观察：髓质内有由致密淋巴细胞组成条索状的髓索，其内主要含淋巴细胞和巨噬细胞。淋巴细胞大小较一致，胞体呈嗜碱性，胞浆较少，细胞核位于中央呈圆形，浓染。巨噬细胞胞体较大，胞浆丰富，淡染呈嗜酸性；细胞核位于中央呈长椭圆形，嗜碱性。髓窦内可见到被横切的小动脉和被纵切的小静脉。小动脉管壁较厚，小静脉管壁较薄，只有单层的血管内皮细胞组成。与其他鼠类不同点：长爪沙鼠的肠系膜淋巴结中没有见到小梁结构。见图39-4。

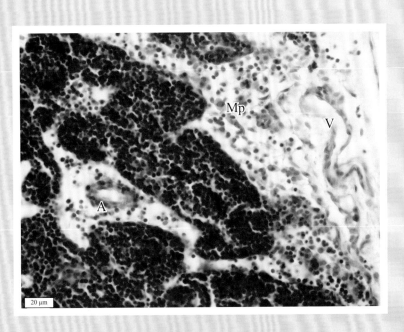

图39-4　肠系膜淋巴结——横切（HE×400）
A：小动脉　V：小静脉　Mp：巨噬细胞

40　脾　　脏

　　脾脏外周为较厚的被膜 (capsule,C)，被膜结缔组织伸入脾内形成许多分支的小梁 (trabecula，T)，相互连接构成脾的粗支架，长爪沙鼠的脾小梁较其他鼠类细、少。脾实质分为白髓 (white pulp,WP)、边缘区和红髓 (red pulp,RP)。白髓由密集的淋巴组织环绕动脉形成，包括脾小结和动脉周围淋巴鞘。边缘区位于红髓和白髓之间，细胞排列较白髓稀疏较红髓密集。红髓占脾实质的大部分，分布于被膜下、小梁周围、白髓及边缘区的外侧。红髓包括脾索和脾血窦。脾索为富含血细胞的淋巴索，相互连接成网。脾血窦简称脾窦，位于脾索之间。见图 40-1。

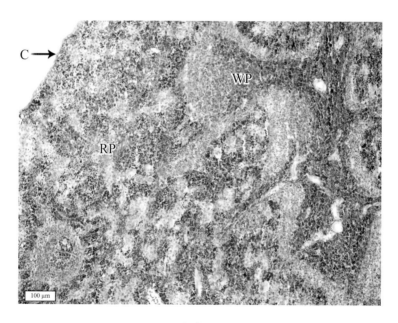

图 40-1　脾脏（HE×100）

被膜富含平滑肌和弹性纤维，表面覆有间皮。红髓由脾窦 (splenic sinus,SS) 和脾索 (splenic cord，SC) 组成。窦壁内衬不连续的上皮。由于采用心脏福尔马林灌注，脾窦内红细胞较少，可清晰看到网状细胞、巨噬细胞和浆细胞。髓索由胞浆较少、胞核深染，排列密集的淋巴细胞构成，其间分布有 T 细胞、B 细胞、浆细胞、巨噬细胞、郎罕氏细胞 (langhans' cells,L) 和其他血细胞。较其他鼠类相比，脾索较粗、厚实，脾窦较宽。见图 40-2。

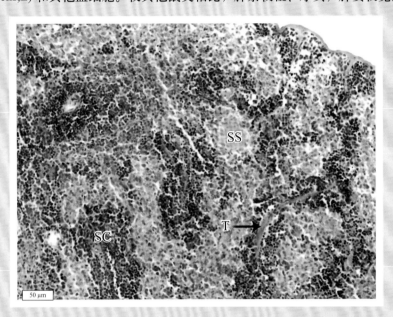

图 40-2　脾脏（HE×200）

长爪沙鼠脾脏白髓中脾小结 (splenic nodule,SN) 染色较浅，明区、暗区和小结帽结构不清晰。边缘区 (marginal zone,MZ) 位于红髓和白髓交界的狭窄区域，含排列较松散的淋巴细胞、巨噬细胞、血细胞和少量浆细胞。见图 40-3。

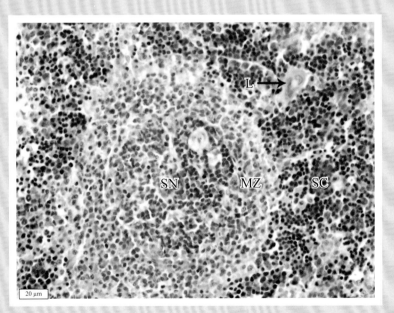

图 40-3　脾脏（HE×400）

中央动脉 (central artery,CA) 周围排列大量胞浆较少胞核深染的小淋巴细胞，形成动脉周围淋巴鞘 (periaterial lymphatic sheath,PLS)。见图 40-4。

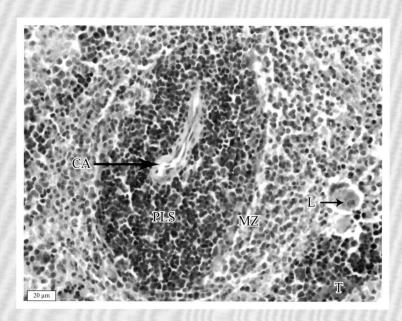

图 40-4　脾脏（HE×400）

41 胸　　腺

　　3月龄长爪沙鼠胸腺已经开始退化，淋巴组织减少，胸腺分叶不明显。退化的胸腺由脂肪组织（adipose tissue, A）替代。胸腺表面由一层较薄的结缔组织包膜包被，实质由蓝紫色的含有大量小淋巴细胞皮质（cortex, C）和中央浅染的含有少量大淋巴细胞髓质（medulla, M）构成。见图41-1。

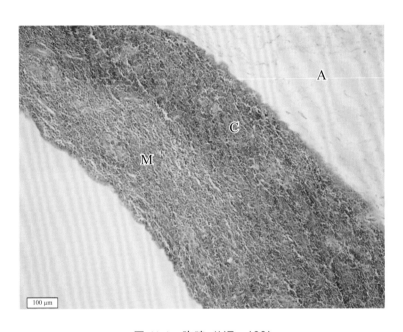

图 41-1　胸腺（HE×100）

　　胸腺皮质以上皮性网状细胞（epithelial reticular cell,ERC）为支架，间隙内含有大量胸腺细胞 (thymocyte,T)和少量巨噬细胞。上皮性网状细胞多呈星形，胞核卵圆形，大而浅染。胸腺细胞非常密集，故皮质着色深。巨噬细胞散布于皮质之间。髓质的细胞组成与皮质相似，但胸腺细胞较稀疏，上皮性网状细胞较多，巨噬细胞较少。胸腺髓质内部分胸腺上皮细胞构成胸腺小体 (thymic corpuscle,TC)，是胸腺髓质的特征。胸腺小体体积较大，嗜酸性着色，由扁平的上皮性网状细胞呈同心圆排列而成，中心部位常见核固缩或消失、角质化等现象。髓质中还有管壁立方形内皮细胞的毛细血管后微静脉（post capillary venules，CV）。见图 41-2。

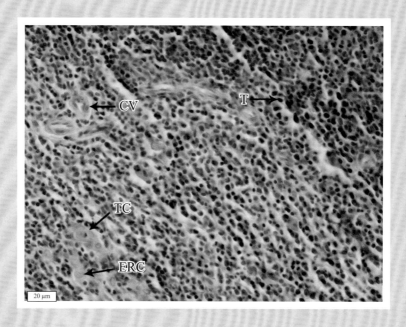

图 41-2　胸腺（HE×400）

42 泌尿器官

　　长爪沙鼠肾脏呈蚕豆状，长约 2 cm，宽约 1 cm。肾脏表面由一层结缔组织被膜包裹。肾脏分为皮质和髓质。肾脏的皮质包括肾小体、肾小管。肾小体由血管球（G）和肾小囊组成，血管球基部的一端称为血管极（VP），对侧为尿极（UP），靠近血管极的远端小管上皮细胞排列紧密，称为致密斑（MD），肾小囊为包裹血管球的双层囊，脏层紧附血管球，由足细胞构成（Mg），壁层（PL）为单层上皮，壁层与脏层之间的间隙称为肾小囊腔（BS）。肾小管分为近端小管（PT）和远端小管（DT），近端小管胞体大，细胞质强嗜酸性，管腔面有刷状缘，细胞基部有纵纹；远端小管上皮细胞比近端小管上皮细胞小且着色相对较浅。髓质位于皮质内侧，内无肾小体，着色浅，髓质（M）内呈放射状的条纹伸入皮质构成髓放线（MR），被分隔开的皮质部分成为皮质迷路（CL）。见图 42-1 至图 42-3。

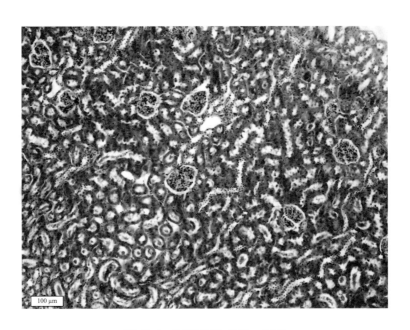

图 42-1　肾脏皮质（HE×100）

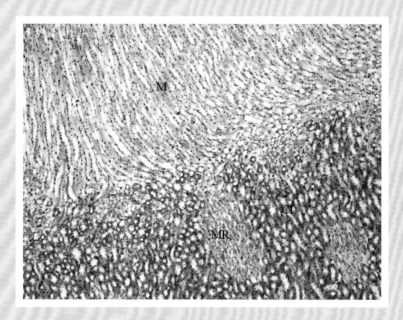

图 42-2　肾脏髓质（HE×100）

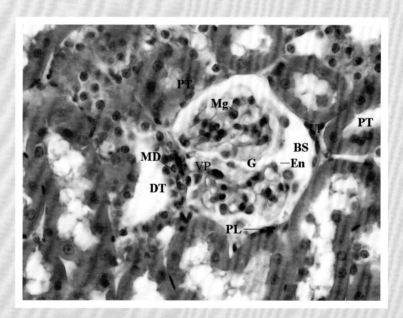

图 42-3　肾脏皮质（HE×400）
En：内皮细胞

　　膀胱黏膜上皮为变移上皮，厚薄由尿液充盈决定，在空虚时变移上皮（TE）很厚，变移上皮胞体大，胞浆着色浅，核深染，圆形或椭圆形，有的细胞具有双核，上皮下的结缔组织分为固有层（LP）和黏膜下层（Sm），包含有血管和神经。黏膜下层外面是膀胱的平滑肌层，由三层平滑肌组成，很厚，分别为内纵（IL）、中环（MC）和外纵（OL）。膀胱的最外层是一薄层浆膜。见图42-4至图42-6。

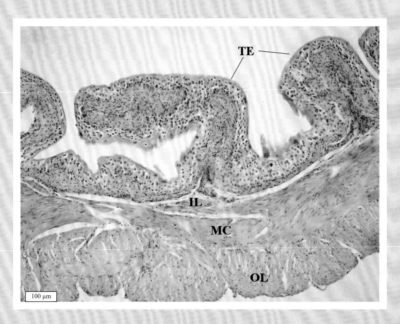

图 42-4　膀胱（HE×100）

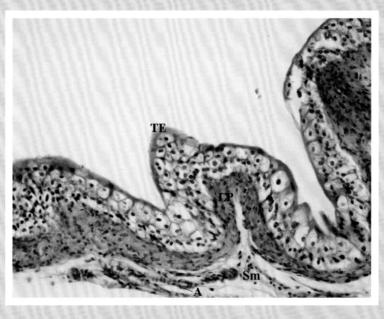

图 42-5　膀胱（HE×200）

A：动脉

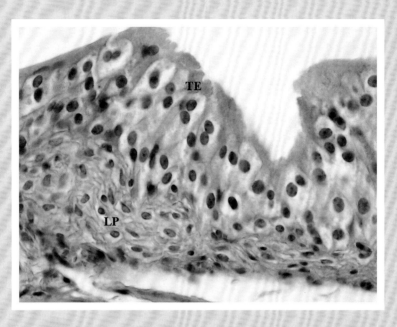

图 42-6　膀胱（HE×400）

　　输尿管由一层厚的变移上皮、结缔组织、肌层和外膜（Ad）构成。变异上皮细胞胞浆着色浅，胞核小，椭圆形。典型的输尿管肌层分为内纵（IL）、中环（MC）和外纵（OL）三层，但输尿管中上部即远离膀胱的部分无外纵肌层。外膜由结缔组织构成，起固定输尿管的作用。见图 42-7。

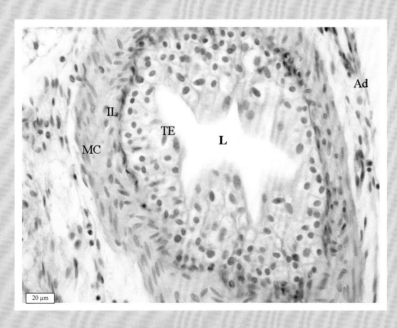

图 42-7　输尿管（HE×400）
L：管腔　Ad：外膜

43 眼

　　鼠眼为球形，为视觉器官，它主要由晶状体和眼球壁组成。眼球壁分3层，从外向内顺次为纤维膜、血管膜和视网膜。纤维膜可分为后方不透明的巩膜和前方透明的角膜。血管膜包括脉络膜、睫状体和虹膜，均含有色素。视网膜有感光能力。眼后壁低倍镜主要显示的是眼球壁后部的三层结构：巩膜（Sc）、脉络膜（Ch）和视网膜（Re），此外还有哈德腺（Harderian gland, HaGl）环绕在视神经（ON）周围。见图43-1。

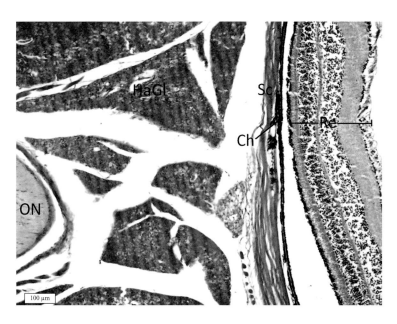

图 43-1　眼后壁（HE×100）

　　高倍镜显示视网膜的结构，从脉络膜向玻璃体腔方向依次为：色素上皮（PiEp）、感光细胞层（PhCe，主要含视杆细胞）、外核层（OuNu，含有感光细胞的胞核）、外网状层（OuPl）、内核层（InNu，含有各种相关的神经胶质细胞和功能细胞的胞体）、内网状层（InPl）、神经节细胞层（GaCe，含有多级神经元和神经胶质细胞的胞体）、神经纤维层（NeFi）和内界膜（InIn）。见图43-2。

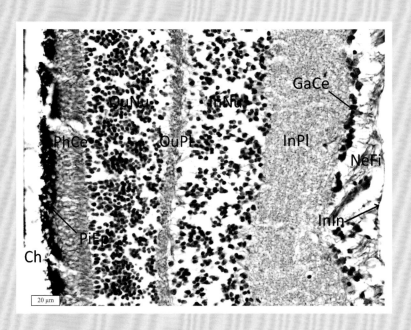

图 43-2　视网膜（HE×400）

44　脑

　　松果体位于脑的背侧正中矢状面，位于小脑半球、大脑半球和头骨之间。它表面有一层很薄的结缔组织包囊（Ca），而且这层结缔组织将松果体实质分为不完全分隔的小叶。松果体实质含有两种类型的细胞：产生褪黑素和 5- 羟色胺的松果体细胞（Pi）为大的椭圆形细胞，含有淡染的嗜碱性胞浆；间质（神经胶质）细胞（InCe）为星状细胞，含有深染的嗜碱性胞浆，为松果体细胞提供支持。见图 44-1。

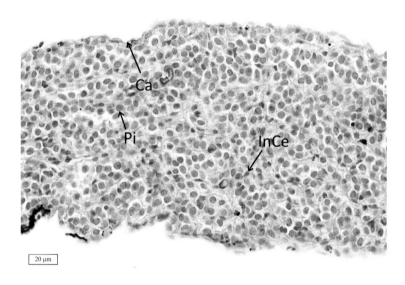

图 44-1　松果体（HE×400）

　　大脑皮质由表及里分为6层，分别为：分子层（ML）：位于皮质最浅层，神经元较少，神经纤维多；外颗粒层（EGL）：由许多星形细胞和少量小椎体细胞构成，细胞小而密集；外椎体细胞层（EPL）：细胞排列较外颗粒层稀疏，浅层为小型椎体细胞，深层为中型椎体细胞；内颗粒层（IGL）：细胞密集，多数是星形细胞；内椎体细胞层（IPL）：神经元较少，含大、中型椎体细胞，且以大椎休细胞为主；多形细胞层（PL）：位于皮质最深层，紧靠髓质，细胞排列疏松，形态多样，有梭形、星形和卵圆形等。见图44-2和图44-3。

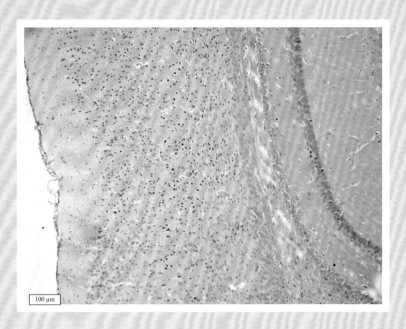

图 44-2　大脑（HE×100）

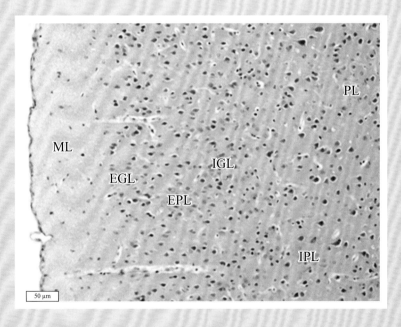

图 44-3　大脑（HE×200）

低倍镜下可见，小脑外覆软膜，周边是皮质，中央是髓质（WM），切片中染色较深的部分为小脑皮质的颗粒层（GL），颗粒层外侧染色较浅的部分为分子层（ML），内侧染色较浅的是小脑髓质；高倍镜下，小脑皮质由表及里分为3层，分子层：位于皮质的最表层，较厚，含大量神经纤维，神经元少而分散；浦肯野氏细胞层(PCL)：位于分子层的深层，有浦肯野氏细胞单层排列而成，是小脑皮质中最大的神经元；颗粒层：位于皮质的最深层，有大量密集排列的颗粒细胞和一些高尔基细胞构成。见图44-4和图44-5。

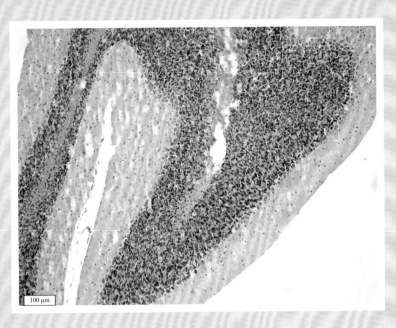

图 44-4　小脑（HE×100）

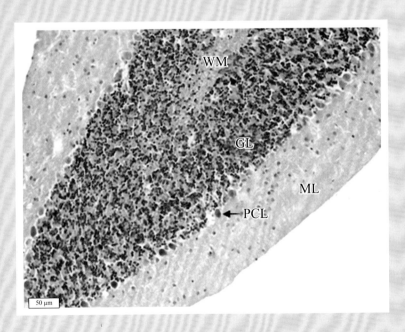

图 44-5　小脑（HE×200）

45 脊髓

描述：低倍镜下，可见脊髓横截面略呈扁圆形，外包有结缔组织软膜。背正中隔和腹正中裂将脊髓分为左、右两个部分。脊髓中央呈蝴蝶型的结构为灰质（GM），周围为白质（WM）。见图 45-1。

高倍镜下，灰质部分主要由神经元胞体、树突、轴突近胞体部以及神经胶质细胞和无髓神经纤维组成。灰质中央为中央管（CC），管腔内表面为室管膜上皮。两背侧窄小处为背角（DH），神经元胞体较小，类型复杂，多为中间神经元。见图 45-2。两翼腹侧宽大处为腹角（VH），神经元胞体大小不等，主要为运动神经元。见图 45-3。背角与腹角之间凸向白质的部分为侧角（LH），主要见于胸腰段脊髓。侧角内为交感神经元的节前神经元，胞体小，亦为多级神经元。见图 45-4。脊髓白质部分主要由神经纤维构成，其间可见少量神经胶质细胞（NG）。见图 45-5。

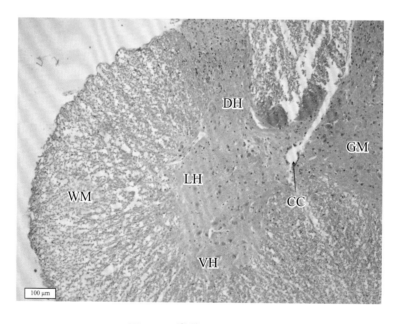

图 45-1　脊髓（HE×100）

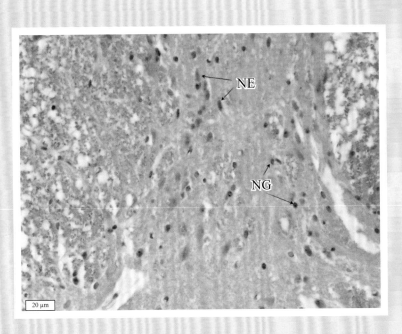

图 45-2　脊髓（灰质背角）（HE×400）

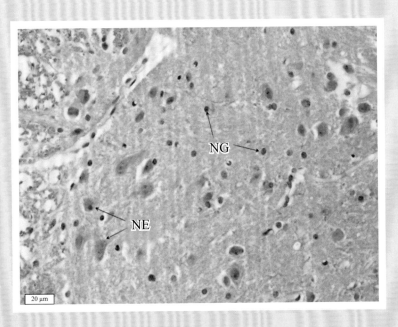

图 45-3　脊髓（灰质侧角）（HE×400）
NE：神经元

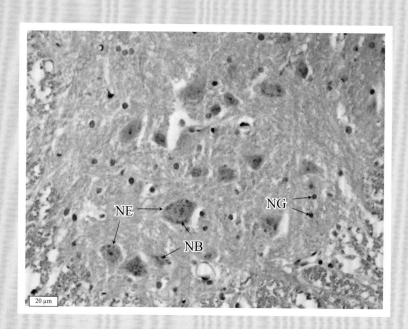

图 45-4　脊髓（灰质腹角）（HE×400）

NB：尼氏小体

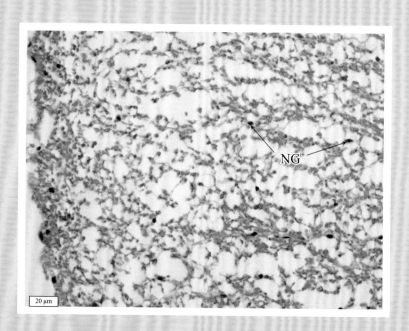

图 45-5　脊髓（白质）（HE×400）

46 坐骨神经

　　描述：低倍镜下，神经由走行一致的神经纤维集合在一起，与结缔组织、毛细血管、毛细淋巴管共同构成。神经纤维间的结缔组织为神经内膜，包绕在单条神经束（N）周围的结缔组织为神经束膜（PE），多条神经束外共有的结缔组织膜为神经外膜（EP）。见图46-1。高倍镜下，神经束内大小不等的圆形淡染结构为轴突（AX），轴突周围的环形嗜酸性网状结构为髓鞘（MS），髓鞘内可见嗜碱性的髓鞘细胞核，又称施万细胞核（SC）。见图46-2。

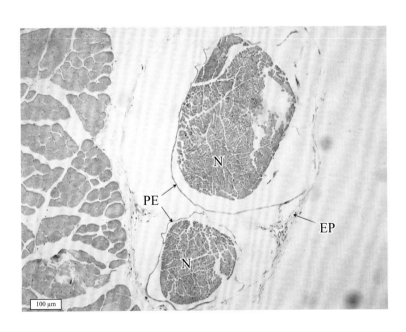

图 46-1　坐骨神经（HE×100）

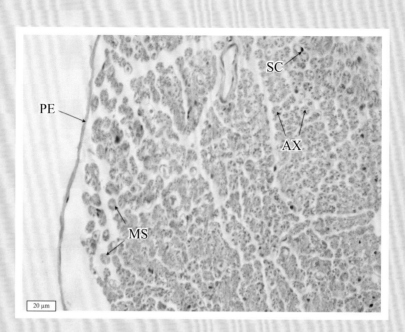

图 46-2　坐骨神经（HE×400）

47　雄性生殖系统

低倍镜下可见，睾丸被覆一层浆膜；睾丸实质由许多曲精小管构成。见图 47-1。

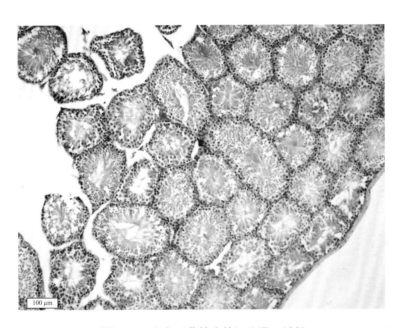

图 47-1　睾丸（曲精小管）（HE×100）

镜下可见，曲精小管的上皮为一层肌样细胞，染色深；内层则依次排列为精原细胞、初级精母细胞和精子细胞。见图 47-2。

睾丸由睾丸小叶组成，每个睾丸小叶内含有多个曲精小管。曲精小管上皮由生精细胞和支持细胞构成的复层上皮，上皮外有一薄层基膜，基膜外为一层肌样细胞，结构类似平滑肌细胞。紧贴基膜的为精原细胞，细胞紧贴基膜，胞体小，呈圆形；胞核圆形，深染。精原细胞内侧为初级精母细胞，是生精细胞中最大的细胞，胞核大而圆，核染色质比较清晰，有 2～3 层。次级精母细胞多不易被观察到。再往内侧为精子细胞，分为早期精子细胞和晚期精子细胞，早期精子细胞胞体圆形、核淡染并向管腔聚积；晚期精子细胞为头部伸长深染，尾部淡染并朝向管腔。见图 47-3。

图 47-2　睾丸（曲精小管）（HE×200）

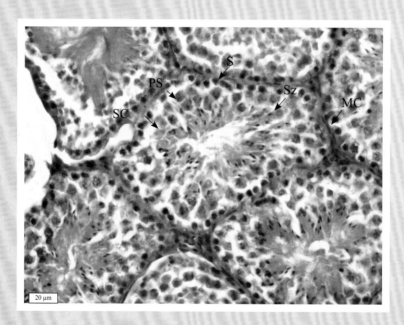

图 47-3　睾丸（曲精小管）（HE×400）
S：精原细胞　Sz：精子细胞　SC：支持细胞　MC：肌样细胞　PS：初级精母细胞

镜下可见，输精管外覆一层结缔组织，结缔组织中富含血管；输精管外层肌肉较厚，有多层平滑肌构成；柱状上皮基底层细胞染色深；整个输精管细胞排列比较整齐。见图47-4。

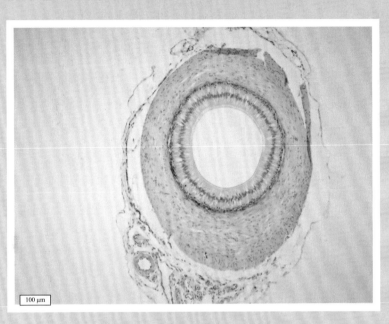

图 47-4　输精管（HE×100）

镜下可见，肌层外结缔组织为疏松结缔组织，胞核深染，胞浆丰富淡染；管壁外层肌肉较厚，由多层平滑肌构成；内侧基底层细胞染色较深，细胞层数较少；柱状细胞排列整齐并富含纤毛。见图47-5。

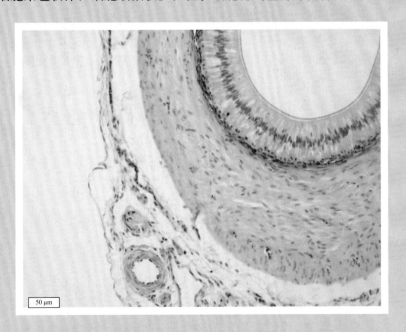

图 47-5　输精管（HE×200）

镜下可见，输精管外层为平滑肌层，较厚，由多层平滑肌构成，呈环形排列并交织在一起，明显不分层；平滑肌层内侧为一肌样细胞层，此处细胞细胞核呈长条状，胞浆少，染色较深，含有 2 ～ 4 层细胞，紧贴基底细胞层；基底细胞核小而圆，胞浆丰富；附睾管管壁内侧为假复层柱状上皮，胞核呈长条状，胞浆丰富淡染，细胞极面含有静纤毛，排列整齐。见图 47-6。

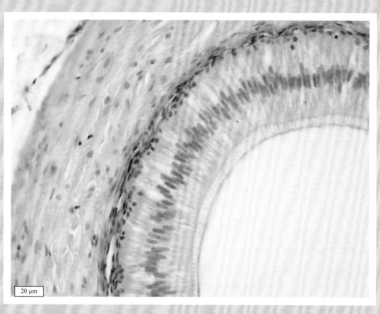

图 47-6　输精管（HE×400）

低倍镜下可见，附睾外层包裹一层富含脂肪细胞的疏松结缔组织，对附睾起到保护作用；附睾表面覆盖一层粉染的肌样细胞；附睾中富附睾管，管中充积大量的精子。见图 47-7。

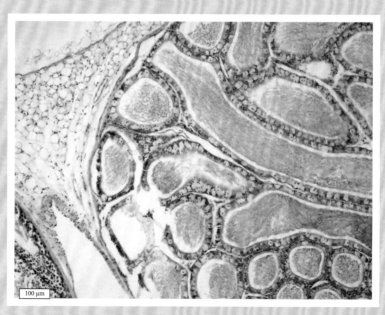

图 47-7　附睾（HE×100）

　　镜下可见，附睾管由多层细胞构成，最外侧为一薄层的肌样细胞，呈粉染；肌样细胞内侧有几种不同的细胞，其中一种细胞胞浆淡染；管腔中充满精子。见图47-8。

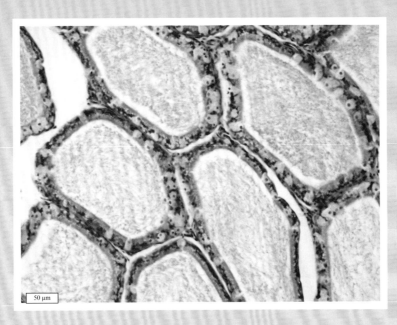

图 47-8　附睾（HE×200）

　　高倍镜下可见，附睾管外层为1～2层的肌样细胞包围；肌样细胞内侧有三种不同的细胞，其中最外侧为基细胞，位于上皮细胞基部，胞体小而成长梭形，胞质染色较淡；基细胞内侧由两种细胞相间组成，其中一种细胞的细胞核呈直立短杆状，胞浆含量少并呈粉染，该种细胞称为亮细胞（light cell）；另外一种细胞，胞核染色较淡，胞浆淡染，细胞质为絮状或颗粒状，细胞核在细胞中的位置不定，有的位于细胞中心，有的位于细胞边缘。见图47-9。

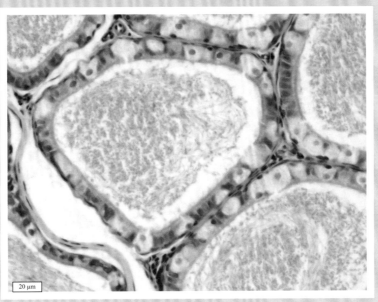

图 47-9　附睾（HE×400）

低倍镜下可见，精囊外裹一层富含肌肉的结缔组织，腺上皮向腔内延伸形成条状，腔中充积大量的粉染的精囊腺分泌物。见图 47-10。

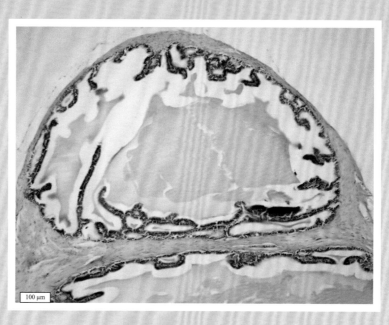

图 47-10　精囊（HE×100）

镜下可见上皮细胞伸向管腔，并形成很小的由上皮细胞组成外膜的小管腔，管腔中有粉染的蛋白渗出液；上皮细胞染色较深。见图 47-11。

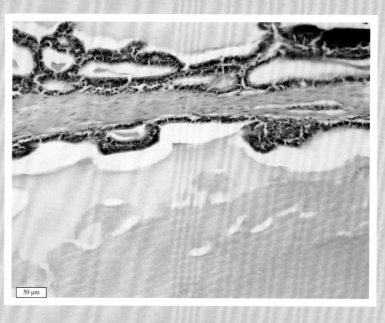

图 47-11　精囊（HE×200）

　　高倍镜下可见，腺上皮为假复层柱状上皮，由高柱状细胞及小而圆的基底细胞构成；高柱状细胞细胞核呈直立的短柱状，胞浆较少呈粉染，细胞游离面富含静纤毛；基底细胞细胞核呈圆形，排列不整齐，位于高柱状细胞下层。见图47-12。

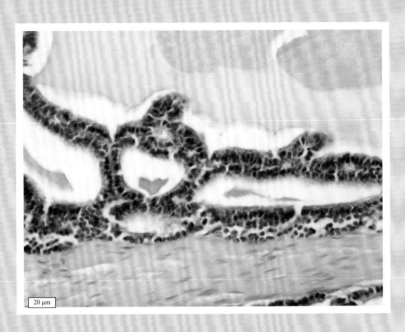

图47-12　精囊（HE×400）

48　雌性生殖系统

　　卵巢由被膜，皮质和髓质构成。被膜表面为单层上皮，称为生殖上皮（germinal epithelium，GE），多为立方上皮或者柱状上皮。皮质为实质的外周部分，较厚，由不同发育阶段的卵泡、黄体和白体以及结缔组织所构成，占据卵巢的绝大部分。皮质浅层有较多的原始卵泡，皮质深层有由原始卵泡发育而来的较大的生长卵泡。髓质位于卵巢中央，较小，为富含弹性纤维的疏松结缔组织，内含大量的血管和神经，无卵泡分布。见图 48-1。

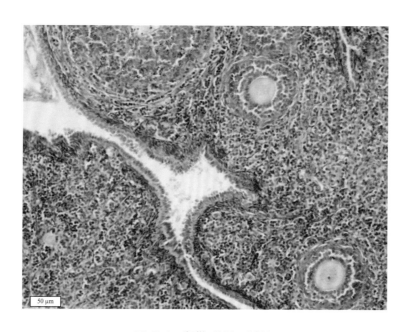

图 48-1　卵巢（HE×200）

原始卵泡（primordial follicle，PF）：位于皮质浅层，体积较小，由一个初级卵母细胞（primary oocyte，PO）和周围一层扁平的卵泡细胞（follicular cell，FC）构成。初级卵母细胞为原形，细胞质嗜酸性，细胞核大而圆。见图 48-2。

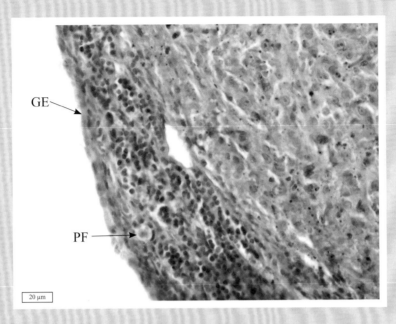

图 48-2　卵巢（HE×400）

初级卵泡（primary follicle）：初级卵母细胞体积增大，由扁平细胞变为立方或者柱状，单层变成多层。在初级卵母细胞与卵泡细胞之间出现了一层均质状的折光性强的嗜酸性透明带（zona pellucida，ZP），卵泡周围的基质结缔组织逐步分化为卵泡膜（follicular theca，FT），但是界限不明显。见图 48-3。

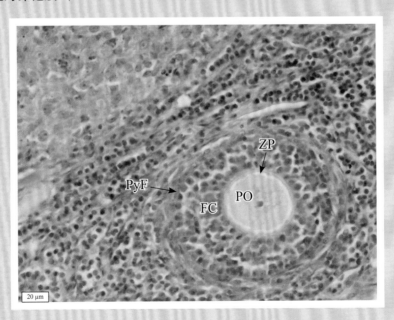

图 48-3　卵巢（HE×400）

PyF：初级卵泡

次级卵泡（secondary follicle，SF）：卵泡细胞之间出现了卵泡腔（follicular antrum，FA）腔内充满了卵泡液。初级卵母细胞、透明带、放射冠以及部分卵泡细胞突入卵泡腔内形成卵丘（cumulus oophorus，CO）。卵丘中紧贴着透明带表面的一层卵母细胞为高柱状，呈放射状排列，称为放射冠（corona radiata，CR）。卵泡腔周围的数层卵泡细胞形成卵泡壁，称为颗粒层（stratum granulosum，SG），卵泡细胞改称为颗粒细胞（granular cell）。见图 48-4 和图 48-5。

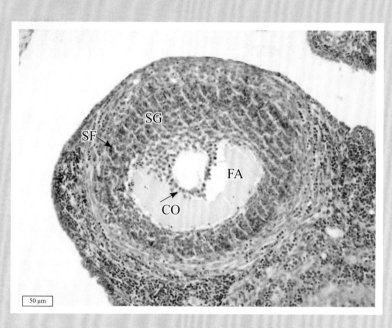

图 48-4　卵巢（HE×200）

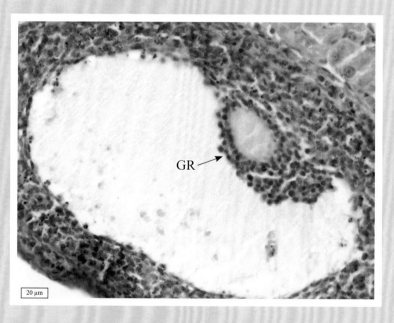

图 48-5　卵巢（HE×400）

黄体 （corpus luteum,CL）：体积很大，富含血管的内分泌细胞团。由颗粒细胞分化而来的黄体细胞称为颗粒黄体细胞 （granulosa lutein cell，GLC），数量多，体积大，呈多边形，着色较浅，核圆形；由卵泡膜内层细胞分化而来的黄体细胞称为膜黄体细胞 （theca lutein cell，TLC），数量少，体积小，胞质和细胞核染色深，主要位于黄体周围。见图 48-6 和图 48-7。

图 48-6　卵巢（HE×200）

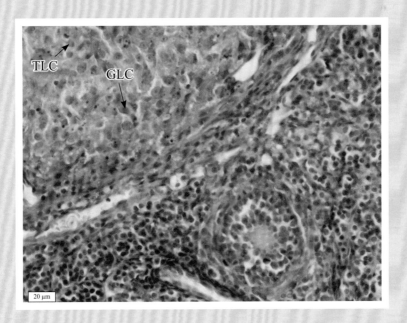

图 48-7　卵巢（HE×400）

　　输卵管：输卵管由黏膜层（M），肌层（ML）和外膜（S）构成。黏膜上皮为单层柱状上皮，折转后形成皱襞结构，肌层主要由环形肌构成，外膜为浆膜。见图48-8和图48-9。

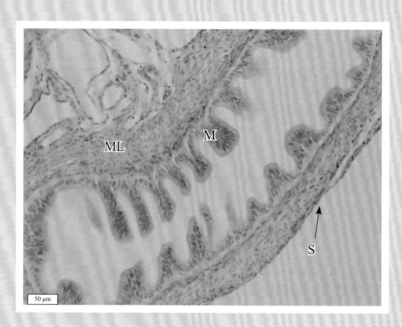

图48-8　输卵管（HE×200）

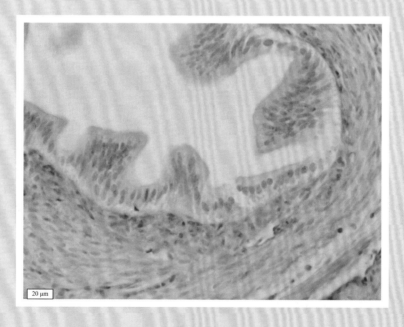

图48-9　输卵管（HE×400）

长爪沙鼠子宫包括三部分：一对子宫角、一个子宫体和一个子宫颈。从内至外大致可分为子宫内膜、子宫肌层和子宫外膜三层。见图48-10。子宫内膜（endometrium）：由上皮（epithelium，Ep）和固有层（lamina propria，LP）构成。

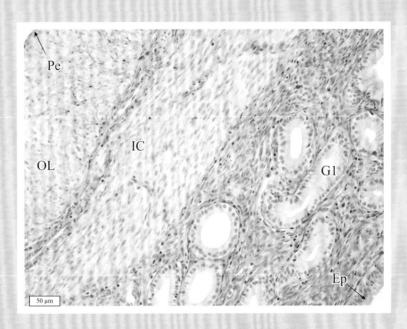

图 48-10　子宫（子宫角）（HE×200）

子宫肌层由发达的内环（IC）、外纵（OL）平滑肌（inner circular、outer longitudinal smooth muscles）组成。在两层间或内层深部存在大的血管及淋巴管，这些血管主要是供应子宫内膜营养。

子宫外膜（perimetrium，Pe）由疏松结缔组织构成，富含弹性纤维，在子宫个别部位主要由弹性纤维构成。其外覆盖间皮。

子宫内膜随发情周期变化而变化。长爪沙鼠的子宫内膜上皮为单层柱状上皮，上皮细胞具有分泌功能，游离面有静纤毛。固有层的浅层有较多的细胞成分和简单或分支形的子宫腺（uterine glands，Gl）及其导管。子宫腺随着激素水平的不同形态结构也会随之变化。细胞呈梭形或星形的胚性结缔组织细胞为主,细胞突起相互连接。此外还含有巨噬细胞、中性粒细胞、嗜酸性粒细胞（eosnophils，Eo）肥大细胞、淋巴细胞和浆细胞等。有的时期还可以看见残留的含铁血黄素（hemosiderin，H）。固有层深层细胞成分较少，为疏松的结缔组织，并包含有子宫腺或者血管、淋巴管。与大鼠相比，长爪沙鼠的子宫腺较少。腺壁由有纤毛或无纤毛的单层柱状上皮组成。见图48-11。

子宫肌层由发达的内环（IC）、外纵（OL）平滑肌（inner circular、outer longitudinal smooth muscles）组成。在两层间或内层深部存在大的血管（blood vessel，BV）及淋巴管，这些血管主要是供应子宫内膜营养。子宫外膜（perimetrium）由疏松结缔组织构成，富含弹性纤维，其外覆盖间皮；在子宫个别部位覆以纤维膜。见图48-12。

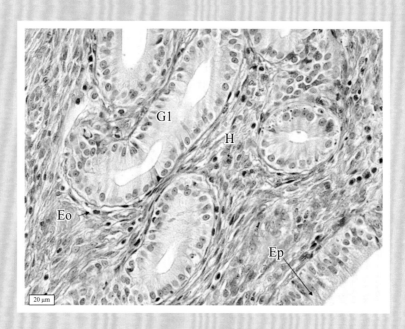

图 48-11　子宫（子宫角）（HE×400）

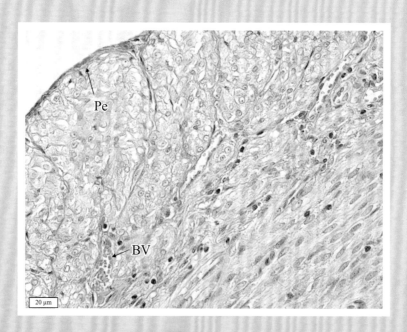

图 48-12　子宫（子宫角）（HE×400）

　　子宫颈和子宫角结构类似，由内到外依次由覆盖有黏液细胞的复层鳞状上皮（stratified squamous epithelium，SE）、固有层（LP）、环状平滑肌、外膜构成。中间围成不规则的腔隙（lumen，Lu）。见图 48-13。

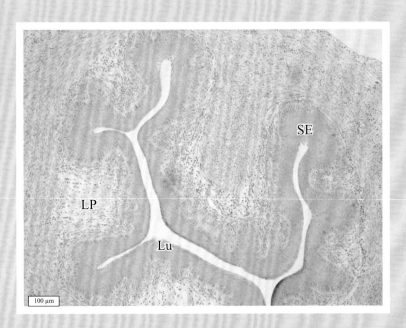

图 48-13　子宫（子宫颈内侧）（HE×100）

子宫颈上皮与子宫角的上皮不同，由表面覆盖有黏液细胞（mucous cell，MC）复层鳞状上皮组成，分为基底层（stratum basale，SB）、棘细胞层（stratum spinosum，SS），基底层细胞呈低柱状或立方形，细胞核圆形或卵圆形，细胞质为弱嗜碱性，基底细胞是幼稚细胞，有活跃的增殖能力。棘细胞较大，呈多边形，细胞核大且圆，位于中央，细胞质为弱嗜碱性，有的细胞内可能含有色素颗粒。组成有的内膜部分细胞角化形成角化层（stratum corneum，SC）。固有层（LP）为疏松结缔组织，与子宫角部分相似。见图 48-14。

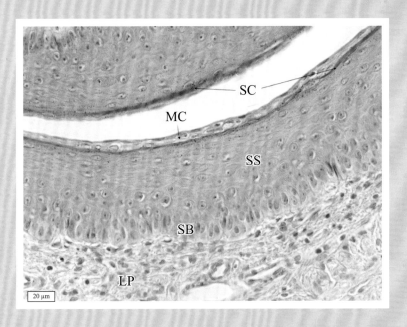

图 48-14　子宫（子宫颈内侧）（HE×400）

子宫内膜的周期性变化：子宫内膜的组织结构随动物所处的发情周期阶段不同而不同。动物发情周期一般分为以下连续五个阶段，即发情前期、发情期、发情后期、发情间期、休情期。发情周期与卵巢的卵泡发育密切相关。在一个发情周期中，子宫内膜有如下变化：

（1）发情前期　卵巢中卵泡开始生长。在雌激素的作用下，子宫开始发育，内膜胚性结缔组织迅速增生变厚。此时子宫腺生长，分泌能力逐渐加强，血管在内膜分布增多。内膜水肿、充血、甚至出血。

（2）发情期　卵巢卵泡程度并排卵，雌激素水平达到高峰。子宫内膜继续增生并充血、水肿、红细胞渗出。子宫腺分泌旺盛。

（3）发情后期　卵巢形成黄体，开始分泌孕酮。固有膜少量出血，但会被吞噬吸收。如果发情后不妊娠，则子宫内膜开始退化。

（4）发情间期　黄体大量分泌孕酮，子宫腺大量分泌子宫乳，可维持妊娠。若未妊娠，子宫内膜随黄体退化而变薄。

（5）休情期　在非妊娠状态下，黄体完全退化，子宫腺体恢复原状，分泌停止。

49 脑垂体

脑垂体外覆含丰富血管的结缔组织被膜，内由腺垂体和神经垂体两部分组成。神经垂体由神经部和漏斗组成。漏斗上半部以正中隆起与下丘脑相连，下半部以漏斗柄与神经部相联系。腺垂体又分为远侧部、结节部和中间部。腺垂体结节部呈薄层围绕着漏斗。腺垂体的远侧部又称垂体前叶，神经垂体的神经部和腺垂体的中间部合称垂体后叶。

49.1 腺垂体

49.1.1 远侧部

为垂体前叶最主要的部分。腺细胞排列成团或索，在 HE 染色标本中，根据细胞的染色性状分为嗜酸性细胞、嗜碱性细胞和嫌色细胞三类。见图 49-1。

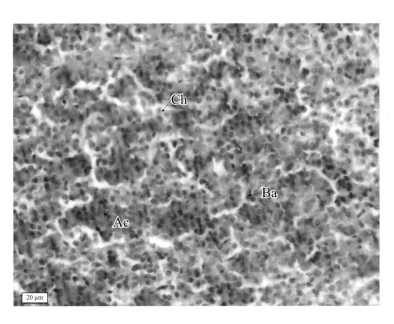

图 49-1　垂体远侧部（HE×400）

（1）嗜酸性细胞 (acidophils,Ac)　数量较多，为圆形或多边形，胞质内含有许多粗大的嗜酸性颗粒。

（2）嗜碱性细胞 basophilic,Ba)　数量较嗜酸性细胞少，细胞为椭圆形或多边形，大小不等，胞核较大而色浅，胞质内含有嗜碱性颗粒。嗜碱性细胞分泌的激素为糖蛋白，故 pas 反应一般呈阳性。

（3）嫌色细胞（chromophobe,Ch)　数量多，体积小，胞质着色浅，细胞轮廓不清。嫌色细胞有的是嫌色细胞的脱颗粒细胞，有的属于未分化细胞，有的具有突起。

49.1.2　结节部

结节部呈套状包围着神经垂体的漏斗，在漏斗的前方较厚，后方较薄或缺失。结节部有丰富的纵行毛细血管，腺细胞沿血管呈索状排列，细胞较小，主要是嫌色细胞以及少数嗜酸性细胞和嗜碱性细胞。

49.1.3　中间部

位于远侧部与神经部之间的狭窄部分。中间部可见由较小细胞围成的大小不等的滤泡，腔内含有胶质。在滤泡周围还散在一些嫌色细胞和嗜碱性细胞。

49.2　神经垂体

神经垂体与下丘脑直接相连，两者在结构和功能上有着密切的联系。神经垂体由无髓神经纤维、散在其间的神经胶质细胞、herring 体和毛细血管等组成。herring 体（He）为大小不等，呈嗜酸性团块。见图 49-2。

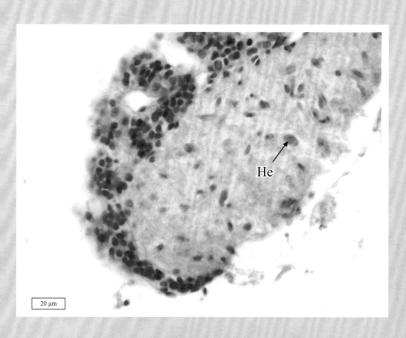

图 49-2　神经垂体（HE×400）

50 肾上腺

　　肾上腺呈三角形，被膜（C）为致密的结缔组织。实质有皮质 (CO) 和髓质 (M) 构成。皮质位于腺体的外围，占腺体的绝大部分，并完全的包围着髓质。皮质可分为三个同心圆状排列的区域：最外层的弓形带 (ZA)、中间的束状带 (ZF) 和最内部的网状带 (ZR)。髓质被网状带包围，含若干条静脉和血窦。见图 50-1。

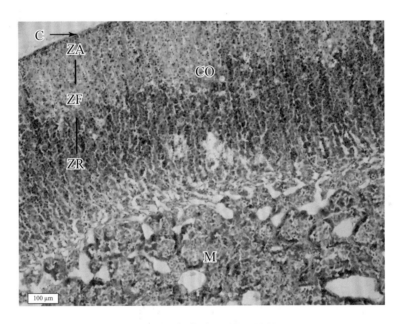

图 50-1　肾上腺（HE×100）

　　肾上腺被致密的结缔组织被膜所包裹。被膜下方为弓形带（ZA），该区的细胞呈高柱状，细胞核呈圆形或卵圆形，细胞质着色较浅，排列成弓形。弓形带下方为束状带（ZF），束状带的细胞排列成长而直的放射状的细胞索，细胞呈多角形，较弓状带的细胞大，细胞界限明显。细胞核呈圆形或卵圆形，位于中央。细胞质着色浅，呈空泡状。间质中富含血管。见图 50-2。

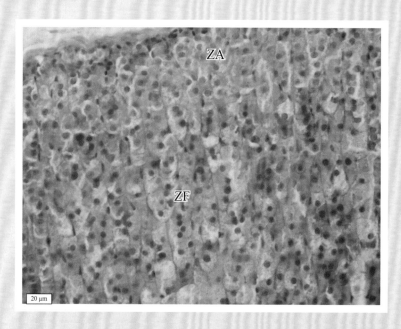

图 50-2　肾上腺（HE×400）

　　该图显示的是肾上腺的网状带（ZR）。网状带位于皮质深层与髓质相毗连，网状带细胞排列不规则，细胞索相互吻合，间质中含有毛细血管（BV）。网状带的细胞小，胞核深染，胞质呈弱嗜酸性。见图 50-3。

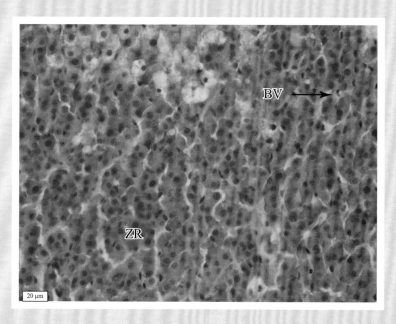

图 50-3　肾上腺（HE×400）

　　该图显示的是肾上腺的髓质。髓质位于肾上腺的中央，与皮质成相互交错状分界。肾上腺髓质细胞为嗜铬性细胞（ChC）较大，近圆形或多边形，细胞质着色浅，细胞核呈泡状，可见一个大的核仁。这些细胞形成可圆形或椭圆形的细胞群。间质中可见由扁平内皮细胞组成的大静脉(BV)。见图 50-4。

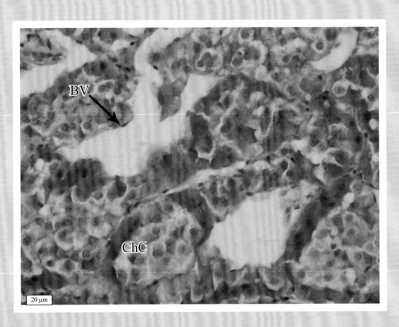

图 50-4　肾上腺（HE×400）

51 甲状腺

甲状腺外覆薄层胶原性结缔组织被膜（C），被膜发出隔伸入腺的实质，将实质分为不完全分隔的小叶。薄层结缔组织中富含大小不等的血管。实质中充满了大量的大小不等的圆形滤泡（F），每个滤泡都被薄层结缔组织所包围。滤泡由单层立方的上皮细胞组成，腔内充满了嗜酸性胶体。见图51-1。

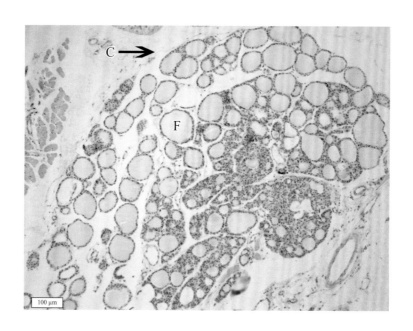

图 51-1　甲状腺（HE×100）

　　甲状腺滤泡被若干个滤泡和其间的结缔组织所包围。结缔组织中富含由扁平内皮细胞所形成的血管。滤泡由单层立方的滤泡上皮细胞 (FC) 所组成，滤泡细胞变矮呈扁平状，滤泡腔内胶体 (CI) 边缘光滑，说明这些滤泡细胞处于分泌甲状腺蛋白的静止时期。在滤泡间的结缔组织内可见散在分布的滤泡旁细胞 (PF)，该细胞的胞质着色较浅，细胞核大呈卵圆形，位于中心。见图 51-2。

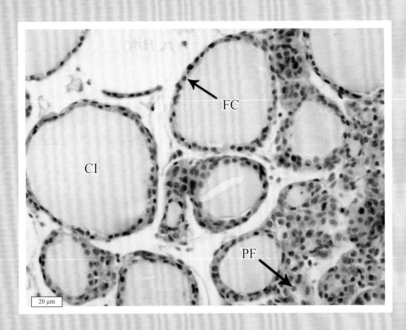

图 51-2　甲状腺（HE×400）

52 皮　　肤

表皮是皮肤的浅层，有角化的复层扁平上皮构成，表皮细胞包括角质形成细胞和非角质形成细胞，前者占表皮细胞的绝大多数，后者散在于角质形成细胞之间，由于 HE 染色的限制，黑素细胞和朗格罕斯细胞与角质形成细胞不易分辨。见图 52-1。

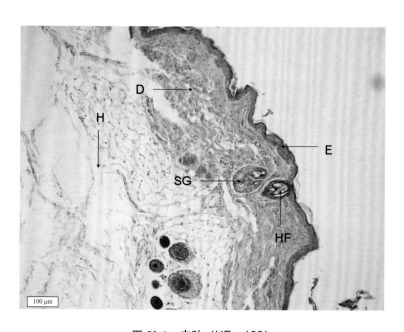

图 52-1　皮肤（HE×100）
D：真皮层　H：皮下组织　SG：皮脂腺　E：表皮层　HF：毛囊

表皮从基底到表面可分为基底层、棘层、颗粒层、透明层和角质层五层。由于沙鼠皮肤较薄，颗粒层和透明层不明显，角质层也较薄。从基底层到角质层细胞逐渐由柱状过渡到扁平状，并且细胞内的角蛋白丝逐渐增多，细胞器逐渐退化。见图 52-2。

基底层附着于基膜，基底细胞呈矮柱状，胞质嗜碱性，有散在或成束的角蛋白丝。基底细胞是表皮的干细胞，不断分裂，增殖形成的部分子细胞脱离基底膜后，进入棘层，分化为棘细胞并丧失分裂能力。

棘层由 2～5 层多边形、体积较大的棘细胞组成。胞质弱嗜碱性，由于合成的外皮蛋白的沉积，细胞膜较厚。

颗粒层由 1～2 层梭形细胞组成。细胞核与细胞器退化，并可见许多形状不规则、强嗜碱性的透明角质颗粒。

透明层由 1～2 层扁平细胞组成，细胞界限不清，核与细胞器均消失。此层呈强嗜酸性，折光度高。

　　角质层由多层扁平的角质细胞组成。细胞完全角化，干硬，呈嗜酸性染色均质染色。细胞间隙充满由脂质构成的膜状物。

　　表皮的非角质形成细胞包括黑素细胞、朗格汉斯细胞等。黑素细胞分散在基底细胞之间，在切片上难以与基底细胞相分辨。胞体呈圆形，核深染而胞质透明，其突起无法辨认。朗格汉斯细胞散在于棘层深部，切片上呈圆形，核深染，胞质清亮，与周围的棘细胞在 HE 切片上难以分辨。

　　真皮位于表皮下方，分为乳头层和网织层，二者之间无明确界限。见图 52-3。

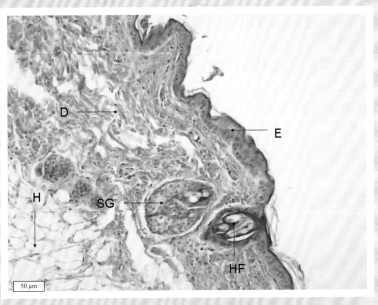

图 52-2　皮肤（HE×200）

D：真皮层　　H：皮下组织　　SG：皮脂腺　　E：表皮层　　HF：毛囊

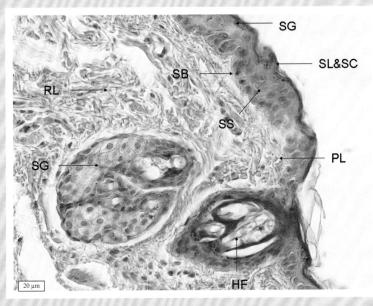

图 52-3　皮肤（HE×400）

SB：基底层　　SS：棘层　　SG：颗粒层　　SL&SC：透明层和角质层　　PL：乳头层　　RL：网织层　　SG：皮脂腺　　HF：毛囊

　　乳头层是紧靠表皮的薄层疏松结缔组织，向表皮突出形成真皮乳头。乳头层含丰富的毛细血管和游离神经纤维末梢。

　　网织层为乳头层下方较厚的致密结缔组织，粗大的胶原纤维束交织成网，并有较多弹性纤维。此层还可见较多血管、淋巴管和神经，深部可见环层小体。

　　真皮下方为皮下组织，由疏松结缔组织和脂肪组织构成。

　　在毛囊周围可见泡状的皮脂腺，分泌部由一个或几个囊状的腺泡构成，周边部分细胞较小，为干细胞。腺泡中心细胞较大，呈多边形，核固缩，胞质内充满脂滴。切片内未见导管部。

　　遍观沙鼠皮肤，未见汗腺结构，故推测其不具有汗腺结构。见图52-4。

　　沙鼠全身绝大多数部位均有毛分布。不同部位毛的粗细、长短有差别，但基本结构相同。毛干为露在皮肤表面的毛，毛根为埋在皮肤内的毛，它们由排列规则的角化上皮组成，细胞内充满角蛋白，含有数量不等的黑素颗粒。毛囊为包在毛根外的结构，分为两层，内层为上皮性鞘，包裹毛根，与表皮相连续，结构与表皮类似；外层为结缔组织性鞘，由致密结缔组织构成。毛根和毛囊上皮性鞘的下端合为一体，形成膨大的毛球结构。毛球底面的毛乳头在切片中未显现，可能与切片的方向与部位有关。由于立毛肌结构较小，在切片中亦未找到。见图52-4和图52-5。

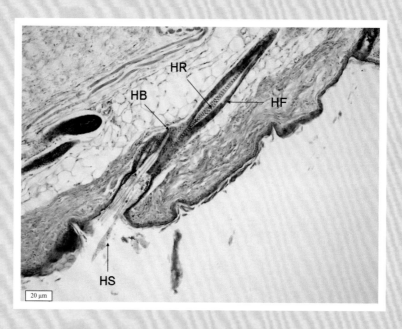

图52-4　毛（HE×100）
HS：毛干　HR：毛根　HF：毛囊　HB：毛球

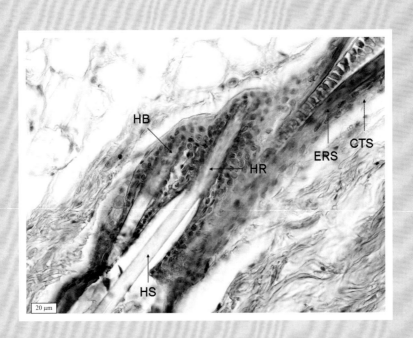

图 52-5 毛（HE×400）
HS：毛干　HR：毛根　HB：毛球　ERS：上皮性鞘　CTS：结缔组织性鞘

53 乳　　腺

　　乳腺被结缔组织分为若干叶，每叶又分为若干小叶，每个小叶为一个复管泡状腺。腺泡上皮为单层立方或单层柱状。导管包括小叶内导管、小叶间导管和叶导管（输乳管），分别由单层柱状上皮、复层柱状上皮和复层扁平上皮构成。

　　乳腺在静止期和活动期结构有明显的变化。

　　静止期乳腺主要由脂肪组织和结缔组织构成，腺体不发达，仅有少量小的腺泡和导管。见图 53-1 和图 53-2。

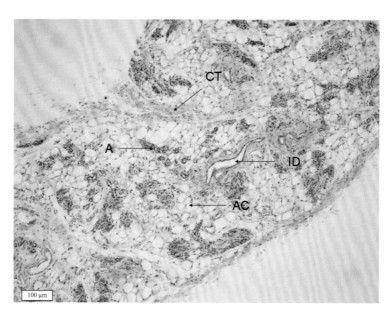

图 53-1　静止期乳腺（HE×100）

A：腺泡　CT：结缔组织　AC：脂肪细胞　ID：小叶间导管

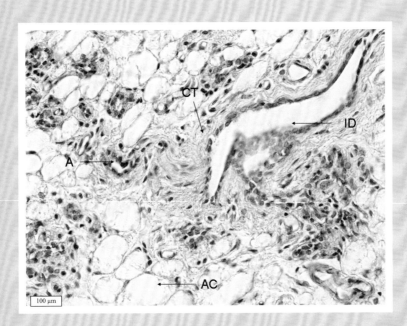

图 53-2　静止期乳腺（HE×400）
A：腺泡　CT：结缔组织　AC：脂肪细胞　ID：小叶间导管

　　活动期乳腺腺体增生显著，腺泡增大。结缔组织和脂肪组织相对减少，可见较多巨噬细胞和淋巴细胞。在不同的小叶内，合成与分泌活动交替进行，可见分泌前的腺泡上皮为高柱状，分泌后的腺泡上皮呈扁平状，腺腔内充满乳汁。见图 53-3 和图 53-4。

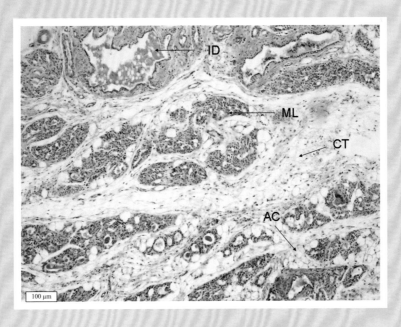

图 53-3　活动期乳腺（HE×100）
ID：小叶间导管　ML：乳腺小叶　CT：结缔组织　AC：脂肪细胞

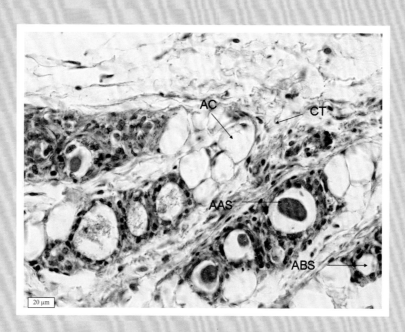

图 53-4　活动期乳腺（HE×400）

AC：脂肪细胞　CT：结缔组织　AAS：分泌后腺泡　ABS：分泌前腺泡

54　耳

　　耳郭软骨以弹性软骨为主，呈连续条状分布。两侧由粉色淡染的软骨膜包裹。软骨中部主要分布着成熟的软骨细胞，胞体较大，呈圆形或多角形，排列紧密；胞质呈空泡化，低倍镜下观察，软骨囊、软骨陷窝等结构不明显。软骨内部弹性纤维在 HE 染色下不易观察。软骨一侧与大量纵肌束相连，另一侧与皮下组织相连。见图 54-1。

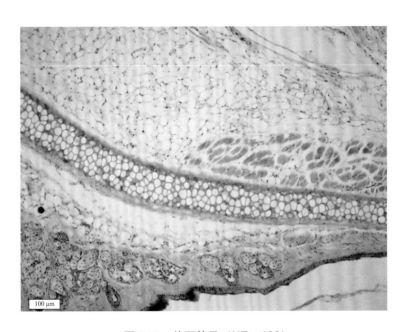

图 54-1　外耳软骨（HE×100）

　　高倍镜下观察，软骨膜由粉色淡染的纤维构成，其间有少量细胞成分。从软骨膜到软骨内部，染色逐渐加深。在软骨内部，成熟的软骨细胞呈多层排列，胞体较大，近圆形，部分细胞由于相互挤压呈多角形；细胞核紧贴细胞壁。靠近软骨膜可见单个分布的幼稚软骨细胞，胞体小，胞核椭圆。软骨基质被染成粉红色，未能观察到明显的弹性纤维。见图54-2。

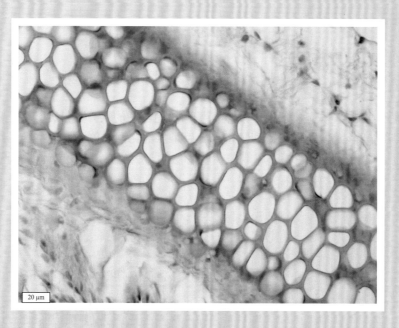

图 54-2　外耳软骨（HE×400）

55 骨 骼 肌

    骨骼肌纤维平行排列，由结缔组织包绕构成骨骼肌。骨骼肌纤维，为长圆柱形的多核细胞。肌细胞为多核细胞，位于细胞周围近肌膜处，核呈扁圆形。见图 55-1。

图 55-1　骨骼肌纵切（HE×100）

骨骼肌纤维平行排列，由结缔组织包绕构成骨骼肌。骨骼肌纤维，为长圆柱形的多核细胞。肌细胞为多核细胞，位于细胞周围近肌膜处，核呈扁圆形。见图 55-2。

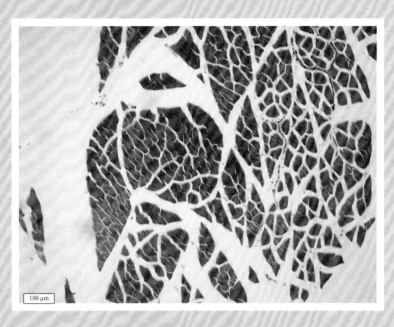

图 55-2　骨骼肌斜切（HE×100）

骨骼肌束横纹肌。粗、细两种肌丝有规律地平行排列，组成肌原纤维，肌原纤维与细胞长轴平行，高倍镜下观察可见纵切肌纤维有明暗相见的横向条纹。横纹由明带（I 带）和暗带（A 带）组成，I 带染色较浅，中间有一暗线，即 Z 线；A 带染色较深，中间有浅色区，即 H 带，H 带中央有一暗线，称 M 线。N 为肌细胞核。见图 55-3。

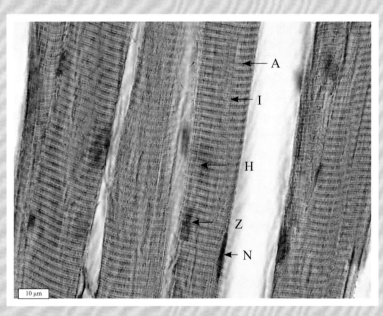

图 55-3　骨骼肌纵切（HE×1 000）